全国高等学校部委级重点教材

普通高等教育机电类“十三五”规划教材

液压传动与控制

（第4版）

贾铭新　主　编

陈雪峰　刘　博　副主编

U0281164

電子工業出版社

Publishing House of Electronics Industry

北京·BEIJING

内 容 简 介

本书是以液压传动为主、控制为辅的机械类非液压专业的本科生教材。书中介绍了液压传动与控制(伺服控制与可编程序控制器控制)的基本原理、基本概念,介绍了机床及工程机械中常用的液压元件、典型液压回路,以及液压传动在机床、压力机械、船舶机械等通用机械设备中的具体应用实例和液压系统的设计方法及工程实例的设计。

全书共12章:第一、二章为液压传动的基础部分,即液压传动的基本概念和液压流体力学基础;第三章至第六章为液压元件,包括液压泵、液压马达、液压缸、液压阀和液压辅助装置;第七章至第九章为液压基本回路、典型液压系统和液压系统的设计与计算;第十章为工程实例;第十一章为液压伺服控制系统(简介);第十二章为可编程序控制器(PLC)在液压系统中的应用。本书提供的静态图素材可登录华信资源教育网(http://www.hxedu.com.cn)免费下载。

本书为全国高等学校部委级重点教材,由中船总公司流体传动与控制委员会推荐为机械类非液压专业本科生液压传动与控制课程教学用书。它可以作为普通工科高等院校及职业技术学院、广播电视大学、业余大学、职工大学、函授学院等相关专业的教材,也可供从事液压技术的工程技术人员参考。

图书在版编目(CIP)数据

液压传动与控制/贾铭新主编. —4版. —北京:电子工业出版社,2017.10
普通高等教育机电类"十三五"规划教材
ISBN 978-7-121-32754-4

Ⅰ.①液… Ⅱ.①贾… Ⅲ.①液压传动—高等学校—教材 ②液压控制—高等学校—教材 Ⅳ.①TH137

中国版本图书馆CIP数据核字(2017)第232221号

责任编辑:郭穗娟
印　　刷:北京七彩京通数码快印有限公司
装　　订:北京七彩京通数码快印有限公司
出版发行:电子工业出版社
　　　　　北京市海淀区万寿路173信箱　邮编　10036
开　　本:787×1092　1/16　印张:18.75　字数:474千字
版　　次:1993年12月第1版
　　　　　2017年10月第4版
印　　次:2024年10月第11次印刷
定　　价:59.80元

凡所购买电子工业出版社图书有缺损问题,请向购买书店调换。若书店售缺,请与本社发行部联系,联系及邮购电话:(010)88254888,88258888。

质量投诉请发邮件至zlts@phei.com.cn,盗版侵权举报请发邮件至dbqq@phei.com.cn。

本书咨询联系方式:(010)88254502,guosj@phei.com.cn。

出版说明

根据国务院发(1978)23号文件批转试行的《关于高等学校教材编审出版若干问题的暂行规定》,我们开展了全国高等学校船舶类专业规划教材编审、出版的组织工作。

为了做好教材编审组织工作,中国船舶工业总公司相应地成立了“船舶与海洋工程”、“船舶动力”、“船电自动化”、“惯性导航及仪器”、“水声电子工程”、“流体传动与控制”、“水中兵器”七个教材委员会,聘请了有关院校的教授、专家50余人参加编审指导工作。船舶类专业教材委员会是有关船舶类专业教材建设研究、指导、规划和评审方面的专家组织,主要任务是协助政府机关做好高等学校船舶类专业教材的编审工作,对提高教材质量起审查把关作用。

经过前四轮教材建设,共出版教材300余种,建立了较完善的规章制度,扩大了出版渠道,在教材的编审依据、计划体制、出版体制等方面实行了卓有成效的改革,这些改革措施为“九五”期间船舶类专业教材建设奠定了良好基础。根据原国家教委对“九五”期间高校教材建设的要求:“抓好重点教材,全面提高质量,继续增加品种,整体优化配套,深化管理体制和运行机制的改革,加强组织领导”,船舶总公司于1996年组织制定了“**全国高等学校船舶类专业教材(九五)选题规划**”。列入规划的选题共129种,其中**部委级重点**选题49种,一般选题80种。

“九五”教材规划是在我国发展社会主义市场经济条件下第一个教材规划,为适应社会主义市场经济外部环境,“九五”船舶类专业教材建设实行指导性计划体制。即在指导性教材计划指导下,教材编审出版由主编学校负责组织实施,教材委员会进行质量审查,船舶工业教材编审室组织协调。

“九五”期间要突出抓好重点教材,全面提高教材质量。为此,教材建设引入竞争机制,通过教材委员会评审、择优确定主编,实行主编负责制。教材质量审查实行主审、复审制,聘请主编校以外的专家审稿,最后教材委员会复审,复审合格后由有关教材委员会发给编者出版推荐证书,作为出版依据。全国高校船舶类专业规划教材是通过严格的编审程序和高标准、严要求的审稿工作来保证教材质量的。

为完成“九五”教材规划,主编学校应充分发挥主导作用。规划教材的立项是由学校申报,立项后由主编校组织实施,教材出版后由学校组织选用,学校是教材编写与教材选用的行为主体,教材计划的执行主要取决于主编校工作情况。希望有关高校切实负起责任,各有关方面积极配合,为完成“九五”船舶类专业教材规划、为编写出版更多的精品教材而努力。

由于水平和经验局限,教材的编审出版工作和教材本身还会有很多缺点和不足,希望各有关高校、同行专家和广大读者提出宝贵意见,以便改进提高。

船舶工业教材编审室

第 4 版前言

本书原版是全国高等院校“九·五”规划部委级重点教材(第 1 版曾获国家级优秀教材三等奖),自 1993 年 12 月出版以来前后重印多次,被众多院校单位不同层次(本科生、硕士生、博士生)的教学选用为教材,受到读者的广泛青睐。胡晓东、贾春杨、张春亮参加了第 3 版的编写,特表示感谢。

本次再版对上版教材做了通盘、严密梳理,在保持上版教材原有特色和体系的前提下,做了如下修订:

(1) 为了更便于学生对相关内容的自学、理解,对用“词”欠佳之处给予改善;

(2) 对于一些基本概念、内容比较“费解” 之处,重新进行编辑,使之更加通俗易懂;

(3) 对于有关言语叙述 “不够严谨” 之处,进行调理使之更科学、得当;

(4) 纠正了发现的 “笔误”“漏误”,使有关内容、概念更加清晰;

(5)为了进一步引导和强化学生解决实际工程问题的能力,增补了第十章,即“码头行人踏板液压系统设计”的工程实例。

对于理论性、概念性、实践性都很强的“液压传动与控制”这门课,其学习的目的和要求只有两个 —— “看图”和“用图”。所谓“看图”就是对给定的,特别是机床、压力机械、船舶机械、通用机械设备等工程上应用的液压系统,能看懂,能正确地分析出其工作原理、性能特点,对系统能做出客观、正确的评估,以便他人借鉴。所谓 “用图” 即 “学以致用”,是指读者对给定的工程项目,既能设计出符合设计技术要求、节能减材、高性能的液压系统,又能对相对应的液压装置实施正确安装和调控。对于前者,本书已列举了足够的工程实例可供读者学习和参考;对于后者,借本次再版之机作者又引入了一项别有特色的工程实例(码头行人踏板液压系统设计)的设计项目,以弥补这方面的不足。在第十章的工程实例中,正、负负载交变,且变化较大,尤其是负负载变化较大,在此工况下,如何解决液压系统运行的稳定性;运行中,若突然断电,如何保证在空中运行的重物(负载)能被安全稳定地锁定在空中任意位置而不下滑,是此工程项目的“核心”、“关键”。通过应用验证,该“核心”“关键”问题在所设计项目设备的实际运行中都得到了解决。因此,解决上述 “核心”“关键” 问题的思路、方式、方法对工程上类似情况亦有一定的帮助和参考价值。

鉴于机械类专业面较宽,考虑到不同行业的需要,书中撰写的内容比较丰富,对机械类不同专业可有所侧重的选择,故本书也可以作为职业技术学院、广播电视大学、业余大学、职业大学、函授学院等相关专业的教材。

本书共 12 章。第 一、二、五、七、八、十章及附录由哈尔滨工程大学教授贾铭新编写;

第三、四、十一、十二章由黑龙江大学陈雪峰编写；第六、九章由黑龙江大学刘博编写。贾铭新担任主编，陈雪峰和刘博担任副主编。

由于时间和水平有限，本次修订依然难免存在缺点和疏漏，敬请广大读者批评指正。

贾铭新

2017年6月

目　录

目录

第一章 绪 论

液压传动相对于机械传动来说是一门新兴的技术。人类使用水力机械及液压技术虽然已有很长历史,但是液压技术在机械领域中得以应用并取得迅速发展则是20世纪特别是第二次世界大战以后的事。由于液压传动具有许多突出的优点,目前已广泛地应用在工农业机械、机床、交通运输、陆地行走设备、船舶控制、火炮控制、飞机、导弹等各个方面。

本章的目的是搞清液压传动的工作原理,了解液压传动的主要优缺点及应用,初步掌握液压传动的两个工作特性。

第一节 液压传动的基本概念

一、液压传动的工作原理及工作特性

(一) 工作原理

对于不同的液压装置和设备,它们的液压传动系统虽然不同,但液压传动的基本工作原理是相同的。为了了解液压传动的基本工作原理,现以一个简化了的机床液压系统为例加以说明。

图1-1(a)为一磨床工作台液压系统工作原理图。与机械传动相似,液压传动中的执行元件是在油压力的推动下按预定的要求动作的。对于图1-1(a)中的执行元件——液压缸来说,它所要完成的动作要求是:直线运动、运动的变速、运动的换向和在任意位置的停留。下面就从液压系统是如何实现这四个动作的分析入手,得出液压传动的基本工作原理。

1. 液压缸的直线运动

液压泵4由电动机(图中未画出)带动旋转,从油箱1吸油。油液经滤油器2通过油管3进入液压泵后,被输送到油管10(同时也输入旁路油管9,该部分油路分析稍后),并经开停阀11、油管12、节流阀13、油管14、换向阀15、油管18进入液压缸19(其缸筒固定在机床床身上,活塞杆26与工作台20相连)的左腔,作用于活塞25左侧的环形面积上。当油液对活塞向右的推力大于等于阻碍活塞向右移动的所有阻力之和时,活塞25、活塞杆26以及和活塞杆相连的工作台20(连同装夹在工作台上的工件23)一起向右移动。这时,液压缸右腔的油液(刚开始时右腔可能没有油液,但经过一个往返运动后,右腔就有油液了)从液压缸的出口,经油管27、换向阀15、油管29排回油箱。这样就实现了液压缸(工作台)的向右直线运动。

2. 液压缸的运动变速

磨床在磨削工件时,根据加工要求的不同,工作台运动的速度必须可调。在图1-1(a)

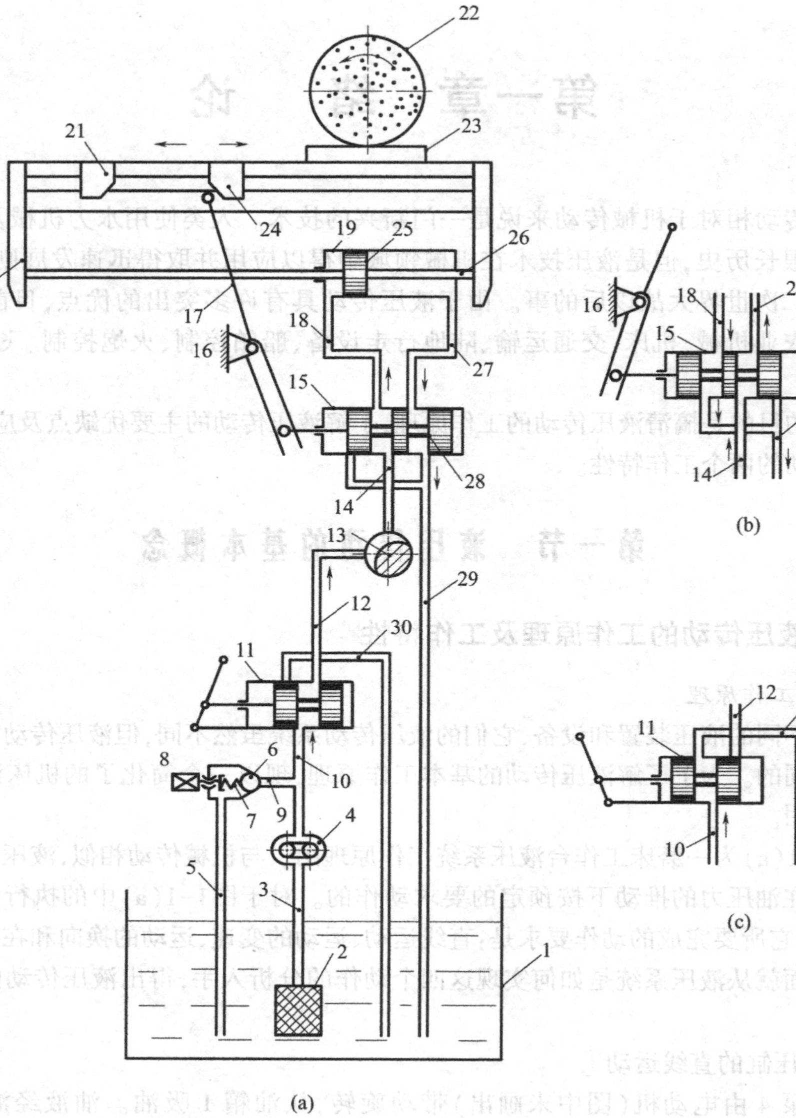

图1-1　磨床工作台液压系统工作原理示意（半结构图）

1—油箱；2—滤油器；3—油管（吸油管）；4—液压泵；5、29、30—油管（回油管）；6—钢球；7—弹簧；8—溢流阀；9、10、12、14—油管（压油管）；11—开停阀；13—节流阀；15—换向阀；16—铰链；17—换向杆；18、27—油管（交替为压油管）；19—液压缸；20—工作台；21、24—左右挡块；22—砂轮；23—工件；25—活塞；26—活塞杆；28—阀芯

中，工作台20运动速度的快慢是通过节流阀13来调节的，节流阀13像个自来水龙头，可以开大，也可以关小。当它开大时，流入液压缸内的油液就增多，工作台运动速度就加快；关小时，工作台的速度就减慢。

3. 液压缸的运动换向

为了进行连续磨削，工作台20必须作往复（左右）运动（工件的横向进给由砂轮22

来完成)。在工作台 20 的侧面上装有挡块 21 和挡块 24。当工作台向右运动到其左挡块 21 碰到换向杆 17 时,换向杆 17 绕其支点 16 顺时针方向转动,拨动换向阀阀芯 28,使之从图面上的位置移向左位,成为图 1-1(b)所示状态。这时,从油管 14 输来的油液经换向阀 15 后,经油管 27 进入液压缸的右腔,并作用于活塞 25 右边的环形面积上。当油液对活塞向左的推力大于等于阻碍活塞向左移动的所有阻力之和时,活塞、活塞杆及工作台便一起向左移动,同时液压缸左腔的油液从液压缸出口流出,经油管 18、换向阀 15、油管 29 排回油箱。此后,当工作台向左运动到其右挡块 24 碰到换向杆 17 时,又使杆 17 逆时针方向转动而使阀芯 28 移向右位,回复到图 1-1(a)的状态。如此循环往复,工作台不停地左右运动,磨削加工就可以持续地进行下去。

4. 液压缸在任意位置上的停留

在工件装卸、尺寸检测或进行其他有关工作时,需要短期停止工作台的运动并能使其停留在任意位置上。这个动作可由开停阀 11 来完成(当然也可以由关闭节流阀 13 或关掉电机来实现,不过前者不能卸荷,后者则由于频繁启闭电机而有损于电机寿命)。当拨动开停阀 11 的操纵手柄,使其阀芯处于阀体的左位,即处于如图 1-1(c)所示的状态时,液压泵输出的油液经油管 10、开停阀 11、油管 30 直接排回油箱,液压缸中无油液输入,工作台停止运动,停留在某个位置上。

当活塞在油液压力的作用下带动工作台一起运动时,阻碍活塞或工作台运动的阻力(包括导轨的摩擦力、砂轮 22 和工件 23 间的切削力等)越大,所需油液的压力也越大,反之亦然。调整油液压力使其与阻力(外界负载)相适应是由溢流阀 8 来完成的。如前所述,由液压泵输出的油液除一部分经油管 10 输入液压缸外,另一部分则通过油管 9 进入溢流阀 8:当油液压力一旦克服阀 8 中弹簧 7 的调定压力时,钢球 6 便被顶开,油液进入阀 8 并经油管 5 排回油箱。这时油液压力与弹簧 7 的调定值相适应,不再升高,维持定值。当外界负载较大时,调整弹簧 7,使弹簧力增加,当钢球被顶开时,就得到了与较大负载相适应的较高的定值油压力;反之亦然。由此可见,溢流阀在这里起到了调节、控制油液压力的作用,以适应不同负载的要求。与此同时,溢流阀还起到了把液压泵输出的多余油液排回油箱的溢流作用。

液压系统中滤油器 2 的作用是滤去油液中的污物、杂质,保证油液的清洁,使系统正常工作。

由上述分析中,可以看出:

(1) 所谓液压传动就是以液体为介质,依靠运动着的液体的压力能来传递动力的(液压传动与液力传动不同,后者是依靠液体的动能来传递动力的,如水轮机、液力变矩器等,液力传动不是本课程的内容)。

(2) 液压系统工作时,液压泵把电机传来的回转式机械能转变成油液的压力能;油液被输送到液压缸(或液压马达)后,又由液压缸(或液压马达)把油液的压力能转变为直线式(或回转式)的机械能输出。

(3) 液压系统中的油液是在受调节、控制的状态下进行工作的,因此液压传动和液压控制在这个意义上来说是难以截然分开的。

(4) 液压系统必须满足其执行元件(如上例中的液压缸)在力和速度方面的要求。

(二) 液压传动的工作特性

液压系统工作时,外界负载越大(在有效承压面积一定的前提下,下同),所需油液的压力也越大,反之亦然。因此,液压系统的油压力(简称系统的压力,下同)大小取决于外界负载。负载大,系统压力大;负载小,系统压力小;负载为零,系统压力为零。另外,活塞或工作台的运动速度(简称系统的速度,下同)取决于单位时间通过节流阀进入液压缸中油液的体积即流量。流量越大(在有效承压面积一定的前提下,下同),系统的速度越快,反之亦然。流量为零,系统的速度也为零。液压系统的压力和外界负载、速度和流量的这两个关系称作液压传动的两个工作特性。这两个特性很重要,随着课程的深入,要进一步加深对它的理解。

二、液压系统的组成

从上述例子可以看出,液压系统由以下四个主要部分组成。

(1) 能源装置。它是将电机输入的机械能转换为油液的压力能(压力和流量)输出的能量转换装置,一般最常见的形式是液压泵。

(2) 执行元件。它是将油液的压力能转换成直线式或回转式机械能输出的能量转换装置,在上例中,它是作直线运动的液压缸,在别的情况下,也可以是作回转运动的液压马达。

(3) 调节控制元件。它是控制液压系统中油液的流量、压力和流动方向的装置,在上例中,就是控制液体流量的节流阀(流量阀)、控制液体压力的溢流阀(压力阀)及控制液流方向的换向阀、开停阀(方向阀)等液压元件的总称。这些元件是保证系统正常工作不可缺少的组成部分。

(4) 辅助元件。是除上述三项以外的其他装置,如上例中的油箱、滤油器、油管、管接头等。这些元件对保证液压系统可靠、稳定持久的工作起重要作用。

以上四个组成部分将在下面各章节中分别介绍。

三、液压系统的图形符号

在图 1-1 所示的液压系统原理图中,各元件的图形基本上表示了该元件的内部结构原理,称此图为半结构式原理图,简称为半结构图。这种图直观性强,容易理解,当液压系统发生故障时,根据此图检查也较方便,但图形较复杂,特别是当系统中元件较多时,绘制更不方便。为了简化液压原理图的绘制,我国制定了一套液压图形符号标准(GB/T 786.1—2009),将各液压元件都用相应的符号表示(见附录)。这些符号只表示相应元件的职能、连接系统的通路,不表示元件的具体结构和参数,并规定各符号所表示的都是相应元件的静止位置或零位置,称这种符号为职能符号。图 1-2 即为用职能符号绘制的上述磨床工作台的液压系统工作原理图(职能符号图)。由于这种图图面简洁,油路走向清楚,对系统的分析、设计都很方便,因此现在世界各国采用得较多(具体表示方法大同小异)。如果有些液压元件(如某些自行设计的非标准件)的职能无法用这些符号表示时,那么仍可以采用结构示意图。常用液压元件的职能符号在后文介绍具体元件时还会提到。

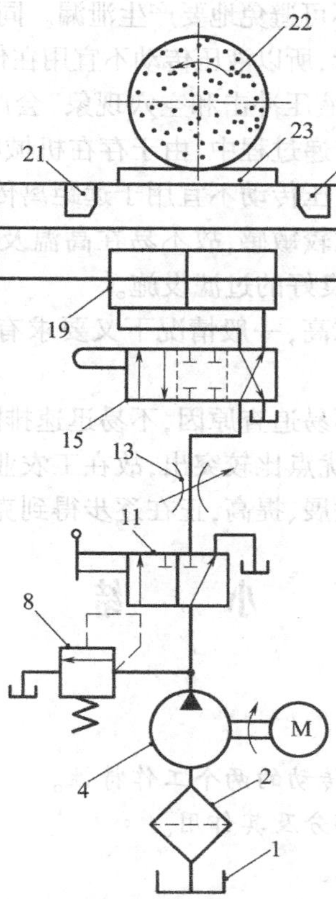

图 1-2 磨床工作台液压系统工作原理图(职能符号图)

1—油箱；2—滤油器；4—泵；8—溢流阀；11—开停阀；13—节流阀；15—换向阀；
19—液压缸；20—工作台；21、24—左右挡块；22—砂轮；23—工件

第二节 液压传动的主要优缺点

液压传动与机械、电力等传动相比,有以下优点:

(1) 能方便地进行无级调速,调速范围大。

(2) 体积小、质量轻、功率大,即功率质量比大。一方面,在相同输出功率前提下,其体积小、质量轻、惯性小、动作灵敏,这对于液压自动控制系统具有重要意义。另一方面,在体积或重量相近的情况下,其输出功率大,能传递较大的扭矩或推力(如万吨水压力等)。

(3) 控制和调节简单、方便、省力,易实现自动化控制和过载保护。

(4) 可实现无间隙传动,运动平稳。

(5) 因传动介质为油液,故液压元件有自我润滑作用,使用寿命长。

(6) 液压元件实现了标准化、系列化、通用化,便于设计、制造和推广使用。

(7) 可以采用大推力的液压缸和大扭矩的液压马达直接带动负载,从而省去了中间的减速装置,使传动简化。

液压传动的主要缺点是:

(1) 漏液。由于作为传动介质的液体是在一定的压力下、有时是在较高的压力下工作

的，因此在有相对运动的表面间不可避免地要产生泄漏。同时，由于油液并不是绝对不可以压缩的，油管等也会产生弹性变形，所以液压传动不宜用在传动比要求较严格的场合。

（2）振动。液压传动中的“液压冲击和空穴现象”会产生强烈的振动和较大的噪声。

（3）发热。在能量转换和传递过程中，由于存在机械摩擦、压力损失、泄漏损失，因而易使油液发热，总效率降低，故液压传动不宜用于远距离传动。

（4）液压传动性能对温度比较敏感，故不易在高温及低温下工作。液压传动装置对油液的污染亦较敏感，故要求有良好的过滤设施。

（5）液压元件加工精度要求高，一般情况下又要求有独立的能源（如液压泵站），这些可能使产品成本提高。

（6）液压系统出现故障时不易追查原因，不易迅速排除。

综上所述，液压传动由于其优点比较突出，故在工农业各个部门获得广泛应用。它的某些缺点随着生产技术的不断发展、提高，正在逐步得到克服。

小结

主要概念

（1）液压传动的定义，液压传动的两个工作特性。

（2）液压系统的四个组成部分及其作用。

（3）液压传动的主要优缺点。

（4）液压系统的图形符号。

自我检测题及其解答

【题目】 液压系统的压力取决于外界负载，而压力控制阀也控制系统的压力，试问二者间有何区别？

【解答】 系统压力取决于外界负载是指压力的产生、形成及其产生、形成的大小而言的：外界负载为零，压力为零；外界负载越大，在承压面积（有效工作面积）一定的条件下，所产生的压力也越大。反之亦然。而压力控制阀（如溢流阀）控制系统的压力，是指压力控制阀对由负载所产生、形成的压力进行调整、控制——将压力调成由负载所决定的数值或较之小的数值或零。但不能调出高于负载所决定的数值。例如：由负载所决定的压力为5MPa，压力控制阀可使压力 p 在 $5\text{MPa} \geqslant p \geqslant 0$ 范围内调整，但调不出 $p > 5\text{MPa}$ 的压力值。

习题

1-1 何谓液压传动（液压传动的定义是什么）？液压传动有哪两个工作特性？

1-2 液压传动的基本组成部分是什么？试举例说明各组成部分的作用。

1-3 液压传动与机械传动相比有哪些主要优缺点？为什么说这些优缺点只是相对的？

第二章　液压油和液压流体力学基础

液压传动是利用液体(通常都是矿物油)作为工作介质来传递动力和信号的。因此液压油的质量——物理、化学性质的优劣,尤其是其力学性质对液压系统工作的影响很大。所以在研究液压系统之前,必须对系统中所用的液压油及其力学性质进行较深入的了解,以便进一步理解液压传动的基本原理,为更好地进行液压系统的分析与设计打下基础。

第一节　液压油的性质和选用

一、液体的密度

(一) 密度

对非均质液体来说,液体在某点处的微小质量 Δm 与其体积 ΔV 之比的极限值,称为液体在该点处的密度,并常用符号 ρ 表示。即

$$\rho = \lim_{\Delta V \to 0} \frac{\Delta m}{\Delta V} = \frac{\mathrm{d}m}{\mathrm{d}V} \tag{2-1}$$

对于均质液体,其单位体积的质量就是液体的密度。即

$$\rho = \frac{m}{V} \tag{2-2}$$

式中　V——液体的体积;

m——体积 V 中所包含的液体质量。

(二) 单位

在国际单位制(SI)中,液体的密度单位是 $\mathrm{kg/m^3}$。

在本书中,除特殊说明外,液压油都是均质的。对于矿物油,其密度 $\rho = (850 \sim 960)\mathrm{kg/m^3}$;对于机床、船舶液压系统中常用的液压油(矿物油),在 15 ℃时其密度可取为 $\rho = 900\mathrm{kg/m^3}$。

(三) 密度与压力、温度的关系

液压油的密度随压力和温度的变化而变化。液体的密度随温度升高而下降,随压力的增加而增大。由于液压系统中工作压力变化不算太大,油液温度又是在控制范围内,所以油温和压力引起的密度变化甚微。因此在一般使用条件下,液压油的密度可视为常数。

二、液体的压缩性

(一) 液体的压缩性

液体的压缩性是指液体受压后其体积变小的性能。

液体的压缩性很小，因此在一般情况下，如在低压（压力低于 180×10^5Pa）和研究液压系统的静态特征时，是可以忽略不计的。但在高压、受压体积较大和研究液压系统的动态特性（包括研究液流的冲击、系统的抗振稳定性、瞬态响应以及计算远距离操纵的液压机构）时，往往必须考虑液压油的压缩性。

（二）液体压缩性的表示方法

1. 液体的压缩性系数

液体的压缩性是用压缩性系数表示的。压缩性系数的定义：受压液体在变化单位压力时引起的液体体积的相对变化量。

如图 2-1 所示，假定压力为 p 时，液体体积为 V；压力增为 $p+\Delta p$ 时，液体体积为 $V-\Delta V$。根据定义，液体的压缩性系数为

$$\beta = -\frac{1}{\Delta p}\cdot\frac{\Delta V}{V} \tag{2-3}$$

式中 β——液体的压缩性系数；

ΔV——液体的压力变化所引起的液体体积变化值；

Δp——液体的压力变化值。

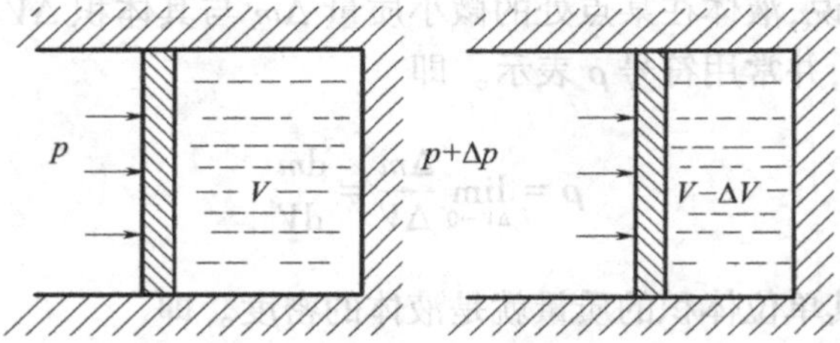

图 2-1 压力升高时液体体积的变化

压力增大时，液体体积减小，反之则增大，因此 $\Delta V/V$ 为负值。为了使 β 为正值，故在式(2-3)的前边加了一个负号。液压油的压缩性系数 β 值一般为 $(5\sim7)\times10^{-10}\mathrm{m^2/N}$。

2. 液体的体积弹性模量

在工程上常用液体的体积弹性模量（简称体积模量）K 来表示液体的抗压性（或压缩性），液体压缩性系数的倒数定义为液体的体积模量。即

$$K = \frac{1}{\beta} = -\frac{V\cdot\Delta p}{\Delta V} \tag{2-4}$$

液压油的体积模量越大，液体的压缩性越小，其抗压性能越强，反之越弱。液压油的体积模量一般为 $(1.4\sim2.0)\times10^9\mathrm{N/m^2}$，而钢的弹性模量为 $2.06\times10^{11}\mathrm{N/m^2}$。可见前者与后者相比，压缩性差 100~150 倍。

液压油的体积模量 K 与压缩过程、温度、压力等因素有关，等温压缩与绝热压缩下的 K 值不同，但由于二者差别很小，故工程上使用时通常不加以区别。

3. 液压油的有效体积模量

当压力变化时，除纯液体（不含气体）的体积有变化外，液体中混入的气体，包容液体的容器（如液压缸和管道等）也会变形。这就是说，只有全面考虑液压油本身的压缩性、

混合在油液中空气的压缩性以及盛放液压油的封闭容器（包含管道）的容积变形，才能真正说明液体压缩的实际情况。根据定义，考虑了上述情况后的液体的体积模量——有效体积模量 K_e 由式（2-4）推得为

$$\frac{1}{K_e}=\frac{1}{K_c}+\frac{1}{K}+\frac{V_g}{V_\Sigma K_g} \tag{2-5}$$

式中 K_c——容器壁材料的体积模量（在一般液压系统中容器的变形主要来自管道）；

K_g——混入液体中的气体（空气）的体积模量（气体的等温体积模量等于系统的压力 p；绝热体积模量，对于空气，$K_g=1.4p$）；

V_g——液体中所含纯气体的初始体积；

V_Σ——容器内液体、气体总的初始体积（即含有气体的液体体积）。

对于金属液压缸和金属管道，由于其体积模量比液体的大得多，所以其变形的影响一般不考虑。但是当使用橡胶软管或尼龙软管时，由于这些管道的体积模量比液体的小得多，所以计算时必须考虑管道的影响。

在不计管道壁弹性的情况下，即设 $K_c\to\infty$ 时，式（2-5）可化简为

$$\frac{1}{K_e}=\frac{1}{K}+\frac{V_g}{V_\Sigma K_g} \tag{2-6}$$

当油液中无气泡时，式（2-5）可化简为

$$\frac{1}{K_e}=\frac{1}{K_c}+\frac{1}{K} \tag{2-7}$$

应当指出，以溶解形式存在于液体中的空气对液体的压缩性没有影响；以混合形式存在于液体中的空气对液体的体积模量影响很大。因此，液压系统在使用和设计时应尽量设法不使油液中混有空气。

例题 2-1 有一台机床和船舶机械液压系统，其系统工作压力分别为 $35\times10^5\text{N/m}^2$ 和 $140\times10^5\text{N/m}^2$，两个系统的液压油分别混入了 1%和 5%的空气量，试求两个系统分别都采用钢管和软管时液压油的有效体积模量。

解 在式（2-5）中：$K=(1.4\sim2.0)\times10^9\text{N/m}^2$，取 $K=1.5\times10^9\text{N/m}^2$；对刚质油管 $K_c=(16\sim35)\times10^9\text{N/m}^2$，取 $K_c=35\times10^9\text{N/m}^2$；对软管 $K_c=(1/4\sim1/20)K$，取 $K_c=K/5$；$K_g=1.4p$（p 为系统工作压力，$p=35\times10^5\text{N/m}^2$、$140\times10^5\text{N/m}^2$）；$V_g/V_\Sigma=1\%$、5%。把这些数据代入式（2-5）后，将计算结果列于表 2-1 中。

由表 2-1 可见：

（1）尽管液压油中混有少量空气，也会使液压油的有效体积模量显著下降（例如，在使用钢管、$V_g/V_\Sigma=0.01$ 时，对于机床液压系统的液体有效体积模量仅是纯液压油的 25%；对于船舶机械液压系统则是 55%）。

（2）在其他条件相同时，含气量虽然只增加了 4%，但液体的有效体积模量却明显地下降（例如在使用钢管时，机床液压系统液压油的有效体积模量下降了 76%；船舶机械液压系统下降了 63%）。

表 2-1　可变管道容腔液气混合体的有效体积模量 K_e 计算表

$K_c/(N/m^2)$	$K_e/(N/m^2)$ \ $p/(N/m^2)$ \ $\frac{V_g}{V_\Sigma}$	0.01	0.05
管道 $K_c=35\times10^9$	35×10^5	$\frac{1}{K_e}=\frac{1}{35\times10^9}+\frac{1}{1.5\times10^9}+\frac{0.01}{1.4\times35\times10^5}=2.736\times10^{-9}$ $K_e=0.37\times10^9$	$\frac{1}{K_e}=\frac{1}{35\times10^9}+\frac{1}{1.5\times10^9}+\frac{0.05}{1.4\times35\times10^5}=10.90\times10^{-9}$ $K_e=0.09\times10^9$
	140×10^5	$\frac{1}{K_e}=\frac{1}{35\times10^9}+\frac{1}{1.5\times10^9}+\frac{0.01}{1.4\times140\times10^5}=1.205\times10^{-9}$ $K_e=0.83\times10^9$	$\frac{1}{K_e}=\frac{1}{35\times10^9}+\frac{1}{1.5\times10^9}+\frac{0.05}{1.4\times140\times10^5}=3.246\times10^{-9}$ $K_e=0.3\times10^9$
软道 $K_c=\frac{K}{5}=\frac{1.5\times10^9}{5}=0.3\times10^9$	35×10^5	$\frac{1}{K_e}=\frac{1}{0.3\times10^9}+\frac{1}{1.5\times10^9}+\frac{0.01}{1.4\times35\times10^5}=6.041\times10^{-9}$ $K_e=0.17\times10^9$	$\frac{1}{K_e}=\frac{1}{0.3\times10^9}+\frac{1}{1.5\times10^9}+\frac{0.05}{1.4\times35\times10^5}=14.20\times10^{-9}$ $K_e=0.07\times10^9$
	140×10^5	$\frac{1}{K_e}=\frac{1}{0.3\times10^9}+\frac{1}{1.5\times10^9}+\frac{0.01}{1.4\times140\times10^5}=4.510\times10^{-9}$ $K_e=0.22\times10^9$	$\frac{1}{K_e}=\frac{1}{0.3\times10^9}+\frac{1}{1.5\times10^9}+\frac{0.05}{1.4\times140\times10^5}=6.551\times10^{-9}$ $K_e=0.153\times10^9$

(3) 比较船舶机械与机床液压系统不难看出，增加压力会提高液压油的有效体积模量（例如，在使用钢管且 $V_g/V_\Sigma=0.01$ 时，工作压力由 $35\times10^5\text{N/m}^2$ 增加到 $140\times10^5\text{N/m}^2$，液体有效体积模量则提高了 124%）。这就是液压伺服系统多采用高压控制的原因之一。

(4) 液压系统中的软管对油液有效体积模量的影响通常比油液中混入空气的影响还要大。

三、液体的黏性和黏度

（一）黏性

1. 定义

液体在外力作用下流动时，分子间的内聚力阻碍分子间的相对运动而产生一种内摩擦力。液体的这种性质称为液体的黏性。

2. 特点

液体只有在流动时才表现出黏性，静止液体是不呈现黏性的。

液体黏性的大小是用黏度来表示的。黏度大，液层间内摩擦力就大，油液就“稠”；反之，油液就“稀”。

（二）黏度

黏度是表示液体黏性大小的物理量，在液压系统中所用液压油常根据黏度来选择。常用的黏度表示方式有三种：绝对黏度（动力黏度）、运动黏度、相对黏度。

1. 绝对黏度

如图 2-2 所示，在两个平行平板（下板不动，上板动）间充满某种液体。当上板以速度 v_0 相对于下平板移动时，由于液体分子与固体壁面间的附着力，使紧挨着上平板的一层极薄的液体跟随着上平板一起以速度 v_0 运动，而紧挨着下平板的极薄的一层液体黏附在下平板上不动，中间各层液体则由于液体的黏性从上到下按递减的速度向右移动（这是由于相邻两薄层液体间分子的内聚力对上层液体起阻滞作用，对下层液体起拖曳作用的缘故）。

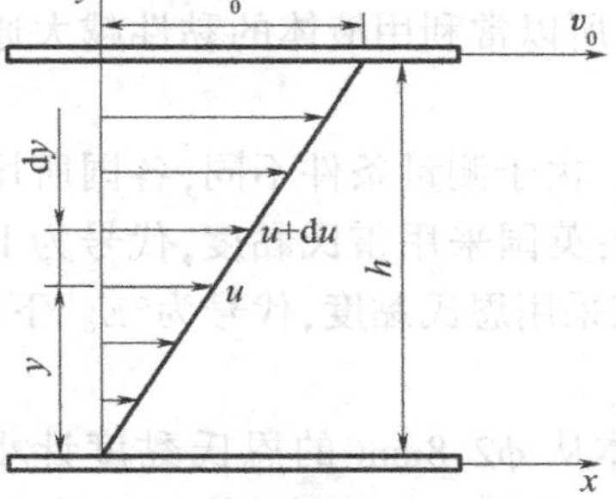

图 2-2 液体黏性示意

实验测定结果说明，液体流动时相邻液层间的内摩擦力 F_f 与液层的接触面积 A、液层间的相对速度 $\mathrm{d}u$ 成正比，与液层间的距离 $\mathrm{d}y$ 成反比，即

$$F_f=\mu\cdot A\cdot\frac{\mathrm{d}u}{\mathrm{d}y} \tag{2-8}$$

式中 μ——比例系数,称为黏性系数或绝对黏度;

$\frac{du}{dy}$——速度梯度,即液层速度沿着平板间隙方向(图 2-2 中的 y 方向)的变化率。

若以 τ 表示切应力,即单位接触面积上的内摩擦力,则有

$$\tau = \frac{F_f}{A} = \mu \cdot \frac{du}{dy} \tag{2-9}$$

式(2-9)称为牛顿液体内摩擦定律,它对于牛顿液体(速度梯度变化时 μ 值不变的液体)和非牛顿液体(速度梯度变化时 μ 值也发生变化的液体)都适用。除了黏性特大或含有特种添加剂的油液外,一般油液均可看成是牛顿液体。

绝对黏度的单位,在 C. G. S. 制中采用 P(泊,$1P = 1dyn \cdot s/cm^2$),现在 SI 制中则采用 $Pa \cdot s$[帕·秒,$1Pa \cdot s = 1N \cdot s/m^2 = 10P$(泊)$= 10^3 cP$(厘泊)]。

2. 运动黏度

液体的绝对黏度与其密度的比值称为液体的运动黏度,并以符号 ν 表示,即

$$\nu = \frac{\mu}{\rho} \tag{2-10}$$

运动黏度 ν 的单位过去用斯($1St = 1cm^2/s$)和厘斯($1cSt = 10^{-2} cm^2/s = mm^2/s$),在 SI 中则以 m^2/s 为单位,$1m^2/s = 10^4 St = 10^6 cSt = 10^6 mm^2/s$。目前在生产实际中厘斯这个单位仍在使用。

运动黏度 ν 没有什么特殊的物理意义,只是因为在液压系统的理论分析与计算中常常遇到绝对黏度 μ 与密度 ρ 的比值,因此才采用运动黏度来代替 μ/ρ。它之所以被称为运动黏度是因为在量纲上有运动学的量,如同绝对黏度——动力黏度在量纲上有动力学的量一样。就物理意义讲,ν 虽然不是一个黏度的量,但习惯上它却被用来标志液体的黏度。由于温度不同,液体的黏度等级 VG(数值)也不一样。而黏度等级的标称则是用 40℃时运动黏度的平均值 ν_{40} 来表示的,并亦以此数值来表示液压油(液)的牌号数。亦即液压油的牌号数就是以这种油液在 40℃(313K,K——绝对温度:0℃ = 273K)时运动黏度的平均厘斯(mm^2/s)数命名的。例如,20 号(牌号)液压油,意即 $\nu_{40} = 20cSt = 20mm^2/s$。

3. 相对黏度

由于绝对黏度很难测量,所以常利用液体的黏性越大通过量孔越慢的特性来测量液体的黏度即相对黏度。

相对黏度又称条件黏度。由于测量条件不同,各国所用的相对黏度单位也不同。美国采用赛氏黏度,代号为 SUS;英国采用雷氏黏度,代号为 R;法国采用巴氏黏度,代号为 °B;中国、俄罗斯、德国等国家采用恩氏黏度,代号为°E。下面介绍恩氏黏度。

1) 恩氏黏度的定义

在某一温度下,被测液体从 $\phi 2.8mm$ 的恩氏黏度计小孔流出 $200cm^3$ 所需的时间 t_1(s),与 20 °C的蒸馏水从同一小孔流出相同的体积所需的时间 t_2(s)的比值称作这种液体在这个温度下的恩氏黏度,并以符号°E表示。即

$$°E = \frac{t_1}{t_2} \tag{2-11}$$

式中,t_2 一般为 51s;°E 的常用测量温度为 20℃ ~ 100℃,相应的黏度以 $°E_{20} \sim °E_{100}$ 表示。

2）换算关系

已知恩氏黏度后，可用下面的经验公式将恩氏黏度换算成运动黏度。

当 $1.35 \leqslant °E \leqslant 3.2$ 时

$$\nu = \left(8°E - \frac{8.64}{°E}\right) \quad mm^2/s \tag{2-12}$$

当°E>3.2 时

$$\nu = \left(7.6°E - \frac{4}{°E}\right) \quad mm^2/s \tag{2-12'}$$

4. 混合油液的黏度

为了使工作油液得到所需要的黏度，可采用两种不同黏度的油液按一定比例混合而得。混合油液的黏度可用下述经验公式计算

$$°E = \frac{a\,°E_1 + b\,°E_2 - c(°E_1 - °E_2)}{100} \tag{2-13}$$

式中 °E——混合油液的黏度；

$°E_1$、$°E_2$——用于混合的两种油液的恩氏黏度，并且 $°E_1 > °E_2$；

a、b——用于混合的两种油液的体积百分比的分子数，即 $a+b=100$；

c——与 a、b 有关的实验系数，见表 2-2。

表 2-2 系数 c 的数值

a/%	10	20	30	40	50	60	70	80	90
b/%	90	80	70	60	50	40	30	20	10
c	6.7	13.1	17.9	22.1	25.5	27.9	28.2	25	17

上述关系式供按需要配制所需黏度的液压油之用。

在国际标准 ISO 中，对液体的黏度统一规定用运动黏度来表示。

（三）黏度和温度的关系

温度对油液黏度的影响很大，温度升高时，其黏度显著下降。油液黏度的变化直接影响液压系统的性能和泄漏量，因此希望黏度随温度的变化越小越好。不同油液有不同的黏度-温度变化关系，这种关系称为液体的黏温特性。

典型常用油液的黏温特性见图 2-3——典型常用油液的黏度-温度曲线，供选择液压油时参考。黏温特性还常用黏度指数（Ⅵ）来表示。黏度指数越高，液体的黏温特性越好，即温度变化后，黏度变化较小。一般要求工作介质的黏度指数高于 90。

（四）黏度和压力的关系

压力对油液的黏度也有一定影响。液体所受压力越大，其分子间距离越小，因此黏度变大。有关资料表明：当压力在 300×10^5Pa 以下时，黏度随压力的变化不太大；当压力在 50×10^5Pa 以下时，黏度随压力的变化可以忽略不计；但在高压时，随着压力的提高黏度增长则很迅速。例如，当压力从零升到 1500×10^5Pa 时，矿物油的黏度增大到 17 倍。不同油液有不同的黏度-压力变化关系，这种关系称为液体的黏压特性。图 2-4 为机械油的黏压特性。

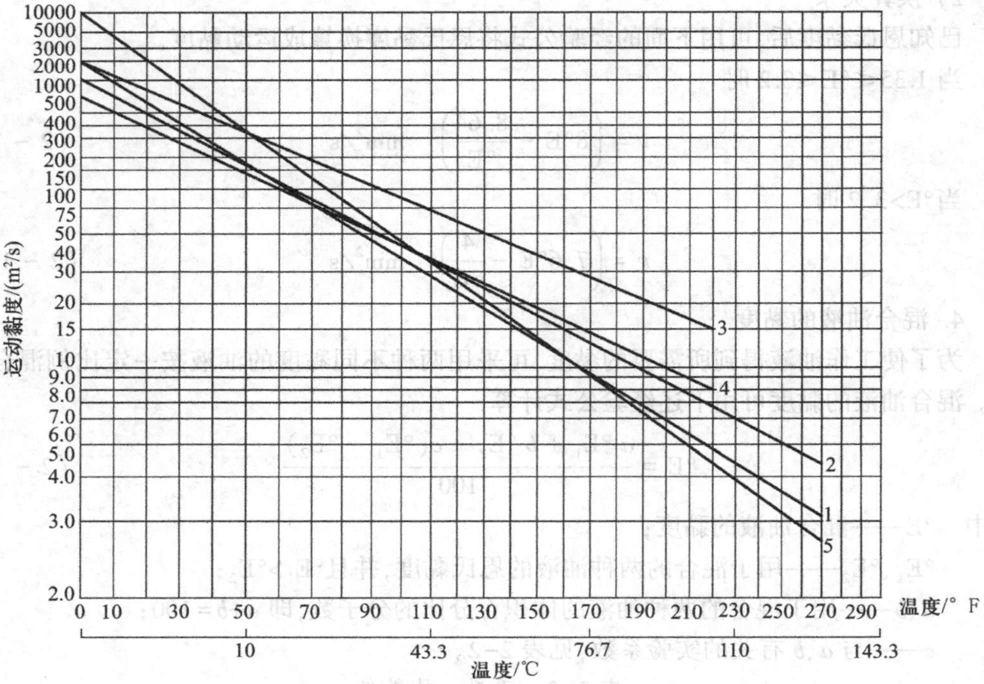

图 2-3　典型常用油(液体)的黏温特性

1—石油型普通液压油；2—石油型高黏度指数液压油；3—抗燃性水泡油乳化液；4—抗燃性水—乙二醇液；5—抗燃性水磷酸酯液

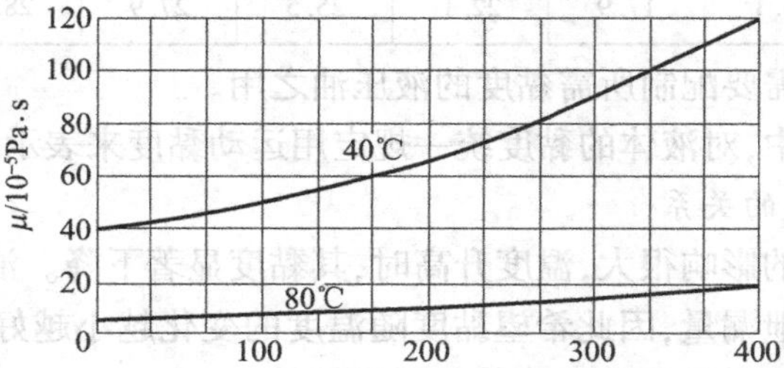

图 2-4　机械油的黏压特性

四、液压油液的代号及命名

液压系统中所有液压油液属于我国润滑剂类产品中的 H 组。在该组中设有许多品种，每种又有不同的黏度等级(或牌号)。现对表示液压油液上述信息的代号及命名(名称)举例说明如下。

1. 代号

根据国家标准规定，液压油液的代号以如下形式表示：

类别—品种　　牌号(数字)

例如：代号为 L—HL32（简号为 HL-32）的油液，各字母及数字含义如下：

L—类别（润滑剂类）；

HL—品种：H—液压油液组，应用场合为液压系统，L—防锈、抗氧型；

32—黏度等级：VG32。

又如，代号为 L—HM46（简号为 HM-46）的液压油，各字母及数字的含义为：

L—类别（润滑剂类）；

HM—品种：H—液压油液组，应用场合为液压系统，M—防锈、抗氧、抗磨型；

46—黏度等级：VG46。

2. 命名

对上述 L-HL32、L-HM46 号油液，其命名（名称）如表 2-3 所列。

表 2-3 油液的代号及命名

代　号	命名（名称）
全号：L-HL32 简号：HL-32	全名：32 号防锈、抗氧型液压油 简名：32 号 HL 油； 32 号普通液压油
全号：L-HM46 简号：HM-46	全名：46 号防锈、抗氧、抗磨型液压油； 简名：46 号 HM 油； 46 号抗磨液压油

HL 液压油是添加有防锈、抗氧化剂的精制矿物油，是当前我国液压系统工作介质中使用面最广、供需量最大的液压油品种。常用于低压液压系统，但不适合叶片泵（见表 2-4）。HM 型液压油是在 HL 液压油基础上添加抗磨剂而成。因此，抗磨性好是其突出特点。该油液适用于低、中、高液压系统，也适用于中等负荷机械的润滑部位。

五、液压油液的选择

（一）液压油液应满足的要求

液压系统中工作的油液，一方面作为传递能量的介质，另一方面作为润滑剂润滑运动零件的工作表面。因此，油液的性能会直接影响液压传动的性能，如工作的可靠性、灵敏性、工况的稳定性、系统的效率及零件的寿命等。在选用液压油液时应满足下列几项要求：

（1）黏温性能好。在使用温度范围内，油液的黏度随温度的变化越小越好。

（2）具有良好的润滑性。油液在规定的范围内应具有足够的油膜强度，以免产生干摩擦。

（3）具有良好的化学稳定性。油液不易氧化变质，以防止产生黏质沉淀物影响系统的正常工作；防止氧化后油液变为酸性，对金属表面起腐蚀作用。

（4）质量应纯净，不含各种杂质，有良好的抗泡沫性。若含有酸、碱，则会腐蚀机件和密封装置；若含有机械杂质，则易造成油路堵塞；若含有易挥发性物质，则易使油液产生气泡，将影响运动的平稳性。

（5）闪点要高，凝固点要低。

（二）液压油液的选择

液压油液的选择首先要考虑的是油液的黏度问题，即根据泵的种类、工作温度、系统速度和工作压力首先确定适用黏度范围，然后再选择合适的液压油液品种。黏度选择的总原则是：在高压、高温、低速情况下应选用黏度较高的液压油液，因为这种情况下泄漏对系统的影响较大，黏度高可适当减少这些影响；在低压、低温、高速情况下，应选用黏度较低的液压油液，因为这时泄漏对系统的影响相对减少，而液体的内摩擦阻力影响较大。在选择液压油液的品种时，要根据具体情况或系统要求选用黏度合适的液压油液。具体选用原则是：

（1）一般液压系统的油液黏度为 $\nu_{40}=10\text{cSt}\sim100\text{cSt}(2°\text{E}_{40}\sim14°\text{E}_{40})$，并集中在15号至60号。

（2）在一般环境温度 $t<38℃$ 的情况下，油液黏度可根据不同压力级别来选择，即

低压　$0<p<25(10^5\text{Pa})$　$\nu_{40}=10\text{cSt}\sim46\text{cSt}$；

中压　$25<p<80(10^5\text{Pa})$　$\nu_{40}=32\text{cSt}\sim68\text{cSt}$；

中高压　$80<p<160(10^5\text{Pa})$　$\nu_{40}=46\text{cSt}\sim84\text{cSt}$；

高压　$160<p<320(10^5\text{Pa})$　$\nu_{40}=68\text{cSt}\sim100\text{cSt}$。

（3）冬季应选用黏度较低的油液；夏季应当提高油液黏度。

（4）周围环境温度很高、超过40℃以上时，应适当提高油液黏度。

（5）对高速液压马达和快速液压缸的液压系统，应选用黏度较低的液压油。

（6）对液压随动系统，宜用低黏度油液，通常 $\nu_{40}\leqslant15\text{cSt}$。

（7）对于一些精度高、有特殊要求的液压系统，应采用专用液压油液，如精密机床液压油、舰用液压油、航空液压油、炮用液压油、汽车制动液等；对于没什么特殊要求的一般液压系统，可采用机械油。

在液压系统中，作为能源的液压泵，其工作压力最高，转速也快，温度也高，工作条件最为苛刻。所以油液黏度一般是根据液压泵的类型来确定的。

表2-4为按液压泵的类型推荐用油黏度表，可供选用液压油时参考。

表2-4　按液压泵的类型推荐用油黏度[cSt(40℃)]

泵类型		运动黏度/(mm²/s) 工作温度 5℃~40℃	运动黏度/(mm²/s) 工作温度 40℃~80℃	适用品种和黏度等级
叶片泵	工作压力≤7MPa	30~50	40~75	HM油，32、46、68
叶片泵	工作压力>7MPa	50~70	55~90	HM油，46、68、100
齿轮泵		30~70	95~165	HL油，（中、高压用HM油），32、46、68、100、150
轴向柱塞泵		40~70	70~150	HL油，（高压用HM），32、46、68、100、150
径向柱塞泵		30~50	65~240	HL油，（高压用HM），32、46、68、100、150

（三）液压油的使用与维护

在使用中，为防止油质恶化，应注意如下事项：

（1）保持液压系统清洁，防止水、其他油类、灰尘和其他机械杂质侵入油中。

（2）油箱中的油面应保持一定高度，正常工作时油箱的温升不应超过液压油所允许的范围，一般不得超过70℃，否则需冷却调节。

(3) 换油时必须将液压系统的管路彻底清洗,新油要过滤后再注入油箱。

第二节 静止液体力学

这里所说的静止液体是指液体内部质点间没有相对运动的液体,至于液体作为一个整体,则可以是静止的,也可以是随同包容它的容器作整体运动的。

本节主要讨论静止液体的力学性质问题。

一、液体的压力

(一) 液体的压力及其性质

作用在液体上的力,有两种类型:一种是作用于液体的所有质点上的质量力,如重力、惯性力等;另一种是作用于液体表面的表面力,如切向力、法向力等。表面力可以是其他物体作用于液体上的力,也可以是液体内部一部分液体作用于另一部分液体上的力。对于整体液体来说,前一种情况下的表面力是一个外力,后一种情况下的表面力是一个内力。液体的压力则属于表面力。

1. 液体的压力

液体在单位面积上所承受的法向作用力,通称为压力,而在物理学中称为压强。设液体在面积 A 上所受的法向作用力为 F_n,则液体的压力 p 为

$$p = \frac{F_n}{A} \tag{2-14}$$

在液压传动中常用到液体在某一点处的压力这一说法。设 ΔA 为液体内某点 m 处微小邻域的面积,ΔF_n 为 ΔA 上所受的法向作用力,当 ΔA 向点 m 处无限缩小时,$\Delta F_n/\Delta A$ 的极限值叫做液体在点 m 处的压力,即

$$p = \lim_{\Delta A \to 0} \frac{\Delta F_n}{\Delta A} \tag{2-15}$$

在国际单位制(SI)中,压力的单位是 N/m^2(牛顿/米^2),称为帕斯卡,简称为帕(Pa)。由于此单位太小,在工程上使用很不方便,因此常采用它的倍数单位 MPa(兆帕)。

$$1MPa = 10^6 Pa = 10^6 N/m^2$$

国际上压力曾用的惯用单位是 bar(巴)。我国过去在工程上采用工程大气压(at)、水柱高度、汞柱高度等压力单位。各压力单位间的换算关系如下:

$1bar = 10^5 Pa = 0.1MPa$

$1at$(工程大气压)$= 1kgf/cm^2 = 9.8 \times 10^4 Pa$

$1mH_2O$(米水柱)$= 9.8 \times 10^3 Pa$

$1mmHg$(毫米汞柱)$= 1.33 \times 10^2 Pa$

在本书中,压力单位一律采用 Pa 或 MPa。

2. 压力的性质

(1) 液体的压力永远指向作用面的内法线方向。这是因为液体质点间凝聚力很小,使液体不可能在受到拉力或剪切力时不发生流动;对于静止液体来说,因其质点间没有相对运动,所以也就不存在拉力或剪切力,而只能存在压力,并且压力的方向必定是指向其

作用面的内法线方向。否则,液体将发生运动,与静止液体条件不符。

(2) 液体内任意一点的压力沿着各个方向上都相等。因若不等,液体质点就将运动,这就破坏了静止液体这个条件。

(二) 重力作用下静止液体的压力分布

设有一容器盛有某种液体,液体表面压力为p_0,如图2-5(a)所示。设m为容器内液体中任意一点,其到液体表面距离(淹深)为h。现在求点m处的压力。设想从液体中取出一高为h、底面积为ΔA并通过点m的小液柱。小液柱自"母体"取出后,原来液体间的内力这时就变成了外力作用于小液柱上:小液柱底面的压力为p,外圆柱表面的压力为p_h。小液柱在所有外力作用下处于平衡状态,如图2-5(b)所示(压力p_h没画出)。现在垂直方向列出小液柱的受力平衡方程式为

$$p = p_0 + \rho g h \tag{2-16}$$

式中 p——淹深为h,即点m处的液体压力;

g——重力加速度,在SI中$g=9.81\text{m/s}^2$。

因点m是任意取的,所以式(2-16)对液体内任意一点都适用,即式(2-16)描述了静止液体内的压力分布规律。

由式(2-16)可知:

(1) 静止液体内某点处的压力由两部分组成:一是液面上的压力p_0;二是液体的自重所引起的压力ρgh。当液面上只受大气压力p_a作用时,点m处的静压力为

$$p = p_a + \rho g h \tag{2-16'}$$

(2) 静止液体内的压力沿淹深呈线性分布,如图2-6所示。

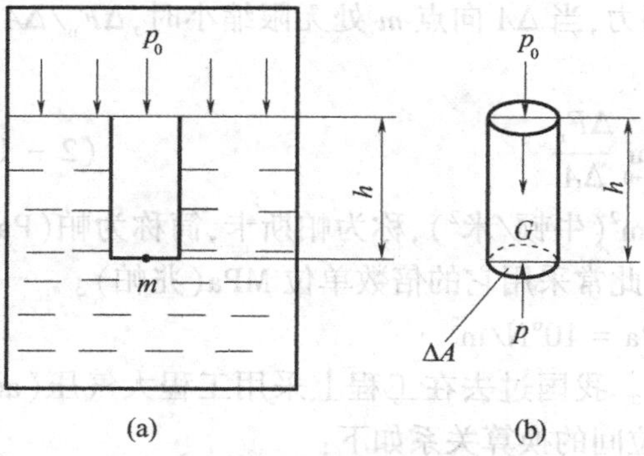

图2-5 重力作用下的静止液体

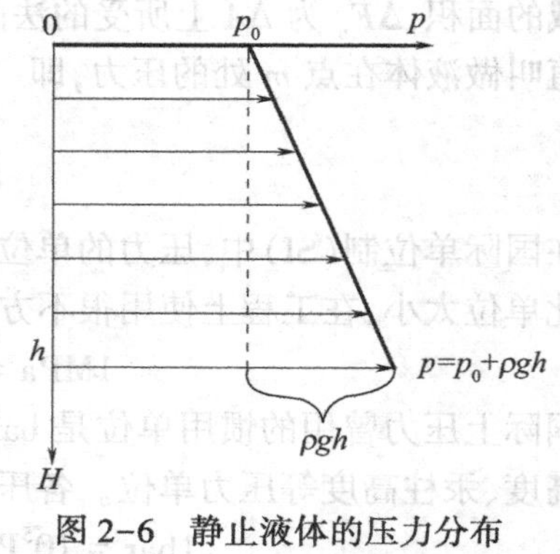

图2-6 静止液体的压力分布

(3) 淹深相同处的各点压力都相等,由压力相等的所有点组成的面称为等压面。在重力作用下静止液体的等压面是一个水平面。油液与空气相接触的自由表面为等压面之一。所有的等压面均与重力相垂直。

(三) 压力的表示方法

压力的表示方法有如下几种形式。

1. 绝对压力

以绝对真空为基准进行度量而得到的压力值叫绝对压力。在式(2-16′)中,p即为液体中点m处的绝对压力。

2. 表压力(相对压力)

以大气压为基准进行度量而得到的压力值叫表压力或相对压力。在式(2-16′)中,ρgh 即为表压力。表压力表示了绝对压力超过大气压的那部分数值。绝大部分测压仪表外部都受大气压作用,内部受绝对压力作用,其指示出来的压力是相对压力。同理,对盛有液体的容器来说,液体对容器壁产生作用的压力也只是相对压力那部分。

3. 真空度

绝对压力不足大气压的那部分压力数值称为真空度。真空度实际上也是以大气压为基准度量而得到的压力数值,与相对压力不同的是相对压力是正表压力,而真空度则是负表压力。例如,若液体内某点的真空度为 $0.35p_a$(大气压),则该点的绝对压力为 $0.65p_a$,相对压力为 $-0.35p_a$。这就是说,在进行数值计算时,真空度可以用负表压力来表示。

注意:真空度最大值不超过一个大气压。

绝对压力、相对压力、真空度三者的关系如图 2-7 所示。

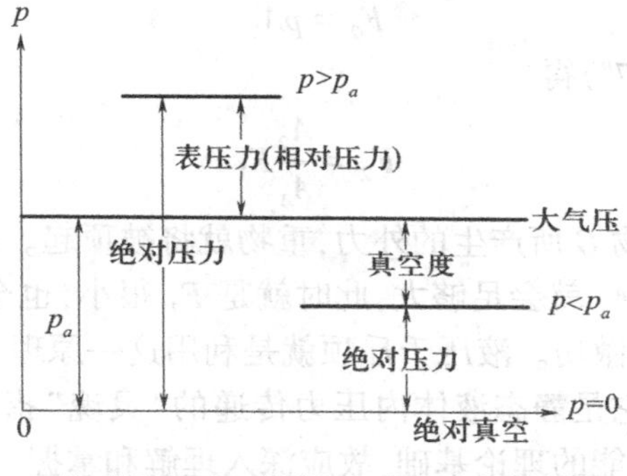

图 2-7 绝对压力、相对压力和真空度之间的相互关系

二、静止液体内压力的传递

静止液体内的压力传递是由帕斯卡定律来描述的。

(一) 帕斯卡定律

在密闭的容器内,施加于静止液体上的压力将同时等值地传到液体内所有各点,这就是帕斯卡定律。如在式(2-16)中,p_0 是外界施加于液体表面的压力,ρgh 是由液体本身自重产生的压力。若 p_0 发生了变化,例如变成了 p_a(大气压),则液体内所有各点的压力都将同时发生相同变化,即式(2-16)将变成式(2-16′)。这就是说,在密闭容器内的静止液体中,若某点的压力发生了变化,则该变化将同时等值地传到液体内所有各点。

在液压系统中,由液体自重引起的压力 ρgh 往往比外界施加于液体的压力 p_0 小得多,常忽略不计。因此,式(2-16)变成 $p=p_0$,即静止液体中的压力处处相等,都等于外界所施加的压力。

现以一连通器——液压千斤顶的工作原理来说明帕斯卡定律的应用。图 2-8 为一密闭容器——连通器,在两个相互连通的液压缸中装有油液。在液压缸上部装有活塞,小活塞和大活塞的面积分别为 A_1 和 A_2,在大活塞上放有重物 G。如果在小活塞上加力 F_1,则在小液压缸中产生的油液压力为

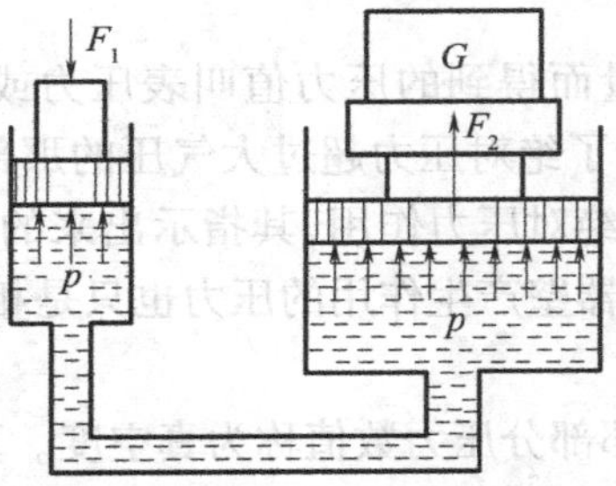

图 2-8　帕斯卡定律应用实例

$$p = \frac{F_1}{A_1} \tag{2-17'}$$

根据帕斯卡定律，这一压力 p 将传到液体中所有各点，因此也传到大缸中去。故大活塞所受向上推力 F_2 为

$$F_2 = pA_2 \tag{2-17''}$$

将式（2-17′）代入式（2-17″）得

$$F_2 = \frac{A_2}{A_1}F_1 \tag{2-17}$$

如果 F_2 足以克服重物 G 所产生的外力，重物就将被顶起。由上式可知，只要 A_2 足够大，A_1 足够小，则比值 A_2/A_1 就会足够大，此时就是 F_1 很小，也会在大活塞上产生较大的推力 F_2，克服重物（负载）做功。液压千斤顶就是利用这一原理工作的。

帕斯卡定律很重要，它是静态液体内压力传递的“灵魂”指导，也是溢流阀和减压阀等压力控制阀工作及其性能的理论基础，故应深入理解和掌握。

（二）液压系统中压力的形成

在图 2-8 中，若将重物 G 去掉，则当不计大活塞的重量和其他阻力时，不论怎样推动小活塞也不能在油液中形成压力。若重物（负载）G 不但存在且较大时，将重物 G 抬起所需的力 F_1 也较大（在比值 A_2/A_1 一定时），则油液压力 p 不仅存在且也较大。反之，若重物 G 较小，则压力 p 也较小。可见，液压系统中的压力是由外界负载决定的。在有效工作面积一定条件下，负载大，压力大；负载小，压力小；外界负载为零，压力为零。这是液压传动中一个重要的基本概念。

三、液体压力作用于固体壁面上的力

（一）作用于平面上的力

当固体表面为一平面时，平面上各点处的静压力（不计重力作用）不但大小相等，而且方向相同，作用于该平面上的力即等于液体静压力 p 与承压面积的乘积。例如，图 2-8 中的大活塞直径若为 D_2，则液体压力作用于活塞上的推力 F_2 为

$$F_2 = pA_2 = \frac{\pi D_2^2}{4}p$$

（二）作用于曲面上的力

图 2-9 所示为一液压缸筒。在液压缸内充满了压力为 p 的油液，现在要求出在 x 方向上液体压力作用在液压缸筒右半壁上的力。

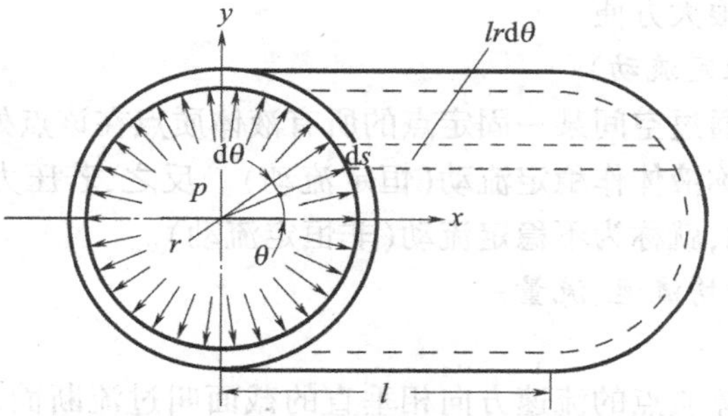

图 2-9　作用在固体曲面上的力

设液压缸筒半径为 r,长度为 l。在缸筒内壁上取一长条微小面积 $dA = l \cdot ds = l \times rd\theta$,则液体压力作用于这微小面积上的力 dF 为

$$dF = p \cdot dA = p \cdot l \cdot rd\theta$$

dF 在 x 方向上的分力 dF_x 为

$$dF_x = dF \cdot \cos\theta = p \cdot l \cdot rd\theta \cdot \cos\theta$$

液体压力在 x 方向上作用在液压缸筒右半壁上的总作用力 F_x,可以从上式积分求得

$$F_x = \int dF_x = \int_{-\frac{\pi}{2}}^{+\frac{\pi}{2}} p \cdot lr\cos\theta d\theta = p \cdot 2rl \tag{2-18}$$

由上式可以看出,液体压力在 x 方向上的作用力 F_x 等于压力 p 与 $2rl$ 的乘积,而 $2rl$ 刚好是缸筒内右半圆曲面在 x 方向投影(在与 x 方向相垂直的那个面上的投影)的面积。这一关系对其他曲面也是适用的。因此可以得出结论:液体压力作用在曲面某一方向上的力等于液体压力与曲面在该方向投影面积的乘积。

第三节　流动液体力学

本节主要讨论流动液体的有关力学特性,即流动液体的运动规律、运动中的能量、能量转换以及流动液体与限制其流动的固体容腔之间的相互作用力等问题。重点是三个基本定律:质量守恒定律(连续性原理)、能量守恒定律(伯努利方程式)、动量定律(动量方程式)。

一、基本概念

由于液体具有黏性,所以当液体流动时其分子间就要产生摩擦力。而液体分子间的摩擦问题较为复杂,再加上重力、惯性力等因素的影响,使得液体内部各处质点的运动状态是各不相同的,这就给研究流动液体的性质带来不便。在工程上感兴趣的是整个液体在空间的某个特定点或特定区域内的平均运动情况。因此,为了简化研究,便于分析起见,对液体及其流动做一些假设。但是,这样做的结果必然与实际有较大的差距。为此,根据实际情况对所研究的结果再加以适当修正,使其与实际情况相接近。

(一)理想液体

既没有黏性又没有压缩性的假想液体称为理想液体。把实际上既有黏性又有压缩性的液体叫做实际液体。很明显,理想液体没有黏性,在流动时不存在内摩擦,没有摩擦损失，这给研究问题带来很大方便。

（二）稳定流动（恒定流动）

液体在流动时，若通过空间某一固定点的所有液体质点在该点处的压力、速度和密度都不随时间而变化，就称液体作稳定流动（恒定流动）。反之，若压力、速度或密度中有一个量是随时间而变化的，就称为不稳定流动（非恒定流动）。

（三）过流断面、平均流速、流量

1. 过流断面

液体流动时，与液体质点的流速方向相垂直的截面叫过流断面。图 2-10(a)中的截面 A、图 2-10(b)中的截面 B 为过流断面。

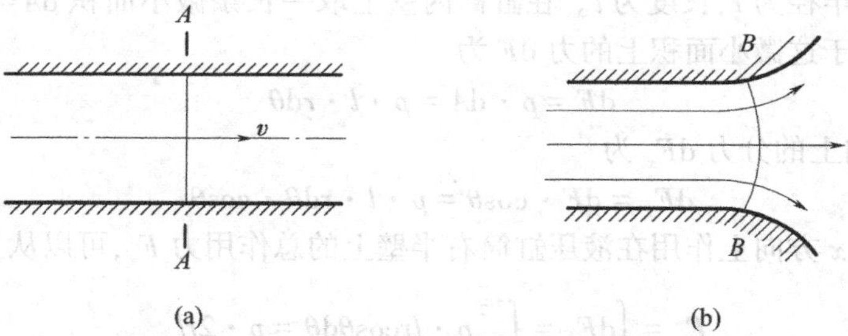

图 2-10　液体流动时的过流断面

2. 平均流速 v

平均流速 v 是个假想速度，即当管道中任一过流断面处的所有液体质点都以速度 v 流动时，在单位时间内流过该断面液体的体积与这些液体质点都以其真实速度 u 流动时，在单位时间内流过同一断面液体的体积相等，如图 2-11 所示。在研究液压系统的静特性时，所用的速度都是平均流速 v。

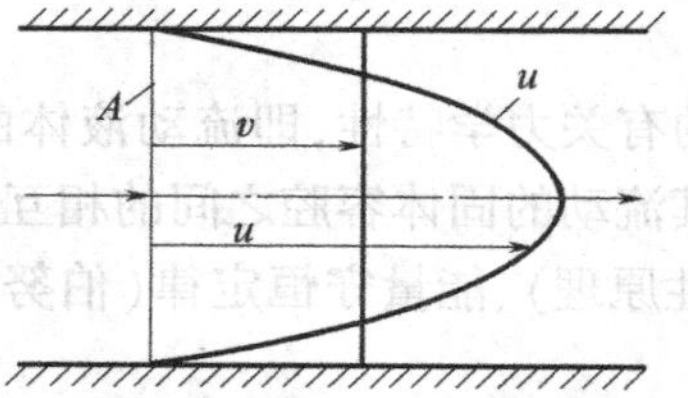

图 2-11　液体的平均流速

3. 流量 Q*

液体流动时，单位时间内流过任一过流断面的液体的体积，称为流量，若任一过流断面的面积为 A，则由上述平均流速的概念有

$$Q = Av \tag{2-19}$$

流量的单位是 m^3/s，但这个单位太大，故在液压系统中常用单位是 cm^3/s 和 L/min（升/分）。

（四）液体流动时的压力

液体流动时要呈现出黏性力和惯性力，由于二者的影响使流动液体的压力与静止液

* 因国内许多厂家的液压产品中仍使用 Q(L/min)，为此为方便读者，在本书中仍用 Q 表示流量。

体的压力(即静压力)不同。但是,由于假定液体是理想液体,因而其黏性的影响就不存在了;又由于惯性力一般都很小,在液压传动中通常可以忽略不计,这样,理想液体流动时的压力(动压力)与静压力就无甚差别。因此,在今后讨论中将不再对液体流动时的压力和静压力加以区别。

二、流动液体的质量守恒定律——连续性方程式

与自然界的其他物质一样,液体在流动中也是遵循质量守恒定律的,即其质量不会自行产生和消失。

设液体在一不等断面的管道中流动,如图 2-12(a)所示。现把管道过流断面 1、2 之间的液体取为控制体积加以研究(在研究、探讨液体的某些问题时,常在液体的某部位取出一块液体来进行研究,这时要把所取的液体块与原来液体母体之间的内力转化成施加于液体块的外力。所取的液体块称为控制体,这种研究方法称为控制体积法)。设过流断面 1、2 的面积分别为 A_1、A_2,其液体的平均流速分别为 v_1、v_2,由于假定液体为理想液体,无压缩性,故密度 ρ 为常数。根据质量守恒定律,在单位或相同的时间内,从过流断面 1 流进控制体积的液体质量一定等于从过流断面 2 流出控制体积的液体质量。即

$$\rho_1 \cdot v_1 \cdot A_1 = \rho_2 \cdot v_2 \cdot A_2$$

$$v_1 A_1 = v_2 A_2 \qquad (2-20)$$

由于过流断面 1、2 是任意取的,所以对管道中的任何过流断面式(2-20)都成立,即

$$v_1 A_1 = v_2 A_2 = vA = Q = \text{const} \qquad (2-21)$$

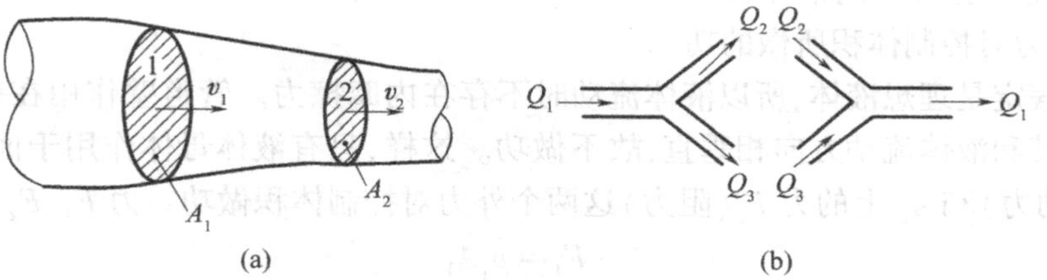

图 2-12 液流的连续性简图

这就是不可压缩液体作稳定流动时的连续性方程式。其物理意义是,在稳定流动的情况下,当不考虑液体的压缩性时,通过管道各过流断面的流量都相等。

据此,可以得到两点推论:

(1) 由式(2-21)有

$$\frac{v_1}{v_2} = \frac{A_2}{A_1} \qquad (2-22)$$

即液体的流速与其过流断面面积成反比。当流量一定时,管子细的地方流速大;管子粗的地方流速小。

(2) 在具有分支的管路中,存在 $Q_1 = Q_2 + Q_3$ 的关系,如图 2-12(b)所示。

三、流动液体的能量守恒定律——伯努利方程式

在液压系统中是利用具有压力的流动液体来传递能量的。能量是做功本领的度量,而功是能量的表现形式。下面根据能量守恒定律先对理想液体作稳定流动时存在的能量

形式及其变化规律进行分析，然后再推广应用于实际液体。

（一）理想液体的伯努利方程式

图 2-13 表示液体流经管道的一部分，管道各处的截面大小和高低都不相同。管道内液体作稳定流动，现取出一段控制体积 AB。假定在极短时间 dt 内，控制体积从 AB 位置流动到 $A'B'$ 位置。由于移动距离很小，因此在从 A 到 A' 及从 B 到 B' 这两小段范围内，断面积、压力、流速和高度都可以近似看成是不变的。设在 AA'、BB' 处的断面积分别为 A_1、A_2，压力分别为 p_1、p_2，流速分别为 v_1、v_2，位置高度分别为 h_1、h_2。

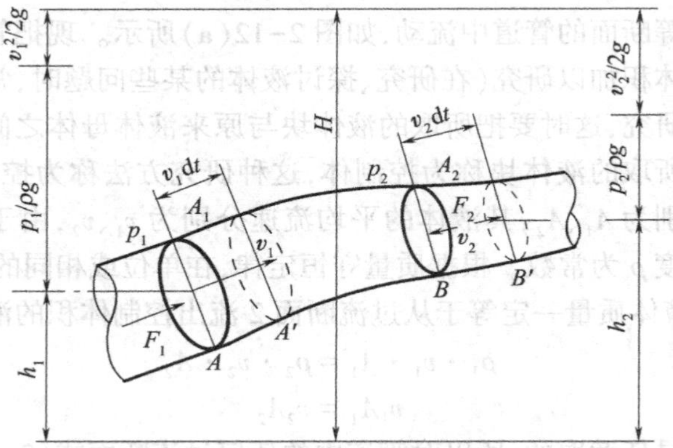

图 2-13　伯努利方程式推导简图

1. 伯努利方程式的推导

1）外力对控制体积所做的功

由于假定是理想液体，所以液体流动时不存在内摩擦力。管道壁作用在控制体积侧面的力因其和液体流动方向相垂直，故不做功。这样，只有液体母体作用于面积 A_1 上的力 F_1（推动力）和 A_2 上的力 F_2（阻力）这两个外力对控制体积做功。力 F_1、F_2 分别为

$$F_1 = p_1A_1$$

$$F_2 = p_2A_2$$

当控制体积从 AB 段运动到 $A'B'$ 段时，F_1 和 F_2 所做的总功为

$$W = F_1v_1\mathrm{d}t - F_2v_2\mathrm{d}t = p_1A_1v_1\mathrm{d}t - p_2A_2v_2\mathrm{d}t \qquad (2-23)$$

由液体的连续性原理有

$$A_1v_1 = A_2v_2$$

或

$$A_1v_1\mathrm{d}t = A_2v_2\mathrm{d}t = V \qquad (2-24)$$

式中　V——AA' 或 BB' 段液体的体积。

将式(2-24)代入式(2-23)，得

$$W = p_1V - p_2V \qquad (2-25)$$

2）控制体积的能量变化

当液体从 AB 流到 $A'B'$ 位置时，由于是稳定流动，所以在时间间隔 $\mathrm{d}t$ 内处在 $A'B$ 段空间的液体质点的压力、流速都不会发生变化，因此这段液体的能量也不会变化，而有变化的仅是 AA' 段液体与 BB' 段液体的位置高度和流速，因此势能和动能都有了变化。也就是

说，控制体积在 $A'B'$、AB 两个位置上的能量变化只体现在 BB' 和 AA' 这两段液体上。设 AA' 段、BB' 段液体的机械能（动能、势能之和）分别为 E_1 和 E_2，则

$$E_1 = \frac{1}{2}m_1 v_1^2 + m_1 g h_1 = \frac{1}{2}m v_1^2 + m g h_1$$

$$E_2 = \frac{1}{2}m_2 v_2^2 + m_2 g h_2 = \frac{1}{2}m v_2^2 + m g h_2$$

式中　m_1、m_2——液体 AA'、BB' 的质量，且 $m_1 = m_2 = m$。

机械能的变化

$$E_2 - E_1 = \frac{1}{2}m v_2^2 + m g h_2 - \frac{1}{2}m v_1^2 - m g h_1 \qquad (2-26)$$

3）外力所做的功等于机械能的变化

因假定是理想液体，在管道内流动时没有摩擦力，因而也就没有能量损耗。所以管道内 AB 段液体流到 $A'B'$ 时，所变化的机械能等于外力对其所做的功，即

$$W = E_2 - E_1 \qquad (2-27)$$

将式(2-25)和式(2-26)代入式(2-27)有

$$p_1 V - p_2 V = \frac{1}{2}m v_2^2 + m g h_2 - \frac{1}{2}m v_1^2 - m g h_1$$

或

$$p_1 V + \frac{1}{2}m v_1^2 + m g h_1 = p_2 V + \frac{1}{2}m v_2^2 + m g h_2 \qquad (2-28)$$

因 A_1 和 A_2 两个过流断面是任意取的，所以上式对管道内任意两断面都是适用的。因此式(2-28)也可以写成

$$pV + \frac{1}{2}m v^2 + m g h = \text{const} \qquad (2-29)$$

式(2-29)是质量为 m、重量为 mg 的液体的能量表达式。将上式两边同除以 mg，可得单位重量液体的能量公式

$$\frac{p}{\rho g} + \frac{v^2}{2g} + h = \text{const} \qquad (2-30)$$

式(2-30)称为伯努利方程式。

2. 伯努利方程式的讨论

（1）在式(2-30)中，$\frac{p}{\rho g}$、$\frac{v^2}{2g}$、h 分别是单位重量液体的压力能、动能和势能，三者分别称为液体的比压能、比动能和比势能。

（2）伯努利方程式的物理意义是，在密封的管道内作稳定流动的理想液体在任意断面上都具有三种形式的能量，即压力能、动能和势能，它们之间可以互相转化，但三种能量的总和是一定的。

（3）在伯努利方程式中，$\frac{p}{\rho g}$、$\frac{v^2}{2g}$和 h 都具有长度的量纲，通常又分别称为压力头、速度头和位置头。三者之和为一个常量，用 H 表示，称为总水头。在图 2-13 中，管道各点 H 值的连线为一水平线，这表示管道任何处的压力头、速度头、位置头之和即总水头都是相

等的。

（4）从伯努利方程式中还可以看出，当管道处于水平位置、管道内各断面处的位置头相等时，或位置高低相差甚小时，其影响可以忽略不计时，有

$$\frac{p}{\rho g}+\frac{v^2}{2g}=\text{Const}$$

即管道越细、流速越高，液体压力越低，反之亦然。

（二）实际液体的伯努利方程式

式(2-30)是理想液体的伯努利方程式，当把它推广到实际液体上去时，必须对其进行修正。

由于实际液体是具有黏性的，因此液体在流动时为克服内摩擦阻力必然要损失一部分能量。又由于实际液体在某一过流断面上的各点的速度并不相同，而式(2-30)中的比动能 $v^2/2g$ 是以平均流速来计算的，因而这与实际液体的比动能必有一定误差。考虑到这两方面的影响，实际液体的伯努利方程式为

$$\frac{p_1}{\rho g}+\frac{\alpha_1 v_1{}^2}{2g}+h_1=\frac{p_2}{\rho g}+\frac{\alpha_2 v_2^2}{2g}+h_2+h_w \tag{2-31}$$

式中 h_w——单位重量液体从一个过流断面流向另一个过流断面的总的能量损失；

α_1、α_2——动能修正系数 $=\dfrac{\text{某过流断面上各点都以其真实速度流动时的实际动能}}{\text{同一过流断面上各质点都以平均速度 } v \text{ 流动时的平均动能}}$，在紊流情况下或层流粗略计算时（紊流、层流概念稍后介绍）取 $\alpha_1=\alpha_2=1$；层流时取 $\alpha_1=\alpha_2=2$。

例题 2-2 一个船舶液压系统的液压装置最高点与最低点的垂直高度差 $h=10\text{m}$，该点处液压力为 $p=21\text{MPa}$，管中液体流速 $v=5\text{m/s}$，试计算该点处的总能量，并比较比位能、比动能与比压能的大小（取 $\rho=900\text{kg/m}^3$）。

解 取 $\alpha=1$，则总能量为

$$\frac{p}{\rho g}+\frac{v^2}{2g}+h=\frac{21\times10^6}{8.8\times10^3}+\frac{5^2}{2\times9.81}+10=2397.63\text{m}$$

比位能所占的比例为

$$\frac{10}{2397.63}\times100\%=0.42\%$$

比动能所占的比例为

$$\frac{1.27}{2397.63}\times100\%=0.05\%$$

比位能与比动能之和占总能量的比例为

$$\frac{10+1.27}{2397.63}\times100\%=0.47\%$$

由此可见位能与动能常可以忽略不计（高压时尤其如此），即在液压传动中只考虑压力能。

四、流动液体的动量方程式

液体在管道中流动时，当其动量（质量 m 与速度 v 的乘积）发生变化时，它会对管道

的固体壁面或容腔产生作用力（液动力）。这个力很重要，有时会直接影响系统或液压元件的使用性能。这里通过动量定律来解决这个问题。

（一）动量方程式的推导

现将刚体的动量定律应用于取定的一块作稳定流动的控制体积。刚体的动量定律指出：当一质点系运动时，在时间间隔 dt 内其动量向量的增量等于同一时间间隔内作用于该质点系上的外力的总冲量。

如图 2-14 所示，在液流管道中取出一段控制体积 12，经过时间间隔 dt 后，控制体积 12 移动到 $1'2'$位置。过流断面 1、2 处的平均流速分别为 v_1 和 v_2；面积分别为 A_1、A_2。控制体积从 12 流到 $1'2'$位置时，可以看成一个质点系在运动。若以 d[$m\boldsymbol{v}$]表示控制体积在位置 $1'2'$处相对于位置 12 处的动量增量，$\boldsymbol{F}$ 表示诸外力的合力，则由动量定律有

$$\boldsymbol{F}\cdot \mathrm{d}t = \mathrm{d}[m\boldsymbol{v}] \qquad (2-32)$$

由于控制体积 12 的动量与控制体积 $1'2'$的动量可分别做如下表示

$$[m\boldsymbol{v}]_{12} = [m\boldsymbol{v}]_{11'} + [m\boldsymbol{v}]_{1'2}$$

$$[m\boldsymbol{v}]_{1'2'} = [m\boldsymbol{v}]_{1'2} + [m\boldsymbol{v}]_{22'}$$

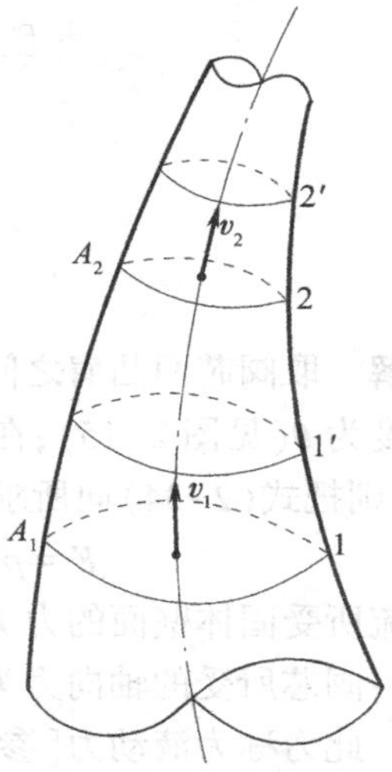

图 2-14 动量方程式推导简图

故动量的变化为

$$\begin{aligned}\mathrm{d}[m\boldsymbol{v}] &= [m\boldsymbol{v}]_{1'2'} - [m\boldsymbol{v}]_{12}\\ &= [m\boldsymbol{v}]_{1'2} + [m\boldsymbol{v}]_{22'} - [m\boldsymbol{v}]_{11'} - [m\boldsymbol{v}]_{1'2}\\ &= [m\boldsymbol{v}]_{22'} - [m\boldsymbol{v}]_{11'}\end{aligned}$$

根据动量定义，$[m\boldsymbol{v}]_{22'} = (\rho A_2 v_2\cdot \mathrm{d}t)\boldsymbol{v}_2 = \rho Q_2\boldsymbol{v}_2\cdot \mathrm{d}t$；$[m\boldsymbol{v}]_{11'} = (\rho A_1 v_1\cdot \mathrm{d}t)\boldsymbol{v}_1 = \rho Q_1\boldsymbol{v}_1\cdot \mathrm{d}t$。所以在时间间隔 d$t$ 内动量的变化为

$$\mathrm{d}[m\boldsymbol{v}] = \rho Q_2\boldsymbol{v}_2\mathrm{d}t - \rho Q_1\boldsymbol{v}_1\mathrm{d}t \qquad (2-33)$$

联立式(2-32)、式(2-33)有

$$\boldsymbol{F}\mathrm{d}t = \rho Q_2\boldsymbol{v}_2\mathrm{d}t - \rho Q_1\boldsymbol{v}_1\mathrm{d}t$$

或

$$\boldsymbol{F} = \rho Q_2\boldsymbol{v}_2 - \rho Q_1\boldsymbol{v}_1 = \rho Q(\boldsymbol{v}_2 - \boldsymbol{v}_1) \qquad (2-34)$$

式(2-34)即理想液体作稳定流动时的动量方程式。

（二）动量方程式的讨论

（1）在式(2-34)中，$\boldsymbol{F}$、$\boldsymbol{v}_1$、$\boldsymbol{v}_2$均为向量，在具体应用时应将上式向某指定方向投影，列出在该方向上的动量方程。

（2）式(2-34)中的 $\boldsymbol{F}$ 是液体所受的固体壁面的作用力，而液体的反作用力作用于固体壁面上的力则为$-\boldsymbol{F}$，即与力 $\boldsymbol{F}$ 大小相等，方向相反。

（3）动量修正系数β。液体的真实动量与用平均流速计算出的动量之比称为动量修正系数，以β表示。考虑这个因素后，液体的动量方程式修正为

$$\boldsymbol{F} = \rho Q(\beta_2\boldsymbol{v}_2 - \beta_1\boldsymbol{v}_1) \qquad (2-35)$$

对于圆管中的层流流动，取$\beta=1.33$，近似值常取$\beta=1$；对于圆管中的紊流流动，取$\beta=1$。

例题 2-3 图 2-15 为控制滑阀示意图。液体流入、流出滑阀的情况如图 2-15 所示。试求液流对阀芯的轴向作用力(图中 F_V 为移动滑阀芯的位移力)。

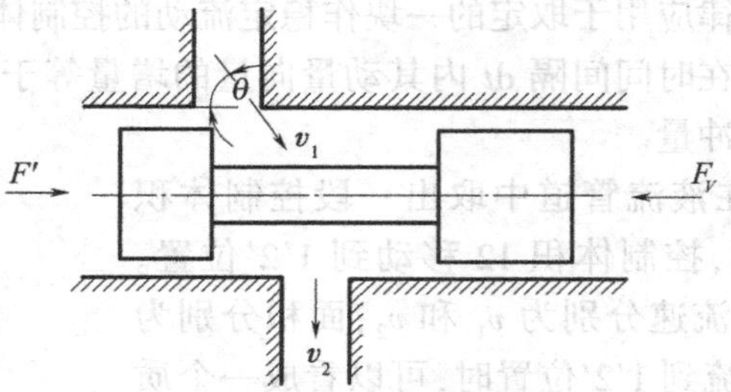

图 2-15 滑阀上的液动力

解 取阀芯两凸肩之间的液体为控制体积，该控制体积在阀入口处的流速为 v_1，其射流角度为 θ(见图 2-15)；在阀出口处流速为 v_2，其与阀芯轴线夹角为 90°。设液体作稳定流动，则把式(2-34)向所求力的方向——阀芯的轴向投影得

$$F=\rho Q(\beta_2 v_2\cos 90°-\beta_1 v_1\cos\theta)=-\rho Q\beta_1 v_1\cos\theta$$

即液流所受固体壁面的力 F_V 大小为 $\rho Q\beta_1 v_1\cos\theta$，方向向左(与 v_1 的投影反向)；而固体壁面——阀芯所受的轴向力为 $F'=-F=\rho Q\beta_1 v_1\cos\theta$，即大小为 $\rho Q\beta_1 v_1\cos\theta$，方向向右，与力 F_V 反向。此力称为液动力[参阅第五章第二节二、(五)]，在本题中，该力的方向是使阀口关闭的方向。

第四节 液体在管道中的流动

为了建立和维持液压系统的压力，液压传动中的液体必须在封闭的容器(管道)内流动。因为实际液体具有黏性，所以液体在管道中流动时就会因克服内摩擦力而产生能量损失。另外，液体在流经管接头或过流断面大小发生突然变化时，也要产生能量损失。这些能量损失主要表现为压力损失，这在设计液压系统时是不可忽视的。压力损失最后转变为热，使油温升高，泄漏增加，容积效率下降。因此，必须尽量减少压力损失。

压力损失的大小与液体的流动状态有关。故下面首先介绍液体的流动状态。

一、液体的流动状态

(一) 层流和紊流

液体的流动存在着两种不同的状态——层流和紊流。层流是指液体质点呈互不混杂的线状或层状流动，此时液体中各质点作平行于管道的轴线运动，流速较低，受黏性的制约而不能随意运动，黏性力起主导作用。紊流是指液体质点呈混杂紊乱状态的流动，此时液体质点除了作平行于管道的轴线运动，还或多或少具有横向运动，流速较高，黏性的制约作用减弱，因而惯性力起主导作用。

液体的流动是层流还是紊流，需根据雷诺数判别。

(二) 雷诺数

实验证明，液体在管道中的流动状态不仅与液体在管内的平均流速 v 有关(在其他条件相同时，v 越高，越易形成紊流），还和管径 d、液体的运动黏度 ν 有关（在其他条件相同时，d 越大和或 ν 越小越易形成紊流）；但是无论 v、d、ν 如何变化，只要 v、d、ν^{-1} 三者乘积相同，其流态就相同，反之亦然。v、d、ν^{-1} 三者乘积——一个无量纲的纯数称为雷诺数，并用 Re 表示，即

$$Re=\frac{vd}{\nu} \tag{2-36}$$

这就是说，液流的雷诺数如相同，其流动状态就相同。

流动液体由层流转变为紊流或由紊流转变为层流的雷诺数称为临界雷诺数，以 Re_{cr} 表示。实验表明，在管道几何形状相似的情况下，其临界雷诺数基本是一个定值，而且实际雷诺数 Re 越小越易形成层流，越大越易形成紊流。因此，可用液体流动的实际雷诺数 Re 与临界雷诺数 Re_{cr} 相比较来判别流动状态。当 $Re<Re_{cr}$ 时为层流；当 $Re>Re_{cr}$ 时为紊流。对于光滑的金属圆管，$Re_{cr}=2320$。临界雷诺数一般由实验求得，常见液流管道的临界雷诺数如表 2-5 所列。

表 2-5 常见液流管道的临界雷诺数

管道的形状	Re_{cr}
光滑的金属圆管	2320
橡胶软管	1600~2000
光滑的同心环状缝隙	1100
光滑的偏心环状缝隙	1000
圆柱形滑阀阀口	260

（三）非圆断面管道雷诺数的计算

对于非圆断面的管道，Re 可用下式计算

$$Re=\frac{vd_H}{\nu} \tag{2-37}$$

式中，d_H 为过流断面的水力直径，其定义为液流有效过流断面积 A 的 4 倍与其湿周（有效过流断面上液体与固体相接触的周长）χ 之比，即

$$d_H=\frac{4A}{\chi} \tag{2-38}$$

在液压传动中，管道中总是充满液体的。因此这里的有效过流断面积就等于通流断面，湿周就等于通流断面的周长。例如，通流断面为环形的管道的水力直径为 $d_H=4\times\frac{\pi}{4}(D^2-d^2)/\pi(D+d)=(D-d)$（$D$、$d$ 分别为环形管道的外侧、内侧直径）。

液体在管内流动时水力直径大，液体与管壁接触面相对就小，液流阻力小，流通能力大，越不易堵塞。

二、液体在圆管中的层流流动及其沿程能量损失

液体在圆管中的层流流动是液压传动中最常见的一种流动。下面首先对这一流动状态下的能量损失及有关量加以分析、计算。

（一）过流断面上的速度分布规律

设有某种液体在水平等断面的圆管道中从左向右作层流流动，如图 2-16 所示。现

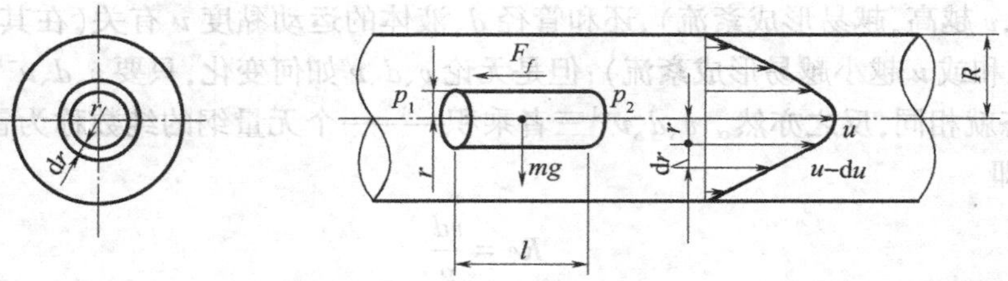

图 2-16 圆管道中的层流流动

在管内取出一段与管道同轴线的微小圆柱体，其长为 l，半径为 r，作用于其两端面上的压力分别为 p_1 和 p_2，作用其外圆柱面的内摩擦力为 F_f。则该圆柱体在轴线方向上的力平衡方程式为

$$(p_1 - p_2)\pi r^2 - F_f + mg\cos 90° = 0$$

由内摩擦定律式(2-8)知 $F_f = -\mu 2\pi r l \cdot \mathrm{d}u/\mathrm{d}r$（图示坐标轴中速度梯度 $\mathrm{d}u/\mathrm{d}r$ 为负值，故式中加一负号以使内摩擦力为正值）。又令 $\Delta p = p_1 - p_2$。将这些关系代入上式得

$$\frac{\mathrm{d}u}{\mathrm{d}r} = -\frac{\Delta p \cdot r}{2\mu l} \tag{2-39}$$

对式(2-39)积分，并考虑到 $r=R$ 时，$u=0$，故得

$$u = \frac{\Delta p(R^2 - r^2)}{4\mu l} \tag{2-40}$$

可见管内流速在半径方向上呈抛物线规律分布，最大流速发生在轴线上，其值为 $u_{\max} = \Delta p R^2/4\mu l$。

（二）流量

在半径 r 处取出一厚为 $\mathrm{d}r$ 的微小圆环面积（见图 2-16），通过此圆环面积的流量 $\mathrm{d}Q = u \cdot 2\pi r \cdot \mathrm{d}r$，对该式积分可得流量 Q 为

$$Q = \int \mathrm{d}Q = \int_0^R u \cdot 2\pi r \cdot \mathrm{d}r = \int_0^R \frac{\Delta p}{4\mu l}(R^2 - r^2) \cdot 2\pi r \cdot \mathrm{d}r$$

$$= \frac{\pi R^4}{8\mu l}\Delta p = \frac{\pi d^4}{128\mu l}\Delta p \tag{2-41}$$

或

$$\Delta p = \frac{8\mu l}{\pi R^4}Q = \frac{128\mu l}{\pi d^4}Q \tag{2-42}$$

式中，d 为圆管内径。由上式可知流量与管径四次方成正比，压差（压力损失）则与管径四次方成反比。所以管径对压力损失、流量的影响是很大的。

（三）平均流速

由式(2-19)和式(2-41)得

$$v = \frac{Q}{A} = \frac{\dfrac{\pi R^4}{8\mu l}\Delta p}{\pi R^2} = \frac{1}{2} \cdot \frac{\Delta p}{4\mu l}R^2 = \frac{1}{2}u_{\max} \tag{2-43}$$

即层流时圆管中的平均流速等于其轴线上最大流速之半。

（四）沿程能量损失

沿程能量损失是指液体在等断面直管道内流动时，液体沿着其流动方向上所造成的

能量损失。这部分能量损失是由于液体流动时其内摩擦力和液体与管道壁面间的摩擦力所引起的。经理论推导,液体流经等直径 d 的直管道时在管长 l 段上的沿程能量损失(简称沿程损失,下同)h_l 的表达式为

$$h_l=\lambda\frac{l}{d}\frac{v^2}{2g} \tag{2-44}$$

与 h_l 相应的沿程压力损失 Δp 为

$$\Delta p=\rho g h_l=\lambda\frac{l}{d}\frac{v^2}{2g}\rho g=\lambda\frac{l}{d}\frac{\rho v^2}{2} \tag{2-45}$$

式中 λ——沿程损失系数,无量纲;

v——液体的平均流速;

ρ——液体的密度。

λ 的理论值为 $\lambda=64/Re$,但实际值要大一些。如油液在金属圆管中流动时取 $\lambda=75/Re$;在橡胶软管中流动时取 $\lambda=80/Re$。

三、液体在圆管中的紊流流动及其沿程能量损失

紊流是一种很复杂的流动,对其过程的研究迄今尚不充分,对其规律尚未完全弄清。因此紊流时的能量损失目前还只能依靠实验得出。

紊流时管道断面上速度分布与层流不同,除靠近管壁处一层极薄的层流边界层的速度较低外,其余处的速度接近于最大值,即速度分布比较均匀。故动能修正系数 $\alpha\approx1.05\sim1.10\approx1$;动量修正系数 $\beta\approx1.04\approx1$。

紊流流动时的能量损失比层流大,其沿程能量损失或压力损失的计算公式与层流的形式相同,都为式(2-44)和式(2-45)。与层流不同的是 λ 不仅与 Re 有关,当 Re 较大时还与管壁的相对粗糙度 Δ/d 有关(Δ 为管壁的绝对粗糙度,d 为管道内径),即 $\lambda=f(Re,\Delta/d)$。

在不同的雷诺数范围内,λ 的经验公式为

$$\begin{cases}\lambda=0.3164Re^{-0.25} & (3\times10^3<Re<10^5)\\ \lambda=0.0032+0.221Re^{-0.237} & (10^5<Re<3\times10^6)\\ \lambda=0.11\left(\dfrac{\Delta}{d}\right)^{0.25} & \left[Re>597\left(\dfrac{d}{\Delta}\right)^{9/8}\right]\end{cases} \tag{2-46}$$

若 Δ 值事先不知道,粗估时,对钢管取 0.04mm;铜管取 0.0015~0.01mm;铝管取 0.0015~0.06mm;橡胶软管取 0.03mm;铸铁管取 0.25mm。

四、局部能量损失

液体在流经阀口、弯头、突然变化的过流断面等处时,由于流速的大小或方向发生急剧变化所造成的一部分能量损失称为局部能量损失(以下简称局部损失)。

(一) 过流断面突然扩大处的局部损失

图 2-17 为液流管道过流断面突然扩大的示意图。设管道水平设置,分别列出过流

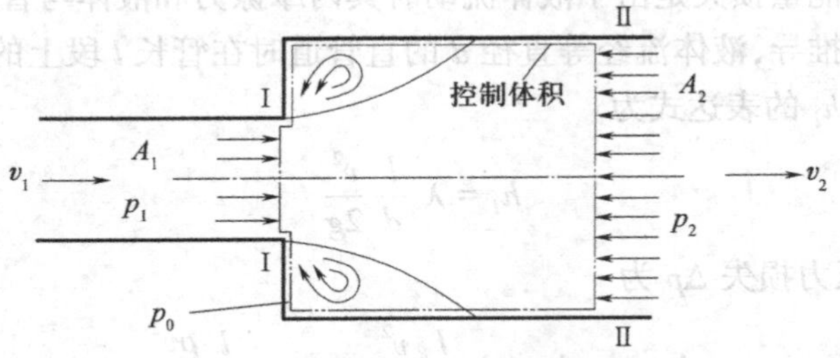

图 2-17 过流断面突然扩大处的局部损失

断面Ⅰ-Ⅰ、Ⅱ-Ⅱ处的伯努利方程式(取 $\alpha_1=\alpha_2=1$)和Ⅰ-Ⅰ、Ⅱ-Ⅱ间控制体积的动量方程式(取 $\beta_1=\beta_2=1$),经推导可得出过流断面突然扩大处的局部损失为

$$h_\zeta=\zeta_1\frac{v_1^2}{2g} \tag{2-47}$$

式中 ζ_1——突然扩大局部损失系数,$\zeta_1=(1-A_1/A_2)^2$(A_1、A_2 分别为Ⅰ-Ⅰ、Ⅱ-Ⅱ处的面积);

v_1——过流断面Ⅰ-Ⅰ处的平均流速。

(二)其他形式的局部损失

其他形式的局部损失可用下式计算

$$h_\zeta=\zeta\frac{v^2}{2g} \tag{2-48}$$

或

$$\Delta p_\zeta=\zeta\frac{v^2\rho}{2} \tag{2-48'}$$

式中 ζ——局部损失系数,局部损失的形式不同,其值也不同,一般由实验确定,具体数据可查阅有关液压传动设计手册。

对于过流断面突然收缩处的局部损失为

$$h_\zeta=\zeta_2\frac{v_2^2}{2g}$$

式中 ζ_2——局部损失系数;

v_2——收缩喉部的平均流速。

对于液体流经各种标准液压元件的局部损失,一般可从产品技术规格中查到,但所查得的数据是在额定流量下的额定压力损失。当实际流量与额定流量不一样时,可根据局部损失与 v^2 成正比的关系式按式(9-20)计算。

五、管路系统总能量损失

管路系统中总能量损失等于系统中所有直管道沿程损失之和与局部能量损失之和的叠加,即

$$h_w=\sum\lambda\frac{l}{d}\frac{v^2}{2g}+\sum\zeta\frac{v^2}{2g} \tag{2-49}$$

或

$$\Delta p = \sum \lambda \frac{l}{d} \rho \frac{v^2}{2} + \sum \zeta \rho \frac{v^2}{2} \tag{2-50}$$

上两式仅在两相邻(受损)局部之间的距离大于管道内径 10~20 倍时才是正确的,否则,液流受前一个局部阻力(损失)的干扰还没有稳定下来,就又经历后一个局部阻力,其所受的扰动将更加严重,因而会使由式(2-50)所算出的压力损失比实际值要小。

从计算能量损失的公式可知,缩短管道长度、减少管道过流断面的突变或增加管道内壁的光滑程度等都可以使压力损失减小,但影响较大的因素是液流的流速。因此,液压系统使用的流速不应过高,但是流速太低也会使管道或阀类元件的尺寸加大或成本增高。一般可参考表 2-6 选取。

表 2-6 油液流经不同元件时的推荐流速

油液流经的液压元件	流速/(m/s)
油泵的吸油管路 $\frac{1}{2}$ ~1in 管(15~25mm)	0.6~1.2
>1 $\frac{1}{4}$ in 管(>32mm)	1.5
压油管 $\frac{1}{2}$ ~2in 管(15~50mm)	4.0
>2in 管(>50mm)	6.0
流经控制阀等短距离的缩小截面的通道	15
溢流阀 安全阀	30

例题 2-4 如图 2-18 所示,液压泵的流量 $Q=63\text{L/min}$,吸油管通径 $d=20\text{mm}$,液压泵吸油口距油池液面高 $h=400\text{mm}$,粗滤油网的压力降 $\Delta p_r=0.012\text{MPa}$,油液密度 $\rho=0.9\text{g/cm}^3$,黏度 $\nu=20\text{cSt}$,求液压泵吸油口处的真空度。

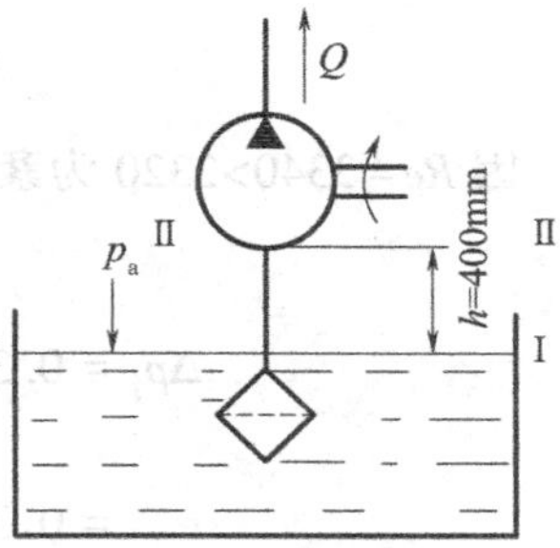

图 2-18 例题 2-4

解此题的目的是要准确地理解和掌握流动液体的性质、真空度的概念,熟悉解这类问题的方法和步骤。

真空度也是表示压力的一种形式,是相对压力(以表压力表示时为负值)。若设液压泵吸油口的压力为 p,油池液面的压力为 p_a(大气压),则真空度 $=p_a-p$。

解:(1) 吸油管油液的流速 v。

$$v = \frac{Q}{A} = \frac{4Q}{\pi d^2} = \frac{4 \times 63}{\pi(2 \times 10^{-2})^2 \times 60 \times 10^3} = 3.34(\text{m/s})$$

(2) 吸油管油液的流动状态。

$$Re = \frac{dv}{\nu} = \frac{2 \times 10^{-2} \times 3.34}{0.2 \times 10^{-4}} = 3340 > 2320$$

因此可推断为紊流。

(3) 列出伯努利方程式。

在油箱(油池)的油面和液压泵吸油口处分别取计算断面Ⅰ-Ⅰ、Ⅱ-Ⅱ,则伯努利方程式为

$$\frac{p_1}{\rho g}+\frac{\alpha_1 v_1^{\ 2}}{2g}+h_1=\frac{p_2}{\rho g}+\frac{\alpha_2 v_2^2}{2g}+h_2+h_l+h_\zeta$$

式中,$p_1=p_a$(大气压);$p_2=p$;$\alpha_1=\alpha_2=1$(紊流);$v_1\approx 0$。取断面Ⅰ-Ⅰ为零势能基准面,则$h_1=0$。忽略油箱油面到滤油网一段的沿程损失,则$h_2=400\text{mm}$。故上式简化为

$$\frac{p_a}{\rho g}=\frac{p}{\rho g}+\frac{v_2^2}{2g}+h_2+h_l+h_\zeta$$

$$真空度=p_a-p=\frac{\rho v_2^2}{2}+\rho g h_2+\rho g h_l+\rho g h_\zeta$$

$$=\frac{\rho v_2^2}{2}+\rho g h_2+\Delta p_l+\Delta p_\zeta$$

(4) 分别求各项。

① 求$\rho v_2^2/2$。

$$\frac{\rho v_2^2}{2}=\frac{\rho v^2}{2}=\frac{0.9\times 10^3\times 3.34^2}{2}=5020(\text{N/m}^2)\approx 0.005\text{MPa}$$

② 求$\rho g h_2$。

$$\rho g h_2=0.9\times 10^3\times 9.81\times 0.4$$
$$=3531.6(\text{N/m}^2)\approx 0.004\text{MPa}$$

③ 求沿程损失Δp_l。

$$\Delta p_l=\lambda\frac{l}{d}\frac{\rho v_2^2}{2}=\lambda\frac{l}{d}\frac{\rho v^2}{2}$$

因$Re=3340>2320$为紊流,则由式(2-46)可得

$$\lambda=0.3164Re^{-0.25}$$

$$\Delta p_l=0.3164Re^{-0.25}\frac{l}{d}\frac{\rho v^2}{2}$$

$$=0.3164\times 3340^{-0.25}\times\frac{0.4}{0.02}\times\frac{0.9\times 10^3\times 3.34^2}{2}(\text{N/m}^2)$$

$$=4178(\text{N/m}^2)\approx 0.004\text{MPa}$$

④ 求局部损失Δp_ζ。

题中已给出$\Delta p_\zeta=\Delta p_r=0.012\text{MPa}$。

(5) 求真空度。

$$真空度=0.005+0.004+0.004+0.012=0.025\text{MPa}$$

第五节 液流流经小孔及缝隙的流量计算

液压系统中的一些液压阀阀口的流量计算、液压元件泄漏量的计算,以及节流调速、

伺服系统的工作原理等都是建立在小孔和缝隙流量公式基础上的,因此本节主要讨论、研究液流流经孔口及缝隙时的流量计算。

一、液流流经小孔时的流量计算

(一) 薄壁小孔的流量

所谓薄壁小孔是指小孔的长度 l 与其孔径 d_0 的比值——$l/d_0 \leqslant 0.5$ 的孔,而孔口的边缘一般都做成刃口形式。

1. 流量公式的推导

如图 2-19 所示,d_0 为一管道隔板中间的薄壁小孔,液流经管道由小孔 d_0 流出。由于液体的惯性作用,使通过小孔后的液流在小孔下游的某个位置上形成一个收缩断面 $e-e$,然后再扩散,这一收缩、扩散过程就产生了压力损失。

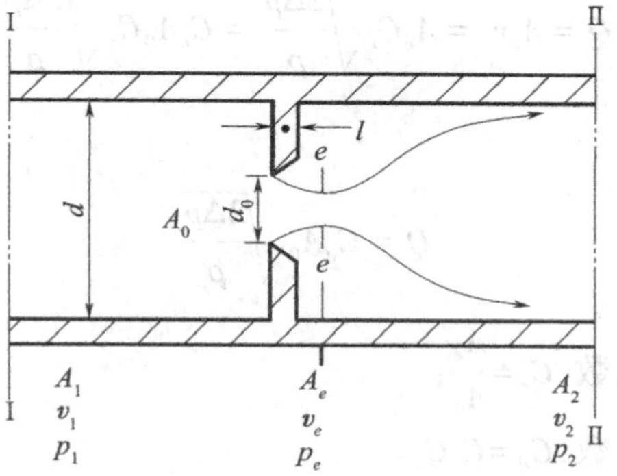

图 2-19 通过薄壁小孔的液流

现在小孔 d_0 上游距小孔(隔板)较近之处取过流断面Ⅰ-Ⅰ,再在小孔下游、距小孔亦很近,但液流已完全扩散的地方取过流断面Ⅱ-Ⅱ。断面Ⅰ-Ⅰ、Ⅱ-Ⅱ、$e-e$ 上的有关参数如图 2-19 所示。列出断面Ⅰ-Ⅰ、Ⅱ-Ⅱ的伯努利方程式为

$$\frac{p_1}{\rho g}+\frac{\alpha_1 v_1^2}{2g}+h_1=\frac{p_2}{\rho g}+\frac{\alpha_2 v_2^2}{2g}+h_2+h_l+\sum h_\zeta$$

取 $\alpha_1=\alpha_2=1$,又因为 $h_1=h_2$,$A_1=A_2$,$v_1=v_2$,断面Ⅰ-Ⅰ、Ⅱ-Ⅱ间距很小,$h_l \approx 0$,所以上式变为

$$\frac{\Delta p}{\rho g}=\sum h_\zeta=h_{\zeta_1}+h_{\zeta_2}$$

式中 $\Delta p=p_1-p_2$,小孔前后压差;

h_{ζ_1}——液流流经小孔时,从断面Ⅰ-Ⅰ到断面 $e-e$ 的突然缩小时的局部损失,$h_{\zeta_1}=\zeta v_e^2/2g$;

h_{ζ_2}——液流从断面 $e-e$ 到断面Ⅱ-Ⅱ的突然扩大时的局部损失,$h_{\zeta_2}=\left(1-\frac{A_e}{A_2}\right)^2\times\frac{v_e^2}{2g}$。

由于 $A_2 \gg A_e$,所以 $h_{\zeta_2}=\frac{v_e^2}{2g}$。

将这些关系式代入上式后有

$$\frac{\Delta p}{\rho g} = (\zeta + 1)\frac{v_e^2}{2g}$$

即

$$v_e = \frac{1}{\sqrt{\zeta + 1}}\sqrt{\frac{2\Delta p}{\rho}}$$

$$v_e = C_v\sqrt{\frac{2\Delta p}{\rho}} \tag{2-51}$$

式中　C_v——小孔流速系数，$C_v = 1/\sqrt{\zeta+1}$。

由此得出小孔流量为

$$Q = A_e v_e = A_e C_v\sqrt{\frac{2\Delta p}{\rho}} = C_c A_0 C_v\sqrt{\frac{2\Delta p}{\rho}}$$

或

$$Q = C_d A_0\sqrt{\frac{2\Delta p}{\rho}} \tag{2-52}$$

式中　C_c——断面收缩系数，$C_c = \frac{A_e}{A_0}$；

C_d——小孔流量系数，$C_d = C_c C_v$。

2. 公式的讨论

(1) 流量系数 C_d 值一般只能由实验确定。C_d 值随雷诺数 Re 的变化而变化，但在完全收缩（管道直径 d 与小孔直径 d_0 之比：$d/d_0 \geqslant 7$）的情况下，当 $Re > 10^5$ 时，C_d 几乎不变（在液压技术中，一般 $d/d_0 > 10$，而且液流在小孔处呈紊流状态，雷诺数都较大，所以基本都是这种情况），这时流量系数为 $C_d = 0.60 \sim 0.61$；在不完全收缩（$d/d_0 < 7$）的情况下，由于这时小孔离管壁较近，管壁对液流进入小孔起导向作用，C_d 可增大到 0.7~0.8；当不是薄刃式理想形状的孔而是带棱边或小倒角的孔时，C_d 值还要大。

(2) 从小孔流量公式可见，流量 Q 与小孔前后压差 Δp 的平方根成正比，而且过流长度很短、摩擦阻力的作用很小（$h_l \approx 0$），所以流量受黏度、温度变化的影响很小，这是薄壁小孔区别于细长孔的一个重要特点。因此，在液压技术中常用这类节流孔作为节流装置，以使控制的流量不受黏度的影响。

(3) 应用该公式计算通过控制阀口（如节流阀口）的流量时，公式中的压差 Δp 总是用阀的进、出口两端的压力差代入的。

当图 2-19 中的小孔不是圆孔而是个矩形缝隙并且缝隙高度 b 不但远较管道高度 B 小，而且亦远较缝隙宽度 w 小时，即 $b \ll B$，$b \ll w$ 时，流量可按下式计算

$$Q = \frac{\pi b^2 w}{32\mu}\Delta p \tag{2-52'}$$

（二）细长小孔的流量

所谓细长小孔是指孔的长径比 $l/d > 4$ 的小孔，在液压技术中它常作为阻尼孔。油液流

经细长小孔时的流态一般为层流,因此其流量可用液流流经圆管时的流量公式(2-41)式来计算,即 $Q=\pi d^4\Delta p/(128\mu l)$。

从上式可看出,液流流经细长小孔的流量 Q 与小孔前后的压力差 Δp 成正比,而与油液的黏度成反比,因此油液流量受油温影响较大。当油温升高时,黏度降低,流量 Q 增加,这点和薄壁小孔不同。

应当指出,用上式计算细长小孔的流量时,由于没有考虑细长小孔的起始段损失(有关起始段损失本节不做讨论),所以细长小孔的长径比越大时,计算结果越精确。反之,长径比越接近 4 时误差越大。

二、液流流经缝隙时的流量计算

液压元件有相对运动的配合表面必然有一定的配合间隙——缝隙,这样液压油就会在缝隙两端压差的作用下经过缝隙向低压区流动(称为内泄漏)或向大气中流动(称为外泄漏)。泄漏的存在不仅会造成系统效率和性能的降低,使传动准确性下降,而且外泄漏还会污染环境。因此研究液体经缝隙的泄漏规律,对提高液压元件的性能和保证系统正常工作是很重要的。

由于缝隙一般都很小(几微米到几十微米),水力直径也很小,液压油又具有一定黏度,因此油液在缝隙中的流动一般为层流。

(一)平行平板间的缝隙流量

1. 固定平行平板间的缝隙流量

如图 2-20 所示,在压差 $\Delta p=p_1-p_2$ 的作用下,液体在固定的平行平板间的缝隙中流动。缝隙的高度为 h,宽度为 b,长度为 l,而且 $b\gg h, l\gg h$。

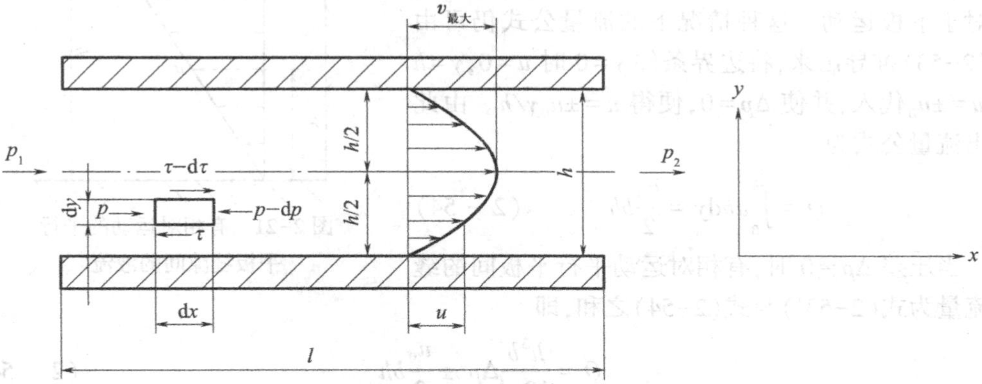

图 2-20 固定平行平板间缝隙的液流

在缝隙液流中取出一长×宽×高 $=dx\times1\times dy=dx\times dy$ 的微小单元控制体积,其受力情况如图所示。该单元体积的受力平衡方程式为

$$p\mathrm{d}y+(\tau-\mathrm{d}\tau)\mathrm{d}x=(p-\mathrm{d}p)\mathrm{d}y+\tau\mathrm{d}x$$

整理后得

$$\frac{\mathrm{d}\tau}{\mathrm{d}y}=\frac{\mathrm{d}p}{\mathrm{d}x}$$

将式(2-9)代入上式后有

$$\frac{d^2u}{dy^2}=\frac{1}{\mu}\cdot\frac{dp}{dx}$$

对上式积分两次可得

$$u=\frac{y^2}{2\mu}\frac{dp}{dx}+C_1y+C_2 \tag{2-53'}$$

由于平行平板是固定的,所以在 $y=0$ 和 $y=h$ 处 $u=0$;此外液流作层流流动时 p 只是 x 的线性函数,即 $dp/dx=(p_2-p_1)/l=-\Delta p/l$。把这些关系式代入式(2-53')便有

$$u=\frac{y(h-y)}{2\mu l}\Delta p$$

由此得通过固定平行平板间缝隙的流量为

$$Q=\int_0^h ub\,dy=\int_0^h\frac{y(h-y)}{2\mu l}\Delta pb\,dy=\frac{h^3b}{12\mu l}\Delta p \tag{2-53}$$

上式表明,通过缝隙的流量与 Δp 和 h^3 成正比,即间隙稍有增大,就会引起泄漏量大量增加,可见液压元件内间隙的大小对其泄漏量的影响是很大的。因此,在要求密封的地方,应尽可能缩小间隙,以减少高压油的泄漏。

2. 有相对运动的平行平板间的缝隙流量

当平行平板作相对运动时,即使压差 $\Delta p=0$,液体也会被带着移动。这就是剪切作用所引起的流动。如图 2-21 所示,下板固定不动,上板以速度 u_0 相对于下板运动。这种情况下的流量公式仍可由式(2-53)推导出来,将边界条件 $y=0$ 时 $u=0$,$y=h$ 时 $u=\pm u_0$ 代入,并使 $\Delta p=0$,便得 $u=\pm u_0y/h$。由此求出流量公式为

$$Q=\int_0^h ub\,dy=\frac{u_0}{2}bh \tag{2-54}$$

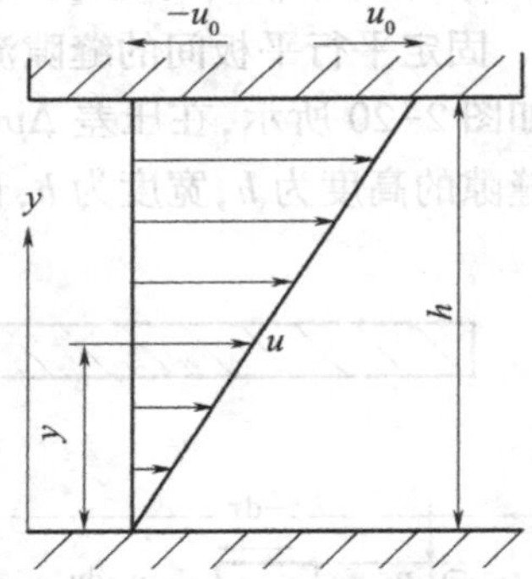

图 2-21 有相对运动的平行平板缝隙间的液流

当压差 $\Delta p\neq0$ 时,有相对运动平行平板间的缝隙流量为式(2-53')与式(2-54)之和,即

$$Q=\frac{h^3b}{12\mu l}\Delta p\pm\frac{u_0}{2}bh \tag{2-54'}$$

在上式中,当 u_0 与压差 Δp 同向时取"+"号;反向时取"-"号。

(二)圆柱环形间隙的流量

液压元件有相对运动的零件之间的间隙大多数为圆柱环形间隙,如活塞与缸体间的配合,换向阀中阀芯与阀体的配合等。

1. 同心圆柱环形间隙的流量

图 2-22 表示两个同心圆柱面间的环形间隙,若将其展开,则可视为平行平面间的缝隙,并可以 πd 分别代替式(2-53')、式(2-54)、式(2-54')中的 b 来进行计算。所以液流通过两个没有相对运动的同心圆柱面间环形间隙的流量计算公式为

$$Q = \frac{\pi dh^3}{12\mu l}\Delta p \qquad (2-55)$$

式中　d——环状间隙内侧圆柱面的直径。

有相对运动，但压差 $\Delta p=0$ 的两个同心圆柱面间环形间隙的流量为

$$Q = \frac{u_0}{2}\pi dh \qquad (2-55')$$

有相对运动且压差 $\Delta p\neq 0$ 的两个同心圆柱面间的环形间隙的流量为

$$Q = \frac{h^3\pi d}{12\mu l}\Delta p \pm \frac{u_0}{2}\pi dh \qquad (2-55'')$$

上式中运动的圆柱面的速度 u_0 与压差同向时取"+"号，反之取"-"号。

2. 偏心圆柱环形间隙的流量

在实际工作中，圆柱与孔的配合很难保持严格的同心，往往带有一定量的偏心量 e，如图 2-23 所示。这种情况下，通过此间隙的流量可按下式计算。

1）圆柱面间无相对运动时

$$Q = \frac{\pi dh^3}{12\mu l}\Delta p(1+1.5\varepsilon^2) \qquad (2-56)$$

2）圆柱面间有相对运动（$u_0\neq 0$）时

$$Q = \frac{\pi dh^3}{12\mu l}\Delta p(1+1.5\varepsilon^2) \pm \frac{u_0}{2}\pi dh \qquad (2-56')$$

式中　ε——偏心率，$\varepsilon=\frac{e}{h}$；

h——同心时间隙量。

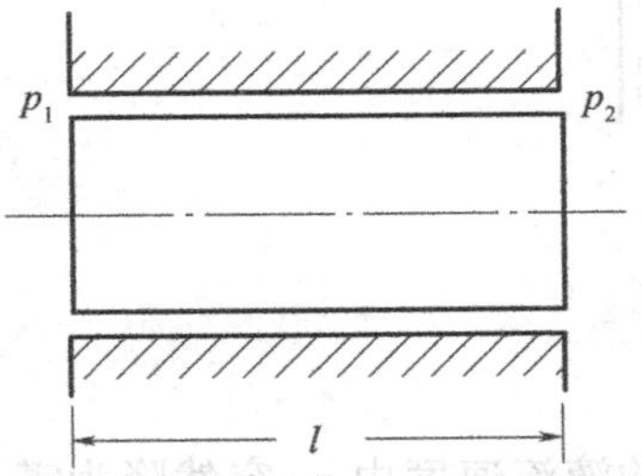

图 2-22　同心圆柱面间的环形间隙

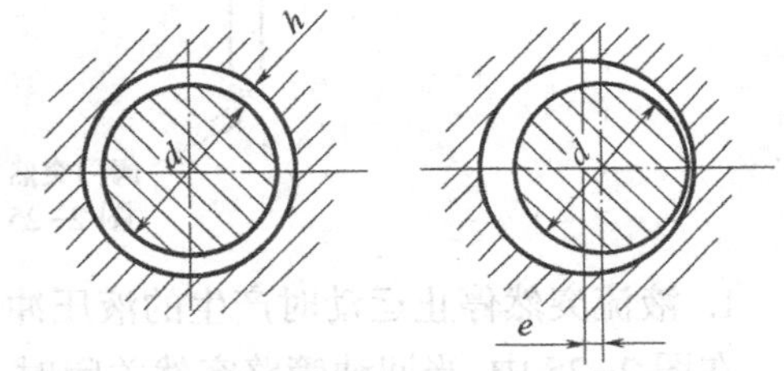

图 2-23　偏心圆柱面间的环形间隙

从上式可知，通过同心圆柱环形间隙的流量公式只不过是 $\varepsilon=0$ 时偏心圆柱环形间隙流量公式的特例。当完全偏心时 $e=h$，$\varepsilon=1$。此时由式（2-56）得

$$Q = 2.5\frac{\pi dh^3}{12\mu l}\Delta p$$

可见，完全偏心时的泄漏量是同心时的 2.5 倍。故圆柱环形间隙的偏心会使泄漏量增加。

（三）平行圆盘间隙的流量

图 2-24 为相距间隙 h 很小的两平行圆盘，液流由中心向四周沿径向呈放射形流出。

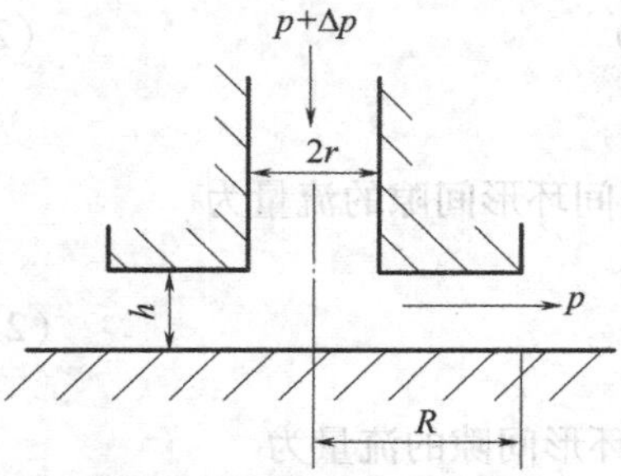

图 2-24　平行圆盘间隙内的放射流动

柱塞泵和液压马达中的滑履和斜盘之间，喷嘴挡板阀的喷嘴与挡板之间，以及某些静压支承均属这类流动。其流量可按下式计算

$$Q = \frac{\pi h^3 \Delta p}{6\mu \ln \frac{R}{r}} \tag{2-57}$$

式中　R——圆盘的外半径；

r——圆盘中心孔半径；

Δp——进口压力与出口压力之差。

第六节　液压冲击和空穴现象

一、液压冲击

（一）液压冲击现象

在液压系统中，由于某种原因引起液体压力在某一瞬间急剧升高，形成很高的压力峰值，这种现象称为液压冲击。

（二）液压冲击的成因

如图 2-25 所示，设活塞及所有与活塞相连的运动部件的质量为 $\sum m$，并以速度 v 相对于液压缸从左向右运动，右侧回油管路中油液的流速为 v_T。下面简单说明一下液压冲击的成因。

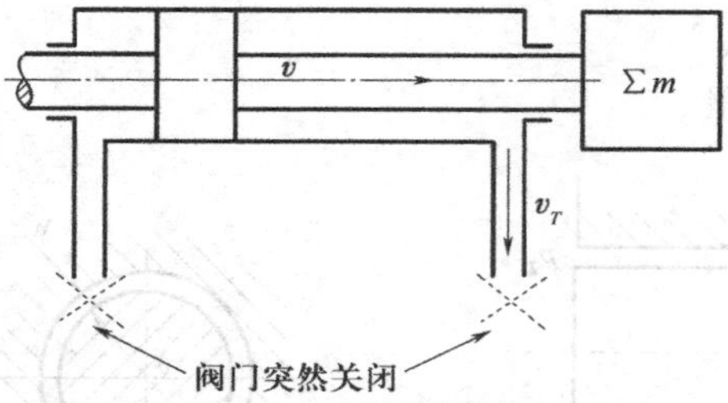

图 2-25　液压冲击

1. 液流突然停止运动时产生的液压冲击

在图 2-25 中，当回油管路突然关闭时，管路中的液流速度由 v_T 突然降为零，液体质点的全部动能都转变为液体的弹性势能，因而使回油管路中的油压急剧升高，油温上升，产生很大的压力峰值。

2. 运动部件制动或换向时产生的液压冲击

如图 2-25 所示，当液压缸制动或换向时（换向阀突然关闭液压缸的进出油口通道），由于运动部件的惯性，活塞将继续运动一段距离后才停止，使液压缸右腔油液受到压缩（运动部件的全部动能 $\sum mv^2/2$ 都转变成液压缸右腔油液的压力能），从而引起液体压力急剧增加，形成压力峰值，产生液压冲击。

3. 液压系统中某些液压元件动作失灵或不灵敏产生的液压冲击

当溢流阀在系统中作安全阀使用、对系统起过载保护作用时,若系统过载时安全阀不能及时打开(动作不灵敏)或根本打不开(动作失灵),也要导致系统管道压力急剧升高,产生液压冲击。

(三) 液压冲击的危害

(1) 产生液压冲击时,系统压力在极短时间内达到很高值,要比正常压力大几倍甚至十几倍,并产生噪声和振动。这不但影响传动精度和加工质量,而且会使某些液压元件的密封装置遭到破坏,降低设备的使用寿命。

(2) 使某些液压元件(如阀、压力继电器等)产生误动作,并可能因此而损坏设备。

(四) 防止措施

(1) 增加管道内径以减少管道中液流速度,从而减少转变成压力能的动能。

(2) 尽可能延缓或加长执行元件(运动部件)换向或制动的时间,如采用具有缓冲措施的液压缸结构。

(3) 选择动作灵敏、响应较快的液压元件。

二、空穴现象

(一) 空气分离压和饱和蒸气压

液体在灌装、运输等操作过程中,不可避免地要混入一部分空气。空气在液体内有两种存在方式:一种是以混合形式——气泡存在于液体内,可见。其体积大小直接影响液体体积;另一种是以溶解形式存在于液体内,不可见。其体积对液体没影响。

在某一温度下,当液体压力低于某一数值时,溶解于液体里的空气将迅速、大量地分离出来,形成许多气泡。这一压力称为该温度下这种液体的空气分离压。当液体压力低于另一数值时,不但溶解于液体里的空气大量分离出来,而且液体本身也开始沸腾、气化,产生大量气泡。这一压力称为该温度下的这种液体的饱和蒸气压。显然,液体的饱和蒸气压低于同一温度下的空气分离压。

(二) 空穴现象

在液流中,如果某点的压力低于当时温度下油液的空气分离压或饱和蒸气压时,将产生大量气泡。这些气泡夹杂在油液中便产生了气穴,使充满在管道或液压元件中的油液成为不连续状态,这种现象称为空穴现象。

(三) 产生的原因及部位

1. 过流断面非常狭窄的地方

由伯努利方程式可知,在流量一定的情况下,过流断面越小,其流速越高,则该处液压力越低,越易导致空穴现象。

2. 液压泵的吸油管道

当液压泵吸油管道较细、吸油管道阻力较大、滤油网堵塞、吸油面过低或液压泵转速过高时,液压泵吸油腔不能被油液完全充满,在该处就可能产生一定的真空,以致产生空穴现象。

(四) 危害

(1) 液流中产生的气泡随液流到高压区时,因承受不住高压而破灭,并凝结成液体。

由于这一过程发生在一瞬间，因此引起局部液压冲击，其温度急剧升高，引起强烈的振动和噪声。

（2）发生气蚀，使零件表面受腐蚀。由于从液体分离出来的空气中所含的氧气，具有较强的酸化作用（使油液氧化，生成酸性化合物的作用），因而使零件表面易受腐蚀，降低元件的工作寿命。这种因空穴现象而产生的腐蚀，一般称为气蚀。

（五）防止措施

（1）在系统管路中应尽量避免有狭窄和急剧转弯处。

（2）正确设计液压泵的结构参数，特别注意使吸油管道有足够的直径。对高压液压泵应采用低压泵供油，及时清洗更换滤油网。

（3）采用抗腐蚀能力强的金属材料制造液压件，降低零件表面粗糙度。

小 结

一、主要概念

（1）液体的黏性及黏度，黏度的表示方式及其单位，黏度的主要选用原则。我国液压油的牌号数与运动黏度（厘斯数 cSt）间的关系。

（2）压力及其单位，压力表示方法的种类及其相互间的关系。

（3）帕斯卡定律的内容、实质及其在液压系统、液压元件工作原理中的应用。

（4）液体的流态及其判据，临界雷诺数 Re_{cr} 值。

（5）流动液体的三大定律及其计算公式的表达式。

（6）伯努利方程式的物理意义。

（7）小孔流量公式及其在液压元件中的应用。

（8）油液的空气分离压和饱和蒸气压，二者在数值上的差别。

二、计算

应用三大定律特别是应用伯努利方程式对系统的安装（如泵的吸油高度等）及能量损失（如发热、温升、效率……）等进行设计、计算，以判断所设计系统是否经济、合理、可行。

自我检测题及其解答

【题目】 某流量 $Q=16\text{L/min}$ 的油泵安装在油面以下，如图所示。设所用油液 $\rho=917\text{kg/m}^3$，黏度 $\nu=11\text{cSt}$，管径 $d=18\text{mm}$。如不考虑油泵的泄漏，且认为油面能相对保持不变（油箱容积相对较大）。试求不计局部损失时油泵入口处的绝对压力。

【解答】

1）求吸油管内油液的流速 v

$$v=\frac{Q}{A}=\frac{4Q}{\pi d^2}=\frac{4\times16\times10^{-3}/60}{\pi(18\times10^{-3})^2}=1.048\text{m/s}$$

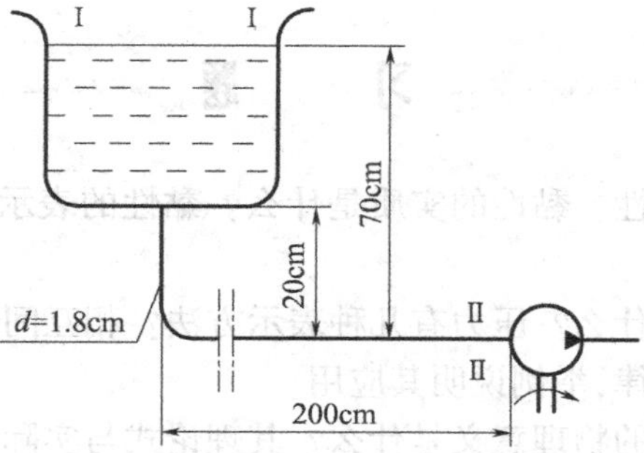

自检题图 1

2）求吸油管内液流的雷诺数 Re

$$Re=\frac{vd}{\nu}=\frac{1.048\times 18\times 10^{-3}}{11\times 10^{-6}}=1715<2320\text{(层流)}\text{(近似取 }\alpha_1=\alpha_2=1\text{)}$$

3）求沿程压力损失 Δp_L

$$\Delta p_L=\lambda\times\frac{l}{d}\times\frac{\rho v^2}{2}=\frac{75}{Re}\times\frac{l}{d}\times\frac{\rho v^2}{2}$$

$$=\frac{75}{1715}\times\frac{(200+20)\times 10^{-2}}{18\times 10^{-3}}\times\frac{917\times 1.048^2}{2}$$

$$=2691.6\text{Pa}$$

4）求油泵入口处的绝对压力 p_2

列出油面Ⅰ－Ⅰ与油泵入口处Ⅱ－Ⅱ两个选定断面处的伯努利方程式：

$$h_1+\frac{p_1}{\rho g}+\frac{v_1^2}{2g}=h_2+\frac{p_2}{\rho g}+\frac{v_2^2}{2g}+h_L$$

由于油箱液面为相对静止，故 $v_1=0$。以Ⅱ－Ⅱ为基准面，故 $h_2=0$。因不计局部损失，故 $h_\zeta=0$。则上式变为

$$h_1+\frac{p_1}{\rho g}=\frac{p_2}{\rho g}+\frac{v_2^2}{2g}+h_L$$

整理后得

$$\frac{p_2}{\rho g}=h_1+\frac{p_1}{\rho g}-\frac{v_2^2}{2g}-h_L$$

即

$$p_2=\rho g h_1+p_1-\frac{\rho v_2^2}{2}-\rho g h_L$$

$$=\rho g h_1+p_1-\frac{\rho v_2^2}{2}-\Delta p_L$$

$$=917\times 9.81\times 70\times 10^{-2}+10^5-\frac{917\times 1.048^2}{2}-2691.6$$

$$=103\,102\text{Pa}\approx 1.03\times 10^5\text{Pa}$$

注：取大气压 $p_1=10^5\text{Pa}$。

习　　题

2-1　何谓液体的黏性？黏性的实质是什么？黏性的表示方法如何？说明黏度的种类及其相互间的关系。

2-2　压力的定义是什么？压力有几种表示方法？相互间的关系如何？

2-3　阐述帕斯卡定律,举例说明其应用。

2-4　伯努利方程式的物理意义是什么？其理论式与实际式有何区别？

2-5　什么是液体的层流与紊流？二者的区别及判别方法如何？

2-6　液压冲击和空穴现象是怎样产生的？如何防止？

2-7　在下面各盛水圆筒活塞上的作用力 $F=3\ 000\text{N}$。已知 $d=1\text{m}$, $h=1\text{m}$, $\rho=1\ 000\text{kg/m}^3$,试求圆筒内底面所受的压力及总作用力,并定性说明各容器对支承其桌面的压力大小。又当 $F=0$ 时求各圆筒内底面所受的压力及总作用力。

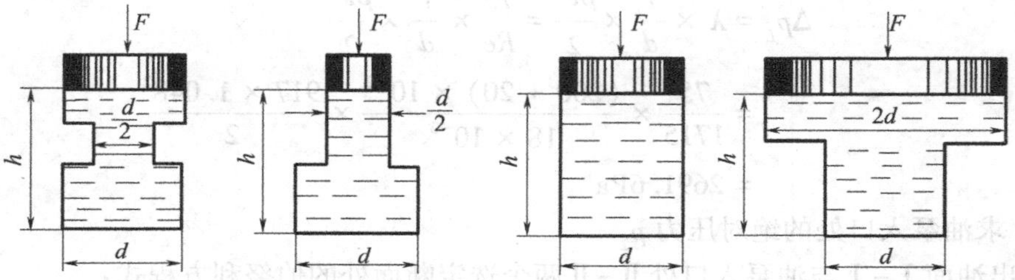

习题 2-7 图

2-8　如图所示,密闭容器中充满了密度为 ρ 的液体,柱塞直径为 d、重量为 F_G,在力 F 的作用下处于平衡状态。柱塞浸入液体深度为 h,试确定液体在测压管内上升的高度 x。

2-9　有一容器充满了密度为 ρ 的油液,油压力 p 值由水银压力计的读数 h 来确定。现将压力计向下移动一段距离 a,问压力计的读数变化 Δh 为多少？

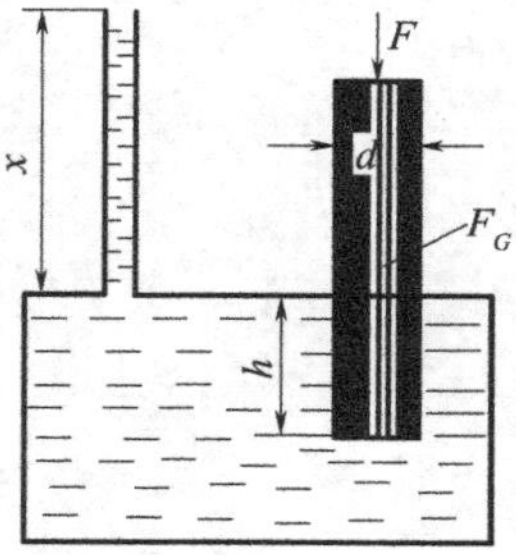

习题 2-8 图

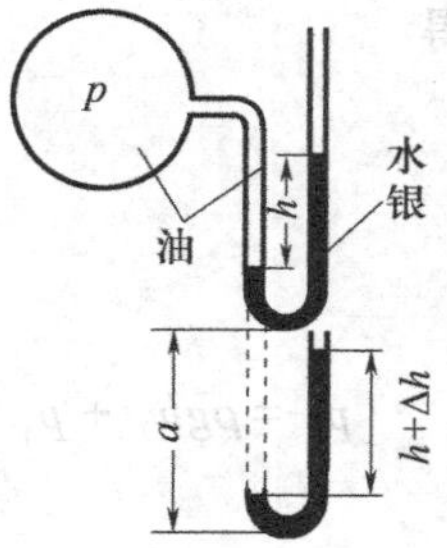

习题 2-9 图

2-10　液压缸直径 $D=150\text{mm}$,柱塞直径 $d=100\text{mm}$,液压缸中充满油液,如果在柱塞上[图(a)]和缸体上[图(b)]的作用力 $F=50\ 000\text{N}$,不计油液自重所产生的压力,求液压缸中液体的压力。

2-11　设有一液压千斤顶，如图所示。小活塞 3 直径 $d=10\text{mm}$，行程 $h=20\text{mm}$，大活塞 8 直径 $D=40\text{mm}$，重物 $W=50000\text{N}$，杠杆 $l=25\text{mm}$，$L=500\text{mm}$。求：

① 顶起重物 W 时在杠杆端所施加的力 F。

② 此时密封容积中的液体压力。

③ 杠杆上下动作一次，重物的上升量。

④ 如果小活塞上有摩擦力 $f_1=200\text{N}$，大活塞上有摩擦力 $f_2=1000\text{N}$，杠杆上下动作一次，密封容积中液体外泄 0.2cm^3 至油箱，重新完成①、②、③。

2-12　如图所示，一管道输送 $\rho=900\text{kg/m}^3$ 的液体，$h=15\text{m}$。测得压力如下：

① 点 1、2 处的压力分别是 $p_1=0.45\text{MPa}$，$p_2=0.4\text{MPa}$。

② $p_1=0.45\text{MPa}$，$p_2=0.25\text{MPa}$。试确定液流的方向。

2-13　如图所示，用一倾斜管道输送油液，已知 $h=15\text{m}$，$p_1=0.45\text{MPa}$，$p_2=0.25\text{MPa}$，$d=10\text{mm}$，$l=20\text{m}$，$\rho=900\text{kg/m}^3$，运动黏度 $\nu=45\times10^{-6}\text{m}^2/\text{s}$，求流量 Q。

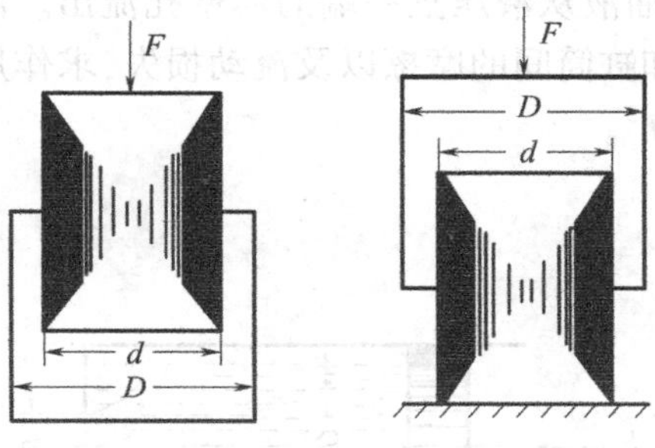

(a)　(b)

习题 2-10 图

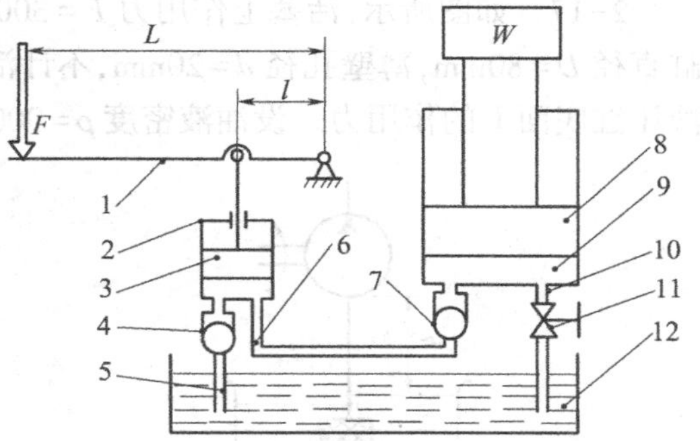

习题 2-11 图

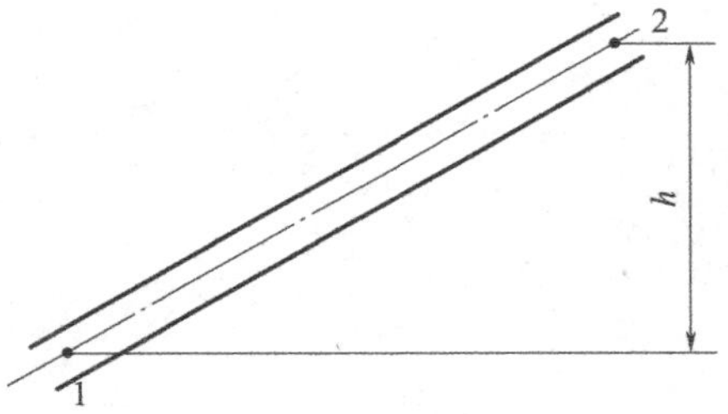

习题 2-12 图

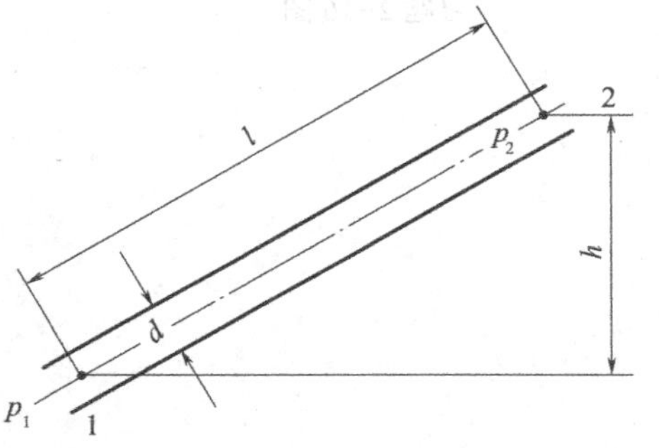

习题 2-13 图

2-14　某圆柱形滑阀如图所示。已知阀芯直径 $d=20\text{mm}$，进口油压 $p_1=9.8\text{MPa}$，出口油压 $p_2=9.5\text{MPa}$，油液密度 $\rho=900\text{kg/m}^3$，阀口的流量系数 $C_d=0.62$。求通过阀口的流量。

2-15　某一液压泵从一油箱吸油。吸油管直径 $d=60\text{mm}$，流量 $Q=150\text{L/min}$，油液的运动黏度 $\nu=30\times10^{-6}\text{m}^2/\text{s}$，$\rho=900\text{kg/m}^3$，弯头处的局部损失系数 $\zeta_1=0.2$，吸油口粗滤网上的压力损失 $\Delta p=0.178\times10^5\text{Pa}$。若希望泵吸油口处的真空度不大于 $0.4\times10^5\text{Pa}$。求泵的安装（吸油）高度 h（吸油管浸入油液部分的沿程损失可忽略不计）。

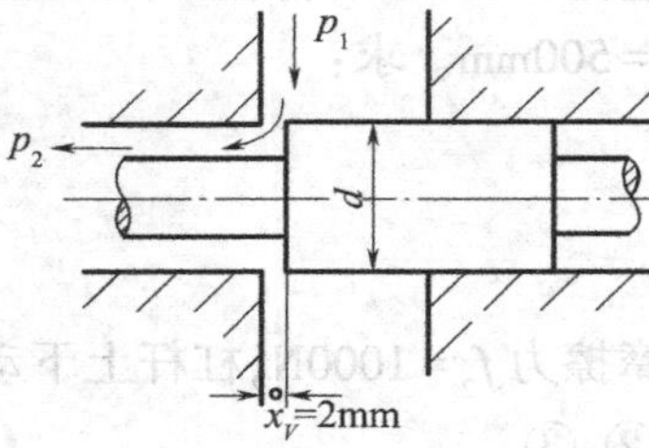

习题 2-14 图

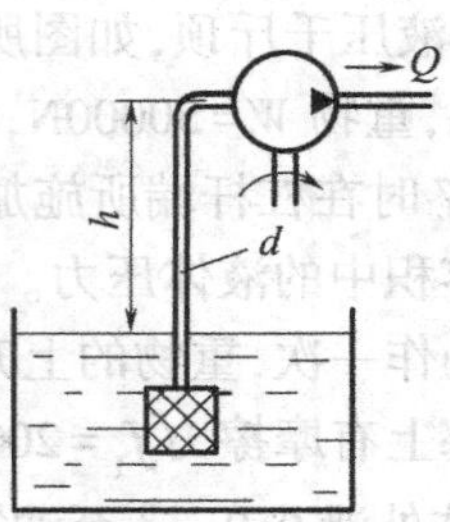

习题 2-15 图

2-16　某液压泵从油箱吸油状态如图所示。已知：泵的流量 $Q=32\text{L/min}$；吸油管内径 $d=25\text{mm}$；泵吸油口距油面高 $h=500\text{mm}$；粗滤油网的压力降 $\Delta p=0.1\times10^5\text{Pa}$；所用液压油的密度 $\rho=900\text{kg/m}^3$；液压油的运动黏度 $\nu=20\text{cSt}$。不计液压泵的容积效率，试求泵吸油口处的真空度。

2-17　如图所示，活塞上作用力 $F=3000\text{N}$，油液从液压缸一端的薄壁孔流出。液压缸直径 $D=80\text{mm}$，薄壁孔径 $d=20\text{mm}$，不计活塞和缸筒间的摩擦以及流动损失，求作用于液压缸底面上的作用力。设油液密度 $\rho=900\text{kg/m}^3$。

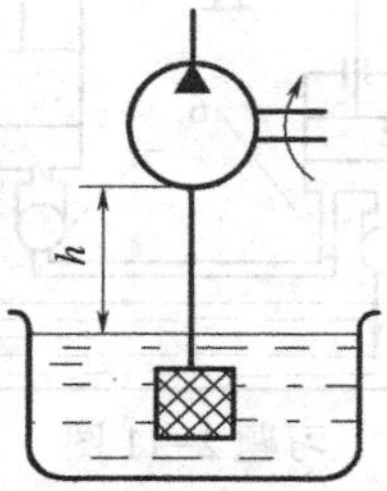

习题 2-16 图

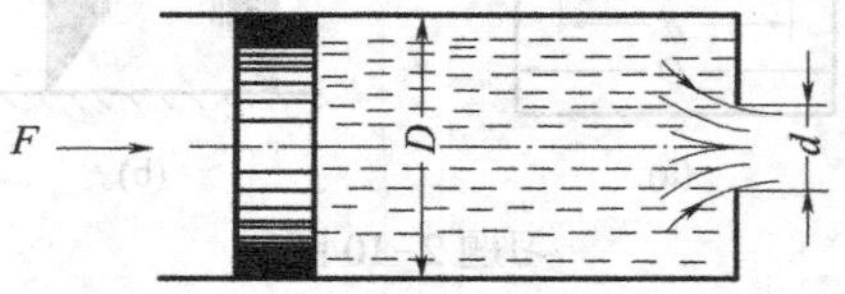

习题 2-17 图

第三章　液压泵和液压马达

第一节　概　述

液压泵按其工作原理和结构可分为容积式和非容积式两类。为获得较高的工作压力,在液压传动和液压伺服系统中,通常采用容积式泵。因此,本书只介绍容积式泵。

一、液压泵和液压马达的工作原理及分类

(一) 工作原理

1. 液压泵的工作原理

液压泵是将驱动电机输入的机械能转换成液体压力能输出的能量转换装置,是液压系统中的能源。

容积式泵的工作原理如图 3-1 所示,图中柱塞 2 依靠弹簧 3 紧压在凸轮 1 上,1 的旋转使 2 作往复运动。当柱塞向右运动时,它和缸体 7 所围成的油腔 4(密封工作腔)的容积由小变大,形成部分真空,油箱中的油液便在大气压的作用下,经吸油管顶开单向阀 5 进入油腔 4,实现了吸油;当柱塞向左移动时,油腔 4 的容积由大变小,其中的油液受压,当油的压力大于等于单向阀 6 的弹簧力时,便顶开单向阀 6 流入系统中,实现了压油。凸轮不断地旋转,泵就不断地吸油和压油。这种泵的输油能力(输出流量的大小)是由密封工作腔的数目("4"的数目)、容积变化的大小("l"的大小)及容积变化的快慢("1"旋转的快慢)决定的,因此称这种泵为容积式泵。

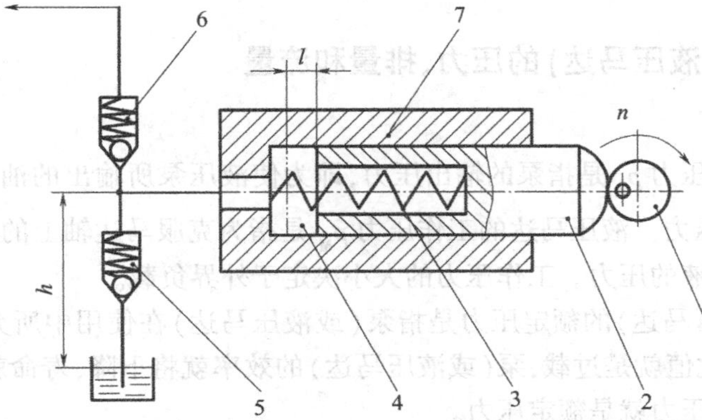

图 3-1　容积式泵的工作原理

1—凸轮;2—柱塞;3—压力弹簧;4—油腔;
5—单向阀(进油);6—单向阀(压油);7—缸体

2. 液压马达的工作原理

液压马达是把输入液体的压力能转换成旋转式机械能输出的能量转换装置。就液压系统来说，液压马达是一个执行元件。容积式液压马达的工作原理，从原理上讲是把容积式泵倒过来使用，即向泵输入压力油，输出的是转速和转矩。对于不同类型的液压马达其具体的工作原理有所不同，这将在具体讲液压泵和液压马达时加以说明。

容积式泵与其相应的马达从原理上讲是可逆的，但由于功用不同，它们的实际结构有所差别。有的泵可直接作马达使用（如齿轮泵），即通入压力油后就可以旋转；但某些泵通入压力油后，根本不能旋转。

（二）分类

常用液压泵及液压马达按其结构形式可分为齿轮式、叶片式、柱塞式三大类，每种类型又有很多种；按输出、输入的流量是否可调又分为定量泵、定量液压马达和变量泵、变量液压马达两大类。按输出、输入液流的方向是否可调又分为单向泵、单向液压马达和双向泵、双向液压马达。对于双向液压泵和液压马达，液流可分别从两个方向流出、流入。不同类型的液压泵和液压马达的职能符号如图 3-2 所示。

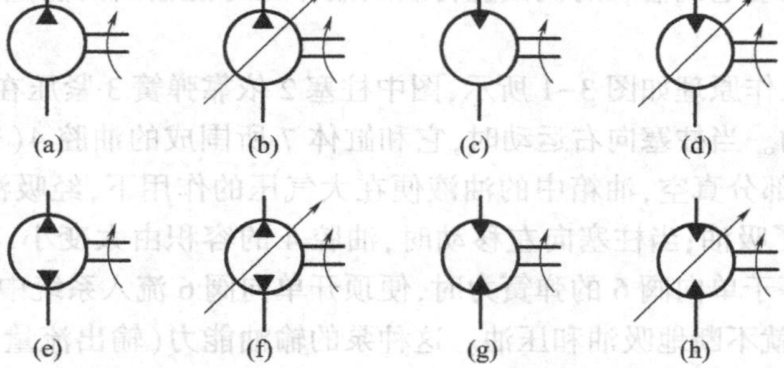

(a) 单向定量泵；(b) 单向变量泵；(c) 单向定量马达；(d) 单向变量马达；
(e) 双向定量泵；(f) 双向变量泵；(g) 双向定量马达；(h) 双向变量马达

图 3-2　泵和液压马达的职能符号

二、液压泵（液压马达）的压力、排量和流量

（一）压力

液压泵的工作压力 p_p 是指泵的输出压力，即为使液压泵所输出的油液克服阻力（负载）泵必须提供的压力。液压马达的工作压力 p_M 是指为克服马达轴上的转矩（负载），在马达入口所输入油液的压力。工作压力的大小决定于外界负载。

液压泵（或液压马达）的额定压力是指泵（或液压马达）在使用中所允许达到的最大工作压力，超过了此值就是过载，泵（或液压马达）的效率就将下降，寿命就将降低。液压泵铭牌上所标定的压力就是额定压力。

（二）排量和流量

液压泵（或液压马达）的排量是指在不考虑泄漏的情况下，泵（或液压马达）每一转所输出（或所需输入）液体的体积，并以符号 q_p（对液压泵）和 q_M（对液压马达）来表示。排量的单位是 m^3/r（米^3/转），但这个单位太大，习惯上常用 cm^3/r（mL/r——毫升/转）。排

量与转速无关，只取决于液压泵或液压马达的密封工作腔几何尺寸的变化（如图 3-1 中“l”的大小变化）。

液压泵（或液压马达）的理论流量是指在不考虑泄漏的情况下，泵（或液压马达）在单位时间内所输出（或所需输入）液体的体积，并以 Q_{tp}（对泵）和 Q_{tM}（对液压马达）来表示，其值为排量与转速 n_p（对泵）或 n_M（对液压马达）的乘积

$$Q_{tp} = q_p n_p \qquad \text{（对液压泵）} \tag{3-1}$$

$$Q_{tM} = q_M n_M \qquad \text{（对液压马达）} \tag{3-2}$$

液压泵或液压马达的实际流量是指在考虑泄漏的情况下，泵和液压马达在单位时间内所输出（对泵）和所需输入（对液压马达）液体的体积，并分别用 Q_p、Q_M 表示。对液压泵，$Q_p<Q_{tp}$；对液压马达，$Q_M>Q_{tM}$。

液压泵和液压马达的额定流量是指在额定转速和额定压力之下的输出（对泵）和所需输入（对液压马达）流量，其值为实际流量。

三、液压泵和液压马达的功率和效率

（一）液压泵的功率和效率

液压泵由电机驱动，它的输入量是转矩和转速（角速度），输出量是液体的流量和压力。如果不考虑液压泵在能量转换过程中的能量损失，其输出功率应等于输入功率，即其理论功率是

$$P_{tp} = p_p Q_{tp} = T_{tp} \Omega_p \tag{3-3}$$

式中　T_{tp}——液压泵的理论转矩；

　　Ω_p——液压泵的角速度。

实际上，液压泵在能量转换过程中是存在能量损失的，其输出功率小于输入功率。

1. 功率损失

液压泵的功率损失可分为容积损失和机械损失两部分。液压泵的理论流量 Q_{tp}与实际流量 Q_p 的差值称为液压泵的容积损失（泵的泄漏量），该损失若用 Q_{lp}来表示，则有

$$Q_{lp} = Q_{tp} - Q_p \tag{3-4}$$

产生容积损失的主要原因是液压泵的泄漏（内漏）。

液压泵的容积损失，即泄漏量与负载压力（或泵的输出油压力）p_p 成正比，即

$$Q_{lp} = k_l p_p \tag{3-4'}$$

式中　k_l——泄漏系数。

因此，泵的泄漏量随着压力增加而增加，而泵的实际流量却随之而减少。

泵的实际流量与其理论流量的比值称为泵的容积效率，并用符号 η_{Vp}表示，即

$$\eta_{Vp} = \frac{Q_p}{Q_{tp}} = \frac{Q_{tp} - Q_{lp}}{Q_{tp}} = 1 - \frac{Q_{lp}}{Q_{tp}} = 1 - \frac{k_l p_p}{q_p n_p} \tag{3-5}$$

上式表明：泵的输出压力越高、泄漏系数越大（油液黏度越低）或泵的排量越小、转速越低，泵的容积效率则越低。

泵的泄漏量、流量、效率与压力的关系如图 3-3 所示。

液压泵理论上需要输入的转矩 T_{tp}和实际输入转矩 T_p 的差值称为泵的机械损失，产生机械损失的原因是因摩擦而造成的转矩损失。液压泵的实际输入转矩总是大于其理论

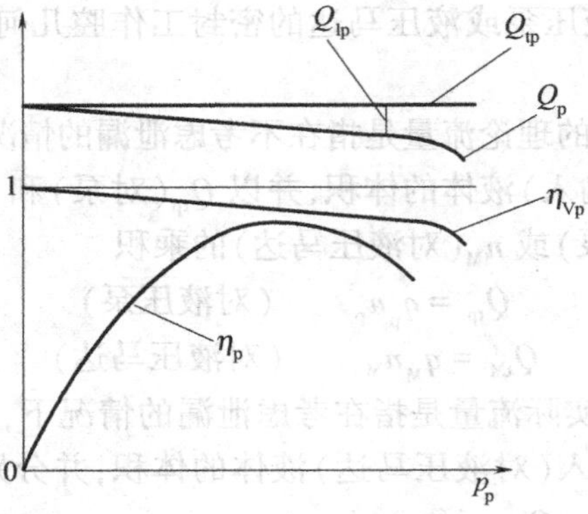

图 3-3　泵的特性曲线

输入转矩的，若用 T_l 表示泵的机械损失，则有

$$T_l = T_p - T_{tp} \tag{3-6}$$

液压泵的理论转矩与其实际输入转矩的比值称为泵的机械效率 η_{mp}，即

$$\eta_{mp} = \frac{T_{tp}}{T_p} = \frac{T_{tp}}{T_{tp} + T_l} = \frac{1}{1 + T_l/T_{tp}} \tag{3-7}$$

2. 液压泵输入功率 P_{ip}、输出功率 P_{op} 和总效率 η_p

液压泵的输出功率为

$$P_{op} = p_p Q_p \tag{3-8}$$

若压力 p_p 以 Pa 代入，流量 Q_p 以 m^3/s 代入，则上式的功率单位为 W（瓦：N · m/s）；若压力以 MPa 代入，流量以 L/min 代入，则输出功率可用下式计算

$$P_{op} = p_p Q_p / 60 (\text{kW}) \tag{3-9}$$

液压泵的输入功率为

$$P_{ip} = T_p \Omega_p = T_p 2\pi n_p \tag{3-10}$$

式中　n_p——液压泵单位时间的转数。

液压泵的总效率 η_p 是泵的输出功率与输入功率的比值，由式（3-8）、式（3-10）及式（3-3）、式（3-5）、式（3-7）可得

$$\eta_p = \frac{P_{op}}{P_{ip}} = \eta_{Vp}\eta_{mp} \tag{3-11}$$

（二）液压马达的功率和效率

液压马达也有容积损失和机械损失，产生的原因也与泵相同。与泵不同的是液压马达的实际流量 Q_M 大于其理论流量 Q_{tM}，实际输出转矩 T_M 小于其理论转矩 T_{tM}。因此液压马达的容积效率 η_{VM} 和机械效率 η_{mM} 分别为

$$\eta_{VM} = \frac{Q_{tM}}{Q_M} \tag{3-12}$$

$$\eta_{mM} = \frac{T_M}{T_{tM}} \tag{3-13}$$

液压马达输入功率 P_{iM} 的计算式与式（3-8）相似，若马达输入油压为 p_M，则

$$P_{iM} = p_M Q_M \tag{3-14}$$

液压马达输出功率 P_{oM} 为

$$P_{oM} = T_M \Omega_M = T_M 2\pi n_M \tag{3-15}$$

式中 n_M——液压马达单位时间的转数；

Ω_M——液压马达的转速(角速度)。

液压马达的总效率 η_M 为其输出功率与输入功率的比值,经推导可得

$$\eta_M = \frac{P_{oM}}{P_{iM}} = \eta_{VM}\eta_{mM} \tag{3-16}$$

由此液压马达的输出功率亦可写成

$$P_{oM} = P_{iM}\eta_M = p_M Q_M \eta_M \tag{3-17}$$

或

$$T_M \Omega_M = p_M Q_M \eta_M$$

则

$$T_M = \frac{p_M Q_M}{\Omega_M}\eta_M = \frac{p_M (Q_{tM}/\eta_{VM})}{2\pi n_M}\eta_M = \frac{p_M q_M}{2\pi}\eta_{mM}$$

即液压马达的输出转矩为

$$T_M = \frac{p_M q_M}{2\pi}\eta_{mM} \tag{3-18}$$

式中,若液压马达的出口压力不为零,p_M 则应以液压马达的入口与出口压力差值代入。

为使液压泵和液压马达中的能量转换关系更清晰,将上述讨论的结果绘制成能量转换图,如图 3-4 所示。

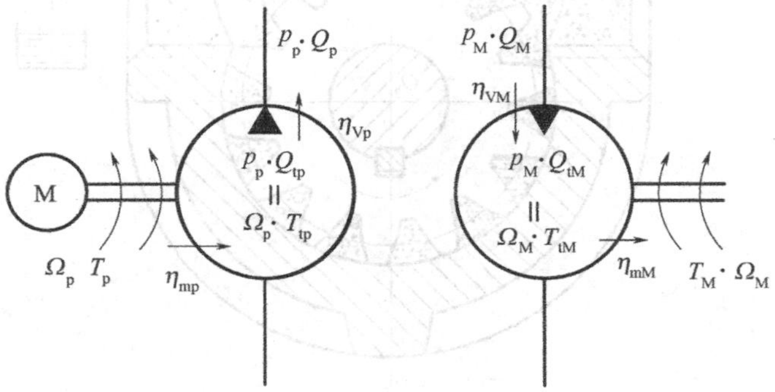

图 3-4 泵和液压马达的能量转换图

第二节 齿轮泵和齿轮液压马达

齿轮泵的种类很多,按工作压力大致可分为低压齿轮泵($p \leq 2.5$MPa)、中压齿轮泵($p > 2.5 \sim 8$MPa)、中高压齿轮泵($p > 8 \sim 16$MPa)和高压齿轮泵($p > 16 \sim 32$MPa)四种。按结构分,齿轮泵可分为内啮合和外啮合两种。在现代液压技术中,齿轮泵,特别是外啮合齿轮泵结构最简单,产量和使用量也最大。下面介绍一种外啮合低压齿轮泵,并简称为齿轮泵。

一、齿轮泵的工作原理

图3-5为齿轮泵的工作原理图。该泵的壳内装有一对相同的外啮合的齿轮，齿轮两侧靠端盖（图中未画出）封闭。壳体、端盖（前、后端盖）和齿轮的各个齿间槽组成了许多密封的工作腔。当齿轮按图示方向旋转时，右侧吸油腔由于啮合着的轮齿逐渐脱开，密封工作腔的容积逐渐增大，因而形成部分真空。油箱里的油液在大气压的作用下，经吸油管被吸入，充填所形成的部分真空，并随着齿轮旋转。当油液到达左侧压油区时，由于轮齿在这里逐渐进入啮合，密封工作腔的容积不断减小，因而油液被挤压出去。液压泵不断地旋转，吸油、压油过程便连续进行。这就是齿轮泵的工作原理。齿轮泵的吸油区和压油区是由相互啮合的轮齿、端盖及泵体（壳体）分隔开的。

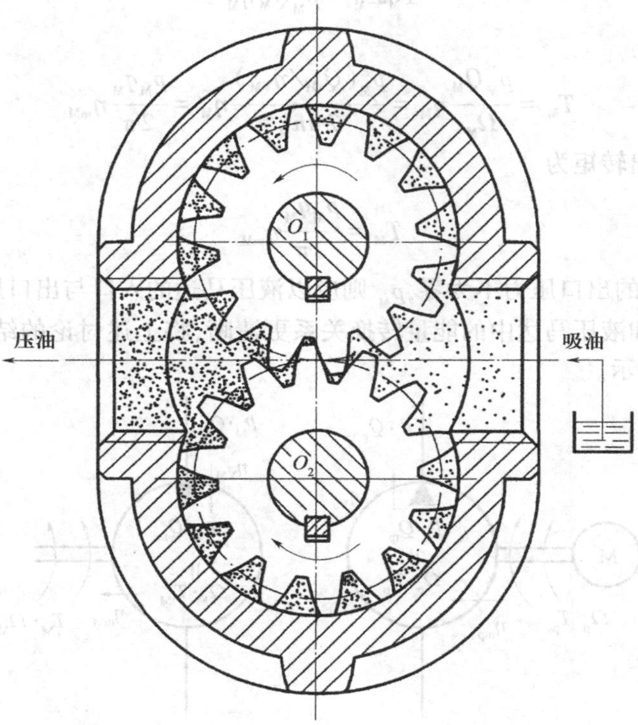

图3-5　齿轮泵（外啮合）工作原理图

二、排量和流量的计算

齿轮泵每转一周把两个齿轮所有齿槽中所存的油液（不包括齿根间隙中的油液）全部排出。若近似地认为齿槽（除去齿根间隙后）的容积等于轮齿的体积，则当齿轮齿数为Z、节圆直径为D、齿高为h、模数为m、齿宽为b时，齿轮泵每转一周所排出液体的体积（即排量）可近似等于外径为$mZ+2m$，内径为$mZ-2m$，厚度为b的圆环体积，即

$$q_p = \pi D h b = 2\pi Z m^2 b \tag{3-19'}$$

由于齿槽容积比轮齿体积稍大，因而实际几何排量还要大一些，故以3.33代替式（3-19′）中

的 π 更接近实际情况,所以通常取

$$q_p = 6.66Zm^2b \tag{3-19}$$

齿轮泵的实际输出流量为

$$Q_p = q_p n_p \eta_{Vp} = 6.66Zm^2bn_p\eta_{Vp} \tag{3-20}$$

式(3-20)中的 Q_p 是齿轮泵的平均流量。实际上,因为在轮齿的不同啮合点工作腔容积的变化率不一样,因此在每一瞬时所压出的流量也不一样,故齿轮泵的瞬时流量是脉动的。设 Q_{pmax}、Q_{pmin} 分别表示最大、最小瞬时流量,则流量脉动率 σ_p 可用下式表示

$$\sigma_p = \frac{Q_{pmax} - Q_{pmin}}{Q_p} \tag{3-21}$$

齿轮泵的流量脉动率与其齿数有关,齿数越少,其流量脉动率越大。内啮合齿轮泵比外啮合齿轮泵的流量脉动率要小得多,如图 3-6 所示。图中 i 表示齿轮泵的主动齿轮和被动齿轮的齿数比。

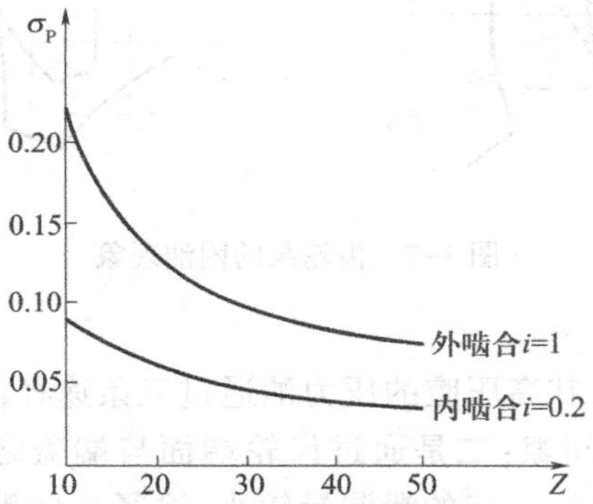

图 3-6 流量脉动率与齿数的关系

三、齿轮泵的几个问题

(一) 困油现象

为使传动平稳,啮合齿轮的重叠(啮合)系数必须大于 1,也就是说存在着两对轮齿同时啮合的情况。这样,就有一部分油液被困在两对轮齿啮合点之间的密封腔内,如图3-7(a)所示。该腔刚形成时容积较大,在继续旋转过程中,其容积变小,当转到如图 3-7(b)所示的某个位置时,容积最小,随后随着泵的旋转其容积又增大,直到前一对轮齿即将脱离啮合时其容积最大[见图 3-7(c)]。由于该密封腔既不和泵的吸油腔相通,也不和压油腔相通,所以在该腔容积缩小阶段,由于油液的压缩性很小,因而使腔内油液受挤压、产生很高的压力,使机件(如轴承等)受到很大的额外负载;而在密封腔容积增大的阶段又会造成局部真空,形成气穴。无论是前者或后者,都会产生强烈的噪声,这就是齿轮泵的困油现象。

清除齿轮泵上述困油现象的办法,通常是在端盖上开出卸荷槽(如图 3-7 中的虚线所示),使密封腔在其容积由大变小时,通过左边的卸荷槽和压油腔相通;容积由小变大时,通过右边的卸荷槽和吸油腔相通。

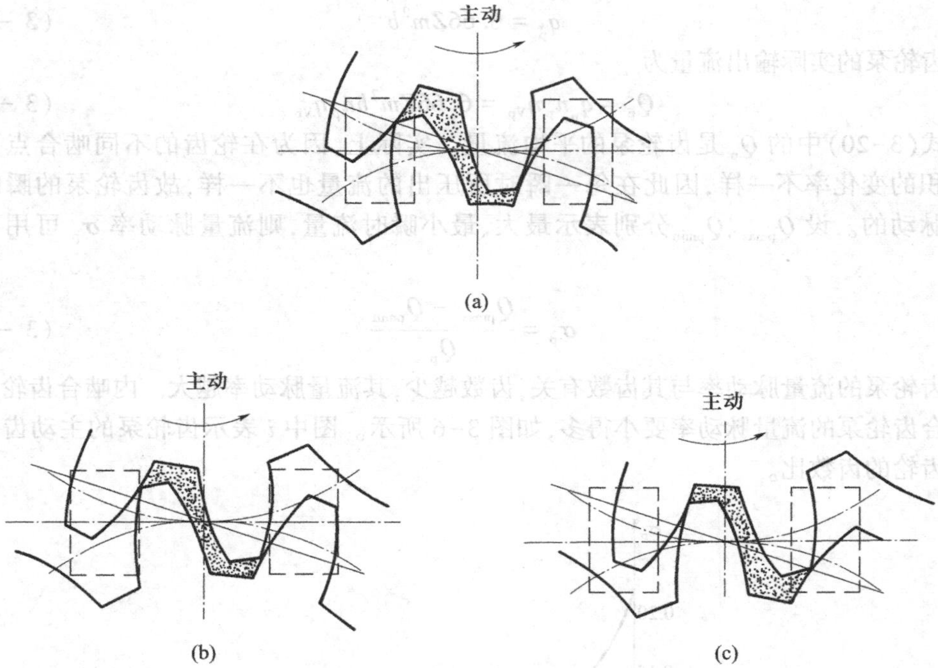

图 3-7　齿轮泵的困油现象

（二）泄漏问题

齿轮泵的泄漏比较大，其高压腔的压力油通过三条途径泄漏到低压腔：一是通过齿顶圆和泵体内孔间的径向间隙；二是通过齿轮端面与端盖之间的轴向间隙；三是轮齿啮合线处的接触间隙。途径一、三的泄漏量较小，途径二的泄漏量较大，一般约占总泄漏量的75%~80%。因此，普通齿轮泵的容积效率比较低，输出压力也不易提高。在高压齿轮泵中，一般都使用轴向间隙补偿装置以减少轴向泄漏，提高其容积效率。

（三）径向受力平衡问题

如图 3-5 所示，齿轮泵的左侧是压油腔，右侧是吸油腔，这两腔的压力是不平衡的，因此齿轮受到了来自压油腔高压油的油压力作用；压油腔的油液沿泵体内孔和齿顶圆之间的径向间隙向吸油腔泄漏时，其油压力是递减的，这部分不平衡的油压力也作用于齿轮上。上面两个力联合作用的结果，使齿轮泵的上、下两个齿轮及其轴承都受到一个径向不平衡力的作用。油压力越高，这个径向不平衡力越大。其结果不仅加速了轴承的磨损，降低了轴承的寿命，甚至使轴弯曲变形，造成齿顶与泵体内孔的摩擦。为了解决这个问题，有的泵采用开压力平衡槽的办法，有的采用缩小压油腔的办法来减小径向不平衡力。

四、齿轮泵的优缺点及应用

齿轮泵的主要优点是结构简单紧凑，体积小，质量轻，工艺性好，价格便宜，自吸能力强，对油液污染不敏感，转速范围大，维护方便，工作可靠。它的缺点是径向不平衡力大，泄漏大，流量脉动大，噪声较高，不能作变量泵使用。低压齿轮泵已广泛应用在低压（25×

10^5Pa 以下)的液压系统中,如机床以及各种补油、润滑和冷却装置等。齿轮泵在结构上采取一定措施(如轴向间隙补偿措施)后,可以达到较高的工作压力。中压齿轮泵主要用于机床、轧钢设备的液压系统。中高压和高压齿轮泵主要用于农林机械、工程机械、船舶机械和航空技术中。

五、齿轮液压马达

齿轮液压马达的工作原理如图 3-8 所示。图中 P 点为两齿轮的啮合点。设齿轮的齿高为 h,啮合点 P 到两齿根的距离分别为 a 和 b。由于 a 和 b 都小于 h,所以当压力油作用到齿面上时(如图 3-8 中箭头所示,凡齿面上两边受力平衡部分都未用箭头表示),在两个齿轮上就各有一个使它们产生转矩的作用力:$p_M B(h-a)$——作用于下齿轮的力,$p_M B(h-b)$——作用于上齿轮的力,其中 p_M 为输入油液压力,B 为齿宽。在上述力作用下,两齿轮按图示方向回转,并把油液带到低压腔随着轮齿的啮合而排出。同时在液压马达的输出轴上输出一定的转矩和转速。

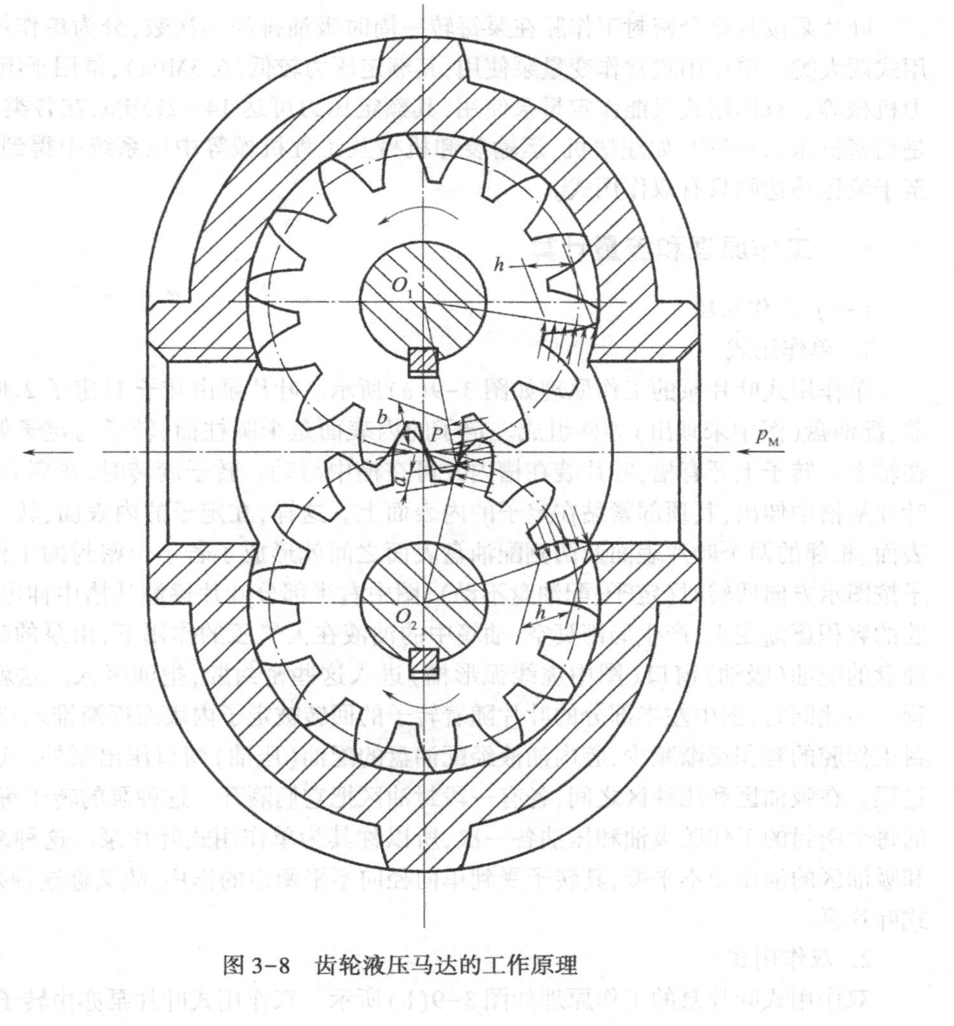

图 3-8 齿轮液压马达的工作原理

和一般齿轮泵一样，齿轮液压马达由于密封性差，容积效率较低，所以输入的油压不能过高，因而不能产生较大的转矩，并且它的转速和转矩都是随着齿轮啮合情况而脉动的。齿轮液压马达多用于高转速低转矩的液压系统中。齿轮泵一般都可以直接作液压马达使用。

第三节　叶片泵及叶片液压马达

叶片泵是各类泵中，应用较广、生产量较大的一种泵。在中、低压液压系统，尤其在机床行业中应用最多。

和齿轮泵相比，叶片泵有流量均匀、运转平稳、噪声小、寿命长、轮廓尺寸较小、结构较紧凑等优点，故在精密机床中应用较多。但也存在着自吸能力差、调速范围小、最高转数较低、叶片容易咬死、工作可靠性较差、结构较复杂、对油液污染较敏感等缺点，因此在工作环境较污秽、速度范围变化较大的机械上应用相对较少。此外，在工作可靠性要求很高的地方，如飞机上，也很少应用。

叶片泵按其每个密封工作腔在泵每转一周时吸油排油的次数，分为单作用式和双作用式两大类。单作用式常作变量泵使用，其额定压力较低（6.3MPa），常用于组合机床、压力机械等。双作用式只能作定量泵使用，其额定压力可达14～21MPa，在各类机床（尤其是精密机床）设备中，如注塑机、运输装卸机械及工程机械等中压系统中得到广泛应用。至于液压马达则只有双作用式。

一、工作原理和流量计算

（一）工作原理

1. 单作用式

单作用式叶片泵的工作原理如图3-9（a）所示。叶片泵由转子1、定子2、叶片3和端盖、配油盘（图中未画出）等件组成。定子的内表面是个圆柱面，转子与定子偏心地安装在轴上。转子上开有槽，叶片装在槽内并可在槽中滑动。转子旋转时，在离心力作用下，叶片从槽中伸出，其顶部紧贴在定子的内表面上。这样，在定子的内表面、转子的外圆柱表面、相邻的两个叶片表面及两侧配油盘表面之间就形成了若干个密封的工作腔。当转子按图示方向回转时（定子、配油盘不动），图中右半部分叶片逐渐从槽中伸出，密封工作腔的容积逐渐变大，产生局部真空，油箱中的油液在大气压的作用下，由泵的吸油口经配油盘的配油（吸油）窗口（图中虚线弧形槽）进入这些密封腔，把油吸入。这就是吸油过程。与此同时，图中左半部分的叶片随着转子的回转被定子内表面逐渐推入转子槽内，密封工作腔的容积逐渐减少，腔内油液经配油盘的配油（压油）窗口压出泵外。这就是压油过程。在吸油区和压油区之间，各有一段封油区把它们隔开。这种泵的转子每转一周，泵的每个密封的工作腔吸油和压油各一次，所以称其为单作用式叶片泵。这种泵的压油区和吸油区的油压力不平衡，其转子受到单向径向不平衡力的作用，故又称这种泵为非平衡式叶片泵。

2. 双作用式

双作用式叶片泵的工作原理如图3-9（b）所示。双作用式叶片泵亦由转子1、定子2、

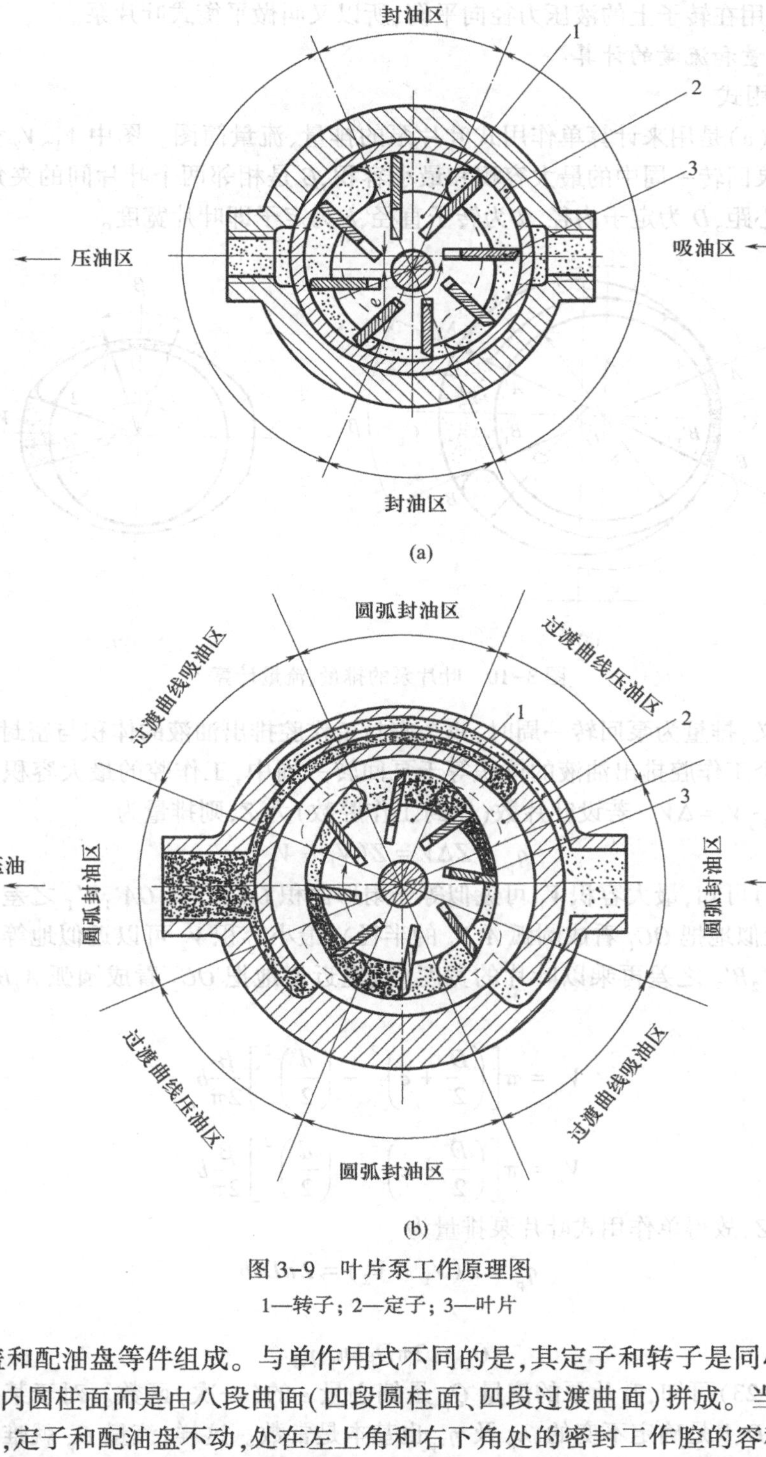

(a)

(b)

图 3-9　叶片泵工作原理图

1—转子；2—定子；3—叶片

叶片 3、端盖和配油盘等件组成。与单作用式不同的是，其定子和转子是同心的，定子的内表面不是内圆柱面而是由八段曲面（四段圆柱面、四段过渡曲面）拼成。当转子在图示方向回转时，定子和配油盘不动，处在左上角和右下角处的密封工作腔的容积逐渐变大，为吸油区；处在右上角和左下角处的密封工作腔的容积逐渐缩小，为压油区。吸油区和压油区之间各有一段封油区将二者隔开。这种泵的转子每转一周，每个密封的工作腔吸油压油各两次,所以叫做双作用式叶片泵。又由于这种泵的两个吸油区和两个压油区是对称分布的,作用在转子上的液压力径向平衡,所以又叫做平衡式叶片泵。

(二) 排量和流量的计算

1. 单作用式

图 3-10(a)是用来计算单作用式叶片泵的排量、流量简图。图中 V_1、V_2 分别是各密封工作腔在泵回转一周中的最大容积和最小容积,β 是相邻两个叶片间的夹角,e 是定子与转子的偏心距,D 为定子内径,d 为转子直径,b 为定子即叶片宽度。

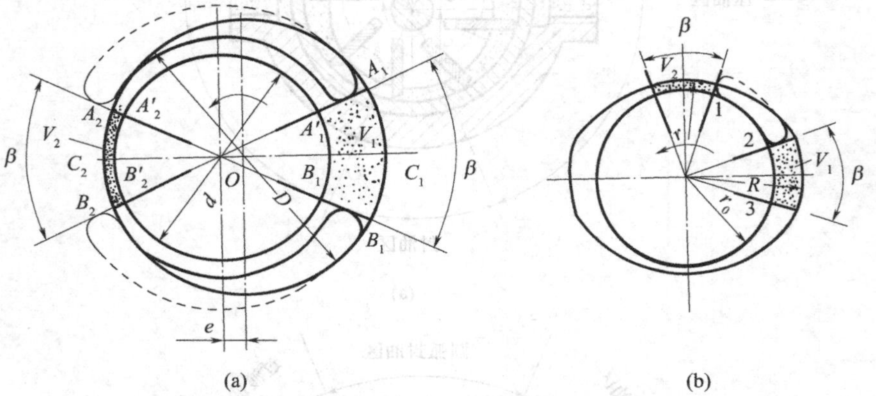

图 3-10 叶片泵的排量、流量计算

根据定义,排量为泵回转一周时,每个密封工作腔排出油液的体积与密封工作腔数目的乘积。每个工作腔排出油液的体积等于泵回转一周中,工作腔的最大容积与最小容积的差值,即 $V_1-V_2=\Delta V$。若设叶片数(密封工作腔数)为 Z,则排量为

$$q_p = Z\Delta V = Z(V_1 - V_2)$$

由图 3-10(a)可知,最大容积 V_1 可近似等于扇形面积 OA_1B_1 与 $OA'_1B'_1$ 之差再乘以叶片宽度(这里近似地把 OC_1 看成圆弧 A_1B_1 的半径);最小容积 V_2 可以近似地等于扇形面积 OA_2B_2 与 $OA'_2B'_2$ 之差再乘以叶片的宽度(这里近似地把 OC_2 看成圆弧 A_2B_2 的半径),故有

$$V_1 = \pi\left[\left(\frac{D}{2}+e\right)^2 - \left(\frac{d}{2}\right)^2\right]\frac{\beta}{2\pi}b$$

$$V_2 = \pi\left[\left(\frac{D}{2}-e\right)^2 - \left(\frac{d}{2}\right)^2\right]\frac{\beta}{2\pi}b$$

由于 $\beta=2\pi/Z$,故得单作用式叶片泵排量为

$$q_p = Z(V_1 - V_2) = 2\pi Deb \tag{3-22}$$

实际流量为

$$Q_p = 2\pi Deb n_p \eta_{VP} \tag{3-23}$$

由式(3-23)可知,叶片泵的流量 Q_p 是偏心量 e 的(一次)函数。对于某一单作用式叶片泵来说,D、b 是确定不变的,n_p 及 η_{Vp} 也基本是常数。这样,流量 Q_p 就唯一地取决于偏心量 e。因此,改变 e 就改变了泵的流量。这就是为什么单作用式叶片泵可作变量泵的理论依据。另外,由图 3-9(a)可知,当改变偏心量的方向(把转子相对于定子的向下偏

心改为向上偏心）时（转子回转方向不变），泵的吸油口（吸油区）、排油口（压油区）也相互改变。这就是双向变量叶片泵基本原理。

2. 双作用式

图 3-10(b)为双作用式叶片泵排量、流量计算简图。图中 R、r 分别为定子内表面圆弧部分的长、短半径，r_0 为转子半径。双作用式叶片泵的排量计算方法与单作用式叶片泵相同。由于转子每转一转，每个密封工作腔吸油和排油各两次，因此，由图 3-10(b)可得

$$V_1 = \pi(R^2 - r_0^{\ 2})\frac{\beta}{2\pi}b$$

$$V_2 = \pi(r^2 - r_0^{\ 2})\frac{\beta}{2\pi}b$$

当不考虑叶片厚度时，叶片泵的排量为

$$q_p = 2\Delta VZ = 2(V_1 - V_2)Z = 2\pi(R^2 - r^2)b \qquad (3-24)$$

实际上由于叶片有一定厚度，叶片所占空间不起输油作用。因此，若叶片厚度为 S，叶片的倾角为 θ，则转子每转一转因叶片所占体积而造成的排量损失 q'_p 为（见图 3-11）

$$q'_p = \frac{2b(R-r)}{\cos\theta}SZ \qquad (3-25)$$

因此，考虑叶片厚度时叶片泵的排量和实际输出流量分别为

$$q_P = 2b\left[\pi(R^2 - r^2) - \frac{R-r}{\cos\theta}SZ\right] \qquad (3-26)$$

$$Q_P = 2b\left[\pi(R^2 - r^2) - \frac{R-r}{\cos\theta}SZ\right]n_p\eta_{V_P} \qquad (3-27)$$

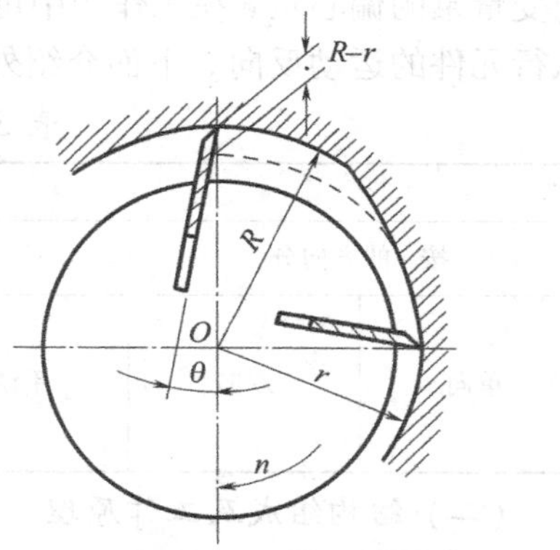

图 3-11 叶片厚度所造成的排量损失

应当指出的是，有的双作用式叶片泵叶片根部的槽与该叶片所处的工作区相通：叶片处于吸油区时，叶片根部的槽与吸油腔相通；叶片处于压油区时，叶片根部槽与压油区相通。这样，叶片在槽中往复运动时，根部槽也在吸油和压油，这一部分输出的油液正好弥补了由于叶片厚度所造成的排量损失。对于这种泵，其排量应按式(3-24)计算。

二、定量叶片泵的结构特点

(一) 定子曲线

双作用式叶片泵的定子曲线是由八段曲线——四段圆弧和四段过渡曲线构成的。四段圆弧形成了封油区，把吸油区与压油区隔开，起封油作用，即处在封油区的密封工作腔，在转子旋转的一瞬间，其容积既不增大也不缩小。此时既不吸油、不和吸油腔相通，也不压油、不和压油腔相通，把腔内油液暂时“封存”起来。四段过渡曲线形成了吸油区和压油区，完成吸油和压油任务。为使吸油、压油顺利进行，使泵正常工作，对过渡曲线的要求是：能保证叶片贴紧在定子内表面上，以形成可靠的密封工作腔；能使叶片在槽内径向运动时的速度、加速度变化均匀，以减少流量的脉动；当叶片沿着槽向外运动时，叶片对定子

内表面的冲击应尽量小，以减少定子曲面的磨损。

过渡曲线一般都采用等加速—等减速曲线。为了减少冲击，近年来在某些泵中也有采用正弦、余弦曲线和高次曲线的。

(二) 叶片倾角

由图 3-9(b)和图 3-11 可以看出，定量叶片泵的叶片不是纯径向安装的，而是沿着转子的旋转方向倾斜一个角度 θ。这样做有利于减少压油区的叶片沿槽道向槽里运动时的摩擦力和因而造成的磨损，防止叶片被卡住，改善叶片的运动。但近年的研究表明，叶片倾角并非完全必要。某些高压双作用式叶片泵的转子槽是径向的，但并没有因此而引起明显的不良后果。

三、限压式变量叶片泵

(一) 分类

变量叶片泵的分类见表 3-1。其中：单向变量泵的偏心距 e 只固定在一个方向上；双向变量泵的偏心距 e 在工作当中可在两个方向上更换，从而改变泵的进、出油口，使液压执行元件的运动反向。下面介绍外反馈式变量叶片泵。

表 3-1　变量叶片泵的类型

<table>
<tr><td colspan="6">变 量 叶 片 泵</td></tr>
<tr><td colspan="2">按 e 的方向分</td><td colspan="4">按 e 大小的变化方式分</td></tr>
<tr><td rowspan="3">单向</td><td rowspan="3">双向</td><td rowspan="3">手调式</td><td colspan="3">自 调 式</td></tr>
<tr><td colspan="2">限 压 式</td><td rowspan="2">稳流量式</td></tr>
<tr><td>内反馈式</td><td>外反馈式</td></tr>
</table>

(二) 结构组成及工作原理

1. 结构组成

图 3-12 为外反馈限压式变量叶片泵工作原理及结构简图。该泵主要由压力弹簧 1、定子 2(可以左右移动，其中心为 O_1)、转子 3(与定子偏心，在图示情况下，转子相对定子向左偏心，其中心为 O)、叶片 4、反馈柱塞 5、滚针轴承 6 等件组成。

2. 工作原理

如图 3-12 所示，定子在压力弹簧预紧力 F_s 的作用下移向右端，紧靠在反馈柱塞的端面上并由反馈柱塞定位。此时，定子和转子的偏心距为 e_0，称为初始偏心距。当转子按图示方向旋转时，转子的下半部分为吸油区，上半部分为压油区，压力油的合力 F_Σ 把定子向上压在滑块滚针轴承上。由于泵的压油腔与反馈柱塞的油腔相通，所以二者油压力相等。若泵的出口(压油腔)压力为 p_p，反馈柱塞的承压面积为 A_x，则作用于定子右端的反馈力为 p_pA_x。当 $p_pA_x<F_s$ 时，定子不动，此时偏心距为初始值 e_0，也是偏心距最大值，即 $e_0=e_{max}$，泵的输出流量亦是最大值。当泵的出口压力升高到使 $p_pA_x>F_s$ 时，反馈力克服弹簧预紧力，把定子推向左移，直到弹簧力增加到某一数值时为止。这时偏心距 e_0 减小到 e_x，泵的输出流量也随之减少。泵的压力越高，e_x 越小，输出流量也越少。当泵的出口压力增大到使泵的偏心距所产生的流量全部用于补偿泄漏时，泵的输出流量为零。此时不管外负载再怎样加大，泵的输出压力不会再升高(这就是这种泵被称为限压式变量叶片泵

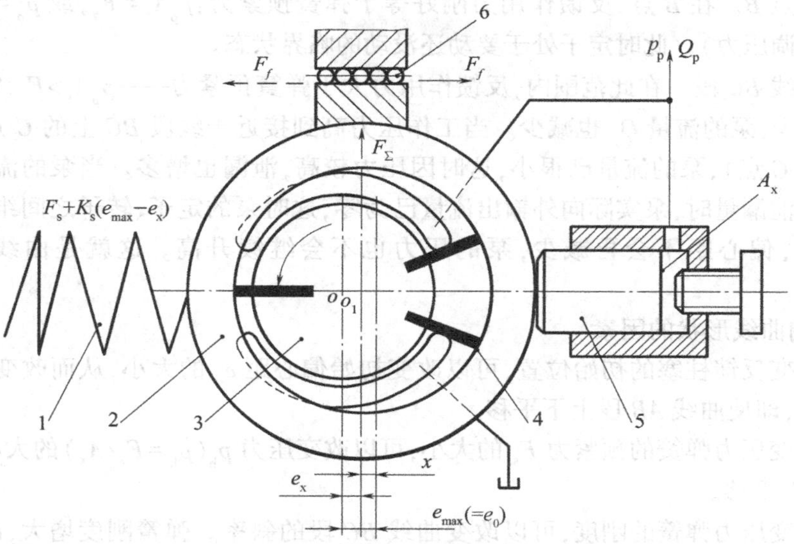

图 3-12 外反馈限压式变量叶片泵

1—压力弹簧；2—定子；3—转子；4—叶片；5—反馈柱塞；6—滚针轴承

的由来)。反之,若外界负载减少,泵的偏心距 e_x 则增加,输出流量随之增加。可见外反馈限压式变量叶片泵输出的流量是随着外负载的大小变化自动调节的。与内反馈式叶片泵(本书略)不同的是,这种泵是把泵的出口(输出)压力通过反馈柱塞从外面加到(反馈到)定子上,故称为外反馈变量叶片泵。

（三）静特性曲线

所谓静特性曲线,即泵输出流量与压力的关系曲线。外反馈限压式变量叶片泵的静特性曲线如图 3-13 所示。

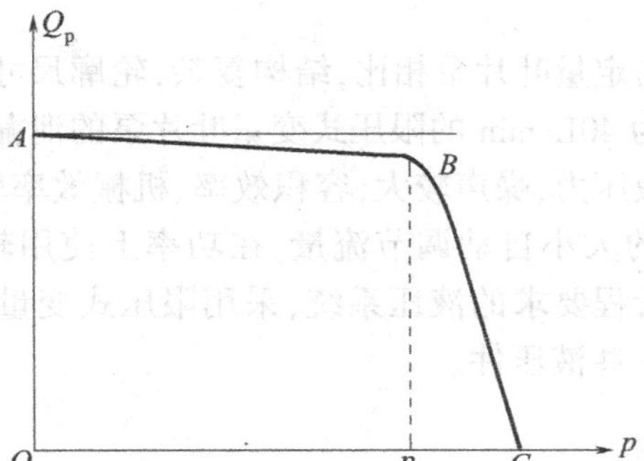

图 3-13 外反馈限压式变量叶片泵静特性曲线

1. 曲线形状分析

结合工作原理,对曲线形状分析如下:

(1) 曲线 AB 段。在此段范围内,反馈作用力小于弹簧预紧力——$p_pA_x<F_s$,泵的偏心距为初始最大值、不变——$e=e_0=e_{max}=\text{const}$,泵的流量也是最大值,并且基本上也不变——$Q_p=Q_{max}=\text{const}$,曲线 AB 段近似水平。由于压力增加,泄漏增加,故曲线 AB 段随压力 p_p 增加略有下降。

(2) 拐点 B。在 B 点,反馈作用力刚好等于弹簧预紧力:$p_p A_x = F_s$,或 $p_p = F_s / A_x = p_b$(称 p_b 为预调压力)。此时定子处于要动还没动的临界状态。

(3) 曲线 BC 段。在此范围内,反馈作用力大于弹簧预紧力——$p_p A_x > F_s$,定子左移,偏心距 e 减少,泵的流量 Q_p 也减少。当工作压力高到接近于线段 BC 上的 C 点时(实际上不能达到 C 点),泵的流量已很小,这时因压力较高,泄漏也增多。当泵的流量只能全部用于弥补泄漏量时,泵实际向外输出流量已为零,这时泵的定子、转子之间维持一个很小的偏心距,偏心距不会再减少,泵的压力也不会继续升高。这就是曲线 BC 段中的点 C。

2. 影响曲线形状的因素

(1) 改变反馈柱塞的初始位置,可以改变初始偏心距 e_0 的大小,从而改变了泵的最大输出流量,即使曲线 AB 段上下平移。

(2) 改变压力弹簧的预紧力 F_s 的大小,可以改变压力 p_b($p_b = F_s / A_x$)的大小,使曲线拐点 B 左、右平移。

(3) 改变压力弹簧的刚度,可以改变曲线 BC 段的斜率。弹簧刚度增大,BC 段的斜率变小,曲线 BC 段趋向平缓。

掌握了限压式变量叶片泵的上述特性,可以很好地为实际工作服务。例如:在执行元件的空行程、非工作阶段,可使限压式变量叶片泵工作在曲线的 AB 段,这时泵输出流量最大、系统速度最高,从而提高了系统的效率;在执行元件的工作行程,可使泵工作在曲线的 BC 段,这时泵可以输出较高压力,并根据负载大小的变化自动调节输出流量的大小,以适应负载速度的要求。又如:调整反馈柱塞的初始位置,可以满足液压系统对流量大小不同的需要;调节压力弹簧的预紧力,可以适应负载大小不同的需要,等等。

由工作原理亦可知,若把压力弹簧撤掉,换上刚性挡块,或把压力弹簧"顶死",限压式变量叶片泵就可以作定量泵使用。

(四) 优缺点及应用

限压式变量叶片泵与定量叶片泵相比,结构复杂,轮廓尺寸大,作相对运动的部件较多,泄漏较大(例如流量为 40L/min 的限压式变量叶片泵的泄漏量一般为 3L/min 左右),轴上受有不平衡的径向液压力,噪声较大,容积效率、机械效率较低,流量脉动也较(定量泵)严重;但它能由负载的大小自动调节流量,在功率上使用较合理,可减少油液发热。对于有快进行程和工作行程要求的液压系统,采用限压式变量叶片泵(与采用双联泵相比)可以简化系统,节省一些液压件。

四、叶片液压马达

(一) 工作原理

双作用叶片液压马达的工作原理如图 3-14 所示。当压力为 p 的油液从配油窗口进入相邻两叶片间的密封工作腔时,位于进油腔的叶片 8、4 因两面所受的压力相同,故不产生转矩。位于回油腔的叶片 2、6 也同样不产生转矩。而位于封油区的叶片 1、5 和 3、7 因一面受压力油作用,另一面受回油的低压作用,故可产生转矩,且叶片 1、5 的转矩方向与叶片 3、7 的相反,但因叶片 1、5 的承压面积大、转矩大,因此转子沿着叶片 1、5 的转矩方向作顺时针方向旋转。叶片 1、5 和叶片 3、7 产生的转矩差就是液压马达的(理论)输出转矩。当定子的长短径差越大、转子的直径越大，以及输入的油压越高时，液压马达的输出转矩也越大。当改变输油方向时，液压马达反转。所有的叶片泵在理论上均能作相应的液压马达。但由于变量叶片液压马达结构较复杂，相对运动部件多，泄漏较大，容积效率低，机械特性较软及调节不便等原因，叶片液压马达一般都制成定量式的，即一般叶片液压马达都是双作用式的定量液压马达。其输出转矩 T_M 决定于输入的油压 p_M，输出转速 n_M 决定于输入的流量 Q_M。

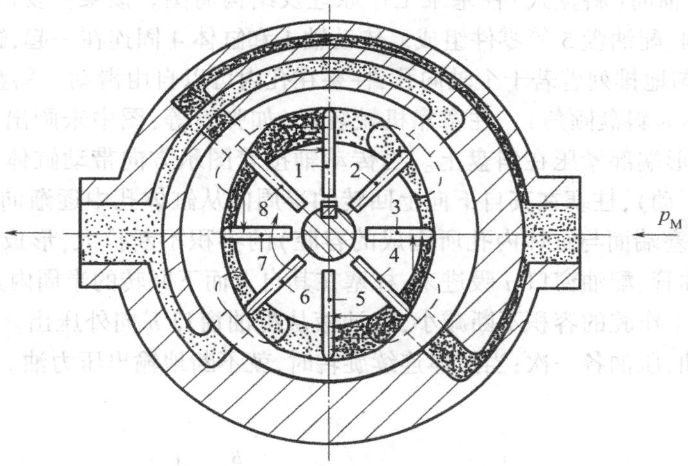

图 3-14 叶片液压马达的工作原理

（二）结构特点

叶片液压马达与相应的叶片泵相比有以下几个特点：

(1) 叶片底部有弹簧，以保证在初始条件下叶片能紧贴在定子内表面上，以形成密封工作腔。否则进油腔和回油腔将串通，就不能形成油压，也不能输出转矩。

(2) 叶片槽是径向的，以便叶片液压马达双向都可以旋转。

(3) 在壳体中装有两个单向阀，以使叶片底部能始终都通压力油（使叶片与定子内表面压紧）而不受叶片液压马达回转方向的影响。

叶片液压马达的最大特点是体积小，惯性小，动作灵敏，允许换向频率很高，甚至可在几毫秒内换向。但其最大弱点是泄漏较大，机械特性较软，不能在较低转速下工作，调速范围不能很大。因此，适用于低转矩、高转速以及对惯性要求较小、对机械特性要求不严的场合。

第四节 柱塞泵及柱塞液压马达

柱塞泵是依靠柱塞在其缸体内作往复直线运动时所造成的密封工作腔的容积变化来实现吸油和压油的。由于构成密封工作腔的构件——柱塞和缸体内孔均为圆柱表面，加工方便，容易得到较高的配合精度，密封性能好、容积效率高，故可以达到很高的工作压力。同时，这种泵只要改变柱塞的工作行程就可以很方便地改变其流量，易于实现变量。因此，在高压、大流量、大功率的液压系统中和流量需要调节的场合，如在龙门刨床、拉床、液压机以及其他工程机械、矿山机械、船舶机械等上面得到广泛应用。

柱塞泵(液压马达)按其柱塞的排列方式和运动方向的不同,可分为轴向柱塞泵(液压马达)和径向柱塞泵(液压马达)两大类。

一、轴向柱塞泵

(一) 工作原理

图 3-15 为轴向(斜盘式)柱塞泵工作原理及结构简图。该泵主要由传动轴 1、斜盘 2、柱塞 3、缸体 4、配油盘 5 等零件组成。传动轴 1 和缸体 4 固连在一起,缸体上在直径为 D_p 的圆周上均匀地排列着若干个轴向孔,柱塞在孔内可以自由滑动。斜盘 2 的轴线与传动轴呈 δ_p 角(称为斜盘倾角)。柱塞靠机械装置(如弹簧等,图中未画出)或底部的低压油作用,使其球形端部紧压在斜盘上。当传动轴按着图示方向带动缸体一起回转时(斜盘和配油盘都不动),柱塞在其自下向上回转的半周内从缸体孔中逐渐向外伸出,柱塞密封工作腔(由柱塞端面与缸体内孔所围成的容腔)的容积不断扩大,形成部分真空,将液压油从油箱经油管、配油窗口 a 吸进来;柱塞在其自上而下回转的半周内又向缸体孔内逐渐缩回,使密封工作腔的容积不断减小,将油液从配油窗口 b 向外压出。缸体每转一周,每个柱塞就吸油、压油各一次;当缸体连续旋转时,就不断地输出压力油。

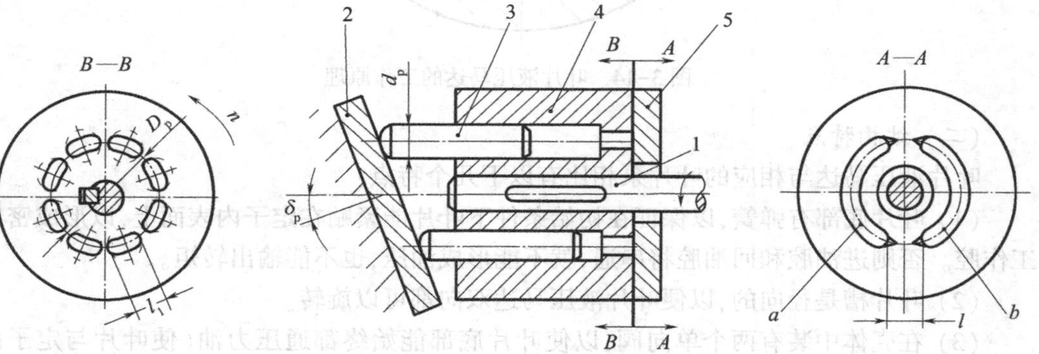

图 3-15　斜盘式轴向柱塞泵工作原理

1—传动轴；2—斜盘；3—柱塞；4—缸体；5—配油盘

这种泵要求配油盘上的封油区宽度 l 与柱塞底部的通油口长度 l_1 不能相差太大,否则困油严重。为避免引起冲击和噪声,一般在油窗的近封油区处开有小三角槽以便卸载。

由图 3-15 可看出,改变斜盘倾角 δ_p,可改变柱塞往复行程的大小,因而也就改变了泵的排量;改变斜盘倾角的倾斜方向(泵的转向不变),可使泵的进、出油口互换,成为双向变量泵。

轴向柱塞泵的结构紧凑,径向尺寸小,质量轻,转动惯量小且易于实现变量,压力可以提得很高(可达到 40MPa 或更高),可在高压高速下工作,并具有较高容积效率。因此这种泵在高压系统中应用较多。不足的是该泵对油液污染十分敏感,一般需要精过滤。同时,它的自吸能力差,常需要由低压泵供油。

(二) 排量和流量的计算

柱塞在缸体孔内的最大行程为 $l_p = D_p \tan\delta_p$(D_p 为柱塞分布圆直径),设柱塞数为 Z_p,

柱塞直径为 d_p，如图 3-15 所示，则泵的排量 q_p 为

$$q_p=\frac{\pi}{4}d_p^{\ 2}l_pZ_p=\frac{\pi}{4}d_p^{\ 2}D_p\tan\delta_pZ_p \tag{3-28}$$

平均输出流量为

$$Q_p=q_pn_p\eta_{Vp}=\frac{\pi}{4}d_p^{\ 2}D_p\tan\delta_pZ_pn_p\eta_{Vp} \tag{3-29}$$

实际上，泵的输出流量是脉动的，当柱塞数为奇数时，脉动较小。因此一般常用的柱塞数视流量的大小，取 7、9 或 11 个。

二、轴向柱塞液压马达

（一）工作原理

上述轴向柱塞泵可作液压马达使用，即两者是可逆的。下面以图 3-16 所示轴向（斜盘式）柱塞液压马达为例，来说明液压马达的工作原理。图中斜盘 1 和配油盘 4 固定不动，柱塞 3 轴向地放在缸体 2 中，缸体 2 和液压马达轴 5 相连，并一起转动。斜盘的中心线和缸体的中心线相交一个倾角 δ_M。当压力油通过配油盘上的配油窗口 a 输入与窗口 a 相通的缸体上的柱塞孔中时，压力油把该孔中柱塞顶出，使之压在斜盘上。由于斜盘对柱塞的反作用力 F 垂直于斜盘表面（作用在柱塞球头表面的法线方向上），这个力的水平分量 F_x 与柱塞右端的液压力平衡，而垂直分量 F_y 则使每个与窗口 a 相通的柱塞都对缸体的回转中心产生一个转矩，使缸体和液压马达轴作逆时针方向旋转，在轴 5 上输出转矩和转速。如果改变液压马达压力油的输入方向，液压马达轴就作顺时针方向旋转。

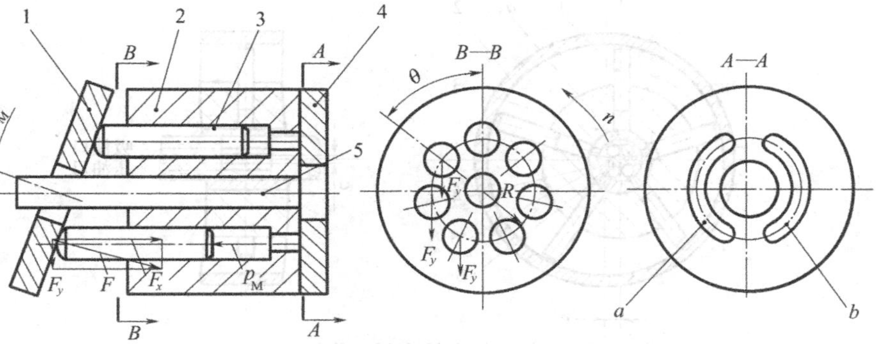

图 3-16 轴向柱塞液压马达工作原理

1—斜盘；2—缸体；3—柱塞；4—配油盘；5—马达轴

（二）转矩

设液压马达的柱塞直径和输入油压分别为 d_M、p_M，由力的平衡条件可得力 F_x 为

$$F_x=\frac{\pi}{4}d_M^2p_M \tag{3-30}$$

力 F_y 为

$$F_y=F_x\tan\delta_M=\frac{\pi}{4}d_M^2p_M\tan\delta_M \tag{3-31}$$

设柱塞分布圆半径为 R，某一柱塞所在位置与缸体中心线夹角为 θ（图 3-16），则该柱塞所产生的瞬时转矩为

$$T'_{\mathrm{M}} = F_y R\sin\theta = \frac{\pi}{4} d_{\mathrm{M}}^2 p_{\mathrm{M}} \tan\delta_{\mathrm{M}} R\sin\theta \tag{3-32}$$

而液压马达的理论瞬时总转矩 $T'_{t\mathrm{M}}$ 应为所有与配油窗口 a 相通的柱塞转矩之和，即

$$T'_{t\mathrm{M}} = \sum\left(\frac{\pi}{4} d_{\mathrm{M}}^2 p_{\mathrm{M}} \tan\delta_{\mathrm{M}} R\sin\theta\right) \tag{3-33}$$

由上式可知，随着角 θ 的变化，柱塞产生的转矩是变化的，因此液压马达产生的总转矩也是脉动的，其脉动情况和泵的流量脉动相似，而式（3-18）则为液压马达的平均输出转矩。

三、径向柱塞泵

径向柱塞泵的工作原理如图 3-17 所示。柱塞 1 径向安放于缸体（转子）3 中。缸体内孔紧配衬套 4，套装在配油轴 5 上，配油轴 5 固定不动。当缸体 3 由电机带动旋转时，柱塞 1 在离心力作用下向外伸出，紧紧顶在定子 2 的内壁（内圆柱表面）上。由于缸体与定子之间有一偏心距 e，因此当缸体按图示箭头方向旋转时，处于上半周内的各柱塞底部的密封工作腔的容积逐渐增大，形成部分真空，将油液从油箱经配油轴 5 内的轴向孔道从窗孔 a（两个）吸入；处于下半周内的各柱塞底部密封工作腔的容积逐渐减少，将油液从窗孔 b 经配油轴 5 内的另两个轴向孔道压出。缸体不断旋转，就连续进行吸油、压油。移动定子以改变偏心距 e，可以改变泵的排量；若改变偏心距 e 的方向，则可使进出油口互换，成为双向泵。

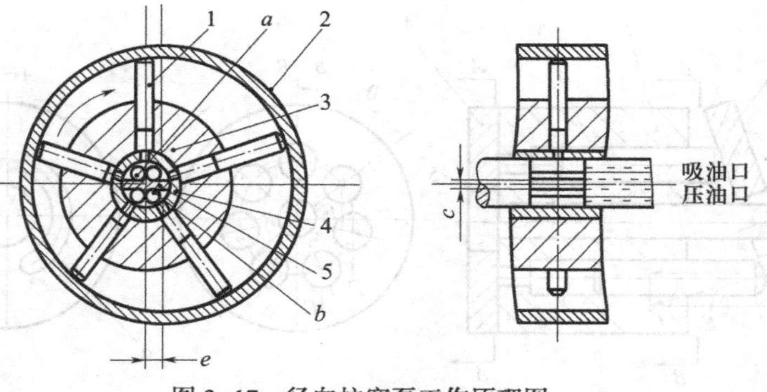

图 3-17　径向柱塞泵工作原理图

1—柱塞；2—定子；3—缸体；4—衬套；5—配油轴；
a—吸油窗口；b—排油窗口；e—偏心距

这种泵，由于柱塞和孔较易加工，其配合精度容易保证，所以密封工作腔的密封性较好，容积效率较高，一般可达 0.94～0.98，故多用于 10MPa 以上的液压系统。但是，该泵的径向尺寸较大，结构较复杂，且配油轴受到径向不平衡液压力作用，易于磨损，因而限制了转速和压力的提高（最高压力在 20MPa 左右），故目前生产中应用不多。

为了增加流量，径向柱塞泵有时将缸体沿轴线方向加宽，将柱塞做成多排形式的。对于排数为 i 的多排形式的径向柱塞泵其排量和流量分别为单排径向柱塞泵排量和流量的 i 倍。

四、径向柱塞液压马达

径向柱塞液压马达,除了配油阀式的以外均具有可逆性。在图 3-17 中,当压力油从配油轴 5 的轴向孔道,经配油窗口 a、衬套 4 进入缸体 3 内柱塞 1 的底部时,柱塞 1 在油压作用下向外伸出,紧紧地顶在定子 2 的内壁上。定子 2 和缸体 3 之间存在一偏心距 e。在柱塞与定子接触处,定子给柱塞一反作用力 F(见图 3-18),其方向在定子内圆柱曲面的法线方向上。将力 F 沿柱塞的轴向(缸体的径向)和径向分解成力 F_x 和 F_y,F_y 对缸体产生转矩,使缸体旋转。缸体则经其端面连接的传动轴向外输出转矩和转速。液压马达输出的转矩等于高压区内各柱塞产生转矩的总和,其值也是脉动的。

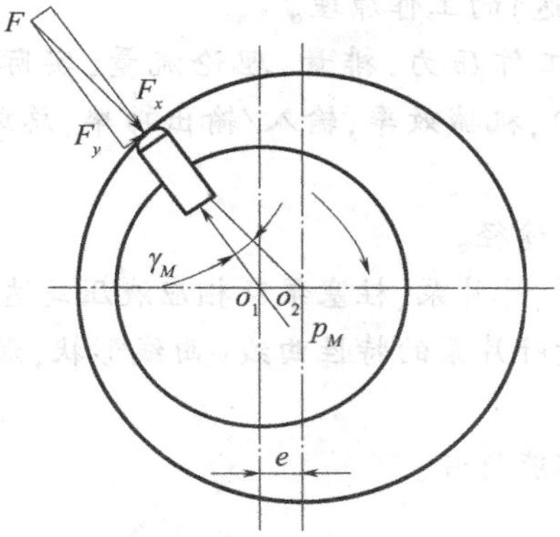

图 3-18 径向柱塞液压马达工作原理

与轴向柱塞液压马达相反,低速大转矩液压马达多采用径向柱塞式结构。其主要特点是排量大(柱塞的直径大、行程长、数目多)、压力高、密封性好。但其尺寸及体积大,不能用于反应灵敏、频繁换向的系统中。在矿山机械、采煤机械、工程机械、建筑机械、起重运输机械及船舶方面,低速大转矩液压马达得到了广泛应用。

第五节 液压泵(液压马达)的选用

表 3-2 列出了常用液压泵(液压马达)的性能、特点,供选用时参考。

表 3-2 常用液压泵(液压马达)的性能、特点

性 能	外啮合齿轮泵	双作用叶片泵	限压式变量叶片泵	径向柱塞泵	轴向柱塞泵
输出压力	低压	中压	中压	高压	高压
流量调节	不能	不能	能	能	能
效率	低	较高	较高	高	高
输出流量脉动	很大	很小	一般	一般	一般
自吸特性	好	较差	较差	差	差
对油的污染敏感性	不敏感	较敏感	较敏感	很敏感	很敏感
噪声	大	小	较大	大	大

一般从使用上看，上述三大类泵的优劣次序是柱塞泵、叶片泵和齿轮泵。从结构复杂程度、价格及抗污染能力等方面来看，齿轮泵为最好，而柱塞泵结构最复杂、价格最高、对油液的清洁度要求也最苛刻。因此，每种泵（液压马达）都有自己的特点和使用范围，使用时应根据具体工况，结合各类泵（液压马达）的性能、特点及适用场合，合理选择。

小　结

一、主要概念

(1) 容积式泵（液压马达）的工作原理。

(2) 泵和液压马达的工作压力，排量，理论流量，实际流量，容积效率，输入转矩（泵），输出转矩（液压马达），机械效率，输入/输出功率，总效率，各量的单位（量纲），及相关量间的关系。

(3) 齿轮泵泄漏的三个途径。

(4) 常用泵——齿轮泵、叶片泵、柱塞泵及相应液压马达的主要优缺点及应用场合。

(5) 外反馈限压式变量叶片泵的特性曲线（曲线形状，形状分析，及影响曲线形状的因素）。

(6) 泵和液压马达的职能符号。

二、计算

对泵、液压马达的流量（理论流量、实际流量），工作压力，输入/输出功率，效率（容积效率、机械效率），转矩，转速等进行计算，以便液压回路、系统的设计，液压元件的选择或判断所设计的系统性能指标是否满足负载要求。

自我检测题及其解答

【题目】 如图所示，一液压泵与液压马达组成的闭式回路，液压泵输出油压 $p_p=10\text{MPa}$，其机械效率 $\eta_{mp}=0.95$，容积效率 $\eta_{Vp}=0.9$，排量 $q_p=10\text{mL/r}$；液压马达机械效率 $\eta_{mM}=0.95$，容积效率 $\eta_{VM}=0.9$，排量 $q_M=10\text{mL/r}$。若不计液压马达的出口压力和管路的一切压力损失，且当液压泵转速为1500r/min时，试求下列各项：

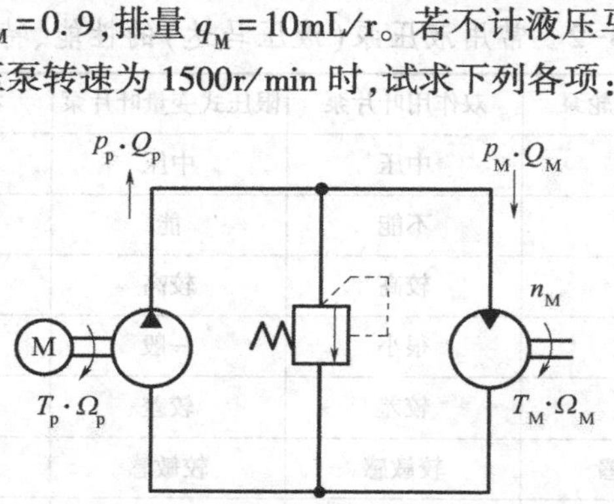

自检题图2

(1) 液压泵的输出功率;

(2) 电动机所需功率;

(3) 液压马达的输出转矩;

(4) 液压马达的输出功率;

(5) 液压马达的输出转速(n_M)。

【解答】

(1) 液压泵的输出功率 P_{op}

$$P_{op}=\frac{p_p(\text{MPa})Q_p(\text{L/min})}{60}=\frac{p_p(\text{MPa})n_pq_p\eta_{Vp}}{60}$$

$$=\frac{10\times1500\times10\times10^{-3}\times0.9}{60}=2.25(\text{kW})$$

(2) 电动机所需功率 P_{ip}

$$P_{ip}=\frac{P_{op}}{\eta_p}=\frac{P_{op}}{\eta_{Vp}\eta_{mp}}=\frac{2.25}{0.9\times0.95}=2.63(\text{kW})$$

(3) 液压马达的输出转矩 T_M

$$T_M=\frac{p_Mq_M}{2\pi}\eta_{mM}=\frac{p_pq_M}{2\pi}\eta_{mM}$$

$$=\frac{10\times10^6(\text{Pa})\times10\times10^{-6}(\text{m}^3/\text{r})}{2\pi}\times0.95$$

$$=15.1(\text{N}\cdot\text{m})$$

(4) 液压马达的输出功率 P_{oM}

$$P_{oM}=P_{iM}\eta_M=P_{op}\eta_M=P_{op}\eta_{VM}\eta_{mM}$$

$$=2.25\times0.9\times0.95=1.92(\text{kW})$$

(5) 液压马达的输出转速 n_M

$$n_M=\frac{Q_{tM}}{q_M}=\frac{Q_M\eta_{VM}}{q_M}=\frac{Q_p\eta_{VM}}{q_M}$$

$$=\frac{Q_{tp}\eta_{Vp}\eta_{VM}}{q_M}=\frac{n_pq_p\eta_{Vp}\eta_{VM}}{q_M}$$

$$=\frac{1500\times10\times0.9\times0.9}{10}=1215\text{r/min}$$

习　题

3-1　容积式液压泵共同的工作原理是什么?其工作压力取决于什么?工作压力与铭牌上的额定压力和最大压力有什么关系?

3-2　在常用泵中,哪一种泵自吸能力最好?哪种最差?为什么?

3-3　齿轮泵的泄漏途径有几种?提高齿轮泵的压力受什么因素影响?怎样解决?

3-4　液压泵的配油方式有哪几种?从理论上来说,哪种液压泵和液压马达是可逆的?哪种不可逆?

3-5　在叶片泵中,哪种可作变量泵使用?依靠改变什么因素来实现变量?如何实现双向变量？

3-6　绘出限压式变量叶片泵的特性曲线，分析曲线的形状并说明调整哪些因素以适应不同的需求？

3-7　说明高速小转矩液压马达与低速大转矩液压马达的主要区别，应用场合。

3-8　一泵排量为 q_p，泄漏量为 $Q_{lp}=k_l p_p$（k_l——常数，p_p——工作压力）。此泵可兼做马达使用。当二者运转速度相同时，其容积效率是否相同？为什么？（提示：分别列出二者容积效率的表达式）

3-9　一液压马达排量 $q_M=80cm^3/r$、负载转矩为 50N·m 时，测得其机械效率为 0.85。将此马达作泵使用，在工作压力为 46.2×10^5Pa 时，其机械损失转矩与上述液压马达工况相同，求此时泵的机械效率。

3-10　某泵输出油压为 10MPa，转速 1450r/min，排量为 200mL/r，泵的容积效率 $\eta_{Vp}=0.95$，总效率 $\eta_p=0.9$。求泵的输出液压功率及驱动该泵的电机所需功率（不计泵的入口油压）。

3-11　某液压马达排量 $q_M=250mL/r$，入口压力为 9.8MPa，出口压力为 0.49MPa，其总效率 $\eta_M=0.9$，容积效率 $\eta_{VM}=0.92$。当输入流量为 22L/min 时，试求：

（1）液压马达的输出转矩。

（2）液压马达的输出转速。

3-12　一液压泵，当负载压力为 80×10^5Pa 时，输出流量为 96L/min；而负载压力为 100×10^5Pa 时，输出流量为 94L/min。用此泵带动一排量 $q_M=80mL/r$ 的液压马达。当负载转矩为 130N·m 时，液压马达的机械效率为 0.94，其转速为 1100r/min。求此时液压马达的容积效率。（提示：先求液压马达的负载压力）

3-13　图示一变量泵和变量液压马达组成的液压系统，低压辅助泵使泵的吸油管和马达的出油管的压力保持为 4×10^5Pa。变量泵的最大排量 $q_p=100mL/r$，容积效率 $\eta_{Vp}=0.94$，机械效率 $\eta_{mp}=0.85$，液压马达排量 $q_M=50mL/r$，容积效率 $\eta_{VM}=0.95$，机械效率 $\eta_{mM}=0.82$，管路损失略去不计，当液压马达输出转矩为 40N·m，输出转速为 60r/min 时，试求变量泵的输出流量、输出压力及泵的输入功率。

3-14　图示为凸轮转子泵，其定子内曲线为完整的圆弧，其上有两片不旋转但可以伸缩（靠弹簧压紧）的叶片。转子外形与一般叶片泵的定子曲线相似。试说明该泵的工作原理，在图上标出其进出油口，并指出泵每转吸、排油次数。

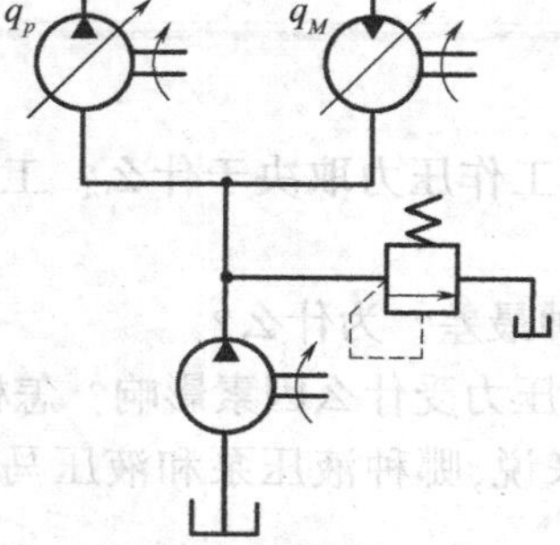

习题 3-13 图

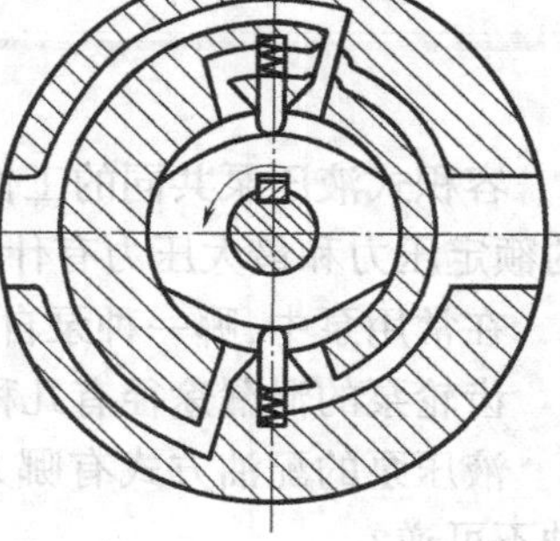

习题 3-14 图

第四章 液压缸

液压缸是把液体的压力能转换成直线式机械能的能量转换装置(执行元件)。液压缸输出的是力和位移。液压缸结构简单、工作可靠,广泛地应用于工业生产各个部门,特别是在舰船上(如潜望镜的升降装置、转舵装置、液压仓盖等装置)得到广泛应用。本章重点介绍应用最广的活塞缸,同时也介绍一些其他类型液压缸。

第一节 液压缸的类型及其特点和应用

液压缸按其作用方式,分为单作用式和双作用式两大类。单作用式液压缸只利用液压力推动活塞向着一个方向运动,而反向运动则依靠重力或弹簧力等实现。双作用式液压缸,其正、反两个方向的运动都依靠液压力来实现。

液压缸按不同的使用压力,又可分为中低压、中高压和高压液压缸。对于机床类机械一般采用中低压液压缸,其额定压力为2.5~6.3MPa;对于要求体积小、质量轻、出力大的建筑车辆和飞机用液压缸多数采用中高压液压缸,其额定压力为10~16MPa;对于油压机一类机械,大多数采用高压液压缸,其额定压力为25~31.5MPa。

液压缸按结构形式的不同,又有活塞式、柱塞式、摆动式、伸缩式等形式,其中以活塞式液压缸应用最多。

一、活塞液压缸

活塞液压缸有双杆活塞缸和单杆活塞缸两种。

(一)双杆活塞缸

双杆活塞缸的两端都有活塞杆伸出,按其安装方式的不同,有固定缸(缸定)式和固定杆(杆定)式两种。

1. 缸定式

图4-1为缸定式双杆活塞缸的工作原理及结构简图。图中1为液压缸的缸筒,2为活塞杆,3为活塞,4为工作台(不属于液压缸的组成部分),工作台与活塞杆相连接。在图示情况下,压力为p_1、流量为Q的液压油从缸筒一端的孔口a流入液压缸的左腔,当液压油的作用力克服阻力后,活塞和与之相连的工作台一起从左向右运动,而液压缸右腔的、压力为p_2的油液则从缸筒另一端的孔口b流出。若改变液压油流进、流出液压缸的方向,即液压油从孔口b流入液压缸右腔,则液压缸和工作台的运动反向。

从图4-1不难看出,这种活塞缸工作台的最大活动范围是活塞有效行程l的3倍,因此这种安装方式占地面积较大,常用于小型机床(设备)。另外,这种活塞缸在传动时,活塞杆可设计成一个是受拉的,而另一个不受力,因此活塞杆可以细些。

2. 杆定式

图 4-2 为杆定式双杆活塞缸的工作原理及结构简图。图中活塞杆 2 固定,缸筒 1 和工作台 4 连接在一起。在图示情况下,压力为 p_1 的液压油从缸筒一端的孔口 a 流入液压缸左腔,推动缸筒 1 和工作台 4 从右向左运动,液压缸右腔的油液则从缸筒另一端孔口 b 流出。此时,进出油口 a 和 b 需用软管连接。进出油口也可做在活塞杆两端靠近活塞的一侧,此时活塞杆应是空心的。

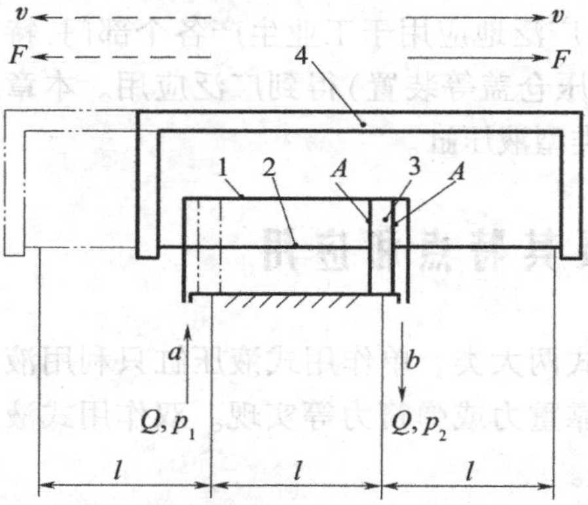

图 4-1 缸定式双杆活塞缸

1—缸筒; 2—活塞杆; 3—活塞; 4—工作台

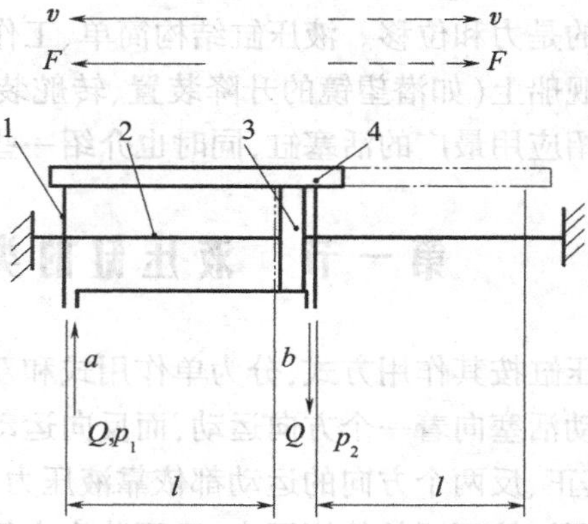

图 4-2 杆定式双杆活塞缸

1—缸筒; 2—活塞杆; 3—活塞; 4—工作台

从图 4-2 可以看出,这种活塞缸工作台的最大活动范围是液压缸有效行程 l 的 2 倍,因此占地面积较小,适用于中型及大型机床。

3. 推力及速度计算

双杆式活塞缸的两个活塞杆的直径通常是相等的,因此,它的左右两腔的有效面积也是相等的。若进油腔(高压腔)的压力为 p_1,回油腔(低压腔)的压力为 p_2,则不论液压油是从孔口 a 流入还是从孔口 b 流入,液压缸所产生的推力都相等。其推力为

$$F = A(p_1 - p_2) = \frac{\pi}{4}(D^2 - d^2) \cdot (p_1 - p_2) \tag{4-1}$$

若不计回油压力,即 $p_2=0$,则推力为

$$F = \frac{\pi}{4}(D^2 - d^2) \cdot p_1 \tag{4-1'}$$

式中 A——活塞的有效工作面积;

D、d——活塞、活塞杆的直径。

若分别向液压缸左右两腔输入的油液流量相同,工作台(液压缸)往复运动的速度也相同。其速度为

$$v = \frac{Q}{\pi(D^2 - d^2)/4} = \frac{4Q}{\pi(D^2 - d^2)} \tag{4-2}$$

式中 Q——输入液压缸的油液流量。

(二) 单杆活塞缸

单杆活塞缸也有缸定式[见图 4-3(a)]和杆定式[见图 4-3(b)]两种安装方式。无论是缸定式的,还是杆定式的,其工作台的最大活动范围都是活塞(或缸筒)有效行程 l 的 2 倍。

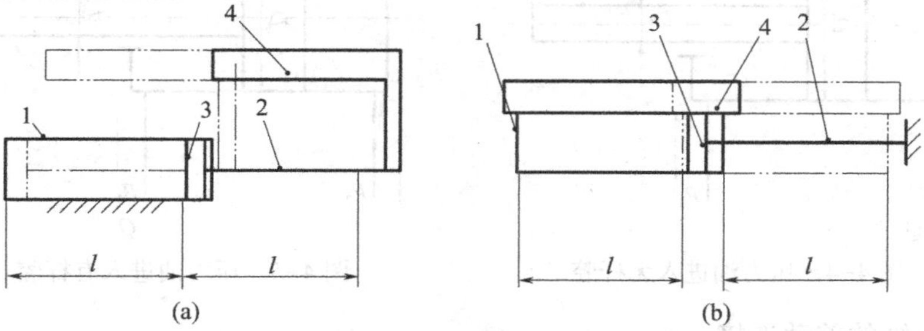

图 4-3 单杆活塞缸的运动空间

1—缸筒;2—活塞杆;3—活塞;4—工作台

单杆活塞缸的左右两腔的有效工作面积不相等,因此,左右腔所产生的推力和左右方向的速度也不相等,下面分别予以讨论。

1. 压力油进入无杆腔

如图 4-4 所示,压力油进入无杆腔,压力为 p_1,推动活塞向右运动,速度为 v_1;回油从液压缸有杆腔流出,压力为 p_2。则推力 F_1 为

$$F_1 = p_1A_1 - p_2A_2 = \frac{\pi}{4}[D^2p_1 - (D^2 - d^2)p_2] \tag{4-3}$$

若不计回油压力,则推力为

$$F_1 = \frac{\pi}{4}D^2p_1 \tag{4-4}$$

式中 A_1、A_2——无杆腔、有杆腔的有效工作面积。

若输入的油液流量为 Q,则速度为

$$v_1 = \frac{Q}{\pi D^2/4} = \frac{4Q}{\pi D^2} \tag{4-5}$$

2. 压力油进入有杆腔

如图 4-5 所示,液压缸产生的推力 F_2 为

$$F_2 = p_1A_2 - p_2A_1 = \frac{\pi}{4}[(D^2 - d^2)p_1 - D^2p_2] \tag{4-6}$$

若不计回油压力,则推力 F_2 为

$$F_2 = \frac{\pi}{4}(D^2 - d^2)p_1 \tag{4-6′}$$

液压缸的速度为

$$v_2 = \frac{Q}{\pi(D^2 - d^2)/4} = \frac{4Q}{\pi(D^2 - d^2)} \tag{4-7}$$

如果把两个方向上的速度 v_2 和 v_1 的比值称为速度比,并记作 λ_v,则 $\lambda_v = v_2/v_1 =$

$1/[1-(d/D)^2]$，故 $d=D\sqrt{(\lambda_v-1)/\lambda_v}$。在已知 D 和 λ_v 时，可确定 d 值。

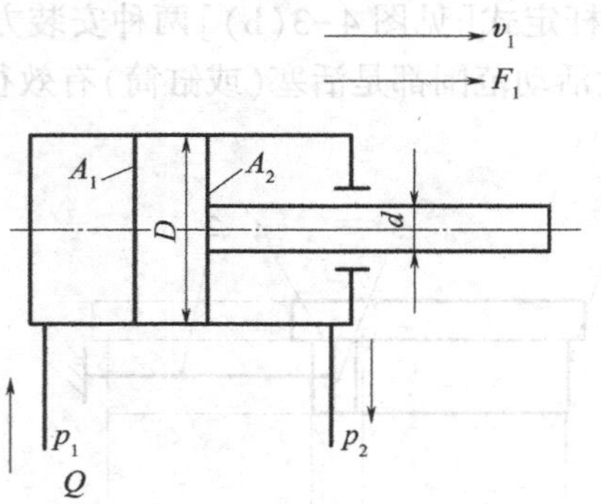

图 4-4　压力油进入无杆腔

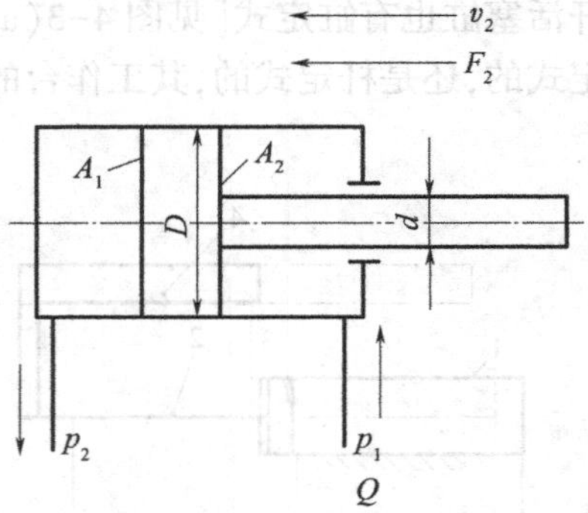

图 4-5　压力油进入有杆腔

3. 液压缸的差动连接

单杆活塞缸在其左右两腔相互接通并同时输入压力油时，称为"差动连接"。作差动连接的液压缸称为差动液压缸。因差动液压缸无杆腔的总作用力大于有杆腔，故活塞向右移动，并使有杆腔的油液流入无杆腔，如图 4-6 所示。此时，液压缸产生的推力 F_3 为

$$F_3=p_1A_1-p_1A_2=p_1(A_1-A_2)=$$

$$\frac{\pi}{4}[D^2-(D^2-d^2)]\cdot p_1=\frac{\pi}{4}d^2\cdot p_1 \tag{4-8}$$

速度 v_3 为

$$v_3=\frac{Q}{A_1-A_2}=\frac{4Q}{\pi d^2} \tag{4-9}$$

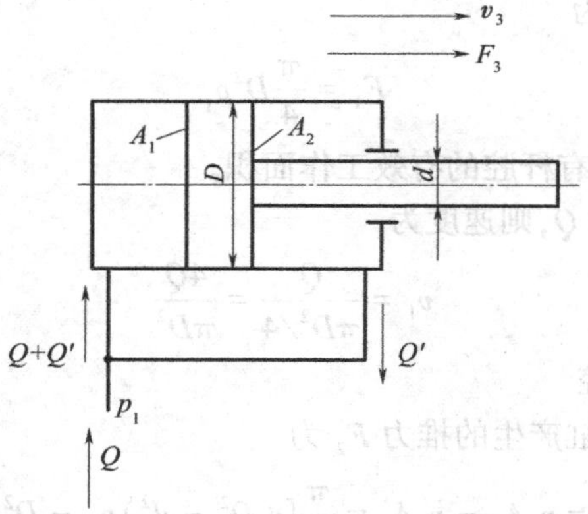

图 4-6　液压缸的差动连接

将 F_3 和 v_3 分别与 F_2、F_1 和 v_2、v_1 相比较便可看出，差动连接时速度提高了，即 $v_3>v_2$、v_1；而液压缸的推力下降了，即 $F_3<F_1$、F_2。如果要求 $v_2=v_3$，那么由式(4-7)、式(4-9)可得，$D=\sqrt{2}d$ 或 $A_1=2A_2$。

上述活塞缸都是双作用式的，其中双杆活塞缸在机床中应用较多，单杆活塞缸则广泛地应用于各种工程机械中。

二、柱塞式液压缸

图 4-7 为柱塞式液压缸。图 4-7(a)是一种单作用式液压缸,因此柱塞缸常成对使用[见图 4-7(b)]。这种液压缸的柱塞 1 和缸筒 2 不接触,运动时由缸盖上的导向套来导向,因此缸筒内只需粗加工,甚至不加工,故工艺性好。它特别适用于行程较长的场合(如龙门刨床),在液压升降机、自卸卡车和叉车中也有所应用。

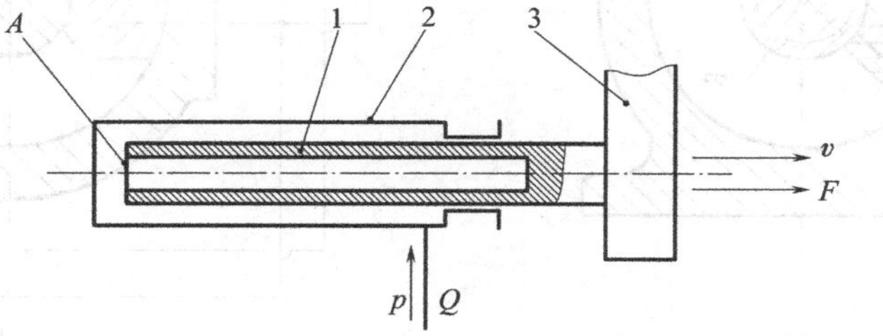

(a)

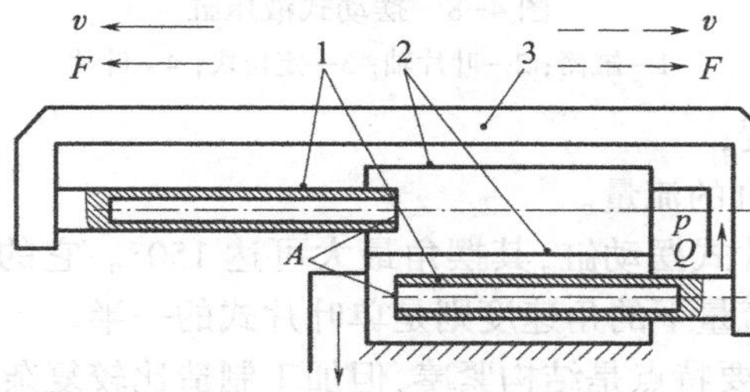

(b)

图 4-7 柱塞式液压缸

1—柱塞;2—缸筒;3—工作台

柱塞缸产生的推力 F 和运动速度 v 分别为

$$F = Ap = \pi d^2 p/4 \tag{4-10}$$

$$v = 4Q/\pi d^2 \tag{4-11}$$

式中 d——柱塞直径;

其他符号意义参考上文。

三、摆动式液压缸

摆动式液压缸又称为摆动式液压马达,它主要由缸筒 1、叶片轴 2、定位块 3 和叶片 4 等组成(见图 4-8)。

图 4-8(a)为单叶片式摆动缸,其摆动角度可达 300°。若进油、回油压力分别为 p_1、p_2,则它的理论输出转矩 T 和角速度 Ω 分别为

$$T = \int \mathrm{d}T = \int_{R_1}^{R_2} \mathrm{d}rb(p_1 - p_2)r = (R_2^2 - R_1^2)(p_1 - p_2)b/2 \tag{4-12}$$

$$\Omega = 2Q/b(R_2^2 - R_1^2) \tag{4-13}$$

式中 r——叶片上任一点的回转半径;

R_1、R_2——叶片底端、顶端半径;

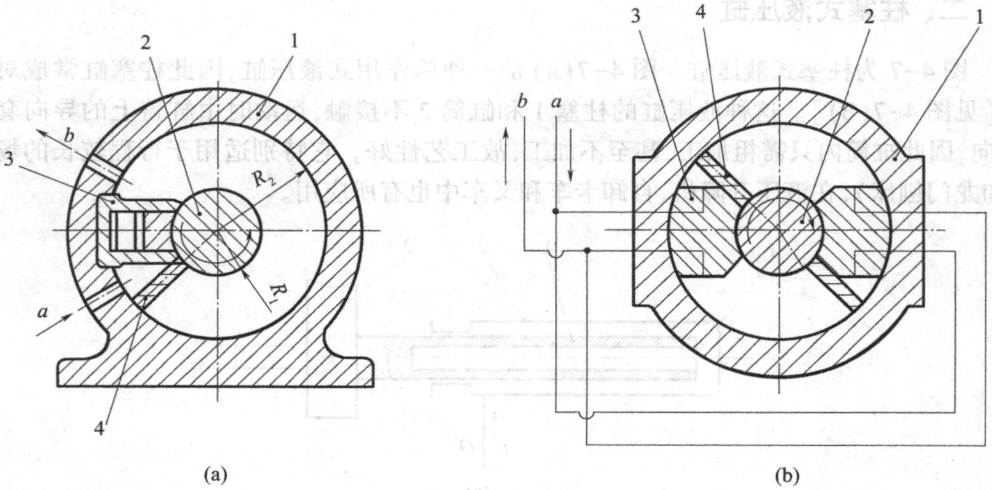

图 4-8 摆动式液压缸

1—缸筒；2—叶片轴；3—定位块；4—叶片

b——叶片的宽度；

Q——进入摆动缸的流量。

图 4-8(b)为双叶片式摆动缸，其摆角最大可达 150°。它的理论输出转矩是单叶片式的两倍，在同等输入流量下的角速度则是单叶片式的一半。

摆动式液压缸的主要特点是结构紧凑，但加工制造比较复杂。在机床上，用于回转夹具、送料装置、间歇进刀机构等；在液压挖掘机、装载机上，用于铲斗的回转机构。目前，在舰船的液压舵机上逐步由摆动式液压缸取代柱塞式液压缸；在舰船稳定平台的执行机构中，也不少采用摆动式液压缸。

四、伸缩式液压缸

伸缩式液压缸又称为多级液压缸，是由两个或多个活塞套装而成(见图 4-9)。它的前一级活塞缸的活塞是后一级活塞缸的缸筒，伸出时(按活塞 1、2 的有效工作面积由大到小依次伸出)，可获得很长的工作行程，缩回时(按活塞有效工作面积由小到大依次缩

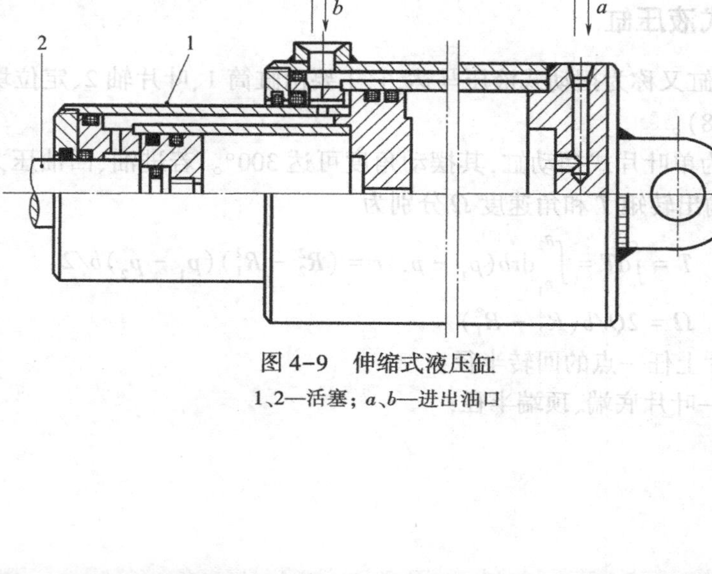

图 4-9 伸缩式液压缸

1、2—活塞；a、b—进出油口

回)长度则较短,故结构较紧凑。由于各级活塞的有效工作面积不同,在输入液压力和流量不变的情况下,液压缸的推力和速度是分级变化的:先动作的活塞速度低、推力大;后动作的推力小、速度高。图 4-9 为双作用式伸缩缸(也有单作用式)。伸缩式液压缸常用于工程机械(如翻斗汽车、起重机等)和农业机械上。

五、其他液压缸

(一)增力缸

图 4-10 为两个单杆活塞缸串联在一起的增力缸。当液压油通入两缸左腔时,串联活塞向右移动,两缸右腔的油液同时排出。这种液压缸的推力等于两缸推力总和,即

$$F = \frac{\pi}{4}p(2D^2 - d^2) \tag{4-14}$$

这种液压缸用于径向安装尺寸受到限制而输出力又要求很大的场合。

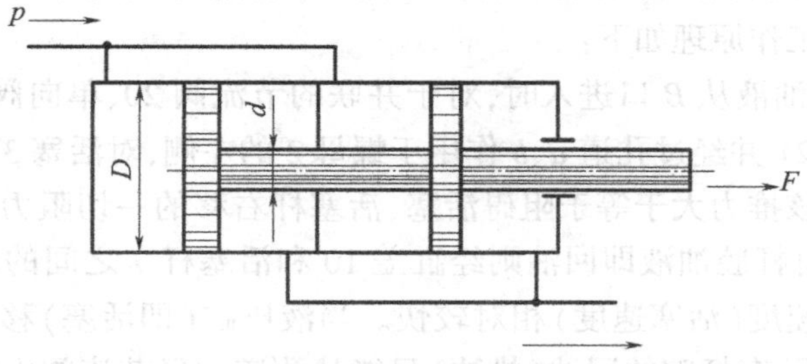

图 4-10 增力缸

(二)增压缸

增压缸也称为增压器。在液压系统中采用增压缸,可以在不增加高压能源的情况下,获得比液压系统中能源压力高得多的油压力。

图 4-11 为一种由活塞缸和柱塞缸组成的增压缸,它是利用活塞和柱塞有效工作面积之差来使液压系统中局部区域获得高压的。当输入 A 腔活塞缸的液体压力为 p_1,活塞直径为 D,柱塞直径为 d 时,B 腔柱塞缸输出的液体压力为

$$p_2 = \left(\frac{D}{d}\right)^2 p_1 \tag{4-15}$$

(三)齿条缸

图 4-12 为一齿条缸,它是由两个活塞缸和一套齿条齿轮传动装置组成。当液压油从一端进入缸内时,推动活塞向另一端移动,活塞杆上的齿条便推动齿轮转动,另一端的回油从油口排出。图中所示的齿条缸应用于组合机床的回转工作台上。

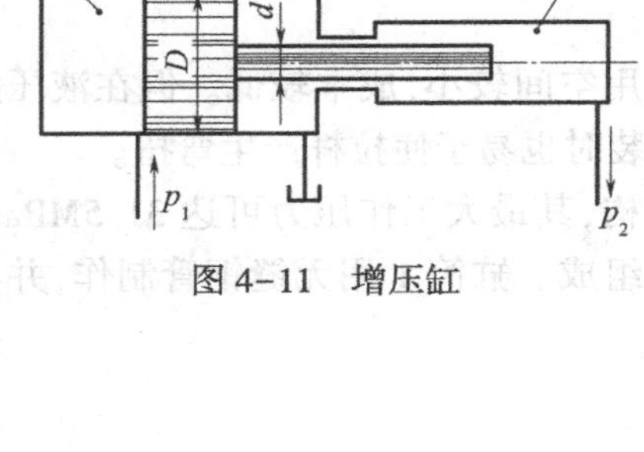

图 4-11 增压缸

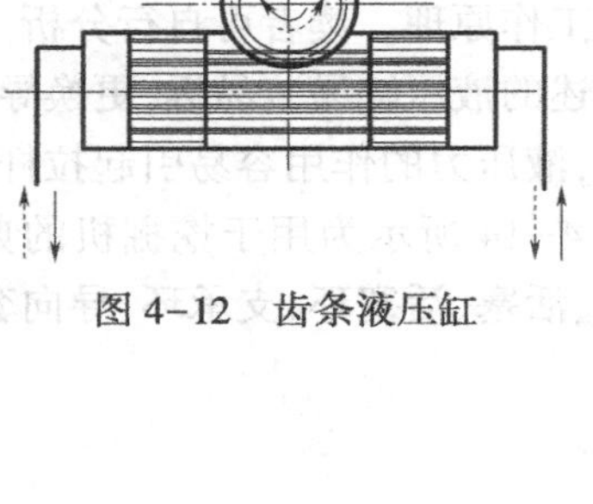

图 4-12 齿条液压缸

第二节 液压缸的结构和组成

一、液压缸的典型结构

图 4-13 为一种用于机床上的单杆活塞缸结构，它由缸筒、端盖、活塞、活塞杆、导向套、密封圈等组成。缸筒 8 和前后端盖 1、10 用四个拉杆 15 和螺帽 16 紧固连成一体。活塞 3 通过螺母 2 和压板 5 固定在活塞杆 7 上。为了保证形成的油腔具有可靠的密封，在前后端盖和缸筒之间、缸筒和活塞之间、活塞和活塞杆之间及活塞杆与后端盖之间都分别设置了相应的密封圈 19、4、18 和 11。后端盖和活塞杆之间还装有导向套 12、刮油圈 13 和防尘圈 14，它们是用压板 17 夹紧在后端盖上的。

压板 5 后面的缓冲套 6 和活塞杆的前端部分分别与前、后端盖上的单向阀 21 和节流阀 20 组成前后缓冲器，使活塞及活塞杆在行程终端处减速，防止或减弱活塞对端盖的撞击。

液压缸的具体工作原理如下：

当压力为 p_1 的油液从 B 口进入时，对于并联的节流阀 20、单向阀 21，油液顶开阻力相对较小的单向阀 21 并经过孔道 a、b 作用于螺母 2 的左侧，对活塞 3 和活塞杆 7 产生使其右移的推力。当该推力大于等于阻碍活塞、活塞杆右移的一切阻力时，活塞、活塞杆右移，而压力为 p_2 的有杆腔油液即回油则经缸盖 10 和活塞杆 7 之间的环形孔道 h 从 C 口排出。此时液压缸速度（活塞速度）相对较快。当液压缸（即活塞）移至右端且在缓冲套 6 进入环形孔道 h 后，有杆腔的回油（排油）只能从孔道 b' 经节流阀由 C 口排出。因此时回油流经节流阀，致使液压缸（活塞）速度减缓，其运动得到缓冲，故可防止或减弱活塞对缸盖的撞击。反之，当压力为 p_1 的油液（图中虚线 p_1 所示）从 C 口进入时，顶开单向阀，并经孔道 a'、b' 进入液压缸有杆腔，作用于活塞 3 右侧的环形端面（有效工作面积 A_2）上，推动活塞、活塞杆左移，无杆腔（左腔）的回油则经端盖 1 中间的孔从 B 口排出。此时因回油阻力小，且不经节流阀，故液压缸（活塞）快速运动。当活塞运动到左端且缓冲柱塞进入端盖 1 的内孔时，活塞 3 与端盖 1 之间的油液（回油）只能从并联的单向阀 21、节流阀 20 中的节流阀排出（单向阀 21 反向进油关闭，回油则经孔道 b、节流阀 20 阀口从 B 口排出）。此时因回油受到节流阀的节制，故液压缸速度明显减慢，其运动得到缓冲，因而防止或减弱了活塞对缸盖的撞击。

值得提出的是，一个新液压缸或长期未用的液压缸，在开始使用之前，要先进行排气，以确保液压缸工作时运动的平稳性[见本节二、(五)]。缸筒 8 上的排气阀 9 供导出液压缸内积聚的空气之用。

图 4-13′为该液压缸装配（结构）示意图（用简单线条和形象符号来表示某台机器或设备的各主要零件间的相互位置及配合关系的图样）。该图可醒目地表达液压缸的主要结构和工作原理。读者可自行分析。

上述的液压缸易装易拆，更换导向套方便，占用空间较小，成本较低。但在液压缸行程长时，液压力的作用容易引起拉杆伸长变形，组装时也易于使拉杆产生弯扭。

图 4-14 所示为用于挖掘机的典型液压缸结构，其最大工作压力可达 31.5MPa。它由缸筒、活塞、活塞环、支承环、导向套及密封圈等组成。缸筒 1 用无缝钢管制作，并与前

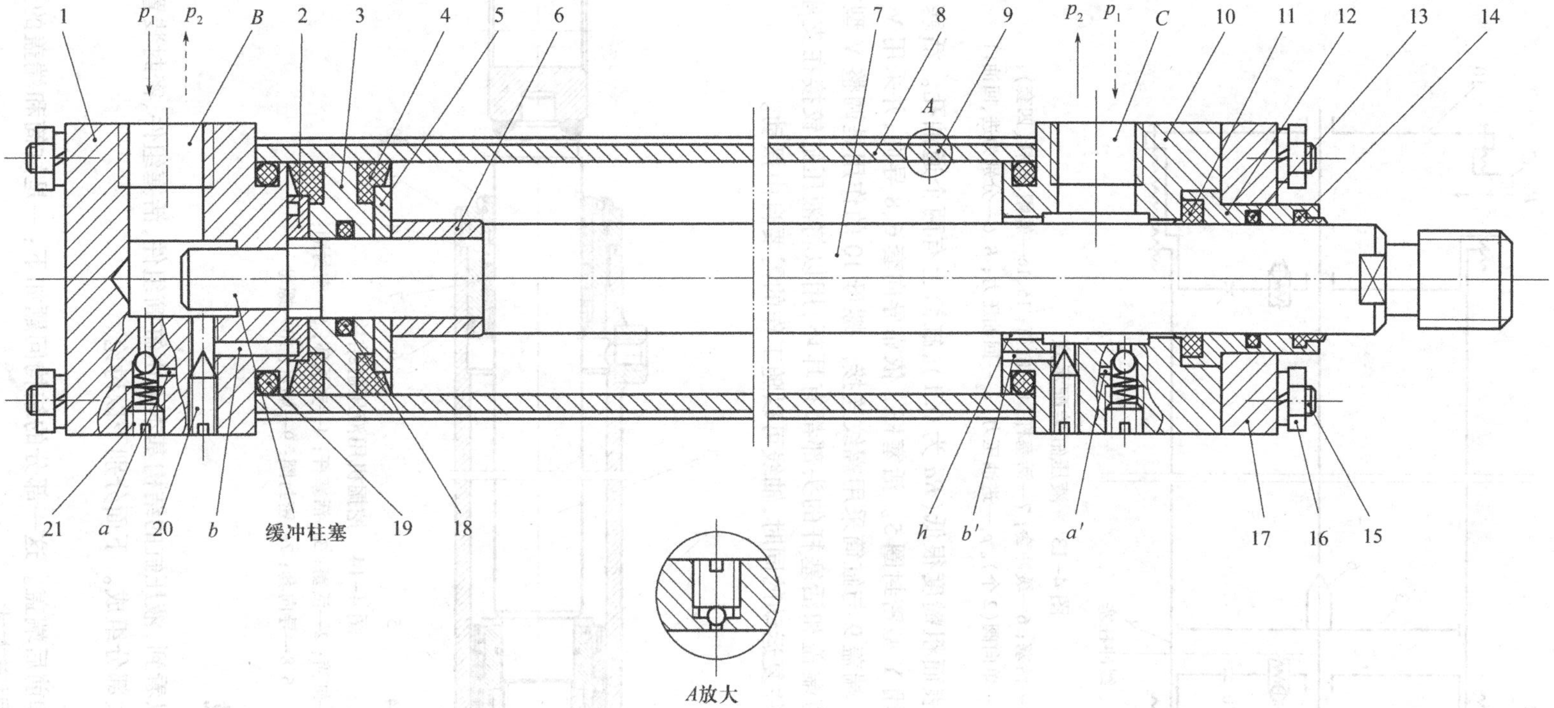

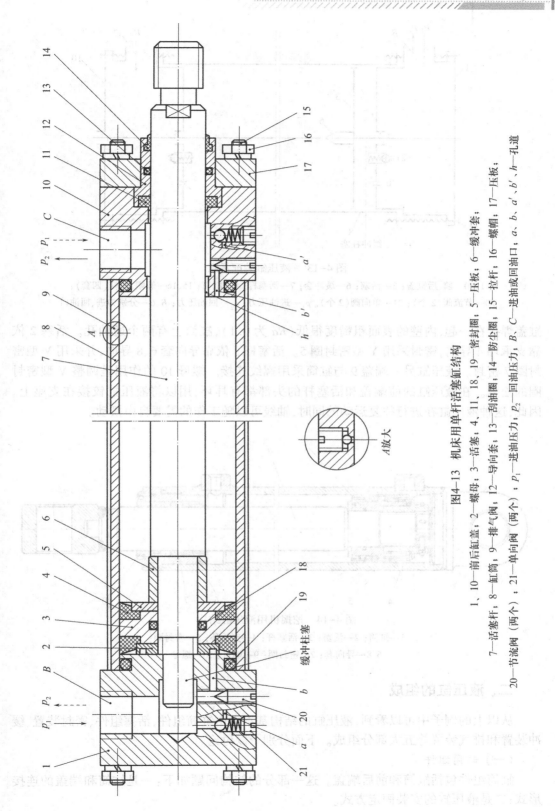

图4-13 机床用单杆活塞缸结构

1、10—前后缸盖；2—螺母；3—活塞；4、11、18、19—密封圈；5—压板；6—缓冲套；7—活塞杆；8—缸筒；9—排气阀；12—导向套；13—刮油圈；14—防尘圈；15—拉杆；16—螺帽；17—压板；20—节流阀（两个）；21—单向阀（两个）；p_1—进油压力；p_2—回油压力；B、C—进油或回油口；a、b、a′、b′、h—孔道

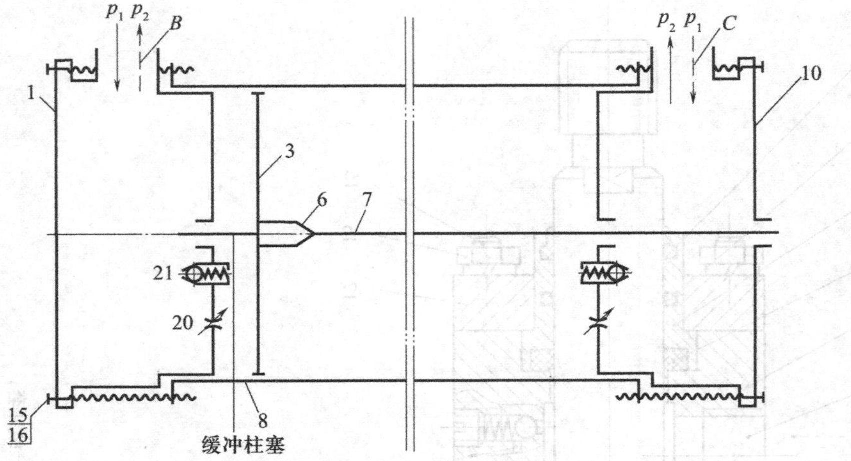

图 4-13′ 液压缸装配示意

1、10—前、后缸盖；3—活塞；6—缓冲套；7—活塞杆；8—缸筒；15、16—螺帽、拉杆（四套）；20—节流阀（2个）；21—单向阀（2个）。p_1—进油压力；p_2—回油压力；B、C—分别为进、回油口

缸盖焊接在一起，内壁的表面粗糙度很低（*Ra* 为 0.1），缸筒上有两个通油孔。活塞 2 依靠支承环 4 导向，密封采用 Y 型密封圈 5。活塞杆 3 依靠导向套 6、8 导向，并采用 V 型密封圈 7 密封。液压缸另一端盖 9 与缸筒采用螺纹连接。螺母 10 的作用是调整 V 型密封圈的松紧。在液压缸的前端盖和活塞杆的头部都有耳环，用以将液压缸铰接在支座上。因此，这种液压缸在进行往复运动的同时，轴线可以随工作的需要自由摆动。

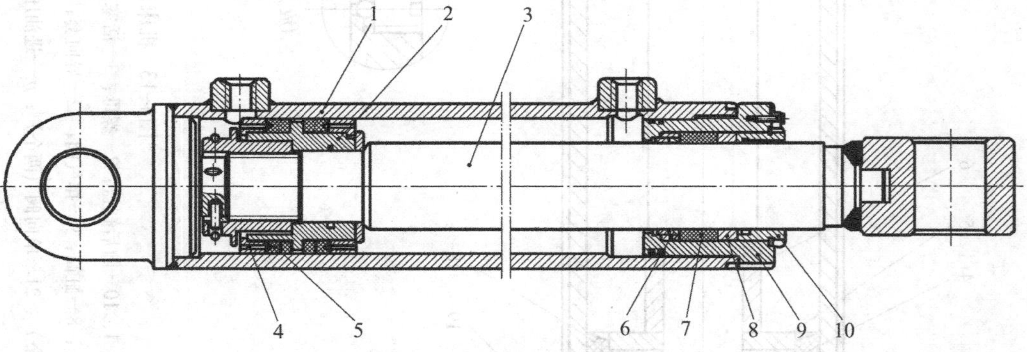

图 4-14 挖掘机用液压缸结构

1—缸筒；2—活塞；3—活塞杆；4—支承环；5—密封圈；
6、8—导向套；7—密封圈；9—端盖；10—螺母

二、液压缸的组成

从以上的例子中可以看到，液压缸的结构基本上由缸筒组件、活塞组件、密封装置、缓冲装置和排气装置等五大部分组成。下面分别予以讨论。

（一）缸筒组件

缸筒组件包括缸筒和前后端盖。这一部分的结构问题如下：一是缸筒和端盖的连接形式；二是液压缸的安装固定方式。

1. 缸筒和端盖的连接

缸筒与端盖连接的各种典型结构及其主要优缺点如图 4-15 所示。

(a) 拉杆连接		(b) 法兰连接	
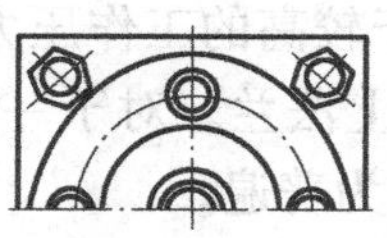	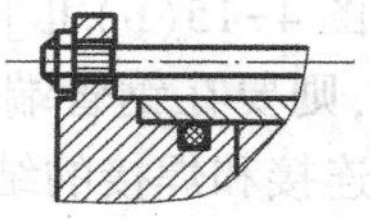	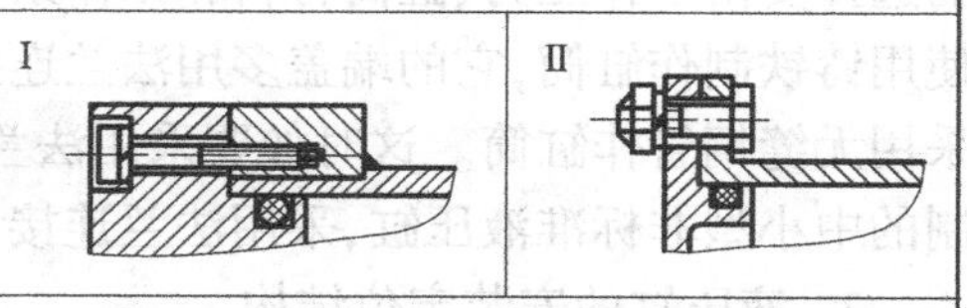	
优点 1. 缸筒最易加工 2. 最易装卸 3. 结构通用性大	缺点 重量较重，外形尺寸较大	优点 1. 结构较简单 2. 易加工 3. 易装卸	缺点 1. 比螺纹连接重 2. 外形较大
(c) 卡环连接		(d) 焊接	
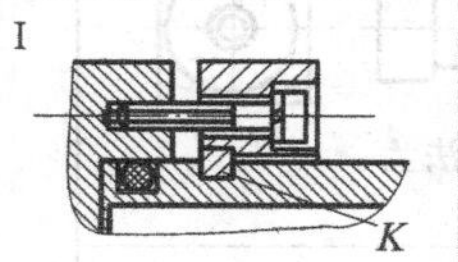	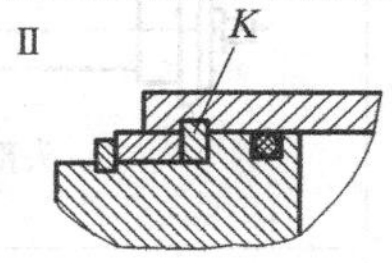	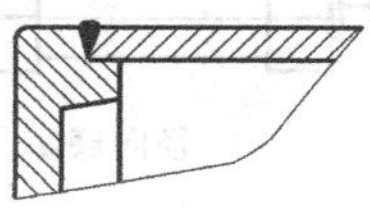	
优点 1. 结构简单 2. 易装卸	缺点 键槽使缸筒壁的强度有所削弱	优点 1. 结构简单 2. 尺寸小	缺点 1. 缸筒有可能变形 2. 缸底内径不易加工
(e) 螺纹连接		(f) 钢丝连接	
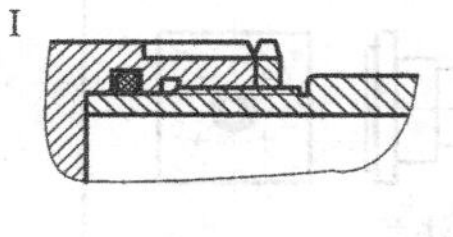	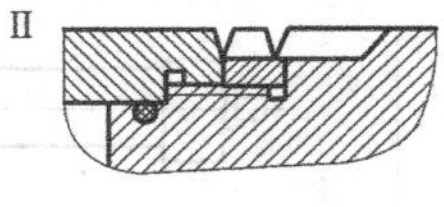	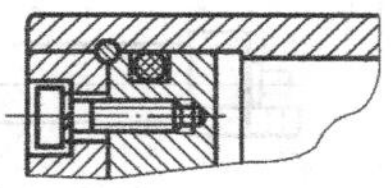	
优点 1. 重量较轻 2. 外形较大	缺点 1. 端部结构复杂 2. 装卸要用专门工具	优点 1. 结构简单 2. 尺寸较小，重量轻	缺点 1. 轴向尺寸略有增加 2. 承载能力小

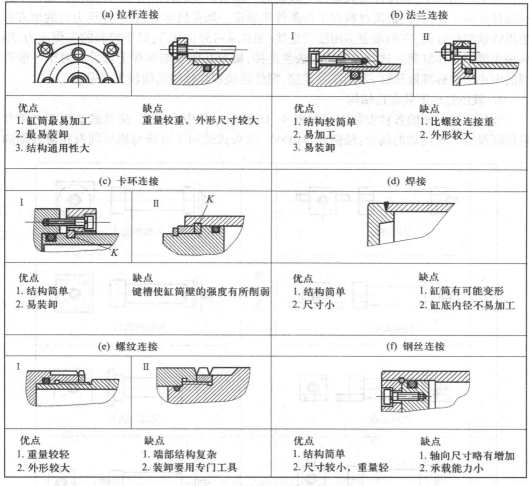

图 4-15　缸筒与缸盖的连接结构

图 4-15(a)为拉杆连接。前、后端盖装在缸筒两边,用四根拉杆(螺栓)将其紧固。这种连接通常只用于较短的液压缸。

图 4-15(b)为法兰连接。在用无缝钢管制作的缸筒上焊上法兰盘,再用螺钉与端盖紧固[见图 4-15(b) Ⅰ]。此种结构应用最广泛,特别是中压液压缸均采用这种结构。当工作压力较小,缸壁较厚时,可不用焊法兰盘,直接用螺钉与缸筒连接。此时缸筒材料常为铸铁[见图 4-15(b) Ⅱ]。

图 4-15(c)为卡环连接。其中Ⅰ为外卡环连接;Ⅱ为内卡环连接。图中 K 为卡环,把卡环切成两块(半环)装于缸筒槽内。当液压缸轴向尺寸受到限制,又要获得较大行程时,有时采用外卡环连接。

图 4-15(d)为焊接连接。由于其内孔清洗、加工较困难,且易产生变形,所以多应用于较短的液压缸。

图 4-15(e)为螺纹连接。其中Ⅰ为外螺纹连接；Ⅱ为内螺纹连接。

图 4-15(f)为钢丝连接。适用于低工作压力的场合。

在上述结构中，焊接连接只能用于缸筒的一端，另一端必须采用其他结构。结构形式的选择要由工作压力、缸筒材料和工作条件来确定。如在机床中，在工作压力低的地方常使用铸铁制作缸筒，它的端盖多用法兰连接[见图 4-15(b)Ⅱ]；对于较高的工作压力，则采用无缝钢管作缸筒。这时如要采用法兰连接，则要在钢管端部焊上法兰。对于一般自制的中小型非标准液压缸，采用法兰连接、螺纹连接和焊接的结构较为普遍。

2. 液压缸的安装定位结构

液压缸与机架的各种安装方式如图 4-16 所示。其中支座式、法兰式适用于缸筒与机架间没有相对运动的场合；轴销式、耳环式、球头式适用于缸筒与机架间有相对转动的

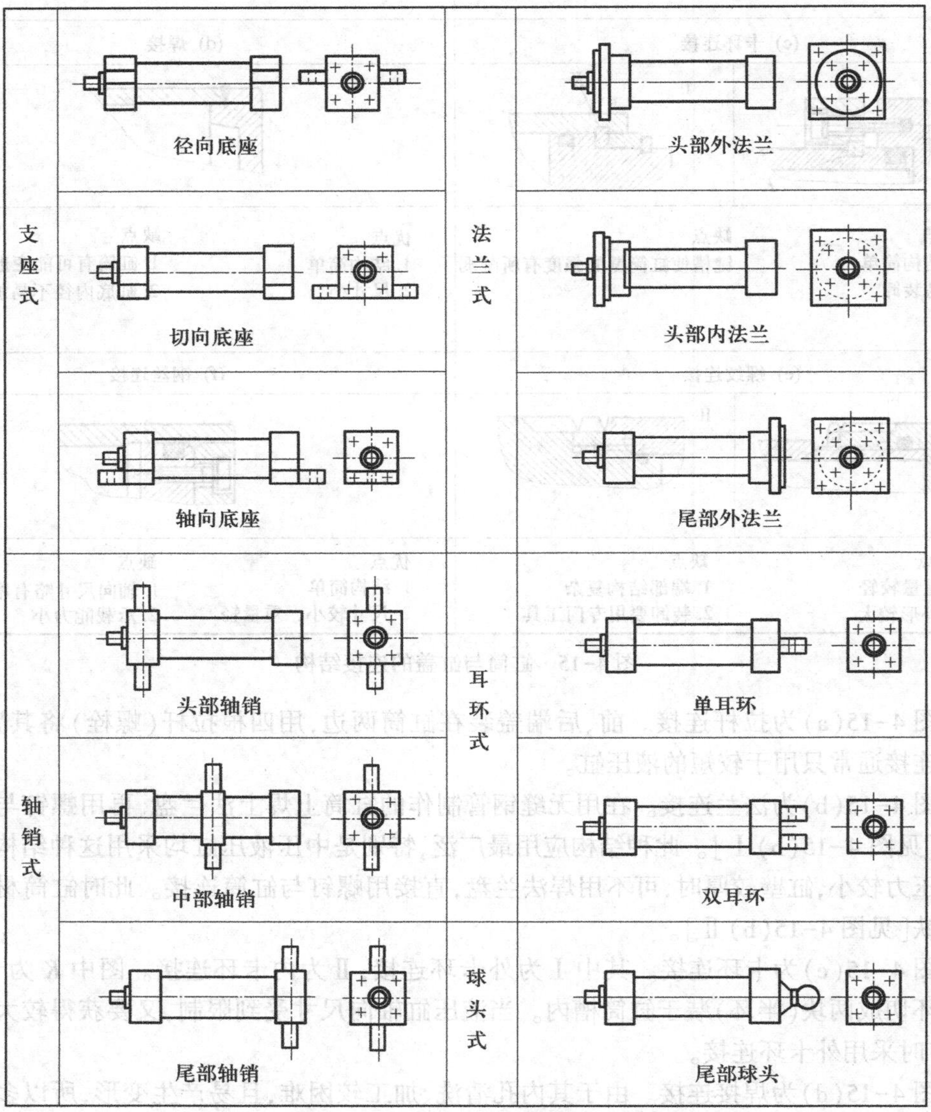

图 4-16 液压缸的安装定位结构

场合。在液压缸两端都有底座时，只能固定一端，使另一端浮动，以适应热胀冷缩的需要。当液压缸较长时这点尤为重要。采用法兰或轴销安装定位时，法兰或轴销的轴向位置会影响活塞杆的压杆稳定性。这点应予注意。

（二）活塞组件

活塞组件包括活塞和活塞杆。这部分的结构包括活塞和活塞杆的连接、活塞杆头部的结构两方面问题。根据工作压力、安装形式（缸定式还是杆定式）及工作条件的不同，活塞组件亦有多种结构形式。

1. 活塞和活塞杆的连接

活塞和活塞杆的连接方法大多数采用如下形式：

（1）螺纹连接。图 4-13 中活塞和活塞杆的连接形式为螺纹连接。这种连接形式在机床上应用较多。但这种结构由于螺纹会使活塞杆强度削弱，因此不适用于高压系统。

（2）非螺纹连接。这种连接形式适用于较高的工作压力。图 4-17 为这种结构的几种常见形式。

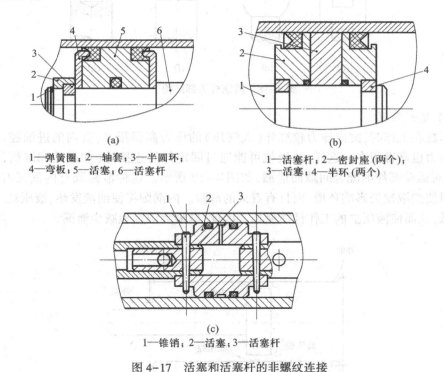

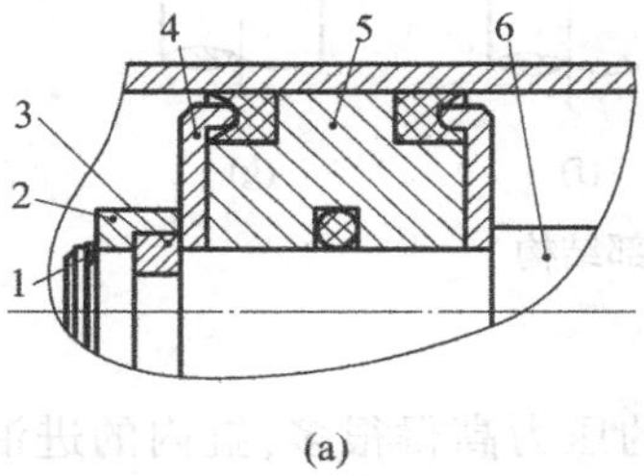

(a)

1—弹簧圈；2—轴套；3—半圆环；
4—弯板；5—活塞；6—活塞杆

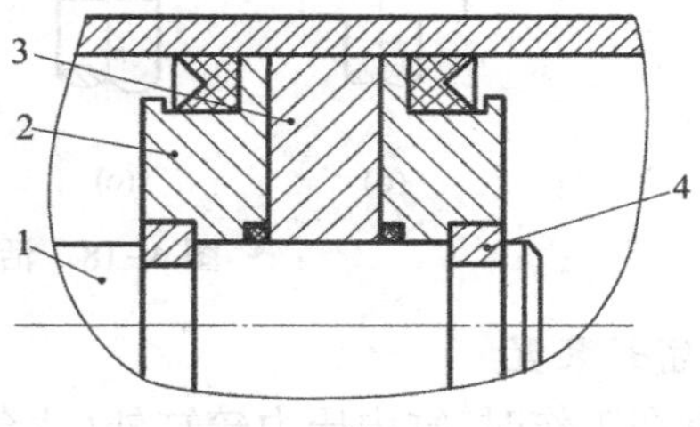

(b)

1—活塞杆；2—密封座（两个）；
3—活塞；4—半环（两个）

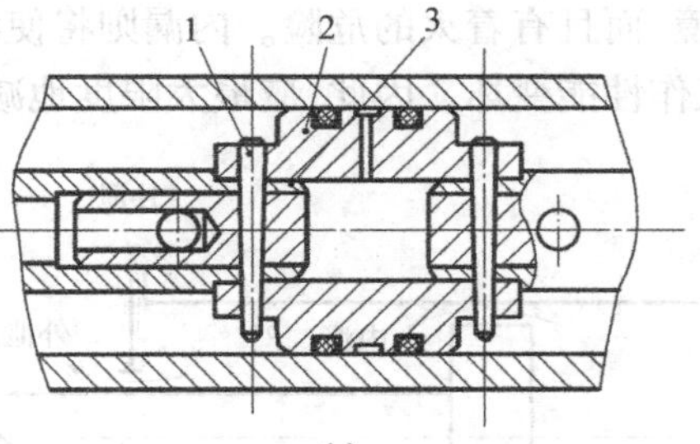

(c)

1—锥销；2—活塞；3—活塞杆

图 4-17　活塞和活塞杆的非螺纹连接

图 4-17(a)为单半圆环式。半圆环 3（切成两半）放在活塞杆 6 的环形槽里，经弯板 4 夹紧活塞 5，并由轴套 2 套住，轴套 2 又由弹簧圈 1 固定在活塞杆上。图 4-17(b)为双半圆环式。活塞杆 1 上使用了两个半环 4，它们分别由两个密封座 2 套住，然后在密封座之间塞入两个半环形活塞 3。图 4-17(c)则是用锥销 1 把活塞 2 固定在活塞杆 3 上。

在小直径的液压缸中，也有将活塞和活塞杆做成整体结构的。这种结构虽然简单、可靠，但加工比较复杂。当活塞直径较大、活塞杆较长时尤其如此。

2. 活塞杆头部结构

活塞杆头部直接与工作机械联系，根据与负载连接的要求不同，活塞杆头部主要有如图 4-18 所示的几种结构。图(a)为单耳环不带衬套式；图(b)为单耳环带衬套式；图(c)为单耳环式；图(d)为双耳环式；图(e)为球头式；图(f)为外螺纹式；图(g)为内螺纹式。

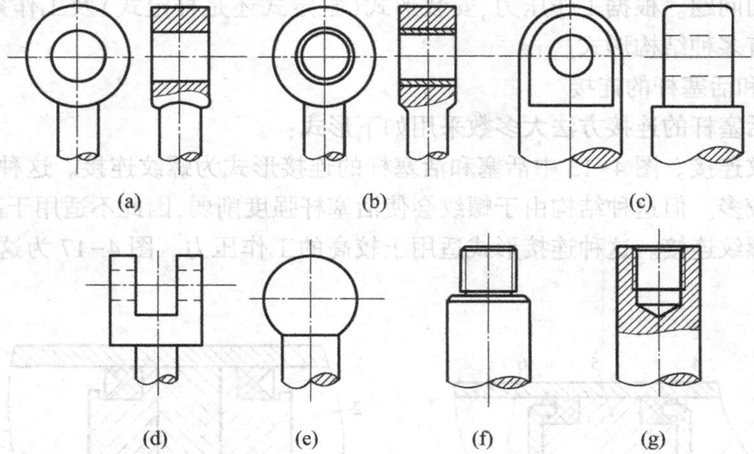

图 4-18　活塞杆头部结构

（三）密封装置

液压缸在工作时，缸内压力较缸外（大气压）的压力高得很多；缸内的进油腔压力较回油腔压力也高得很多。这样，油液就可能通过固定件的连接处（如端盖和缸筒的连接处）和相对运动部件的配合间隙而泄漏，如图 4-19 所示。这种泄漏既有内漏又有外漏。外漏不但使油液损失影响环境，而且有着火的危险。内漏则将使油液发热、液压缸的容积效率降低，从而使液压缸的工作性能变坏。因此，应最大限度地减少泄漏。

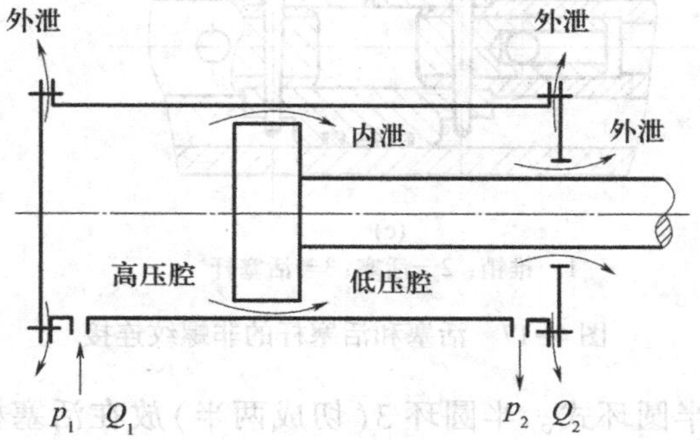

图 4-19　液压缸的泄漏

液压缸的密封部位及其常用密封形式分述如下。

1. 活塞的密封

1）间隙密封

这种密封是利用活塞的外圆柱表面与缸筒的内圆柱表面之间的配合间隙来实现的，

如图 4-20 所示。在活塞的外圆柱表面开有若干个深 0.3～0.5mm 的环形槽，其作用如下：一是增加油液流经此间隙时的阻力，有助于密封效果；二是有利于柱塞（活塞）的对中作用以减少柱塞移动时的摩擦力（卡紧力）。为减少泄漏，在保证活塞与缸筒相对运动顺利进行的情况下，配合间隙必须尽量小，故对其配合的表面的加工精度和表面粗糙度要求较严。这种密封形式适用于直径较小、工作压力较低的液压缸中。

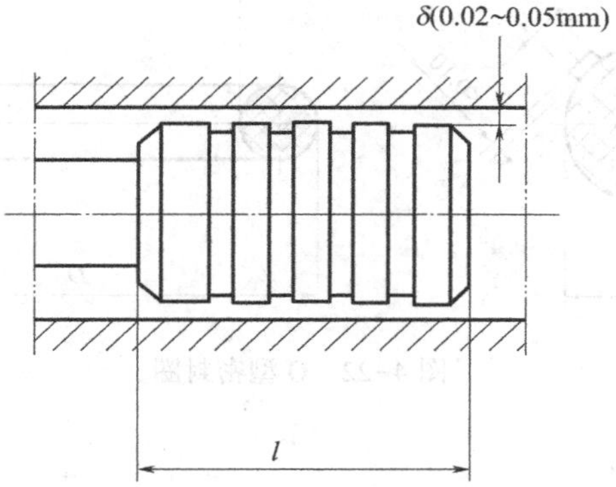

图 4-20 活塞的间隙密封

2）活塞环密封

这种密封形式是通过在活塞的环形槽中放置切了口的金属环（见图 4-21）来防止泄漏的。金属环依靠其弹性变形所产生的胀力紧贴在缸筒的内壁上，从而实现了密封。这种密封装置的密封效果较好，能适应较大的压力变化和速度变化；耐高温，使用寿命长，易于维修保养，并能使活塞具有较长的支承面，缺点是制造工艺复杂。因此，它适用于高压、高速或密封性要求较高的场合。

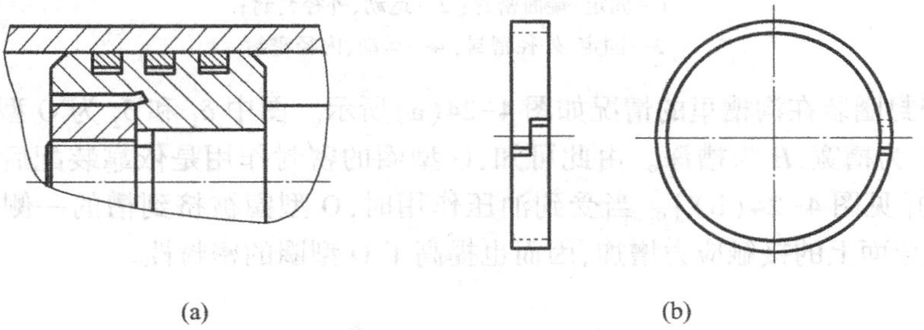

图 4-21 活塞环密封

3）橡胶圈密封

橡胶圈密封是一种使用耐油橡胶制成的密封圈，套装在活塞上来防止泄漏的。这种密封装置结构简单，制造方便，磨损后能自动补偿，密封性能随着压力的加大而提高。因此密封可靠，对密封表面的加工要求不高，所以应用极为广泛。

密封圈的形式，按其断面形状分为 O 型、Y 型和 V 型三种。

O 形密封圈其断面呈圆形，如图 4-22 所示。O 型密封圈一般用耐油橡胶制成，具有较强的抗腐蚀性。它既可以用于活塞、缸筒这样有相对运动件之间的密封（图 4-23 中

2)，又可以用于端盖、缸筒这样固定件之间的密封(如图4-23中的1所示)；既可以用O型圈的内径d或外径D密封(如图4-23中的4、2、3所示)，又可以用它的端面密封(如图4-23中的1所示)。O型圈的密封如图4-23所示。

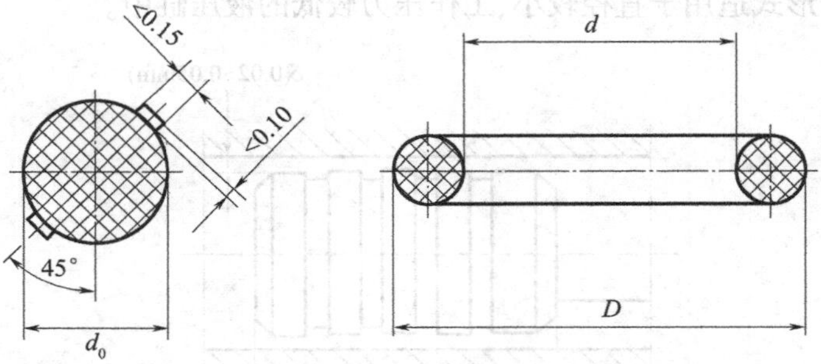

图4-22　O型密封圈

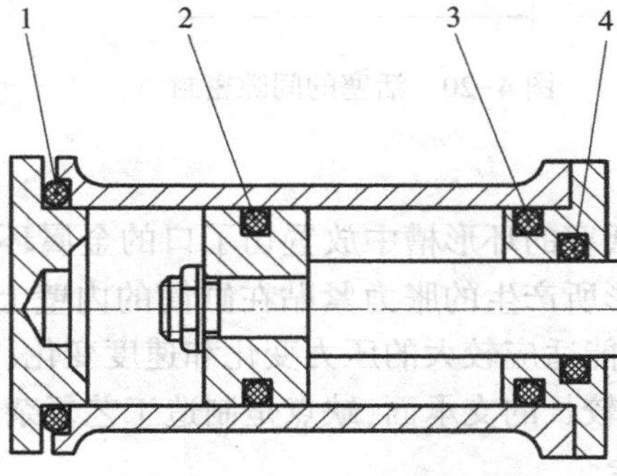

图4-23　O型圈的密封

1—固定、端面密封；2—运动、外径密封；

3—固定、外径密封；4—运动、内径密封

O型密封圈装在沟槽里的情况如图4-24(a)所示。图中δ_1和δ_2为O型圈装配后的预变形量，b为槽宽，H为槽深。由此可知，O型圈的密封作用是依靠装配后产生的压缩变形实现的[见图4-24(b)]。当受到油压作用时，O型圈被挤到槽的一侧[见图4-24(c)]，使配合面上的接触应力增加，因而也提高了O型圈的密封性。

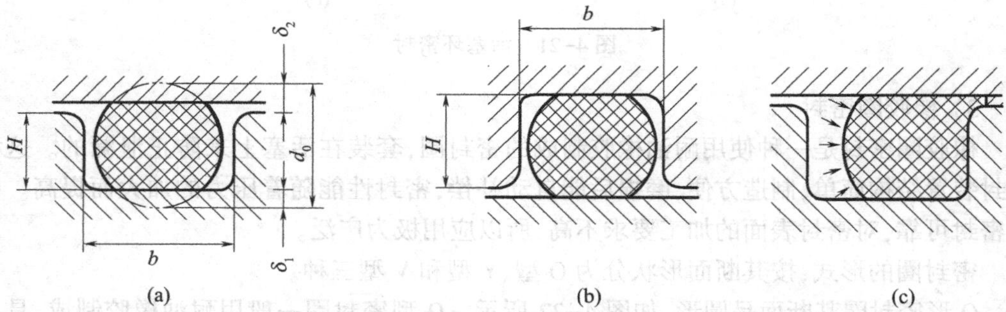

图4-24　O型圈的密封机理

当压力较高时,O 型圈可能被压力油挤进配合间隙[见图 4-24(c)],引起密封圈破坏。为了避免这种情况发生,在 O 型圈的一侧或两侧(决定于压力油作用于一侧或两侧)增加一个挡圈[见图4-25(b)、(c)]。挡圈可用聚四氟乙烯制成。对于固定密封,当压力大于 32MPa 时就要用挡圈。这样,密封压力最高可达 70MPa。对于运动密封,当压力大于 10MPa 时,也要用挡圈,此时密封压力最高可达 32MPa。

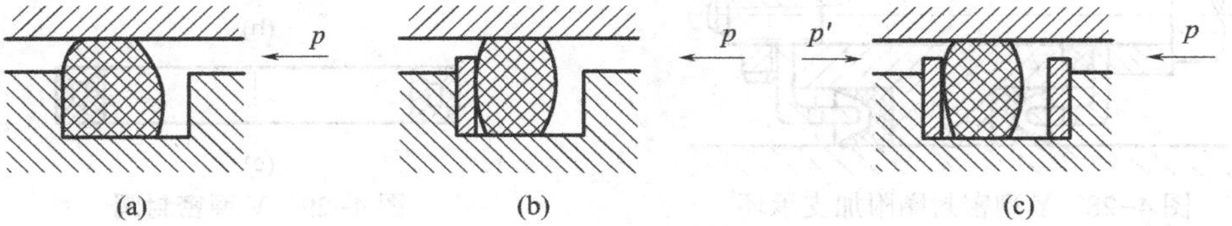

图 4-25 挡圈的正确使用

(a) 单向压力 $p \leqslant 10\text{MPa}$; (b) 单向压力 $p > 10\text{MPa}$; (c) 双向压力 $p > 10\text{MPa}$

为了保证密封性能,安置 O 型密封圈的沟槽尺寸(b、H)及表面粗糙度应符合要求(查阅有关手册),其预压缩量 $K(=\delta_1+\delta_2 \approx d_0-H)$ 既不能太大,也不能过小。通常用在固定密封时,取 $K=(0.15\sim0.25)d_0$;在运动密封时取 $K=(0.1\sim0.2)d_0$。

O 型密封圈的形状简单,安装尺寸小,摩擦力不大,密封性良好,故应用广泛。但其使用寿命不很长,因此在速度较高的滑动密封中常用下述密封圈。

Y 型密封圈如图 4-26 所示,一般也用耐油橡胶制成。它依靠略为张开的唇边贴于密封面而实现密封。在油压作用下,唇边作用在密封面上的压力也随之增加,并在磨损后有一定的自动补偿能力。故 Y 型密封圈有较好的密封性能,且能保持较长的使用寿命。在装配 Y 型密封圈时,一定要使其唇边面向高压区才能起密封作用。使用时可将它直接装入沟槽内(见图 4-27)。但在工作压力波动大、滑动速度较高的情况下,要采用支承环来定位(见图 4-28)。

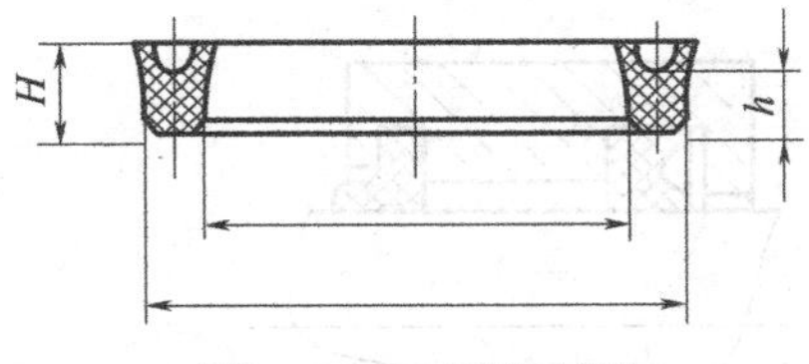

图 4-26 Y 型密封圈

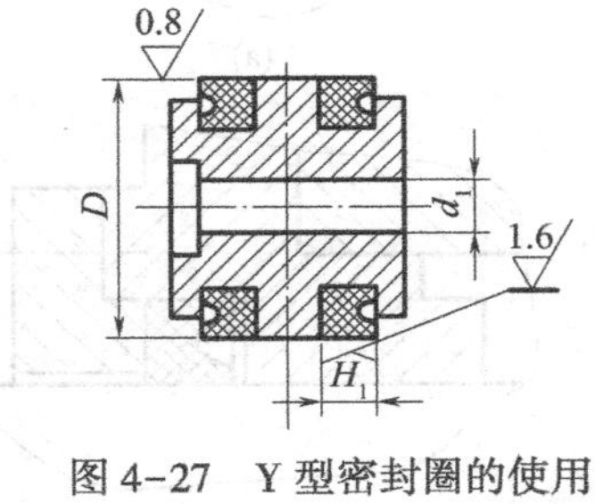

图 4-27 Y 型密封圈的使用

Y 型密封圈密封可靠,寿命较长,摩擦力小,常用于速度较高的液压缸。适用工作油温为-40~+80 ℃,工作压力为 20MPa。

V 型密封圈用带夹织物的橡胶制成,由支承环、密封环和压环三部分叠合组成,如图 4-29所示。当要求密封的压力小于 10MPa 时,使用由三个圈组成的一套已足够保证密封性;当压力大于 10MPa 时,可增加中间环节的数量。在安装 V 型圈时,也应注意使密封圈的唇边面向高压区。

V 型密封圈耐高压,密封性能可靠,但密封处摩擦较大。目前在小直径运动副中大多数已采用 Y 型或 Y_x 型密封圈,但在大直径柱塞或低速运动的活塞杆上仍采用 V 型密封圈。其工作温度为-40~+80℃,工作压力可达 50MPa。

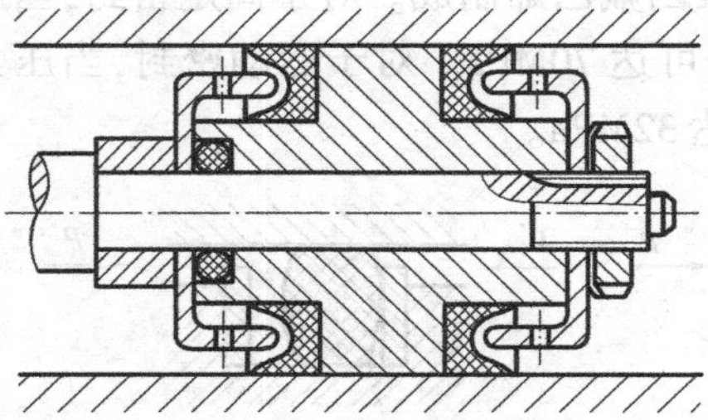

图4-28　Y型密封圈附加支承环

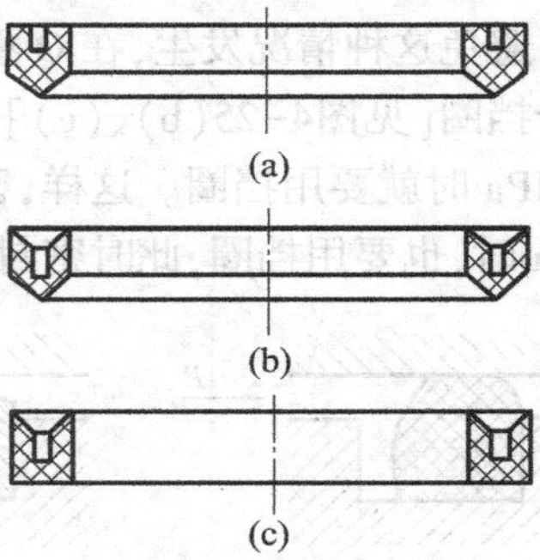

图4-29　V型密封圈
(a) 支承环；(b) 密封环；(c) 压环

2. 活塞杆的密封

活塞杆上广泛地采用橡胶圈密封。图4-30(a)、(b)、(c)分别表示采用O型、V型、Y型密封圈的情况。使用时,也要注意使V型、Y型密封圈的唇边面向高压区。另外,由于活塞杆外伸部分在进入液压缸处很容易带入脏物,使工作油液污染,加速密封件的磨损。因此,对一些工作环境较脏的液压缸来说,活塞杆密封处应加防尘圈。防尘圈应放在朝向活塞杆外伸的那一端,如图4-30(d)所示。

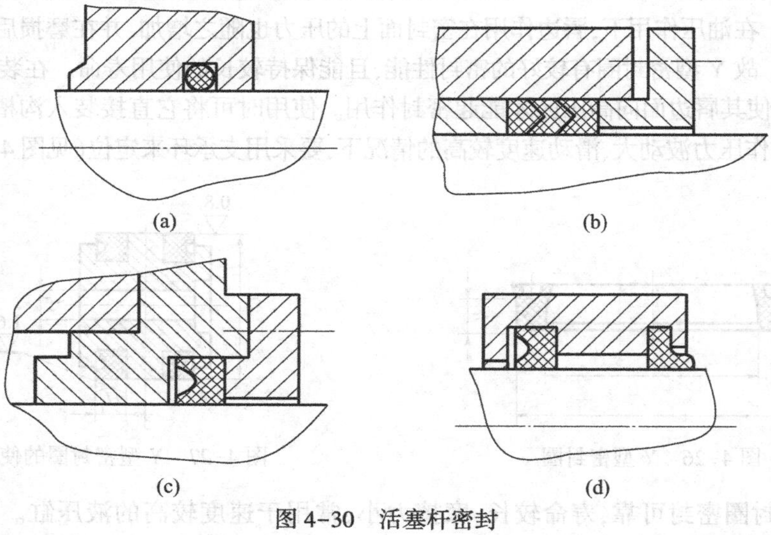

图4-30　活塞杆密封

3. 端盖密封

端盖密封常使用O型固定密封圈(固定密封用的O型圈比运动用的O型圈的断面直径 d_0 小),如图4-23所示。

(四) 缓冲装置

为了避免活塞在行程两端撞冲缸盖,产生噪声,影响工件精度以至损坏机件,常在液压缸两端设置缓冲装置。缓冲装置的作用是利用对油液的节流原理来实现对运动部件的制动。

图4-31(a)为环状间隙式缓冲装置:当缓冲柱塞进入与其相配的缸盖上内孔时,液压油(回油)必须通过间隙 δ 才能排出,使活塞速度降低。由于配合间隙是不变的,因此随

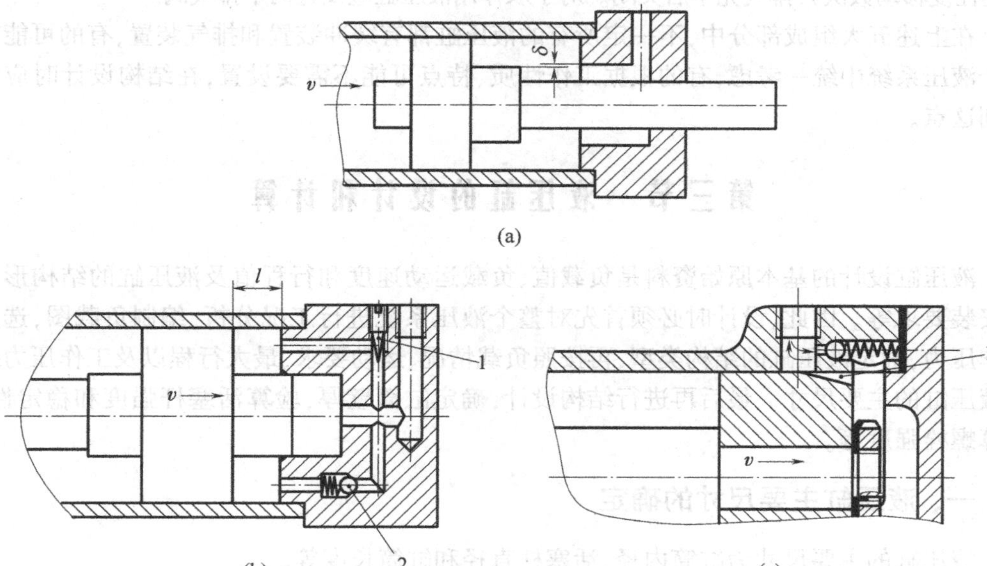

图 4-31 液压缸的缓冲装置

1—节流阀(b)、节流口(c)；2—单向阀

着活塞运动速度的降低,其缓冲作用逐渐减弱。图 4-31(b)为节流口可调式缓冲装置:当缓冲柱塞进入配合孔后,液压油必须经过节流阀 1 才能排出。由于节流阀是可调的,故缓冲作用也可调,但仍不能解决速度减低后缓冲作用减弱的缺点。图 4-31(c)为节流口可变式缓冲装置:在缓冲柱塞上开有三角沟槽,其节流孔过流断面越来越小,解决了在行程最后阶段缓冲作用过弱的问题。

(五) 排气装置

液压缸内最高部位处常常会聚积空气,这是由于液压油中混有空气,或者液压缸长期不用而空气侵入液压缸所致。空气的存在会使液压缸运动不平稳,产生振动或爬行。为此,液压缸上要设置排气装置。

排气装置通常有两种形式。一种是在液压缸的最高部位处开排气孔,用长管道通向远处的排气阀排气,机床上使用的大多是这种形式。另一种是在缸盖的最高部位直接安装排气阀,图 4-32 为这种常用排气阀的典型结构。两种排气装置都是在液压缸排气时打开(让液压缸全

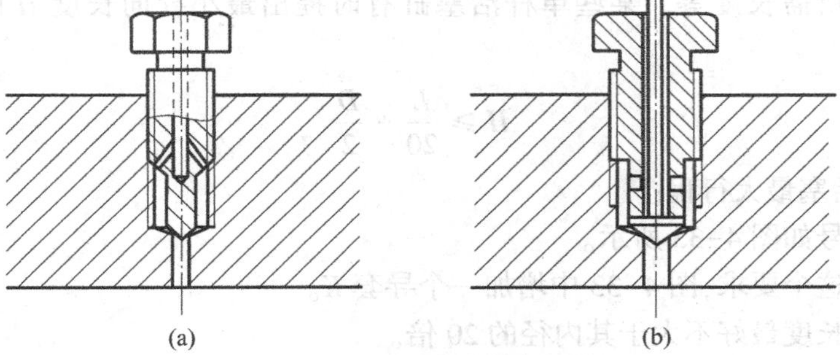

图 4-32 典型排气阀结构

行程往复移动数次），排气完毕后关闭。对于双作用液压缸应设置两个排气阀。

在上述五大组成部分中，不一定所有的液压缸都有缓冲装置和排气装置，有的可能在整个液压系统中统一考虑，有的根据工作性质、特点可能不需要设置，在结构设计时应注意到这点。

第三节 液压缸的设计和计算

液压缸设计的基本原始资料是负载值、负载运动速度和行程值及液压缸的结构形式和安装要求等。因此，设计时必须首先对整个液压系统进行工况分析，编制负载图，选定工作压力，确定液压缸的结构类型，再按照负载情况、运动要求、最大行程以及工作压力决定液压缸的主要尺寸。最后再进行结构设计，确定缸筒壁厚，验算活塞杆强度和稳定性，验算螺栓强度等。

一、液压缸主要尺寸的确定

液压缸的主要尺寸为缸筒内径、活塞杆直径和缸筒长度等。

根据已知的液压缸负载、运动速度和预选定的工作压力，先用本章第一节中的有关公式算出缸筒内径 D 和活塞杆直径 d，再按国家标准中规定的数列，选出合适的数值。

在单杆活塞中，d 值可由 D 和 λ_v 求得，为了减少冲击（即不使往返运动速度相差过大），一般推荐 $\lambda_v \leq 1.61$。

活塞杆直径也可以按其工作时受力情况由表 4-1 初步选取。

表 4-1 活塞杆直径的选取

活塞杆受力情况	工作压力 p/MPa	活塞杆直径 d
受　拉	—	$d=(0.3\sim0.5)D$
受压及拉	$p\leq5$	$d=(0.5\sim0.55)D$
受压及拉	$5<p\leq7$	$d=(0.6\sim0.7)D$
受压及拉	$p>7$	$d=0.7D$

液压缸缸筒的长度由最大工作行程及结构上的需要确定。通常缸筒长度=活塞最大行程+活塞长度+活塞杆导向长度+活塞杆密封长度+其他长度。其中活塞长度=$(0.6\sim1)D$；活塞杆导向长度=$(0.6\sim1.5)d$。其他长度是指一些特殊装置所需长度，例如液压缸两端缓冲装置所需长度等。某些单杆活塞缸有时提出最小导向长度 H 的问题（图 4-33），要求

$$H \geq \frac{L}{20} + \frac{D}{2} \tag{4-16}$$

式中 L——活塞最大行程；

其他符号如图 4-33 所示。

为了满足这个要求，图 4-33 中增加一个导套 K。

一般缸筒长度最好不大于其内径的 20 倍。

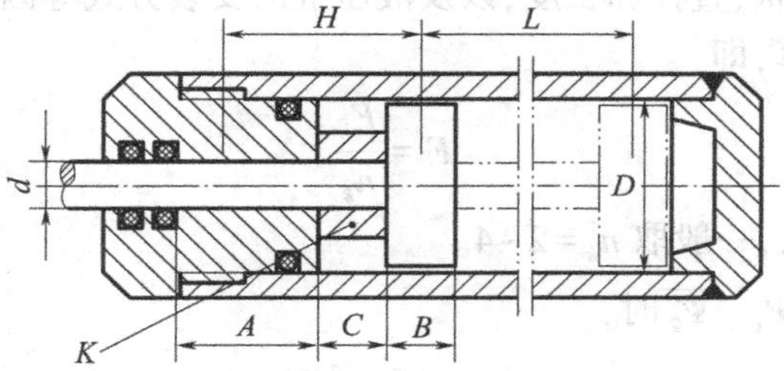

图 4-33　最小导向长度

二、缸筒壁厚的校核

在中、低压液压系统中，液压缸缸筒的壁厚常由结构工艺上的要求决定，强度问题是次要的，一般都不须验算。在高压系统中，若 $\delta \leqslant \frac{D}{10}$ 时，则可按薄壁公式校核缸筒最薄处的壁厚，即

$$\delta \geqslant \frac{p_y D}{2[\sigma]} \tag{4-17}$$

式中　δ——缸筒壁厚；

D——缸筒内径；

p_y——缸筒试验压力。当液压缸的额定压力 $p_n \leqslant 16\text{MPa}$ 时，$p_y = 1.5p_n$；当额定压力 $p_n > 16\text{MPa}$ 时，$p_y = 1.25p_n$；

$[\sigma]$——缸筒材料许用应力。$[\sigma] = \sigma_b / n$，σ_b 为材料抗拉强度，n 为安全系数，一般取 $n = 5$。

当壁厚 $\delta > \frac{D}{10}$ 时，按材料力学中厚壁筒公式进行校验，即

$$\delta \geqslant \frac{D}{2}\left[\sqrt{\frac{[\sigma] + 0.4p_y}{[\sigma] - 1.3p_y}} - 1\right] \tag{4-18}$$

算出的壁厚一般还要根据无缝钢管标准或有关标准作适当的修正。

三、活塞杆的计算

(一) 强度计算

活塞杆强度按下式校核

$$d \geqslant \sqrt{\frac{4F}{\pi[\sigma]}} \tag{4-19}$$

式中　d——活塞杆直径；

F——液压缸负载；

$[\sigma]$——活塞杆材料许用应力，$[\sigma] = \sigma_b / n$，σ_b 为材料抗拉强度，n 为安全系数，一般取 $n \geqslant 1.4$。

(二) 稳定性验算

活塞杆所能承受的负载 F 应小于使它保持工作稳定的临界负载 F_k。F_k 的值与活塞

杆材料的性质、截面形状、直径和长度，以及液压缸的安装方式等因素有关，可按材料力学中的有关公式进行计算，即

$$F=\frac{F_k}{n_k} \tag{4-20}$$

式中　n_k——安全系数，一般取 $n_k=2\sim4$。

当活塞杆长细比 $l/r_k>\Psi_1\sqrt{\Psi_2}$ 时，

$$F_k=\frac{\Psi_2\pi^2 EJ}{l^2} \tag{4-21}$$

当活塞杆长细比 $l/r_k\leqslant\Psi_1\sqrt{\Psi_2}$，且 $\Psi_1\sqrt{\Psi_2}=20\sim120$ 时，

$$F_k=\frac{fA}{1+\dfrac{\alpha}{\Psi_2}\left(\dfrac{l}{r_k}\right)^2} \tag{4-21'}$$

式中　l——安装长度，其值与安装方式有关，见表4-2；

r_k——活塞杆横断面的最小回转半径，$r_k=\sqrt{\dfrac{J}{A}}$；

Ψ_1——柔性系数，对钢取 $\Psi_1=85$；

Ψ_2——末端系数，由液压缸支承方式决定，其值见表4-2；

E——活塞杆材料的弹性模量，对钢取 $E=2.06\times10^{11}\text{N/m}^2$；

J——活塞杆横截面惯性矩；

A——活塞杆断面面积；

f——由材料强度决定的一个实验数值，对钢取 $f\approx4.9\times10^{8}\text{N/m}^2$；

α——系数，对钢取 $\alpha=\dfrac{1}{5000}$。

表4-2　液压缸的支承方式和末端系数 Ψ_2 的值

支承方式	支承说明	末端系数 Ψ_2
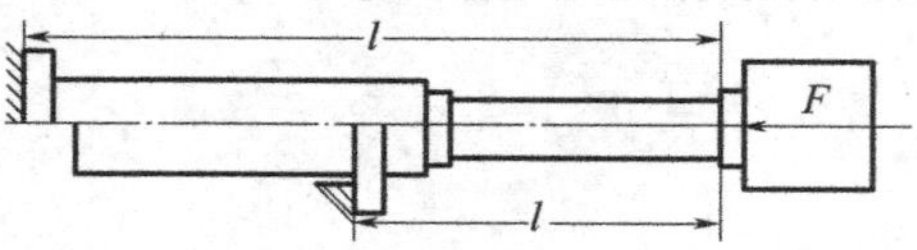	一端自由，一端固定	$\frac{1}{4}$
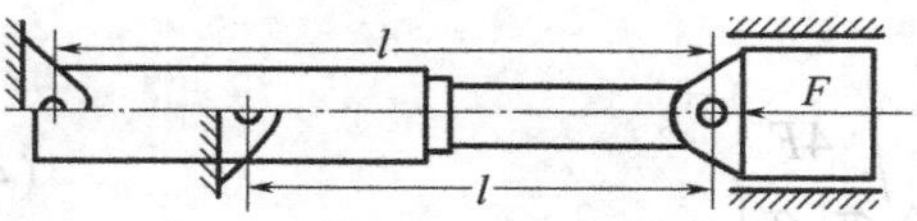	两端铰接	1
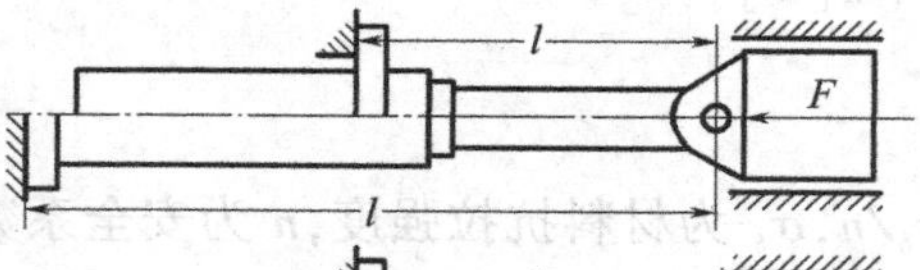	一端铰接，一端固定	2
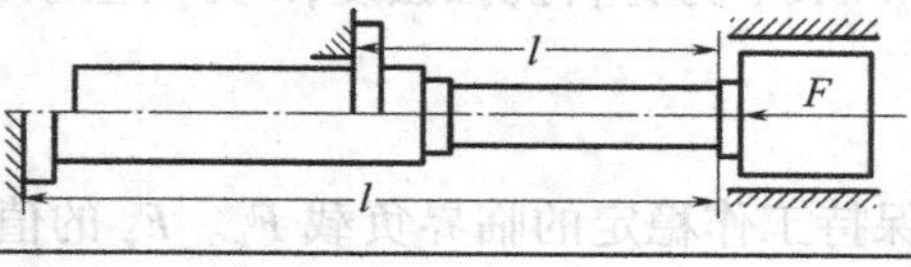	两端固定	4

四、螺栓强度的校核

缸筒与端盖的连接方法很多，其中以螺栓（钉）连接应用最广。当缸筒与缸盖采用法兰连接时，要验算连接螺栓的强度。验算工作按拉应力 σ 和剪切应力 τ 合成应力 σ_Σ 来进行，即

$$\sigma = \frac{4KF}{\pi d_{s1}^2 Z} \tag{4-22}$$

$$\tau = \frac{KK_1 F d_{s0}}{0.2 d_{s1}^3 Z} \approx 0.47\sigma \tag{4-23}$$

$$\sigma_\Sigma = \sqrt{\sigma^2 + 3\tau^2} \approx 1.3\sigma \tag{4-24}$$

$$\sigma_\Sigma \leqslant \frac{\sigma_s}{n_s} \tag{4-25}$$

式中 F——液压缸负载；

K——螺纹拧紧系数，K=1.12~1.5；

K_1——螺纹内摩擦系数，一般取 K_1=0.12；

d_{s0}——螺纹直径；

d_{s1}——螺纹内径，对于标准紧固螺纹，取 $d_{s1}=d_{s0}-1.224t$，t 为螺纹螺距；

Z——螺栓个数；

σ_s——材料屈服极限，对 45 号钢，取 $\sigma_s=3\times10^8\text{N/m}^2$；

n_s——安全系数，一般取 n_s=1.2~2.5。

第四节 液压缸的材料及技术条件

一、缸筒

缸筒示意如图 4-34 所示，缸筒材料及其技术条件如下。

1. 缸筒材料

工程机械、锻压机械等工作压力较高的场合，常用 20、35、45 号钢的无缝钢管。其中，20 号钢用得较少，因其较软，机械强度也低，加工粗糙度不易保证。须与缸盖、管接头、耳轴等零件焊接的缸筒用 35 号钢，并在粗加工后调质。不与其他零件焊接的缸筒，常用 45 号钢调质，调质处理的目的是保证强度高、加工性好，一般调质到 HB241~HB285。

一般机床上，压力较低的液压缸，其缸筒多采用铸铁；压力较高的则采用无缝钢管。

特殊情况下可用合金钢无缝钢管制造缸筒。缸筒也可以用锻钢件、铸钢件、铝合金、铜合金等制造。

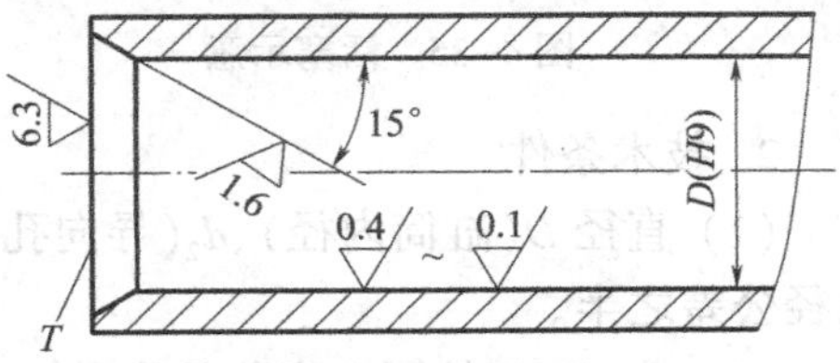

图 4-34 缸筒示意

2. 技术条件

(1) 缸筒内径采用 H9 配合。内孔表面的粗糙度：当活塞采用橡胶密封圈密封时，取 Ra0.4~Ra0.1；当活塞用活塞环密封时，取

$Ra0.4 \sim Ra0.2$，且均需要研磨或珩磨。比较新的加工方法是在镗孔之后进行滚压。这样既可降低表面粗糙度，又可提高表面硬度（表面硬度可达 HRC35～HRC40）。

（2）内孔表面的圆柱度公差为内径 D 公差之半。

（3）孔 D 轴心线的直线度公差在 500mm 长度上为 0.03mm。

（4）端面 T 对轴心线的垂直度公差在直径 100mm 上为 0.04mm。

（5）当缸筒与端盖用螺纹连接时，螺纹采用 6g 级精度的公制螺纹。

（6）为了防止缸筒腐蚀和提高其寿命，可以在缸筒内表面镀 0.03～0.05mm 厚的硬铬，再进行研磨抛光，缸筒外表面涂耐油油漆。

二、活塞

活塞示意如图 4-35 所示，活塞材料和技术条件如下。

1. 活塞材料

活塞材料常用耐磨铸铁、铝合金或钢外面覆盖一层青铜、黄铜和尼龙等耐磨套。

2. 技术条件

（1）外径 D 对 d_1 的径向圆跳动公差为 D 公差之半。

（2）端面 T 对活塞轴线的垂直度在 100mm 直径上的公差为 0.04mm。

（3）外径 D 的圆柱度公差为外径 D 公差之半。

三、缸盖

缸盖示意如图 4-36 所示，缸盖材料及其技术条件如下。

1. 缸盖材料

缸盖采用 35 号钢或 45 号钢锻件，或 ZG35、ZG45 铸钢及 HT25-47、HT30-54、HT35-61 灰口铸铁。活塞杆导套可以是缸盖本身，但最好在内表面堆焊黄铜、青铜或其他耐磨材料。活塞杆导套也可另外压入，采用铸铁、黄铜、青铜或尼龙。

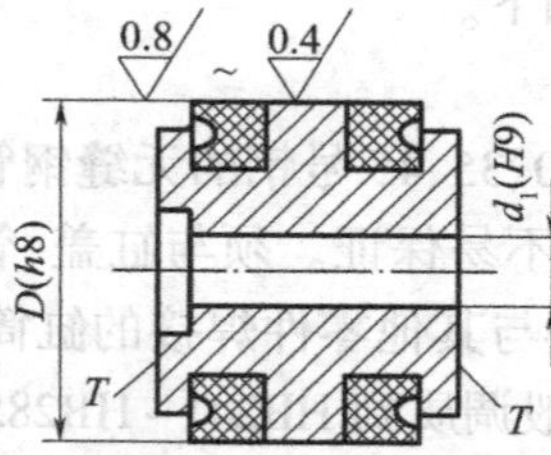

图 4-35　活塞示意

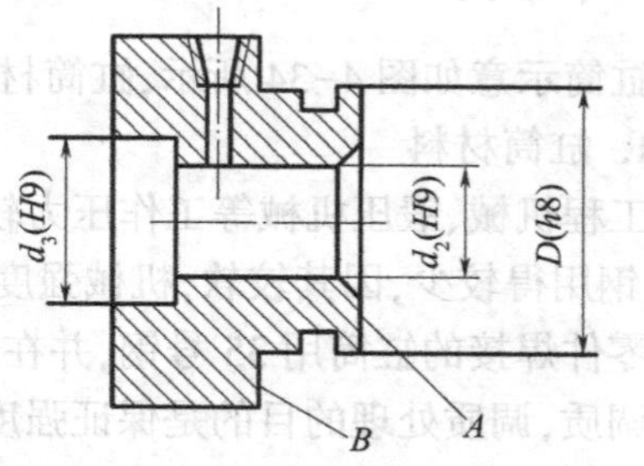

图 4-36　缸盖示意

2. 技术条件

（1）直径 D（缸筒内径）、d_2（导向孔）和 d_3（活塞杆密封圈外径）的圆柱度公差为相应直径公差之半。

（2）d_2、d_3、D 的同心度公差为 0.03mm。

（3）A、B 两端面对轴线的垂直度在 100mm 直径上的公差为 0.04mm，粗糙度不高于 $Ra1.6$。

(4) 活塞杆的导向孔(或导向套的孔) d_2 的表面粗糙度 Ra 不高于 1.6。

四、活塞杆

活塞杆示意如图 4-37 所示,活塞杆材料及其技术条件如下。

1. 活塞杆材料

活塞杆有实心[见图 4-37(a)]和空心[见图 4-37(b)]两种。实心的用 35 号或 45 号钢,要求高的可用 40Cr 钢;空心的用 35 号、45 号无缝钢管,并要求活塞杆的一端留出焊接和热处理的通气孔 d_2。

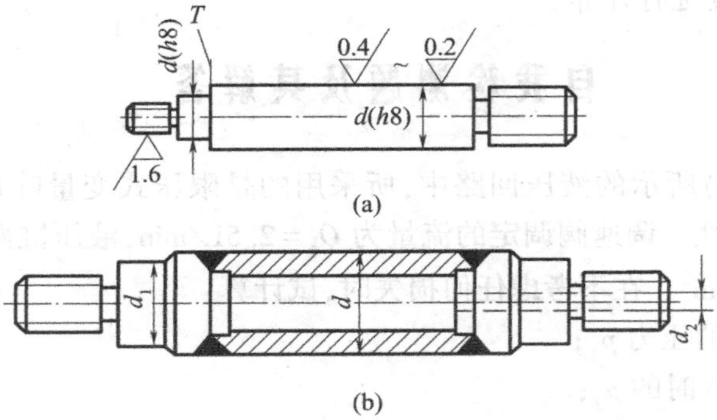

图 4-37 活塞杆示意

2. 技术条件

(1) 粗加工后要调质处理,硬度 HB230~HB285;最后要表面高频淬火,硬度 HRC45~HRC55。

(2) 直径 d_1(与活塞内孔配合的直径)、d(与缸盖孔或导套配合的直径)的圆柱度公差为相应直径公差之半。d 对 d_1 轴心线的径向圆跳动公差为 0.01mm,表面粗糙度为 Ra0.4~Ra0.2。

(3) 活塞杆工作表面母线的直线度公差在 500mm 长度上为 0.03mm。

(4) 端面 T(与活塞端面相配合的面)对直径 d_1 轴心线的垂直度公差在 100mm 的直径上为 0.04mm。

(5) 活塞杆的摩擦密封面 d 一般镀铬,并抛光,镀铬层厚 0.03mm~0.05mm。

(6) 活塞杆的螺纹,一般按 6h(或 6g)和 8h 级精度制造。

应当指出的是,不同用途、不同压力、不同结构的液压缸,其技术条件有所不同,故在实际中可参考类似的液压缸,来适当决定所设计液压缸的技术条件。

小 结

一、主要概念

(1) 液压缸的类型。

(2) 液压缸的差动连接及其特点、应用。

(3) 液压缸的五大组成部分;缸筒组件、活塞组件的结构及相应材料。

(4) 液压缸的泄漏途径。

(5) 橡胶密封圈的形式(O 型、V 型、Y 型)及应用场合、特点。

(6) 液压缸的缓冲、排气。

(7) 液压缸设计应着重考虑的主要问题。

二、计算

对液压缸特别是对三种不同连接方式的单杆液压缸的压力 $p(p_1,p_2)$、推力 F、速度 v、流量 Q 及负载 F_L 等量进行计算。

自我检测题及其解答

【题目】 在图(a)所示的液压回路中,所采用的是限压式变量叶片泵。图(b)示出了该泵调定的流压特性。调速阀调定的流量为 $Q_2=2.5\text{L/min}$,液压缸两腔的有效作用面积 $A_1=50\text{cm}^2$、$A_2=25\text{cm}^2$。在不考虑任何损失时,试计算:

(1) 液压缸左腔的压力 p_1;

(2) 当负载 $F_L=0$ 时的 p_2;

(3) 当负载 $F_L=9000\text{N}$ 时的 p_2。

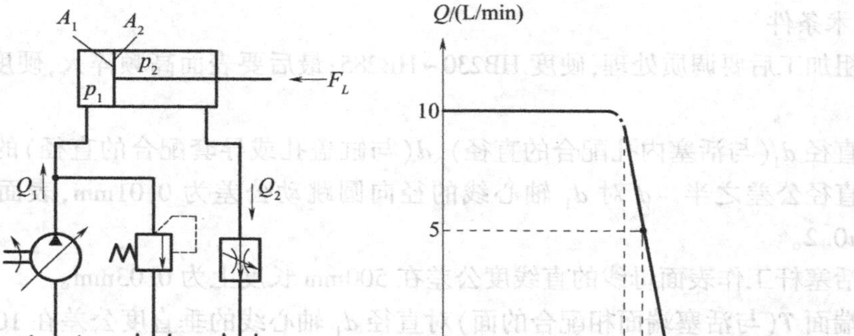

自检题图 3

【解答】

(1) 左腔的压力 p_1

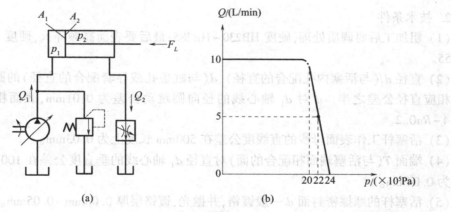

因
$$Q_1=\frac{Q_2}{A_2}\cdot A_1=\frac{2.5}{25}\times 50=5\text{L/min}$$

故由流压特性曲线可查得

$$p_1=22\times 10^5\text{Pa}$$

(2) $F_L=0$ 时的 p_2

因为
$$p_1A_1=p_2A_2+F_L=p_2A_2$$

所以 $$p_2=p_1\cdot\frac{A_1}{A_2}=22\times10^5\times\frac{50}{25}=44\times10^5\text{Pa}$$

(3) $F_L=9000$N 时的 p_2

因为 $$p_1A_1=p_2A_2+F_L$$

所以 $$p_2=\frac{p_1A_1-F_L}{A_2}=\frac{22\times10^5\times50\times10^{-4}-9000}{25\times10^{-4}}=8\times10^5\text{Pa}$$

习　题

4-1　液压缸的主要组成部分有哪些？固定缸式、固定杆式液压缸其工作台的最大活动范围有何差别？

4-2　何谓液压缸的差动连接？差动液压缸的快进、快退速度相等时，它在结构上应满足什么条件（有何特点）？试推导差动液压缸的运动（快进）速度公式。

4-3　液压缸泄漏的主要途径有哪些？常用橡胶密封圈有哪几种类型？说明其应用范围及使用时应注意些什么。

4-4　已知液压缸的活塞有效面积为 A，运动速度为 v，有效负载为 F_L，供给液压缸的流量为 Q，压力为 p。液压缸的总泄漏量为 Q_l，总摩擦阻力为 F_f。试根据液压马达的容积效率和机械效率的定义，求液压缸的容积效率和机械效率的表达式。

4-5　如图所示，一单杆活塞缸，无杆腔的有效工作面积为 A_1，有杆腔的有效工作面积为 A_2，且 $A_1=2A_2$。当供油流量 $Q=30$L/min 时，回油流量 Q' 是多少？若液压缸差动连接，其他条件不变，则进入液压缸无杆腔的流量为多少？

4-6　图示为一柱塞液压缸，其柱塞固定，缸筒运动。压力油从空心柱塞中通入，压力为 p，流量为 Q。柱塞外径为 d，内径为 d_0，缸筒内径为 D。试求缸筒运动速度 v 和产生的推力 F。

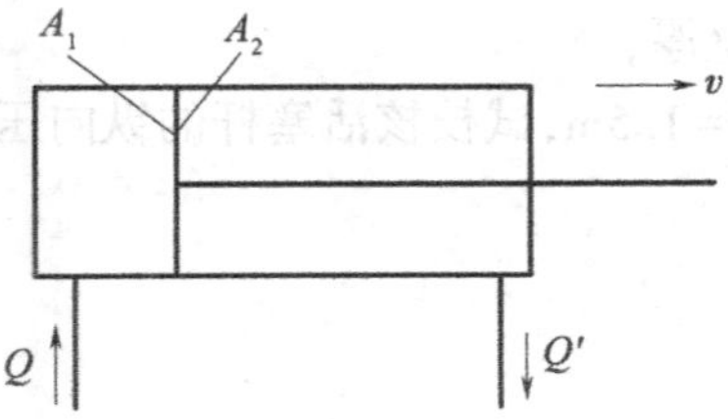

习题 4-5 图

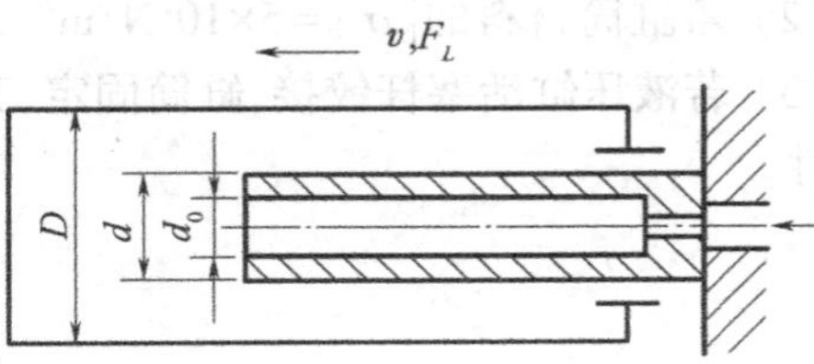

习题 4-6 图

4-7　图中用一对柱塞来实现工作台的往复运动。若两柱塞直径分别为 d_1 和 d_2，供油流量和压力分别为 Q 和 p，试求工作台两个方向运动时的速度和推力。又若当两个柱塞缸同时通以压力油时，工作台将如何运动？其运动速度和推力各为多少？

4-8　如图所示，两个结构相同的液压缸串联起来，无杆腔的有效工作面积 $A_1=100\text{cm}^2$，有杆腔的有效面积 $A_2=80\text{cm}^2$，缸 1 输入的油压 $p_1=9\times10^5$Pa，流量 $Q_1=12$L/min，若不考虑一切损失，试求：

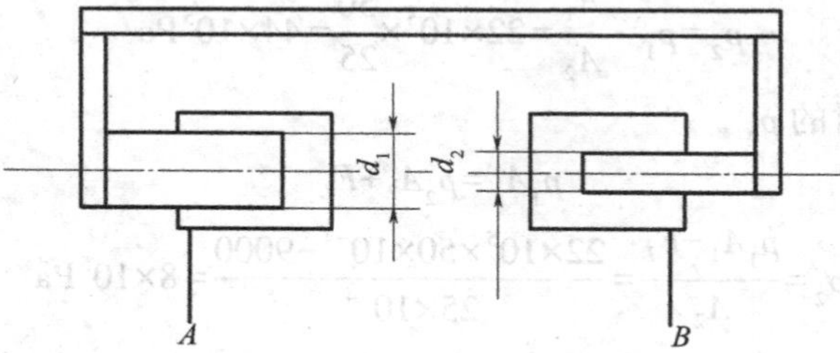

习题 4-7 图

（1）当两缸的负载相同（$F_{L1}=F_{L2}$）时，能承受的负载为多少？两缸运动的速度各为多少？

（2）缸 2 的输入油压是缸 1 的一半$\left(p_2=\dfrac{1}{2}p_1\right)$时，两缸各能承受多少负载？

（3）缸 1 不承受负载（$F_{L1}=0$）时，缸 2 能承受多少负载？

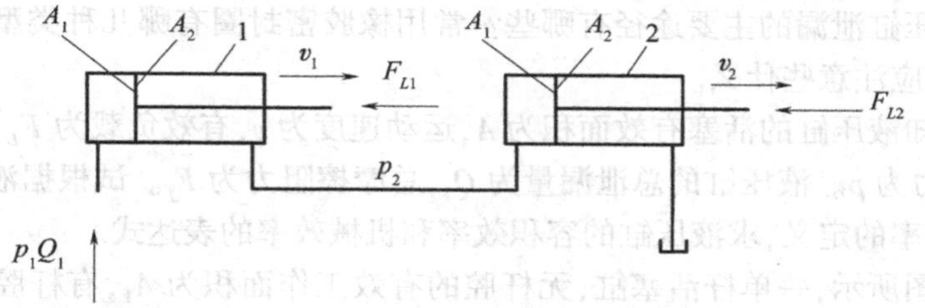

习题 4-8 图

4-9　一单杆活塞液压缸快速前进时采用差动连接，快退时，压力油输入液压缸有杆腔。若活塞往复快速运动时的速度都是 0.1m/s，慢速运动时活塞杆受压，其负载为 25000N。已知输入流量 $Q=25\text{L/min}$，背压 $p_2=2\times10^5\text{Pa}$。

（1）确定活塞和活塞杆直径；

（2）若缸筒材料的$[\sigma]=5\times10^7\text{N/m}^2$，计算缸筒的壁厚；

（3）若液压缸活塞杆铰接，缸筒固定，其安装长度 $l=1.5\text{m}$，试校核活塞杆的纵向压杆稳定性。

第五章 液 压 阀

液压阀是控制或调节液压系统中液流的压力、流量和方向的。液压阀性能的优劣，工作是否可靠，对整个液压系统能否正常工作将产生直接影响。本章将重点介绍常用液压阀的典型结构、工作原理、性能特点及应用范围。

第一节 液压阀的分类及基本要求

一、液压阀的分类

液压阀可按下述特征进行分类：

（一）按用途分类

液压阀根据用途可分为方向控制阀（如单向阀、换向阀等）、压力控制阀（如溢流阀、减压阀、顺序阀、压力继电器等）、流量控制阀（如节流阀、调速阀等）。这三类阀可互相组合，成为复合阀，以减少管路连接，使结构更为紧凑，提高系统效率，如单向行程调速阀等。

（二）按操纵方法分类

按操纵方法分，液压阀有手动式、机动式、电动式、液动式和电液动式等多种。

（三）按安装方式分类

按安装方式分，液压阀有管式（螺纹式）、板式和插装式等多种。

二、对液压阀的基本要求

各种液压阀，由于不是对外做功的元件，而是用来实现执行元件（机构）所提出的力（力矩）、速度、变向的要求的，因此对液压控制阀的共同要求如下：

（1）动作灵敏、性能好，工作可靠且冲击振动小。

（2）油液通过阀时的液压损失要小。

（3）密封性能好。

（4）结构简单、紧凑、体积小，安装、调整、维护、保养方便，成本低廉，通用性大，寿命长。

第二节 方向控制阀

方向控制阀，即方向阀，是液压系统中占数量比重较大的控制元件，按用途可分为单向阀和换向阀两大类。

一、单向阀

（一）普通单向阀

1. 结构及工作原理

普通单向阀（简称单向阀）也称为止回阀、逆止阀，其作用是使油液只能从一个方向通过它,反向则不通。

单向阀按其结构的不同,有钢球密封式直通单向阀(见图 5-1)、锥阀芯密封式直通单向阀(见图 5-2)和直角式单向阀(见图 5-3)三种形式。不管哪种形式,其工作原理都相同。

如图 5-1~图 5-3 所示,当压力为 p_1 的油液从阀体 1 的入口流入时,压力油克服压在钢球 2(见图 5-1)或锥阀芯 2(见图 5-2、图 5-3)上的弹簧 3 的作用力以及阀芯与阀体之间的摩擦力,顶开钢球或阀芯,压力降为 p_2,从阀体的出口流出。而当油液从相反方向流入时,它和弹簧力一起使钢球或锥阀芯紧紧地压在阀体 1 的阀座处,截断油路,使油液不能通过。单向阀的这种功能,就要求油液从 $p_1 \to p_2$ 正向流通时有较小的压力损失,工作时无异常的撞击和噪声;而当油液反向流入时,要求在所有工作压力范围内都能严格地截断油流,不许有渗漏。弹簧 3 的刚度都较小,其开启压力一般在 0.03~0.05MPa 左右,以便降低油液正向流通时的压力损失。

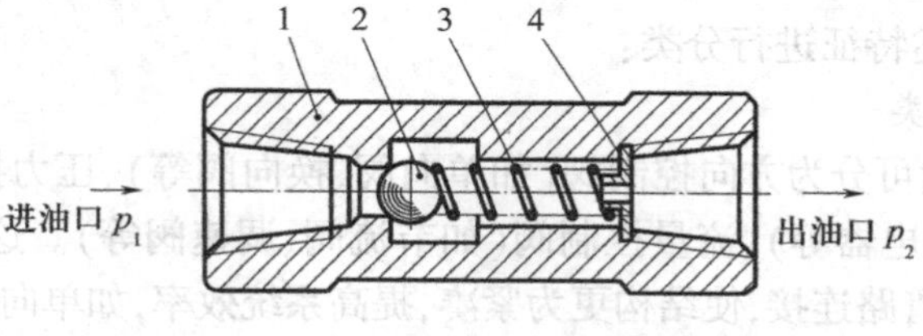

图 5-1　钢球密封式直通单向阀结构

1—阀体;2—钢球;3—压力弹簧;4—挡圈。

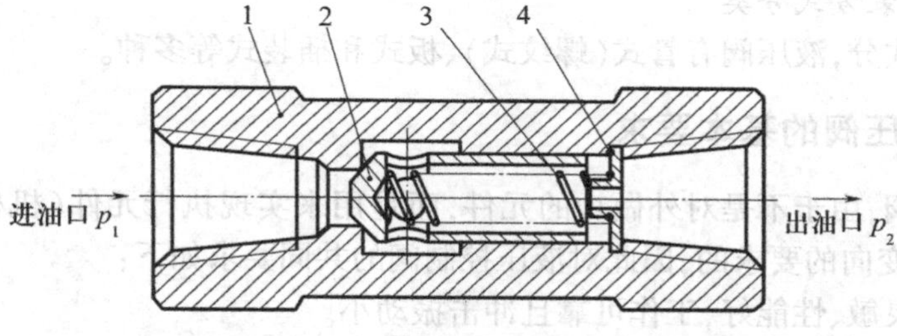

图 5-2　锥阀芯密封式直通单向阀结构

1—阀体;2—锥阀芯;3—压力弹簧;4—挡圈。

钢球密封式直通单向阀一般用在流量较小的场合;对于高压大流量场合则应采用密封性较好的锥阀密封式单向阀。

2. 职能符号

图 5-4(a)为单向阀详细职能符号;图 5-4(b)为其简化符号;图 5-4(c)为单向阀与节流阀组合使用时的职能符号。单向阀也可与顺序阀、调速阀等阀组合使用,亦有相对应的职能符号。

3. 应用举例

(1) 将单向阀安置在液压泵的出口处,可以防止由于系统压力突然升高而损坏液压泵,如图 7-21 和图 7-30 等所示。

(2) 将单向阀放置在回油路上,可作背压阀用。此时应将单向阀换上较硬的弹簧,使其开启压力达到 0.2~0.6MPa。

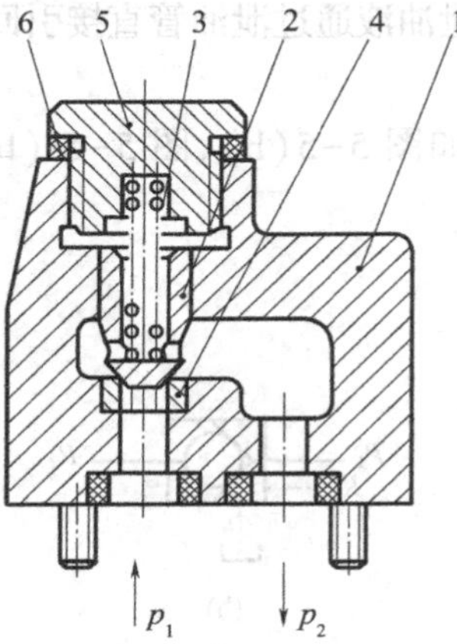

图 5-3 直角式单向阀结构

1—阀体；2—锥阀芯；3—压力弹簧；4—阀座；5—顶盖；6—密封圈

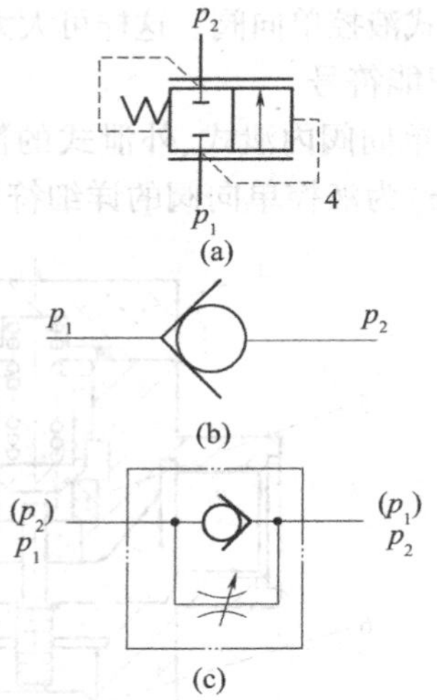

图 5-4 单向阀的职能符号

（二）液控单向阀

1. 结构及工作原理

液控单向阀又称为单向闭锁阀，它是由一个普通单向阀和一个微型控制液压缸组成，其结构如图 5-5(a)所示。在液控单向阀的下部有一个控制油口 K，当控制油口不通压力油时，该阀的作用与普通单向阀相同，即油液只能从 $p_1 \to p_2$ 正向通过，反向 $p_2 \to p_1$ 不通；当控制油口 K 通入控制压力油时，将控制活塞 6 顶起，并将阀芯 2 强行顶开，使油口 p_1、p_2 相互接通。这时油液就可以在两个方向（实际应用常是从 $p_2 \to p_1$ 方向）上自由通流。在图示结构的液控单向阀中，通过控制活塞与阀体的配合间隙泄漏到反向出油腔 p_1 的流量与反向油液一起流出液控单向阀。因此，图 5-5(a)所示的液控单向阀称为内泄式。

对于上述结构，当反向出油腔压力 $p_1 = 0$ 时，使 $p_2 \to p_1$ 反向接通所需最小控制压力

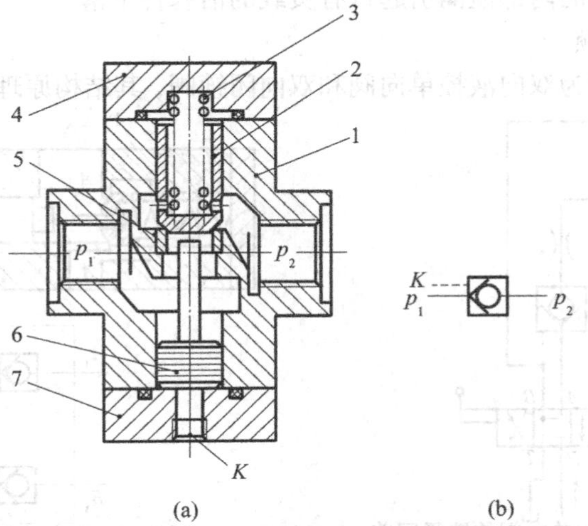

图 5-5 内泄式液控单向阀

1—阀体；2—阀芯；3—弹簧；4—上盖；5—阀座；6—控制活塞；7—下盖

$p_{K\min} \geqslant 0.4p_2$。若 $p_1 \neq 0$ 且较高时，则所需 $p_{K\min}$ 也提高。为节省功率，此时应采用图 5-5′(a) 所示外泄式液控单向阀。这样可大大减低控制油压，外泄油液通过泄油管直接引回油箱。

2. 职能符号

液控单向阀内泄式、外泄式的简化职能符号分别如图 5-5(b)、图 5-5′(b)所示和图 5-5′(c)为液控单向阀的详细符号。

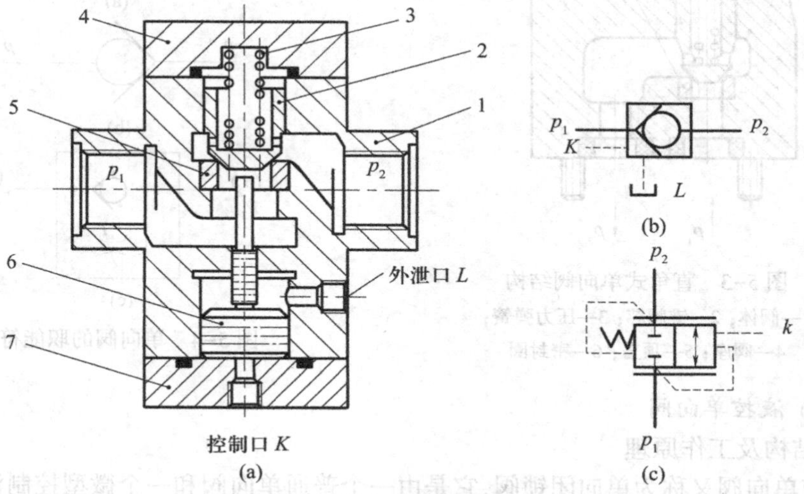

图 5-5′　外泄式液控单向阀

1—阀体；2—阀芯；3—弹簧；4—上盖；5—阀座；6—控制活塞；7—下盖

3. 应用举例

液控单向阀具有良好的单向密封性能，在液压系统中应用很广（详见第七章），常用于执行元件需要较长时间保压、锁紧等情况下，也用于防止立式液压缸停止时自动下滑及速度换接等回路中。图 5-6 所示，为采用液控单向阀的锁紧回路。在垂直放置液压缸的下腔管路上安装液控单向阀，就可将液压缸（负载）较长时间保持（锁定）在任意位置上，并可防止由于换向阀的内部泄漏引起带有负载的活塞杆下落。

（三）双向液压锁

双向液压锁又称为双向液控单向阀和双向闭锁阀，其结构原理及职能符号如图 5-7

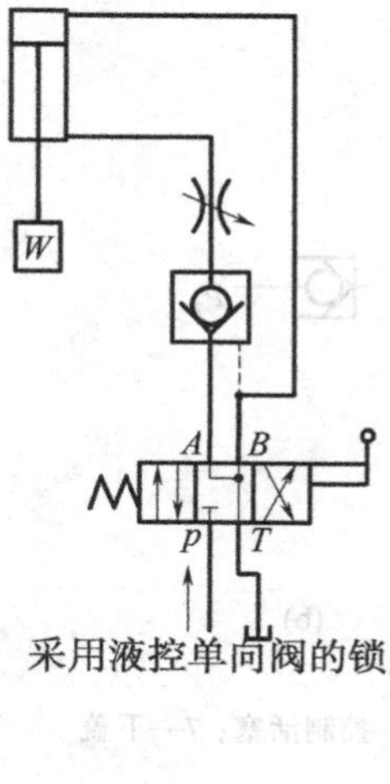

图 5-6　采用液控单向阀的锁紧回路

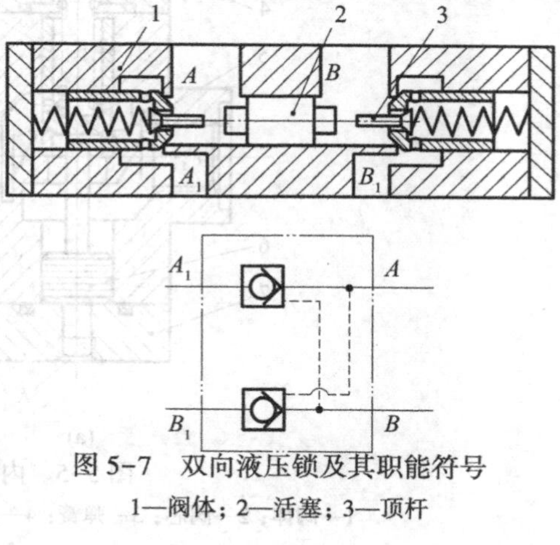

图 5-7　双向液压锁及其职能符号

1—阀体；2—活塞；3—顶杆

所示。它是由两个液控单向阀共用一个阀体 1 和控制活塞 2 组成。当压力油从 A 腔进入时,依靠油压自动将左边的阀芯顶开,使油液从 $A \to A_1$ 腔流动。同时,通过控制活塞 2 把右阀顶开,使 B 腔与 B_1 腔沟通,将原来封闭在 B_1 腔通路上的油液,通过 B 腔排出。这就是说,当一个油腔正向进油时,另一个油腔就反向出油。反之亦然。当 A、B 两腔都没有压力油时,A_1 腔与 B_1 腔的反向油液依靠顶杆 3(卸荷阀芯)的锥面与阀座的严密接触而封闭。这时执行元件被双向锁住(如汽车起重机的液压支腿油路)。具体应用油路,如图 5-7′双向液压锁的锁紧回路所示。

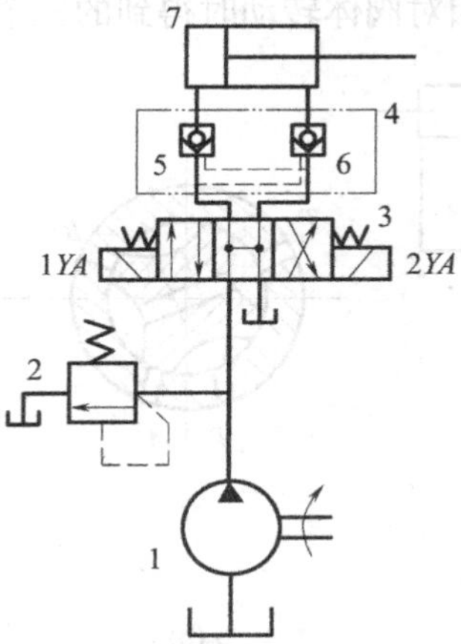

图 5-7′ 双向液压锁的锁紧回路

1—单向定量泵;2—溢流阀;3—H 型三位四通电磁换向阀;
4—双向液压锁;5、6—液控带向阀;7—液压缸

图中,当 1YA 带电、阀 3 左位导通时,双向液压锁 4 中的液控单向阀 5 正向进油,阀 6 同时反向出油,缸 7 活塞、活塞杆右移(汽车起重机的液压支腿伸出),当右移至一定位置(液压支腿触及并支撑地面,使汽车车轮离开地面)后,1YA 断电,阀 3 处中位,阀 5、6 的进油口和油箱相通,其压力为零,阀 5、6 关闭,将活塞、活塞杆(亦即液压支腿)锁住(汽车起重机进行起重作业)。当 2YA 带电时(起重作业完毕后),阀 3 右位导通,阀 6 正向进油,阀 5 反向出油,活塞左移(液压支腿开始缩回),当左移至原位(液压支腿缩回原位,汽车车轮着地)时,2YA 断电,阀 3 处中位,阀 5、6 将活塞(液压支腿)锁定在初始位置上。

二、换向阀

(一) 分类

换向阀的应用十分广泛,种类也很多,可根据其结构、操纵方式、阀芯与阀体的相互位置(工作位置)及控制通油口(通路)数来分类,如表 5-1 所列。

表 5-1 换向阀的分类

分 类 方 法	类 型
按阀的操纵方式	手动、机动(亦称行程)、电动、液动、电液动等
按阀的结构方式	滑阀式(五槽三台肩、三槽二台肩、四槽四台肩等)、转阀式
按阀的工作位置数和控制通路数	二位二通、二位三通、二位四通……三位四通、三位五通等
按阀的安装方式	管式(亦称螺纹式)、板式、法兰式

下面将重点介绍换向阀的典型结构、工作原理、职能符号、性能特点及应用。

（二）典型结构及工作原理

1. 转阀

1）工作原理

图 5-8 为一种手动转阀的工作原理简图，它由阀芯 1、阀体 2、操纵手柄（图中没画出）等主要元件组成。阀体上有四个通油口：p、T、A、B。其中 p 口始终为进油口；T 口始终为回油口；A、B 交替为进、出油口，称作工作油口。阀体不动，阀芯可相对于阀体转动。图中（a）、（b）、（c）分别为阀芯相对阀体转动时得到的三个不同的相对位置。

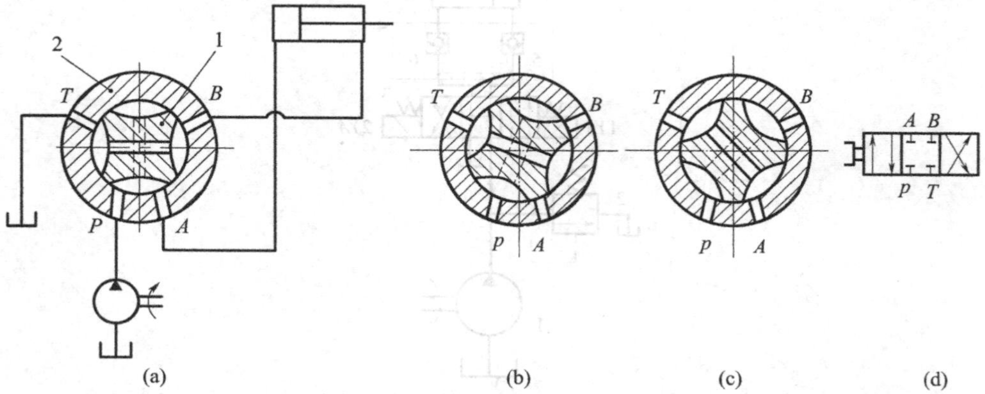

图 5-8　转阀的工作原理图

1—阀芯；2—阀体

当转动手柄，使阀芯相对阀体处于图 5-8（a）的位置时，p 口和 A 口相通，B 口和 T 口相通，来自液压泵的油液从 p 口进入、从 A 口流出后，经管道进入执行元件液压缸的左腔——A 腔，推动液压缸向右运动，其右腔即 B 腔的回油经管道从阀体的 B 口进入，T 口流出，回到油箱。当转动手柄，使阀芯位置如图 5-8（c）所示时，p、B 口相通，A、T 口相通，来油从 p 口进入，从 B 口流出并经管道进入液压缸右腔，推动液压缸向左运动，液压缸左腔的回油经管道从 A 口进入，从 T 口流出，回到油箱。因而改变了液压缸的运动方向。当转动手柄，使阀芯与阀体处于图 5-8（b）所示的相对位置时，油口 p、T、A、B 各自都不相通，液压泵的来油既不能进入液压缸的左、右两腔，液压缸左、右两腔的油液也不能流出，液压缸停止运动，停留在某一个位置上。

2）职能符号

（1）换向阀的“位”和“通”。

换向阀的“通”是指阀体上的通油口数目，即有几个通油口，就称为几通阀；换向阀的“位”是指改变阀芯与阀体的相对位置时，所能得到的通油口切断和相通形式的种类数，有几个种类，就称为几位阀。例如上述转阀共有 p、T、A、B 四个通油口，并且无论怎样变化阀芯与阀体间的相对位置，油口 p、T、A、B 只有上述三种相通和切断的形式，故称上述阀为三位四通转阀。因为是手动的，所以全称为三位四通手动转阀。

（2）职能符号。

换向阀职能符号的规定和含义如下：

① 用方框表示换向阀的“位”，有几个方框就是几位阀；

② 方框内的箭头表示处在这一位上的油口接通情况，并基本表示油液的实际流向；

③ 方框内的符号“⊤”或“⊥”表示此油口被阀芯封闭；

④ 方框上与外部连接的接口即表示通油口，接口数即通油口数，亦即阀的“通”数；

⑤ 通常，阀与液压泵或供油路相连的油口用字母 p 表示；阀与系统的回油路（油箱）相连的回油口用字母 T 表示；阀与执行元件相连的油口，称为工作油口，用字母 A、B 表示。有时在职能符号上还标出泄漏油口，用字母 L 表示。

根据上述规定，三位四通手动转阀的职能符号如图 5-8(d)所示。

3）性能特点及应用

转阀结构简单、紧凑，但阀芯上的径向力不平衡，转动比较费力，密封性差，因此工作压力一般较低，允许通过的流量也较小，且较少单独使用。一般在中低压系统中作为先导阀或小流量换向阀。

2. 滑阀式换向阀

滑阀式换向阀（简称换向阀）是依靠具有若干个台肩的圆柱形阀芯，相对于开有若干个沉割槽的阀体作轴向运动，使相应的油路接通或断开。换向阀的功能主要由其工作位数和位机能——相应位上的油口沟通形式来决定的。常用换向阀的位和位机能以及与之相应的结构列于表 5-2 中。

1）手动式

手动滑阀式换向阀（简称手动式换向阀）一般有二位三通、二位四通和三位四通等多种形式。图 5-9 为三位四通自动复位手动式换向阀。该阀由手柄 1、阀芯 2、阀体 3、弹簧 4 等主要元件组成。推动手柄 1 向右，阀芯 2 向左移动，直至两个定位套 5 相碰为止（这时弹簧 4 受压缩）。此时 p 口与 A 口相通、B 口经阀芯的径向孔、轴向孔与 T 相通，于是来自液压泵或某供油路的油液从 p 口进入，经 A 流出到液压缸左腔［见图 5-9(a)］，使液压缸向右运动，液压缸右腔的回油经油管从阀的 B 口进入，从 T 口流出到油箱；推动手柄向左，阀芯向右移至两个定位套相碰为止。此时 p 口与 B 口相通，A 口与 T 口相通，进入 p 口的油液从 B 口流出到液压缸右腔，使液压缸向左运动，液压缸左腔的回油经油管从阀口 A 流入，从阀口 T 流出到油箱；松开手柄，阀芯在弹簧 4 的作用下恢复原位（中位），这时油口 p、T、A、B 全部封闭（图示位置）。

表 5-2 常用换向阀的位、位机能及其结构

名称	结构原理图	职能符号	使 用 场 合
二位二通阀	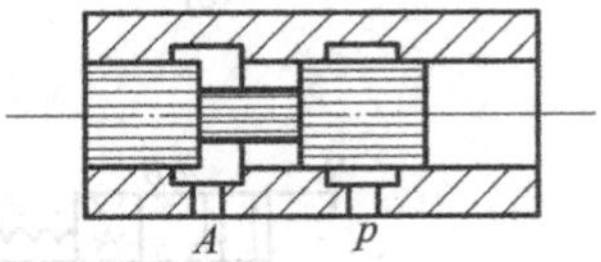	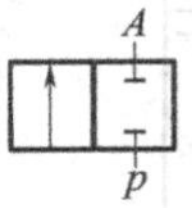	控制油路的接通与切断（相当于一个开关）
二位三通阀	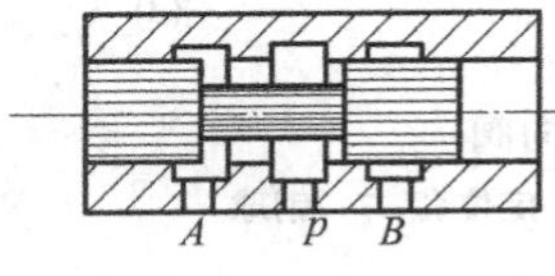	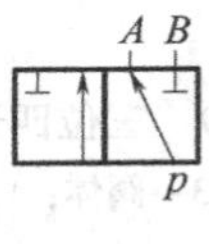	控制液流方向（从一个方向变换成另一个方向）

（续）

名称	结构原理图	职能符号	使用场合		
二位四通阀	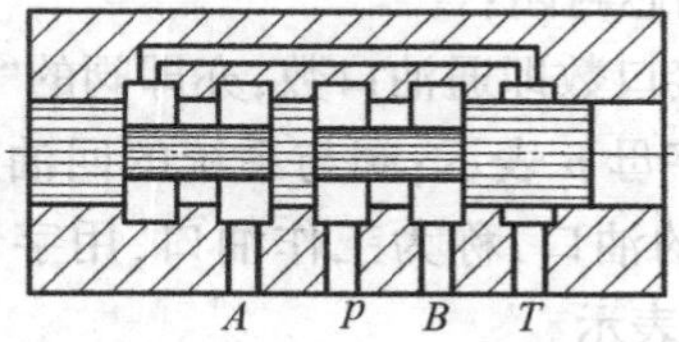	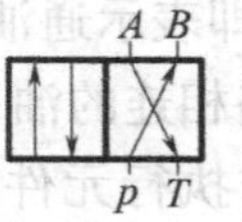	控制执行元件换向	不能使执行元件在任一位置处停止运动	执行元件正反向运动时回油方式相同
三位四通阀	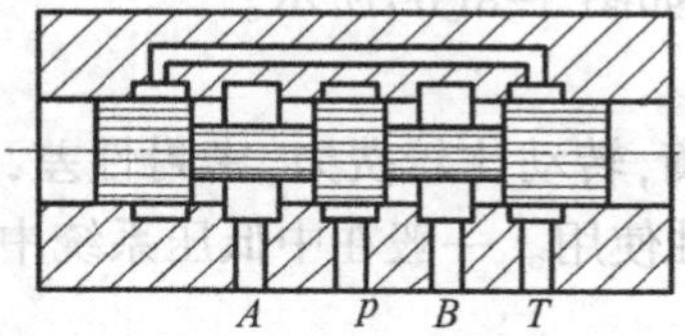	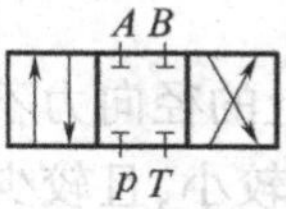		能使执行元件在任一位置处停止运动	
二位五通阀	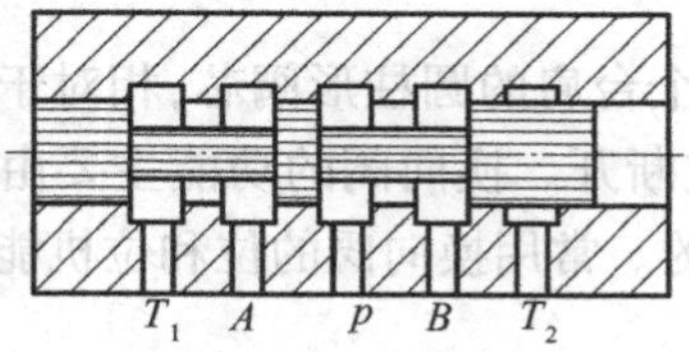	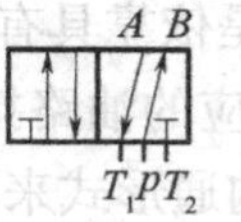		不能使执行元件在任一位置处停止运动	执行元件正反向运动时可以得到不同的回油方式
三位五通阀	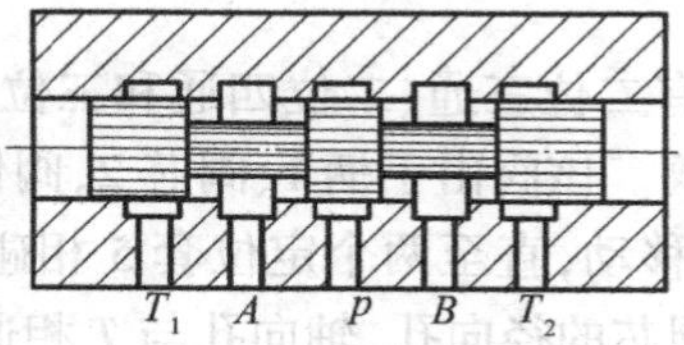	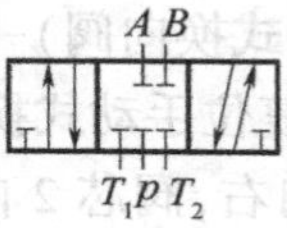		能使执行元件在任一位置处停止运动	

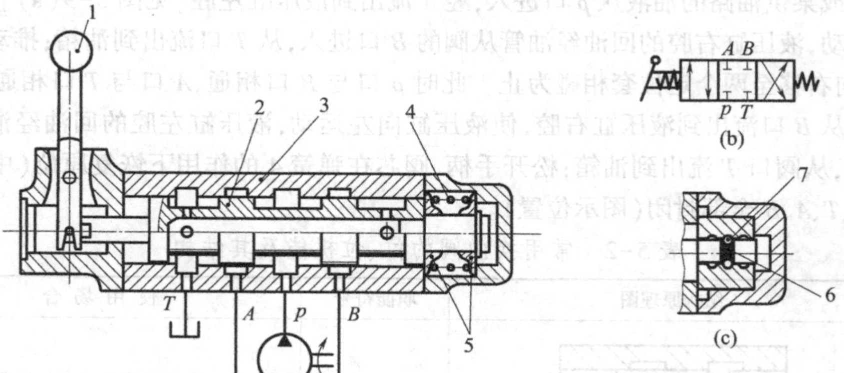

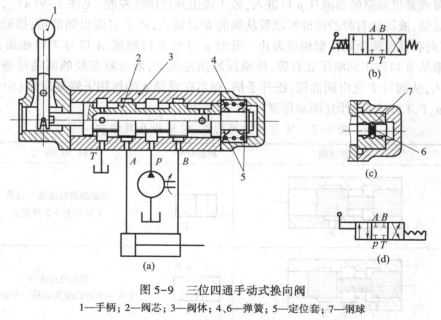

图 5-9　三位四通手动式换向阀

1—手柄；2—阀芯；3—阀体；4、6—弹簧；5—定位套；7—钢球

该阀的职能符号如图 5-9(b)所示。应说明的是,换向阀的油口一般只标注在换向阀的一个位上,且常标注在没有外力作用的那一位(自然位置)上,对三位阀则常是中位。

上述手动式换向阀适用于动作频繁、工作持续时间短的场合,其操作比较安全,常应用于工程机械。

图 5-9(c)是钢球定位式三位四通换向阀的定位原理图:当用手柄拨动阀芯时,阀芯可以借助弹簧 6 和钢球 7 保持在左、中、右任何一个位置上。这种结构应用于机床、液压机、船舶及工程机械等。图 5-9(d)为其职能符号图。

2)机动式

机动式换向阀又称行程换向阀,它是依靠安装在执行元件上的行程挡块(或凸轮)推动阀芯实现换向的。

图 5-10(a)是二位二通机动式换向阀的结构图,它由阀体 3、阀芯 2、滚轮 1、弹簧 4 等主要件组成。在图示位置上,阀芯 2 在弹簧 4 的推力作用下,处在最上端位置,把进油口 p 与出油口 A 切断。当行程挡块将滚轮压下时,p、A 口接通;当行程挡块脱开滚轮时,阀芯在其底部弹簧的作用下又恢复初始位置。改变挡块斜面的角度 α(或凸轮外廓的形状),便可改变阀芯移动的速度,因而可以调节换向过程的时间。图 5-10(b)是该阀的职能符号。

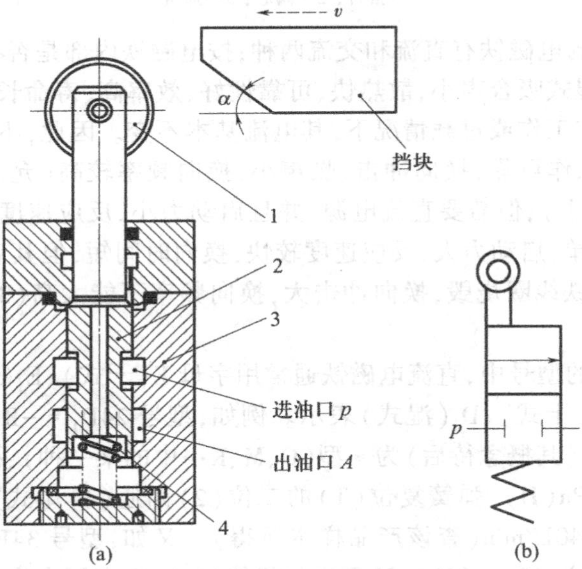

图 5-10 二位二通机动式换向阀

1—滚轮;2—阀芯;3—阀体;4—压力弹簧

机动式换向阀要放在它的操纵件旁,因此这种换向阀常用于要求换向性能好、布置方便的场合。机动式换向阀基本都是二位的,除上述二位二通的,也有二位三通、二位四通的。

3)电动式

电动式换向阀是指电磁换向阀,简称为电磁阀,它是借助电磁铁的吸力推动阀芯动作的。

图 5-11 是二位三通电磁换向阀的结构图和职能符号图。该阀由电磁铁(左半部分)和滑阀(右半部分)两部分组成。当电磁铁断电时,阀芯 2 被弹簧 3 推向左端,使油口 p 和油口 A 接通。当电磁铁通电时,铁芯通过推杆 1 压缩弹簧 3 将阀芯 2 推向右端,油口 p 和 A 的通道被关闭,而油口 p 和 B 接通。

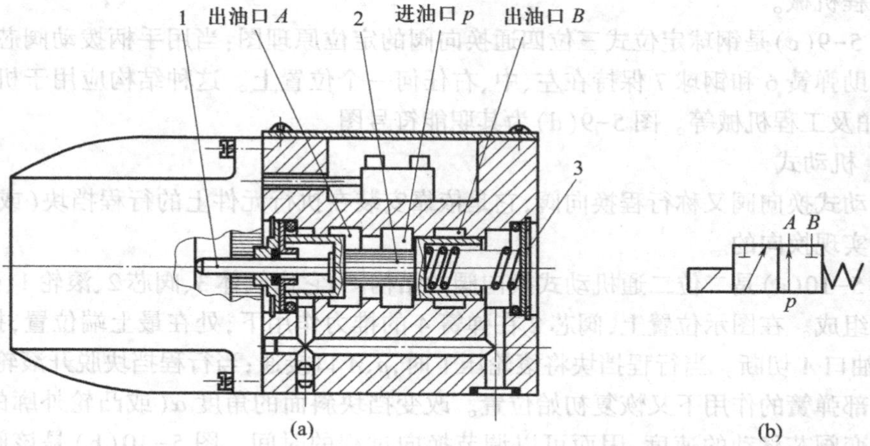

图 5-11　二位三通电磁换向阀

1—推杆；2—阀芯；3—弹簧

电磁换向阀上的电磁铁有直流和交流两种；按电磁铁内部是否有油浸入,电磁铁又分为干式和湿式(湿式吸合声小,散热快、可靠性好、效率高、寿命长,但结构复杂,造价高)。直流电磁铁在工作或过载情况下,其电流基本不变。因此,不会因阀芯被卡住而烧毁电磁铁线圈,工作可靠,换向冲击、噪声小,换向频率较高(允许 120 次/min,最高可达 240 次/min 以上),但需要直流电源,并且启动力小,反应速度较慢,换向时间长。交流电磁铁电源简单,启动力大,反应速度较快,换向时间短,但其启动电流大,在阀芯被卡住时会使电磁铁线圈烧毁,换向冲击大,换向频率不能太高(30 次/min 左右),工作可靠性差。

在电磁换向阀的型号中,直流电磁铁通常用字母 E(干式)、E_1(湿式)表示；交流电磁铁通常用字母 D(干式)、D_1(湿式)表示。例如,型号 24D_1 * -B10H-T 表示为板式(B)连接、滑阀机能(其概念待后)为 * 型(O、M、K…中的某一种)、孔径为 10mm(10)、额定压力为 31.5MPa(H)、弹簧复位(T)的二位(2)四通(4)湿式交流(D_1)电磁换向阀。其额定流量为 40L/min(查该产品样本所得)。又如,型号 34EF3M-E10B 表示为板式(B)连接、孔径为 10mm(10)、M 型中位机能(M)、额定压力为 16MPa(E)、结构代号为 3(3)的三位(3)四通(4)干式直流(EF)电磁换向阀,其额定流量为 60L/min(查产品样本得)。

值得提出的是,对于同一种电磁换向阀(如上述二位三通或三位四通电磁换向阀,其它阀类也类似),不同的系列、不同的生产厂家其型号的具体表达形式是不一样的。应用时应查阅具体厂家的产品样本。

电磁换向阀由电气信号操纵,控制方便,布局灵活,在实现机械自动化方面得到了广泛的应用。但电磁换向阀由于受到磁铁吸力较小的限制，其流量不太大，一般在60L/min以下。故对于要求流量较大、行程较长、移动阀芯阻力较大或要求换向时间能够调节的场合，宜采用液动式或电液式换向阀。

4）液动式

图 5-12(a)为一种三位四通液动式换向阀的结构原理图。当控制油口 K_1 通压力油、K_2 回油时，阀芯右移，p 与 A 通，T 与 B 通；当 K_2 通压力油、K_1 回油时，阀芯左移，p 与 B 通，T 与 A 通；当 K_1、K_2 都不通压力油（即如图所示的位置）时，阀芯在两端对中弹簧的作用下处于中间位置。

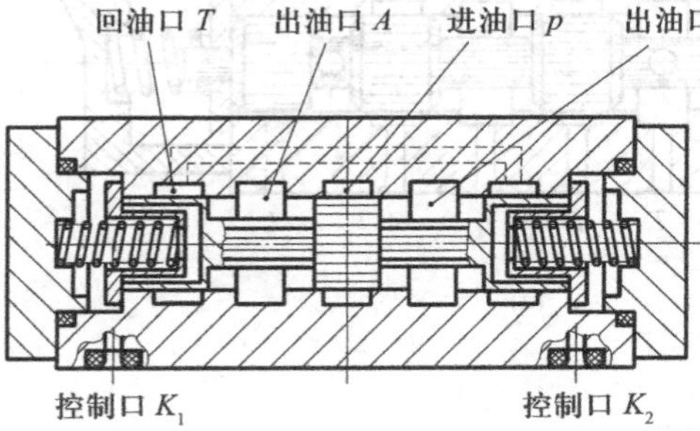

(a)

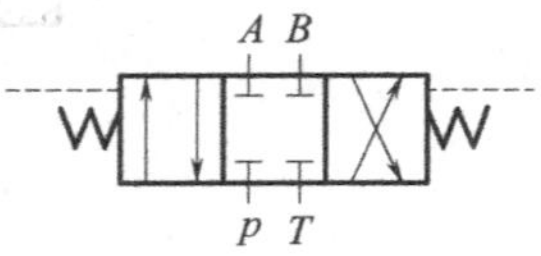

(b)

图 5-12　三位四通液动式换向阀

图 5-12(b)为这种液动式换向阀的职能符号。

液压操纵可给予阀芯很大的推力，因此液动式换向阀适用于压力高、流量大、阀芯移动行程长的场合。如果在液动式换向阀的控制油路装上单向节流阀（称阻尼器），还能使阀芯移动速度得到调节，改善换向性能。

5）电液式

电液操纵式换向阀简称电液换向阀，是由一个普通的电磁阀和液动换向阀组合而成。其中电磁换向阀为先导阀，是改变控制油液流向的；液动阀是主阀，它在控制油液的作用下，改变阀芯的位置，使油路换向。由于控制油液的流量不必很大，因而可实现以小容量的电磁阀来控制大通径的液动换向阀。

图 5-13(a)为电液换向阀的结构原理图。电磁铁 1、3 都不通电时，电磁阀阀芯处于中位，液动阀阀芯 6 因其两端没接通控制油液（而接通油箱），在对中弹簧的作用下，也处于中位。电磁铁 1 通电时，阀芯 2 移向右位，来自“p”口的控制油经单向阀 7 通入阀芯 6 的左端，推动阀芯 6 移向右端，阀芯 6 右端的油液则经节流阀 4、电磁阀、泄油口 L 流回油箱。阀芯 6 移动的速度由节流阀 4 的开口大小决定。同样道理，若电磁铁 3 通电，阀芯 6 移向左端（使油路换向），其移动速度由节流阀 8 的开口大小决定。

在电液换向阀中，由于阀芯 6 的移动速度可调，因而就调节了液压缸换向的停留时间，并可使换向平稳而无冲击，所以电液换向阀的换向性能较好，适用于高压大流量场合。

图 5-13(b)、(c)分别为电液换向阀的详细职能符号和简化的职能符号。

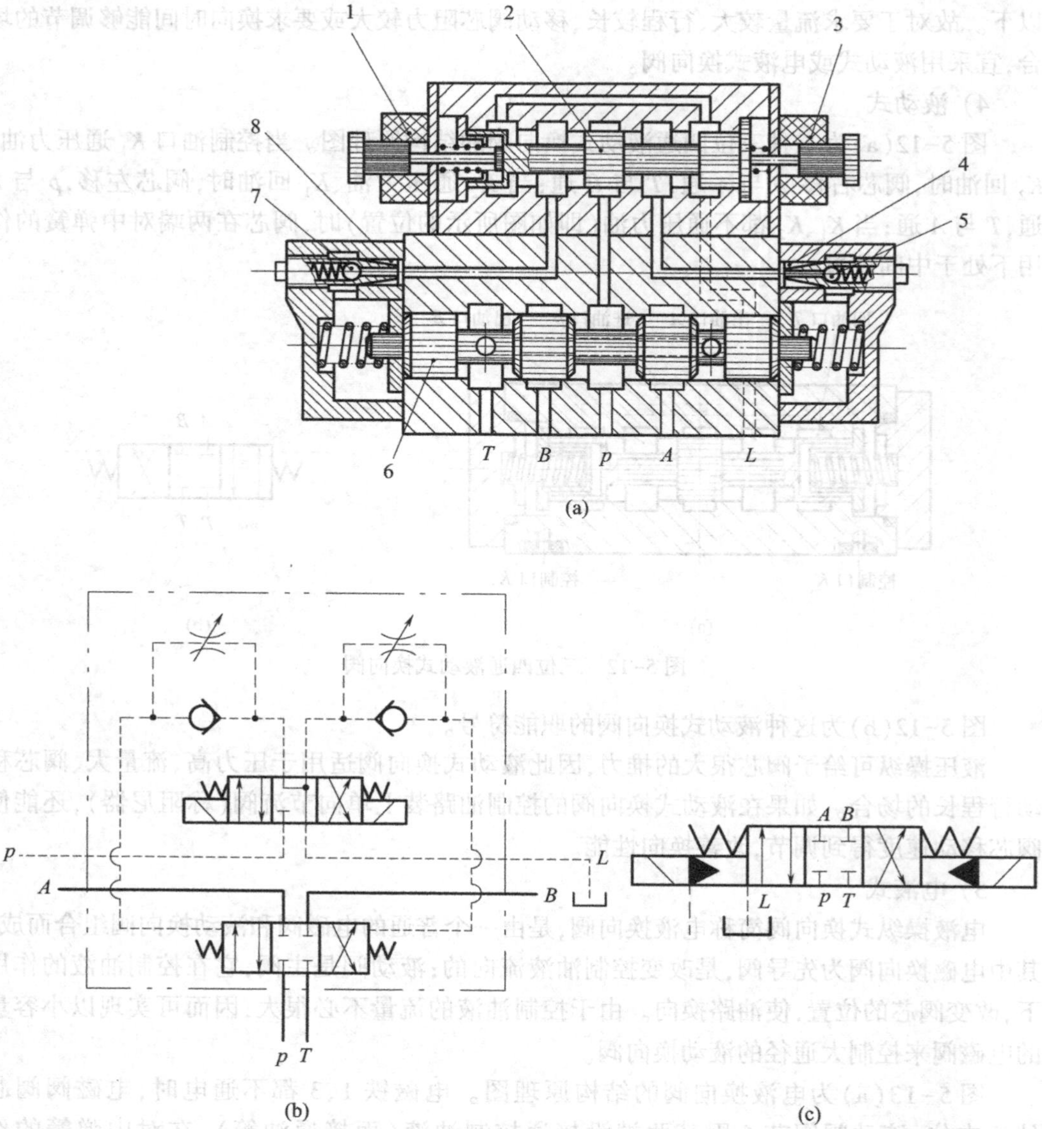

图 5-13 电液换向阀

1、3—电磁铁；2—阀芯；4、8—节流阀；5、7—单向阀；6—阀芯；L—泄油口

（三）中位机能

对于多位换向阀其阀芯处于阀体的不同位置时，其各油口的连通情况是不同的，控制机能也不一样。因此，把滑阀阀口的连通形式称为滑阀机能。对于三位阀来说，则把阀芯处于中位时各油口的连通形式称为滑阀的中位机能（类似，三位阀的左、右位分别称为左、右位机能）。表 5-3 列出了阀的常见中位机能、型号、符号及其结构形式。不难看出，不同的中位机能其阀体的结构基本相同，不同的只是阀芯。由此可见，不同的中位机能是依靠改变阀芯的形状和尺寸得到的。

表 5-3 三位换向阀的中位机能

形式	滑阀状态	职能符号		形式	滑阀状态	职能符号	
		三位四通	三位五通			三位四通	三位五通
O	T_1 A P B T_2			K	T_1 A P B T_2		
H	T_1 A P B T_2			X	T_1 A P B T_2		
Y	T_1 A P B T_2			M	T_1 A P B T_2		
J	T_1 A P B T_2			U	T_1 A P B T_2		
C	T_1 A P B T_2			N	T_1 A P B T_2		
P	T_1 A P B T_2						

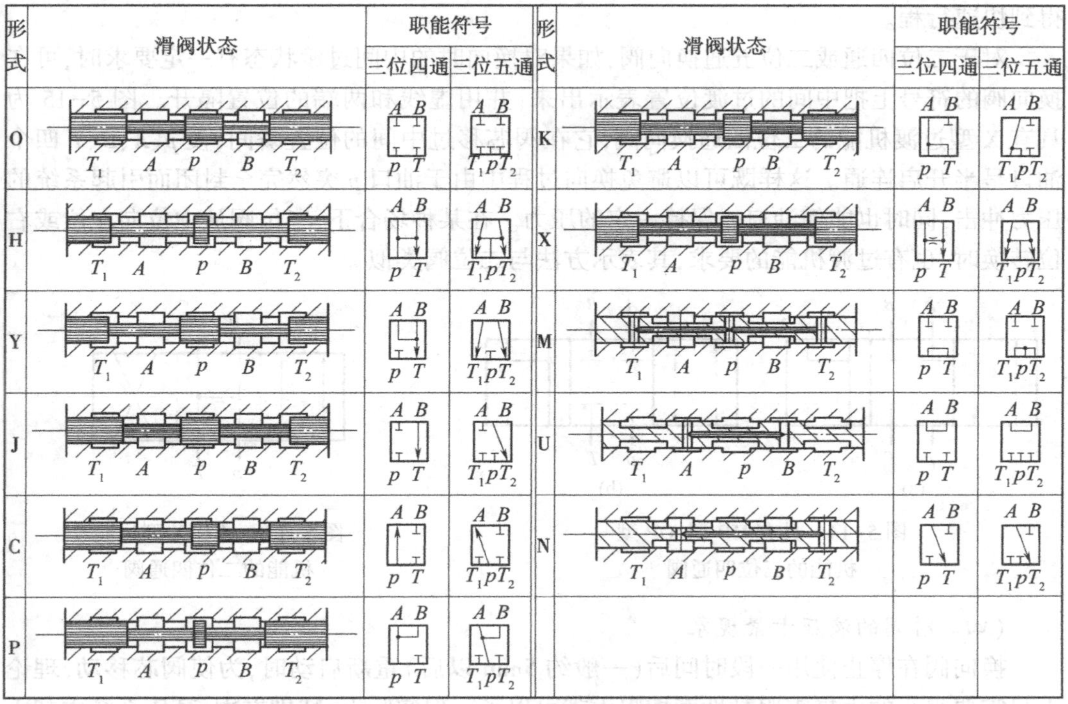

中位机能不仅直接影响液压系统的工作性能,而且在换向阀由中位向左位或右位转换时对液压系统的工作性能也有影响。因此,在使用时应合理选择阀的中位机能。通常,中位机能的选用原则如下:

(1) 当系统(油泵)有保压要求时,①选用油口 p 是封闭式的中位机能,如 O、Y、J、U、N型。这时一个油泵可用于多缸的液压系统。②选用油口 p 和油口 T 接通但不畅通的形式,如 X 型中位机能。这时系统(油泵)能保持一定压力,可供压力要求不高的控制油路使用。

(2) 当系统有卸荷要求时,应选用油口 p 与 T 畅通的形式,如 H、K、M 型。这时液压泵可卸荷。

(3) 当系统对换向精度要求较高时,应选用工作油口 A、B 都封闭的形式,如 O、M 型。这时液压缸的换向精度高,但换向过程中易产生液压冲击,换向平稳性差。

(4) 当系统对换向平稳性要求较高时,应选用 A 口、B 口都接通 T 口的形式,如 Y 型。这时换向平稳性好,冲击小,但换向过程中执行元件不易迅速制动,换向精度低。

(5) 若系统对启动平稳性要求较高时,应选用油口 A、B 都不通 T 口的形式,如 O、C、P、M 型。这时液压缸某一腔的油液在启动时能起到缓冲作用,因而可保证启动的平稳性。

(6) 当系统要求执行元件能浮动时,应选用油口 A、B 相连通的形式,如 U 型。这时可通过某些机械装置按需要改变执行元件的位置(立式液压缸除外);当要求执行元件能在任意位置上停留时,应选用 A、B 油口都与 p 口相通的形式(差动液压缸除外),如 P 型。这时液压缸左右两腔作用力相等,液压缸不动。

三位换向阀除了有各种中位机能外,有时也把阀的左位或右位设计成特殊的机能。这时就分别用两个字母来表示阀的中位和左(或右)位机能。图 5-14 所示为常见的 OP

型[图(b)]和MP型[图(a)]三位阀的职能符号。这两种阀主要用于差动连接回路，以得到快速行程。

对于二位四通或二位五通换向阀，如果对换向时的中间过渡状态有一定要求时，可在换向阀的符号上把中间的过渡位置表示出来，并用虚线和两端的位置隔开。图5-15为具有X型过渡机能的二位四通换向阀，它在阀芯移过中间的位置瞬间，使p、A、B、T四个油口呈半开启连通。这样既可以避免换向过程中由于油口p突然完全封闭而引起系统的压力冲击，同时也能使油口p保持一定的压力。在某种场合下，三位阀从中位向左位或右位转换时，也有过渡机能的要求，其表示方法与二位阀类似。

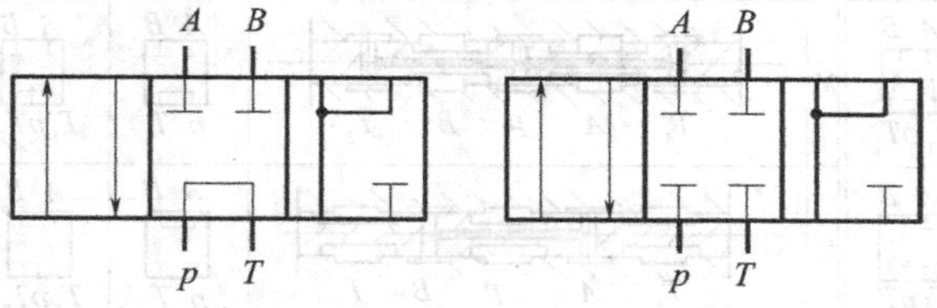

(a)　(b)

图5-14　具有MP型、OP型机能的三位四通阀

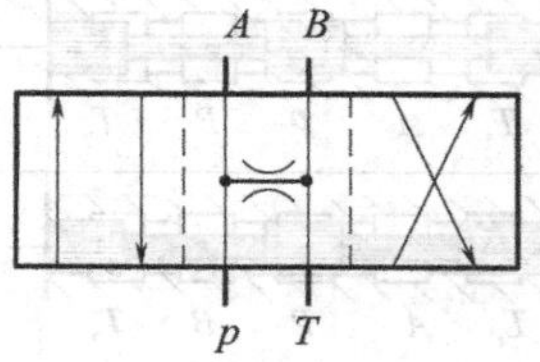

图5-15　具有X型过渡机能的二位四通阀

(四) 滑阀的液压卡紧现象

换向阀在停止使用一段时间后(一般约5min以后)重新启动时，为使阀芯移动，理论上只需要很小的力来克服黏性摩擦阻力就可以了。但实际上，特别在中、高压系统中却十分费力，需要克服很大的阻力才能使阀芯移动。把这种现象称为滑阀的液压卡紧现象。

液压卡紧现象是由于阀芯和阀体的几何形状误差和中心线的不重合而造成的。因为在这种情况下，进入阀芯与阀体配合间隙中的压力油将对阀芯产生不平衡的径向力，该力在一定条件下使阀芯紧贴在孔壁上，产生相当大的摩擦力(卡紧力)，使得操纵滑阀运动发生困难，严重时甚至被卡住。为减小径向不平衡液压力，一般在阀芯的台肩上开有宽0.3~0.5mm、深0.5~1mm、间距1~5mm的环形均压槽。这样可以显著地减小液压卡紧力。

滑阀的液压卡紧现象是个共性问题，不仅换向阀上有，其他液压阀(见图5-17、图5-25所示的溢流阀、减压阀等)上也存在。为减小液压卡紧力，必须对滑阀的几何精度及配合间隙予以严格控制。

(五) 滑阀上的液动力

液体流经滑阀时，对阀芯的作用力称为液动力。液动力有稳态液动力和瞬态液动力两种。

1. 稳态液动力

稳态液动力是指阀芯移动完毕、开口固定后，由于流出、流入阀腔的液流的动量变化而产生的作用于阀芯上的轴向力。根据第二章中例题2-3、式(2-51)和式(2-52)可知，滑阀的稳态液动力F_{l1}为

$$F_{l1} = 2C_dC_vwx_V\cos\theta\Delta p \tag{5-1}$$

若考虑阀芯阀孔间的径向间隙C_r，上式中的x_V应以$\sqrt{C_r^2+x_V^2}$代之，则上式变为

$$F_{l1} = 2C_dC_vw\sqrt{C_r^2+x_V^2}\cos\theta\Delta p \tag{5-1'}$$

式中 x_V——阀口开度；

w——面积梯度，即阀口周向通油长度；

Δp——阀口前后压降；

C_d——阀口的流量系数；

C_v——流速系数；

θ——阀口的射流角度。

式(5-1′)是在液流从阀口流出[见图5-16(a)]的情况下推导出来的，液动力F_{l1}的方向与移动阀芯的推力F方向相反。当液体从阀体外经阀口向阀内流入时，稳态液动力的大小和方向与前者完全相同。这就是说，不管液体从阀口流入还是流出，稳态液动力的方向都与操纵阀芯移动力的方向相反，即力图使阀口关闭的方向。稳态液动力的这一特点，使操纵阀芯移动力的阻力增加，尤其在w、Δp或x_V较大时，这个力将会很大，不但给滑阀的操纵带来困难，而且会直接影响回路或系统的灵敏性，此时必须采取措施来消除或补偿这个力。稳态液动力的另一个影响是使阀的工作趋于稳定。有的液压阀正是由于稳态液动力的这一作用，才具有良好的动态品质(稳定性)。

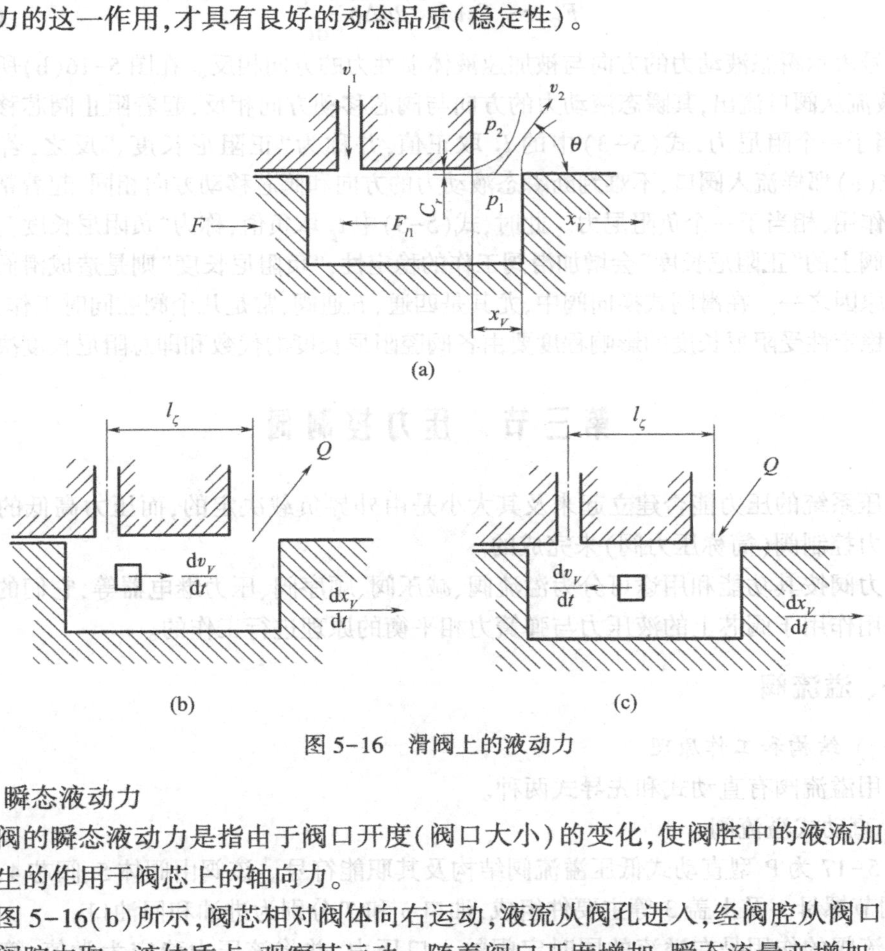

图5-16 滑阀上的液动力

2. 瞬态液动力

滑阀的瞬态液动力是指由于阀口开度(阀口大小)的变化，使阀腔中的液流加速或减速而产生的作用于阀芯上的轴向力。

如图5-16(b)所示，阀芯相对阀体向右运动，液流从阀孔进入，经阀腔从阀口向外射出。在阀腔中取一液体质点，观察其运动。随着阀口开度增加，瞬态流量亦增加，由于阀腔通道过流断面一定，故液体质点作加速运动，其所受惯性力与加速度方向(图中dv_V/dt方向)相同。由牛顿惯性定律，该液体质点必给固体壁面一个与惯性力大小相等方向相反的作用力，该力就是作用于阀芯上的瞬态液动力。

设在长度为 l_ζ 的阀腔通道上被加速液体的质量为 m_c，加速度为 a，阀腔过流断面积为 A_c，阀口的流量为 Q，瞬态液动力为 F_{l2}，由牛顿第二定律有

$$F_{l2} = -m_c \cdot a = -\rho l_\zeta A_c \frac{\mathrm{d}(Q/A_c)}{\mathrm{d}t} = -\rho l_\zeta \frac{\mathrm{d}Q}{\mathrm{d}t} \tag{5-2}$$

由式(2-52)，并考虑到 $A_0 = x_V w$，流量变化率为

$$\frac{\mathrm{d}Q}{\mathrm{d}t} = \mathrm{d}\left[C_d A_0 \sqrt{\frac{2\Delta p}{\rho}}\right] \Big/ \mathrm{d}t = \mathrm{d}\left[C_d x_V w \sqrt{\frac{2\Delta p}{\rho}}\right] \Big/ \mathrm{d}t$$

$$= C_d w \sqrt{\frac{2}{\rho}\Delta p}\,\frac{\mathrm{d}x_V}{\mathrm{d}t} + \frac{C_d w x_V}{\sqrt{2\rho\Delta p}}\,\frac{\mathrm{d}(\Delta p)}{\mathrm{d}t}$$

因压力变化率对流量的变化率影响很小，故上式后一项可忽略不计。将 $\mathrm{d}Q/\mathrm{d}t$ 简化后代入式(5-2)得

$$F_{l2} = -C_d w l_\zeta \sqrt{2\rho\Delta p}\,\frac{\mathrm{d}x_V}{\mathrm{d}t} \tag{5-3}$$

式中负号表示瞬态液动力的方向与被加速液体惯性力的方向相反。在图5-16(b)所示的情况下，液流从阀口流出，其瞬态液动力的方向与阀芯移动方向相反，起着阻止阀芯移动的作用，相当于一个阻尼力，式(5-3)中的 l_ζ 取正值，并称为“正阻尼长度。”反之，若液流如图5-16(c)那样流入阀口，不难判断瞬态液动力的方向和阀芯移动方向相同，起着帮助阀芯移动的作用，相当于一个负阻尼力。此时，式(5-3)中 l_ζ 取负值，称为“负阻尼长度”。

滑阀上的“正阻尼长度”会增加滑阀工作的稳定性，“负阻尼长度”则是造成滑阀工作不稳定的原因之一。在滑阀式换向阀中，尤其是四通、五通阀，常是几个阀腔同时工作，这时阀芯工作稳定性受阻尼长度的影响程度要由各阀腔阻尼长度的代数和即总阻尼长度决定。

第三节　压力控制阀

液压系统的压力能否建立起来及其大小是由外界负载决定的，而压力高低的控制则是由压力控制阀（简称压力阀）来完成的。

压力阀按其功能和用途可分为溢流阀、减压阀、顺序阀、压力继电器等，它们的共同特点是利用作用于阀芯上的液压力与弹簧力相平衡的原理进行工作的。

一、溢流阀

（一）结构和工作原理

常用溢流阀有直动式和先导式两种。

1. 直动式溢流阀

图5-17为P型直动式低压溢流阀结构及其职能符号。该阀由阀体5、阀芯4、调压弹簧2、调节螺母1及上盖3等主要件组成，油口 p 和 T 分别为进油和回油口。

溢流阀的作用是在溢流的同时定阀的入口压力，并将该压力稳定为常值，简称为定压、稳压。来自泵的油液，从进油口 p，进油腔 c，经阀芯4的径向孔 e、轴向小孔 f 进入阀芯4下端的敏感腔 d，并对阀芯4产生向上的推力。当进油压力较低、向上的推力还不足

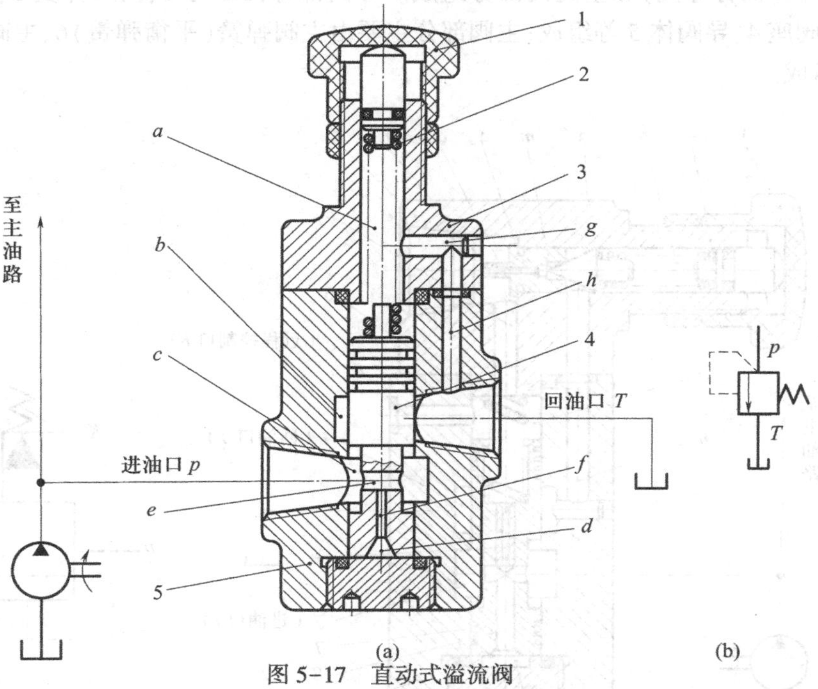

(a) (b)

图 5-17 直动式溢流阀

1—螺母；2—调压弹簧；3—上盖；4—阀芯；5—阀体；*a*—弹簧腔；*b*—回油腔；*c*—进油腔；*g*、*h*—孔道

以克服弹簧 2 的反作用力时，阀芯处于最下端位置，将 *p* 口、*T* 口隔断，阀口关闭。由于泵的流量不断输入（此时主油管路没有流量），因而入口油压不断增高，根据帕斯卡定律，*d* 腔的油压也同时等值增高。当敏感腔 *d* 内的油压力增高到克服弹簧 2 的作用力时，阀芯被顶起，并停止在某一平衡位置上。这时 *p* 口、*T* 口接通，油液从回油口 *T* 排回油箱，实现溢流。而阀入口、*d* 腔处油压不再增高，且与此时的弹簧力相平衡，为某一确定的常值。这就是定压原理。溢流阀的稳压作用是指，在工作（阀口开启）过程中由于某种原因（如负载的突然变化）引起溢流阀入口压力发生波动时，经过阀本身的调节，能将入口压力很快地调回到原来的数值上。如溢流阀入口压力为某一初始定值 p_1，当入口油压突然升高时，根据帕斯卡定律，*d* 腔油压也等值、同时升高，这样就破坏了阀芯初始的平衡状态，阀芯上移至某一新的平衡位置，阀口开度加大，将油液多放出去一些（阀的过流量增加），因而使瞬时升高的入口油压又很快降了下来，并基本上回到原来的数值上。反之，当入口油压突然降低（但仍然大于阀的开启压力）时，*d* 腔油压也等值、同时降低，于是阀芯下移至某一新的平衡位置，阀口开度减少，使油液少流出去一些（阀的过流量减少），从而使入口油压又升上去，即基本上又回升到原来的数值上。这就是直动式溢流阀的稳压过程。

由上述定压、稳压的过程不难看出，调节螺母 1 改变弹簧 2 的预紧力，可改变顶起阀芯的油压力（称为阀的开启压力），也就改变了阀入口的定压值。故溢流阀弹簧的调定（调整）压力就是溢流阀入口压力的调定值。

在图 5-17(a) 中，从 *b* 腔泄漏到 *a* 腔的油液经孔道 *g*、*h* 排回油箱（内泄）。

2. 先导式溢流阀

图 5-18 为 Y 型先导式溢流阀（也称为一节同心先导式溢流阀）结构和职能符号图。

它由先导阀(简称导阀)和主阀两部分组成。导阀部分由螺母1、调压弹簧2、导阀芯(锥阀)3、导阀座4、导阀体5等组成;主阀部分主要由主阀弹簧(平衡弹簧)6、主阀芯7、主阀体8等组成。

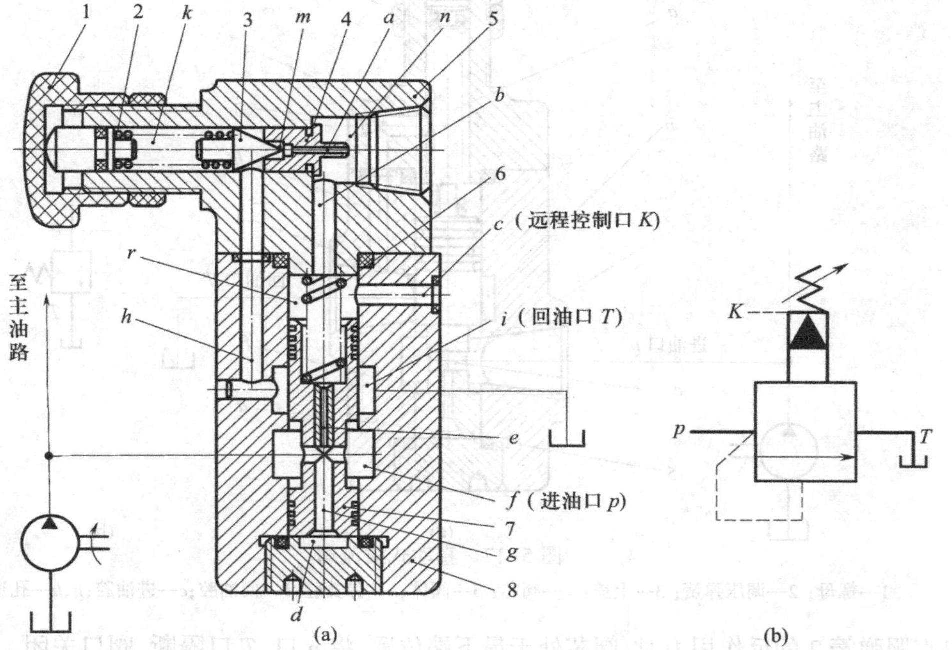

图5-18　Y型先导式溢流阀

1—螺母;2—调压弹簧;3—导阀芯;4—导阀座;5—导阀体;6—主阀弹簧;7—主阀芯;8—主阀体;k、n—油腔;r—主阀芯上腔;m—导阀前腔;b、g—孔道;h—回油孔道;a、e—阻尼孔;d—敏感腔

先导式溢流阀和直动式溢流阀的作用是相同的,即在溢流的同时定压和稳压。在图5-18(a)中,压力油从p口进入f腔后,一方面经主阀芯7的径向孔道、从轴向孔道g进入阀芯7的底部敏感腔d,并作用于阀芯7的下端,同时又经主阀芯中间的阻尼孔e进入并充满主阀芯上腔r、油腔n、导阀前腔m,并作用于主阀芯7的上端和导阀芯3的锥面上。由于油腔m、n、r、d形成一个密闭的容积(腔),因此腔内各点的压力(根据帕斯卡定律)均相等,并都等于阀的入口油压。当入口油压较低时,导阀前腔m的油压对导阀芯向左的推力还不能克服导阀芯左侧的弹簧力,先导阀处于关闭状态,没有油液流经阻尼孔e。这时,阀芯7上下两端的油压相等,阀芯7在主阀弹簧6的作用下处在最下端位置,隔断了油腔f(进油口)和油腔i(回油口)的通道,溢流阀阀口关闭。当入口油压升高、使m腔的油压足以克服导阀弹簧2的作用力时,导阀芯开启(经过一段振荡过程后停在某一平衡位置上),压力油便经阻尼孔e、油腔r、孔道b及油腔n、阻尼孔a、油腔m、导阀阀口、油腔k、孔道h、油腔i(回油口T)流向油箱。由于油液流过阻尼孔e后要产生压力降,所以阀芯7上端的油压低于阀的入口,即低于阀芯7下端的油压。当这个压力差较小,还不足以克服弹簧6的作用力时,主阀芯仍在最下端。随着泵流量的不断输入,阀入口油压的不断升高,这个压力差也提高。当这个压力差提高到克服阀芯7的重量、摩擦力和弹簧6的作用力之和时,主阀芯抬起,上升到某一平衡位置。与此同时,阀的进油腔f和回油腔i接通,

压力油便从主阀口排出到油箱，实现溢流。此后，溢流阀入口油压不再升高，其值为与此时调压弹簧 2 的预紧力相对应的某一确定值。如果调节螺母 1 改变调压弹簧 2 的预紧力，那么溢流阀的入口压力（调定压力）也随之变化。这就是先导式溢流阀的定压过程。其稳压过程与直动式溢流阀相同，故不再赘述。

先导式溢流阀主阀体 8 上有个远程控口 K，K 口通过孔道 c 与主阀上腔 r 相通，其作用有两个。一是从 K 口接出管道和远程调压阀相连（远程调压阀的结构和先导式溢流阀的导阀部分相同），调节远程调压阀可进行远程调压：此时远程调压阀和先导式溢流阀本身的导阀体 5 并联于同一主阀体 8；二者只有调定压力较小者才能被压力油顶开，对溢流阀入口起定压作用，因此远程调压阀起调压作用时，其调压范围的最大值不能超过先导式溢流阀本身导阀的调定值。二是使 K 口经管道和油箱相通，这样主阀上腔 r 的油压便可降得很低，由于主阀弹簧 6 很软，所以溢流阀入口的油液能以较低的压力顶开主阀芯，实现溢流，这一作用可使主油路卸荷。

先导式溢流阀的职能符号如图 5-18（b）所示；图 5-17（b）所示的符号也作溢流阀的一般符号。

上述 Y 型溢流阀为中压溢流阀，其调压范围为 0.5~6.3MPa。除此之外，还有高压溢流阀（最高压力可达 35MPa），如图 5-19 和图 5-20 所示。图 5-19 为三节同心先导式溢流阀。所谓三节同心是指主阀芯 7 在不同三处的配合——主阀芯 7 上段的外圆柱

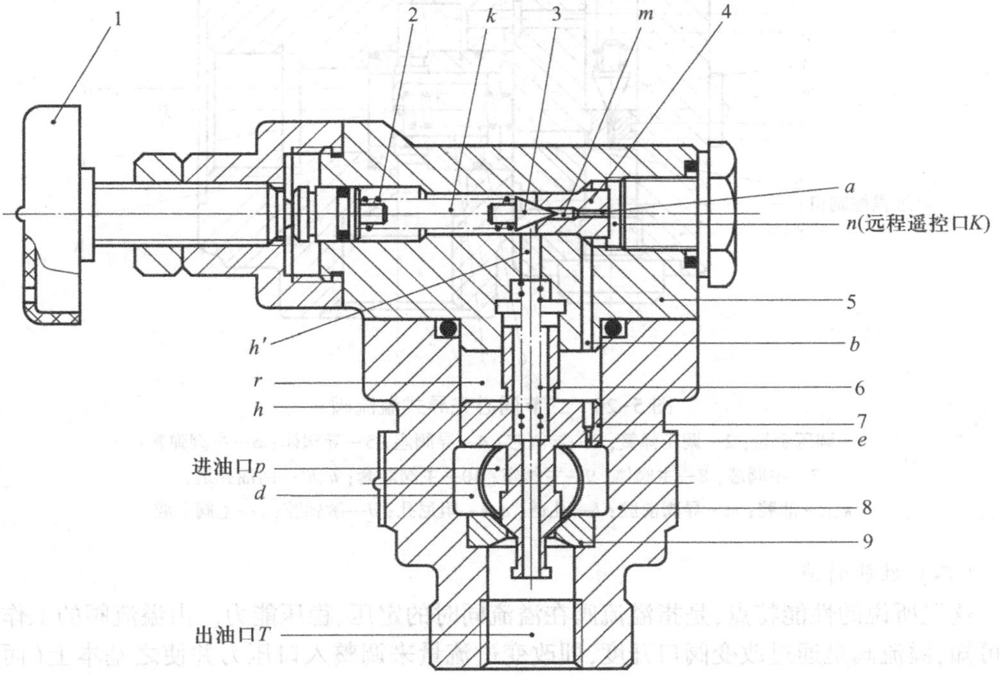

图 5-19　三节同心先导式溢流阀

1—调压手轮；2—调压弹簧；3—导阀芯；4—导阀座；5—导阀体；6—主阀弹簧；7—主阀芯；8—主阀体；9—主阀座；k、n—油腔；r—主阀上腔；m—导阀前腔；b—孔道；h、h'—回油孔道；a、e—阻尼孔；d—敏感腔

面与导阀体 5 内孔的配合；主阀芯 7 中段的外圆柱面与主阀体 8 内孔的配合；主阀芯 7 下段的外锥面与主阀座 9 内锥面的配合要保持严格的同心（实际上的同心是不可能的，这里的严格同心是指同心度要求较高），其作用、工作原理与 Y 型溢流阀相同，结构也相似，但适用于高压系统。图 5-20 为二节同心先导式溢流阀（要求主阀芯 7 右端外锥面与主阀座 9 内孔的配合；主阀芯 7 与主阀芯套 10 的配合。这二处配合要保持严格的同心），其作用及工作原理亦与 Y 型溢流阀相同，结构也与 Y 型相似，亦适用于高压系统。先导式溢流阀不论哪一种，其导阀部分的结构和阀的作用都相同，所不同的只是主阀部分的具体结构。

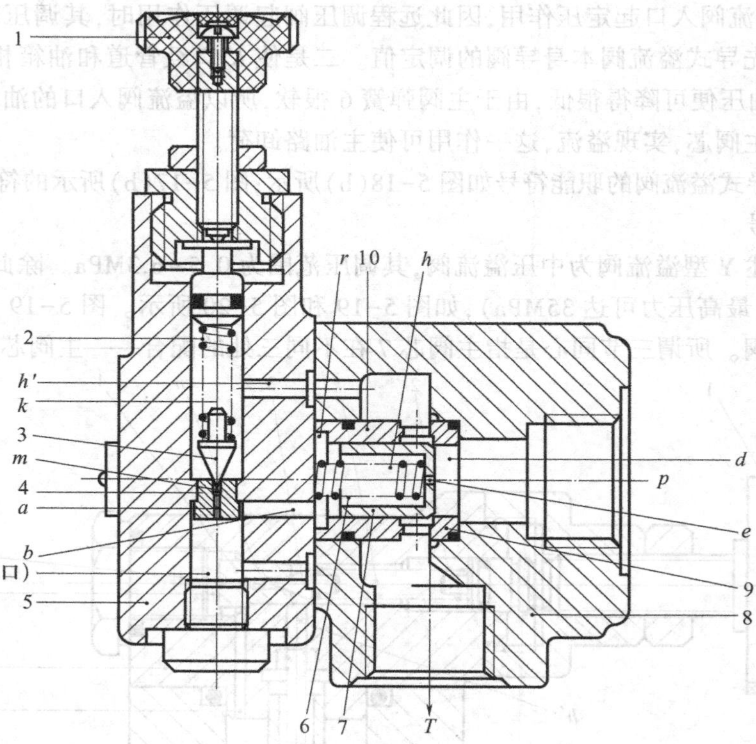

图 5-20　二节同心先导式溢流阀

1—调压手轮；2—调压弹簧；3—导阀芯；4—导阀座；5—导阀体；6—主阀弹簧；7—主阀芯；8—主阀体；9—主阀座；10—主阀芯套；h、h'—回油孔道；k、n—油腔；m—导阀前腔；b—孔道；a、e—阻尼孔；d—敏感腔；r—主阀上腔

（二）性能特点

这里所说的性能特点，是指溢流阀在溢流同时的定压、稳压能力。由溢流阀的工作原理可知，溢流阀是通过改变阀口开度，即改变过流量来调整入口压力并使之基本上（而不是绝对的）稳定在初始调定值上的。这就是说，溢流阀的流量发生变化时，其入口的压力值也随之变化（波动）。若流量的变化引起入口压力的变化越小，则溢流阀的定压能力越强，定压精度越高，性能（静态性能）越好。反之亦然。

图 5-21 为溢流阀的入口压力与流量的关系曲线，即 p-Q 静特性曲线。图中 p_{K1} 是直动式溢流阀的开启压力。当阀入口压力小于 p_{K1} 时，阀处于关闭状态，其过流量为零；当阀

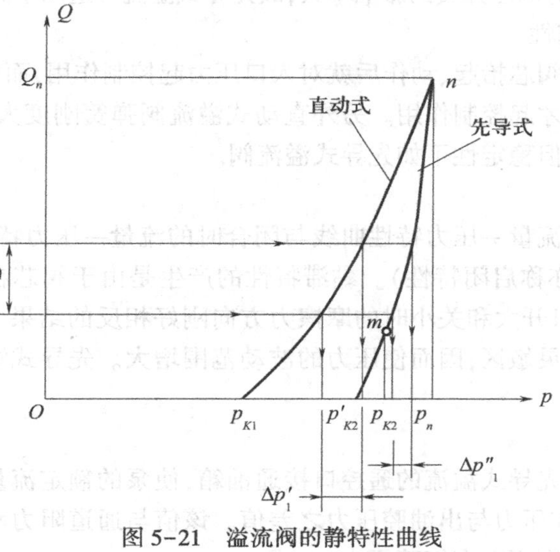

图 5-21 溢流阀的静特性曲线

入口压力大于 p_{K1} 时，阀打开、溢流，直动式溢流阀便处于工作状态（溢流的同时定压）。图中 p'_{K2} 是先导式溢流阀的导阀开启压力，曲线上的拐点 m 所对应的压力 p_{K2} 是其主阀的开启压力。当压力小于 p'_{K2} 时，导阀关闭，阀的流量为零；当压力大于 p'_{K2}（小于 p_{K2}）时，导阀打开，此时通过阀的流量只是先导阀的泄漏量，故很小，曲线上 $p'_{K2}m$ 段即为导阀的工作段；当阀入口压力大于 p_{K2} 时，主阀打开，开始溢流，先导式溢流阀便进入工作状态（曲线上的 mn 段）。在工作状态下，无论是直动式还是先导式溢流阀，其溢流量都随入口压力增加而增加。当压力增加到 p_n 时，阀芯上升到最高位置，阀口最大，通过溢流阀的流量也最大——为其额定流量值 Q_n，这时入口的压力 p_n 称为溢流阀的调定压力或全流压力。

结合上面的特性曲线，可以从以下几个方面来比较直动式和先导式溢流阀的性能特点。

1. 定压精度

如图 5-21 所示，曲线 mn 段的斜率大于曲线 $p_{K1}n$ 段，因此当流量发生相同变化 ΔQ（或单位变化）时，引起压力的变化 $\Delta p'_1 > \Delta p''_1$，即直动式溢流阀入口压力的波动量大于先导式。亦即先导式溢流阀的定压性能、定压精度好于直动式。这是由于先导式溢流阀主阀弹簧较软（只要能克服阀芯的摩擦力就可以了）的缘故。

溢流阀的定压精度常用调压偏差和开启比来衡量。调定压力 p_n 与开启压力 p_K 之差值称为调压偏差，其值越小，阀的定压精度越高。但因调压偏差只能说明溢流阀工作压力的绝对变化量，对不同调压级别的溢流阀还不足以说明其定压精度。因此，进一步用开启比——开启压力 p_K 与调定压力 p_n 之比 p_K/p_n 来衡量定压精度，且其值越大越好。

2. 适用场合

直动式溢流阀随着工作压力和流量的提高，其调压弹簧的刚度要加得很大，这不仅使阀的调整费力，也使溢流量变化时阀的调定压力波动较大，因此直动式溢流阀适用于低压小流量场合。对于先导式溢流阀，其先导阀部分的结构尺寸一般都很小，调压弹簧不必很强，工作压力和流量的提高对调压弹簧的影响不大，故先导式溢流阀适用于高压大流量系统。

3. 快速性与稳定性

直动式溢流阀在阀芯抬起、动作后就对入口压力起控制作用，而先导式溢流阀却要在导阀和主阀都动作后才起控制作用。另外直动式溢流阀弹簧刚度大。因此，直动式溢流阀反应灵敏、动作快，但稳定性不如先导式溢流阀。

4. 黏滞特性

溢流阀开启时的流量—压力特性曲线与闭合时的流量—压力特性曲线的不重合，称为溢流的黏滞特性（亦称启闭特性）。黏滞特性的产生是由于阀芯在工作过程中受到摩擦力的作用，并且阀口开大和关小时的摩擦力方向刚好相反的结果。黏滞特性使溢流阀对压力的控制产生不灵敏区，因而使压力的波动范围增大。先导式溢流阀的不灵敏区比直动式溢流阀的小。

5. 卸荷压力

卸荷压力是指把先导式溢流的遥控口接通油箱，使泵的额定流量全部通过溢流阀流回油箱时，阀的进油腔压力与出油腔压力之差值。该值与通道阻力和主阀弹簧预紧力有关。对直动式溢流阀则不存在卸荷压力。

6. 结构与成本

直动式溢流阀结构简单、成本低；先导式溢流阀结构较复杂、成本较高。

（三）应用

1. 作溢流阀用

在定量泵的节流调速系统中（旁路节流调速除外），调节流量控制阀可以调节进入执行元件的流量，而多余的流量则从溢流阀流回油箱（见图 7-1）。这样就保证了泵的工作压力基本不变。

2. 作安全阀用

在定量泵的旁路节流调速系统中（见图 7-4）或在容积式调速系统中［例如图 7-6(a)等］，系统正常工作时，其压力低于溢流阀的调定值，液压泵供应的压力油全部进入液压缸［见图 7-6(a)］，或一部分进入液压缸，一部分经节流阀分流（见图 7-4）；当因某种原因（如管路堵塞、过载等）而使系统压力升高并超过溢流阀的调定值时，溢流阀打开，使油液经溢流阀泄出，系统压力不再升高，因而可以防止系统过载，起安全保护作用。此时的溢流阀称为安全阀。

3. 作背压阀用

在液压系统的回油路上接一溢流阀［见图 7-15(a)］，可造成一定的回油阻力即背压。背压的存在可提高执行元件运动的平稳性。此时的溢流阀称为背压阀，调节溢流阀的调压弹簧可调节背压力的大小。

4. 用于远程调压

工作原理（见第三节），前已述及，具体回路如图 5-22 所示。

5. 实现系统的双级调压

如图 5-23 所示，当阀 2 关闭时，泵的出口压力由先导式溢流阀 1 调定；当阀 2 接通时，泵的出口压力由远程调压阀 3 调定。为能调出二级压力来，阀 3 的调定压力必须小于阀 1 的调定值。

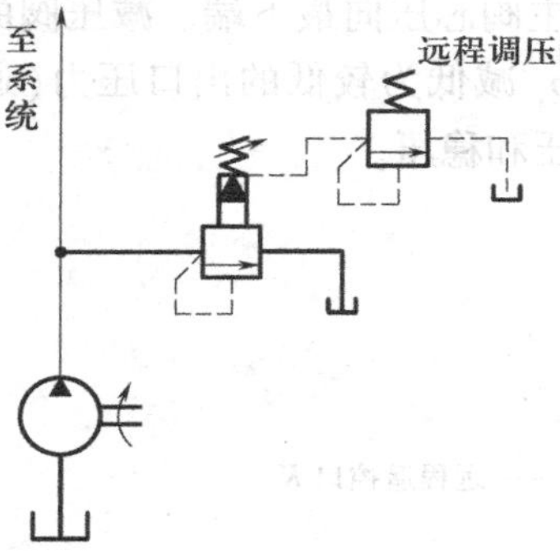

图 5-22 远程调压回路

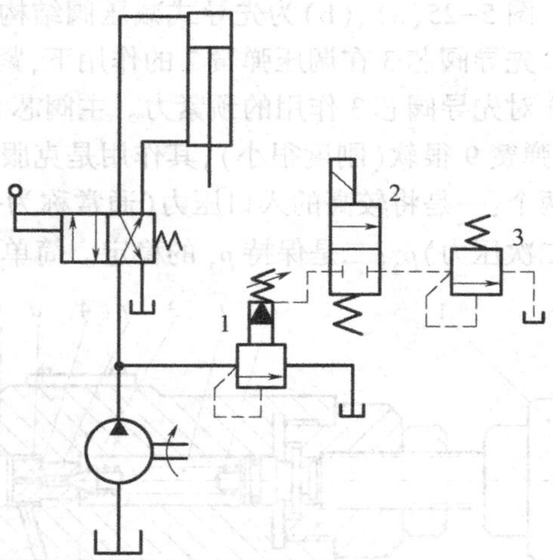

图 5-23 溢流阀的双级调压

1—先导式溢流阀；2—二位二通电磁溢流阀；3—溢流阀（远程调压阀）

6. 使系统卸荷

工作原理前文（见第三节）已述及，具体回路如图 5-24 所示。

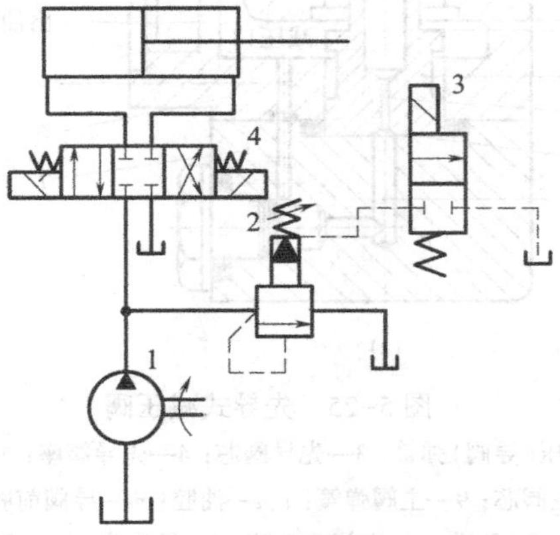

图 5-24 先导式溢流阀用于系统卸荷

1—单向定量泵；2—先导式溢流阀；3—二位二通电磁换向阀；4—三位四通电磁换向阀

二、减压阀

在液压系统中，常由一个液压泵向几个执行元件供油。当某一执行元件需要比泵的供油压力低的稳定压力时，在该执行元件所在的支路上就需要使用减压阀。按调节性能的不同，减压阀又分为定值减压阀（能保证减压阀出口压力——二次压力为定值的减压阀）、定比减压阀（能保证减压阀的进口压力——一次压力与其二次压力之比为定值的减压阀）和定差减压阀（能保证减压阀的一次压力与二次压力之差为定值的减压阀）。其中定值减压阀应用最广，以下介绍定值减压阀，简称减压阀。

（一）结构组成及工作原理

减压阀也有直动式和先导式两种，先导式性能较好，应用较多。

图 5-25(a)、(b)为先导式减压阀结构及职能符号。它由导阀体和主阀体两部分组成。先导阀芯 3 在调压弹簧 2 的作用下，紧压在先导阀座 4 上，调节调压手轮 1 可改变弹簧 2 对先导阀芯 3 作用的预紧力。主阀芯 8 在主阀弹簧 9 的作用下处在主阀体 6 的最下端，弹簧 9 很软(刚度很小)，其作用是克服摩擦力、将主阀芯压向最下端。减压阀的作用有两个：一是将较高的入口压力(通常称为一次压力)p_1 减低为较低的出口压力(通常称为二次压力)p_2；二是保持 p_2 的稳定。简单说，就是减压和稳压。

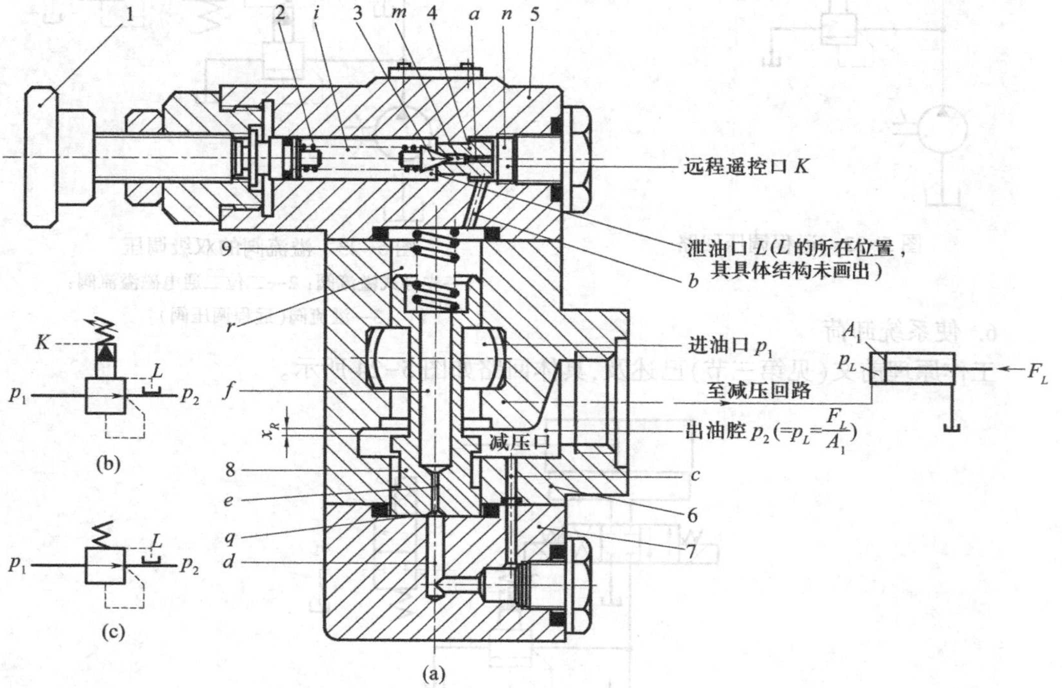

图 5-25　先导式减压阀

1—调压手轮；2—调压(导阀)弹簧；3—先导阀芯；4—先导阀座；5—导阀体；6—主阀体；7—端盖；8—主阀芯；9—主阀弹簧；i、n—油腔；m—导阀前腔；a、e—阻尼孔；b、c、d、f—孔道；r—主阀芯上腔；q—敏感腔；x_R—阀口开度

1. 减压阀的启动和减压

如图 5-25(a)所示，来自泵(或其他油路)的油液从减压阀的入口进入并经减压阀阀口进入油腔 p_2。出油腔 p_2 的油液一部分经出口流向减压阀的负载(负载力为 F_L)；另一部分经孔道 c、d 进入敏感腔 q 并作用于阀芯 8 的下端，同时经阀芯 8 中间的阻尼孔 e、孔道 f 进入主阀芯的上腔 r；经孔道 b 进入油腔 n，并经导阀前腔阻尼孔 a 进入导阀前腔 m、作用于先导阀芯 3 的锥面上。当减压阀的负载 F_L 较小时，二次压力 p_2 较小，作用于先导阀芯 3 锥面上的油压力也较小，还不足以克服导阀弹簧 2 的作用力，导阀处于关闭状态，阻尼孔 e 中没有液体流动。此时孔道 c、d、敏感腔 q、阻尼孔 e、孔道 f、主阀上腔 r、油腔 n、阻尼孔 a 和导阀前腔 m 形成了一个密闭的容腔，根据帕斯卡定律腔内各点压力都相等(都等于减压阀出油口压力 p_2)，因而主阀芯上下端油压相等。由于此时主阀芯上端的有效作用面积大于下端，又在弹簧 9 的作用下，故使主阀芯处于最下端，减压阀口开度 x_R 最

大,不起减压作用。因此此时减压阀入口油压与出口油压基本相等,即$p_1 \approx p_2$。当减压阀负载F_L增加,压力p_2也随之增加,并增加到使作用于先导阀芯3锥面上的液压力足以克服弹簧2的作用力时,先导阀芯3打开,减压阀出口的油液便经阻尼孔e、上腔r、导阀体5中的孔b、油腔n、阻尼孔a、油腔m、先导阀芯3阀口、油腔i、泄油口L(在油腔"i"内,图中未画出)排回油箱。因液体流经阻尼孔e时产生压力降,所以此时主阀芯上腔的压力低于其下端敏感腔q的压力,在上下压差还不足以克服主阀弹簧力时,主阀芯仍处在最下端位置,减压阀口开度仍然最大,$p_2 \approx p_1$。由于减压阀入口的流量不断输入,而先导阀芯3阀口排出的流量又很有限,故使减压阀出口油压增高,主阀芯上下压差加大。当该压差足以克服弹簧9的作用力(严格说还应包括主阀芯的摩擦力和主阀芯的重量)时,主阀芯抬起,并平衡在某一位置上,因而使阀口关小,对液流减压。这时出口压力p_2为与调压弹簧2的预紧力相对应的某一确定值(预紧力大,p_2也增大,反之亦然)。与此同时,减压阀入口油压p_1因减压阀口关小,也很快将压力增高并达到主油路溢流阀的调定压力值p_n,即$p_1 = p_n$。这样,减压阀便启动完毕,进入正常工作状态,即将较高的一次压力p_1减低成较低的二次压力p_2。

2. 减压阀的稳压

减压阀在工作中的稳压作用包括两个方面。一方面,当减压阀的出口压力p_2因负载变化突然增加(或减小)时,根据帕斯卡定律,主阀芯下端敏感腔q的压力也等值同时增加(或减小),这样就破坏了主阀的平衡状态,使阀芯上移(或下移)至一新的平衡位置,阀口关小(或开大),减压作用增强(或削弱),一次压力p_1经阀口后被多减(或少减)一些,从而使得瞬时升高(或降低)的二次压力p_2又基本上降回(或上升)到初始值上。另一方面,当减压阀入口压力p_1突然增加(或减小)时,因主阀芯尚未调节,根据帕斯卡定律,二次压力p_2也随之突然增加(或减小),这样就破坏了主阀芯的平衡状态,使阀芯上移(或下移)至一新的平衡位置,阀口关小(或开大),减压作用增强(或削弱),一次压力p_1经减压阀口后被多减(或少减)一些,从而使瞬时升高(或降低)的二次压力p_2又基本上回到初始数值上。

由上述工作原理知,调节调压弹簧2预紧力的大小,就调节了减压阀工作时(减压时)出口压力(二次压力)p_2的大小。工程上以p_J表示减压阀的调整压力(调定压力),即表示通过调节调压弹簧2的预紧力而得到的减压阀工作时其出口压力p_2值。

由上述工作原理亦可知,当减压阀出口负载压力$p_L\left(=\dfrac{F_L}{A_1}\right)<p_J$时,减压阀口常开,不工作,减压阀口相当于通道,此时$p_2 = p_L \approx p_1$(进口压力);当$p_L \geqslant p_J$时,减压阀口关小,减压阀工作,$p_2 = p_J = \text{const} < p_1$(进口压力)。

图5-25(c)为直动式减压阀图形符号(职能符号),也代表减压阀一般符号。

应当指出的是,为使减压阀稳定地工作,减压阀的进、出口压差必须大于0.5MPa。另外,先导式减压阀也有类似于先导式溢流阀的远程控制口K[在图5-25(a)的油腔n处],用来实现远程控制。其工作原理与Y型溢流阀的远程控制相同。

对比先导式溢流阀和先导式减压阀,它们有如下几点不同之处:

(1) 工作时,减压阀阀口关小,保持其出口压力基本不变,而溢流阀阀口开启保持其进口压力基本不变；

（2）不工作时，减压阀进出口互通且开口最大，而溢流阀进出口不通、阀口关闭；

（3）减压阀导阀的泄漏量是经油管从阀体外引回油箱的（外泄），而溢流阀是在阀体内部经阀的出油口泄回油箱的（内泄）。

（二）性能特点

减压阀是控制其出口压力为某一常值的，因此希望该值不受其他因素影响，然而这是不可能的。事实上，当通过减压阀的流量或一次压力发生变化时，二次压力都要变化（波动）。二次压力随流量（或一次压力）变化而变化的大小称为减压阀的定压精度。若变化小，则定压精度高；反之，则定压精度低。

1. $p_2=f(p_1)$的特性曲线

图5-26为通过减压阀的流量Q不变时，二次压力p_2随一次压力p_1变化的静特性曲线。曲线由两段组成。拐点m所对应的二次压力p_{20}为减压阀的调定压力。曲线的Om段是减压阀的启动阶段，此时减压阀主阀芯尚未抬起，减压阀阀口开度最大，不起减压作用，因此一次压力和二次压力相等，角θ呈45°（严格说$p_1 \approx p_2$，角θ也略小于45°）。曲线mn段是减压阀的工作段，此时减压阀主阀芯已抬起，阀口已关小，并随着p_1的增加，p_2略有下降。实验证明，引起曲线下降的主要因素是稳态液动力，并且在流量Q相同、调定压力p_2不同条件下，压差(p_1-p_2)越大，曲线段mn越接近水平，p_2随p_1的变化越小，减压阀定压精度越高。因此，在实际工作中，为得到良好的定压性能，提高定压精度，减压阀的压降不能太小。

2. $p_2=f(Q)$的特性曲线

图5-27是在一次压力p_1不变时，二次压力p_2随流量Q变化的静特性曲线。由图可知，随着流量的增加（或减少），p_2略有所下降（或上升）。曲线的下降亦是稳态液动力所致。实验表明，当压差(p_1-p_2)较大时，曲线$p_2=f(Q)$较平直，即阀的稳定性较好。

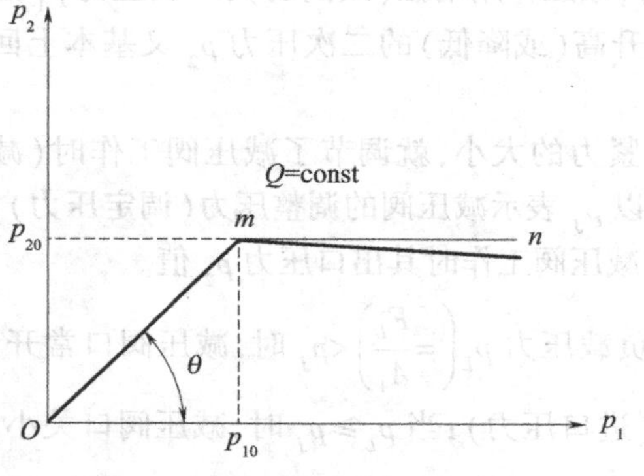

图5-26 减压阀的$p_2=f(p_1)$静特性曲线

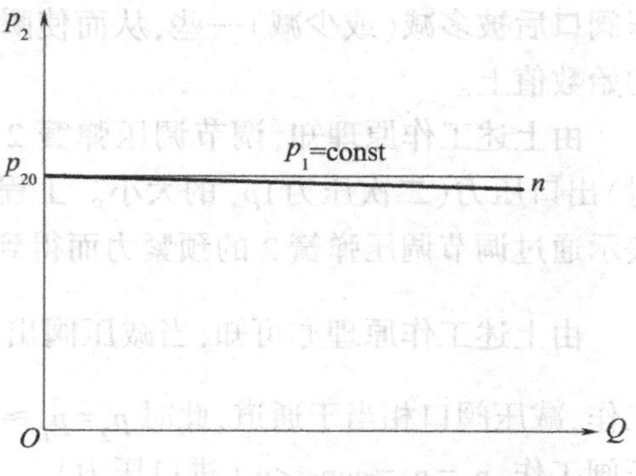

图5-27 $p_2=f(Q)$静特性曲线

从图中还可以看出，当减压阀的负载流量为零时，它仍然可以处于工作状态，保持出口压力为常值。这是因为此时仍有少量油液经主阀口从导阀口泄回油箱。

（三）应用

图7-38为减压阀用于夹紧油路的例子；图8-5为减压阀用于控制油路的例子。此外，减压阀还可利用其出口压力稳定的特性来稳定系统压力、减少压力波动带来的影响，

改善系统控制性能等。

三、顺序阀

顺序阀是把压力作为控制信号，自动接通或切断某一油路，控制执行元件作顺序动作的压力阀。

按控制方式不同，顺序阀可分为内控式和外控式。内控式是直接利用阀进口处的油压力来控制阀口的启闭；外控式是利用外来的控制油压控制阀口的启闭，故也称为液控式。通常所说的顺序阀都指的是内控式。按结构不同，顺序阀有直动式和先导式两种。目前应用较多的是直动式顺序阀。

（一）结构和工作原理

1. 直动式

图 5-28 为直动式顺序阀及其职能符号。从图中可以看出，直动式顺序阀与直动式低压（P 型）溢流阀相似。其主要差别是：顺序阀的出油口通常与负载相连接（作卸荷阀用时则与油箱相连），而溢流阀的出油口直接接油箱；顺序阀［图 5-28(a)所示顺序阀］的泄漏油经泄油口 L 单独接油箱，即外泄；而溢流阀的泄漏油则经阀的内部孔道与回油腔相通，即内泄。在图 5-28 中，直动式顺序阀自动接通下游油路。其工作原理如下：初始位置时（将外控口 K 堵死），顺序阀阀芯在其调压弹簧的作用下，处于最下端位置，将一次进油口 p_1 与二次出油口 p_2 封闭、切断。启动泵后，泵的油液“兵分二路”，一路进入第一个执行元件缸Ⅰ，克服其负载使缸Ⅰ运动；另一路经一次进油口 p_1 进入阀芯下端，并对阀芯产生向上的作用力。因缸Ⅰ负载较小，泵的供油压力即 p_1 较小，小于 p_x（顺序阀的调定压力）：$p_1<p_x$，因此顺序阀仍然关闭。当缸Ⅰ运动到终点停止时，泵的供油压力 p_1 增高，当 $p_1>p_x$ 时，顺序阀阀芯抬起，进油口 p_1 与出油口 p_2 接通，压力油进入第二个执行元件缸Ⅱ并克服其负载使缸Ⅱ运动，即完成了对缸Ⅱ的顺序控制。

值得提出的是，顺序阀的调定压力 p_x 即是顺序阀的开启压力，其值由该阀调压弹簧的预紧力决定；顺序阀开启后，入口压力 p_1 的最大值由图中的溢流阀限定（为 p_Y）。而 p_1

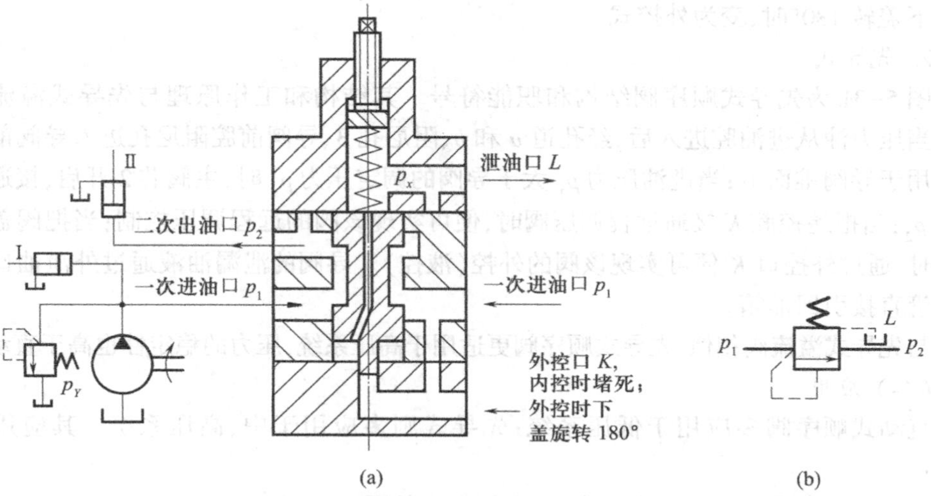

图 5-28 直动式顺序阀结构工作原理图

的具体数值则由下面的具体工况而定：

（1）当顺序阀的负载压力 $p_L<p_x$ 时，$p_1=p_x$；

（2）当顺序阀的负载压力 $p_L>p_x$ 时，$p_1=p_L$；

（3）当顺序阀的负载压力 $p_L=\infty$（顺序阀的负载不动）时，$p_1=p_Y$（溢流阀调定压力）。

顺序阀按其泄油方式不同，又有外泄、内泄之分。图5-28(a)所示为内控外泄式。外泄式应用于顺序阀工作时接通下一个压力回路的工况，此时采用外泄式可大大减少控制功率的损耗。若将上盖转180°[见图5-28(a)]，便由外泄式变为内泄式，此时泄漏油液随同顺序阀二次出油口的回油一起流回油箱（而不是压力回路）。因此内泄式应用于顺序阀作卸荷阀用的工况。

如上所述，若将下盖的外控口 K 堵死时，则成为内控式内泄或外泄顺序阀；若将下盖转180°，并将外控口 K 接通控制油路，便成了外控（液控）式内泄或外泄顺序阀。

图5-29为两种控制方式，两种泄油方式的直动式顺序阀的职能符号图。

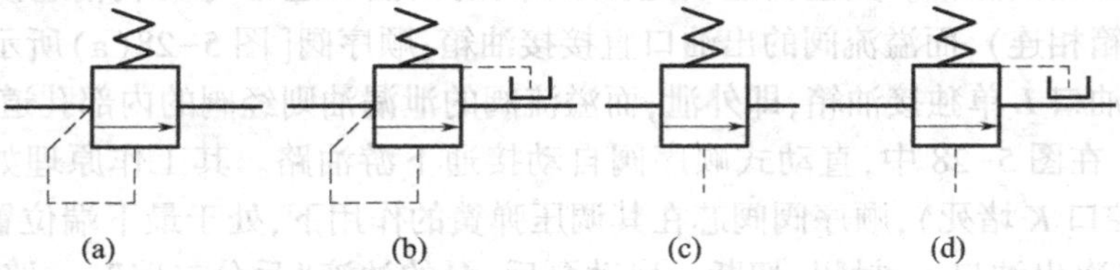

(a) 内控内泄；(b) 内控外泄；(c) 外控内泄；(d) 外控外泄

图5-29　顺序阀的控制、泄油形式

图5-30为直动式单向顺序阀结构及其职能符号。该阀由直动式顺序阀和一单向阀反向并联而成。当油液从 p_1 口进入时，单向阀关闭，在进口油压超过调压弹簧的调定值时，顺序阀打开，油液从 p_2 口流出，如图中所示；当油液反向进入时，经单向阀从 p_1 口流出。

如前所述，当把上盖转180°时，由外泄变成内泄；当把下盖外控口 K 堵死时，为内控；当把下盖转180°时，变为外控式。

2. 先导式

图5-31为先导式顺序阀结构和职能符号。其结构和工作原理与先导式溢流阀相似。当压力油从进油腔进入后，经孔道 a 和 b、阻尼孔3、导阀前腔阻尼孔进入导阀前腔 m 并作用于导阀锥面上；当进油压力 p_1 大于导阀的调定压力 p_x 时，主阀芯2开启，接通二次油路 p_2；当把遥控腔 K 接通远程调压阀时，便可实现该阀的远程调压控制；当把阀盖4转180°时，通过外控口 K' 便可实现该阀的外控（液控）。导阀的泄漏油液通过外泄油口 L 经泄油管直接引回油箱。

与先导式溢流阀相似，先导式顺序阀更适用于高压系统，压力的稳定性也高于直动式。

（二）应用

直动式顺序阀多应用于低压系统；先导式则多应用于中、高压系统。其应用场合如下：

（1）用以实现多缸的顺序动作，参考第七章的图7-46。

（2）与溢流阀相似，作背压阀用。

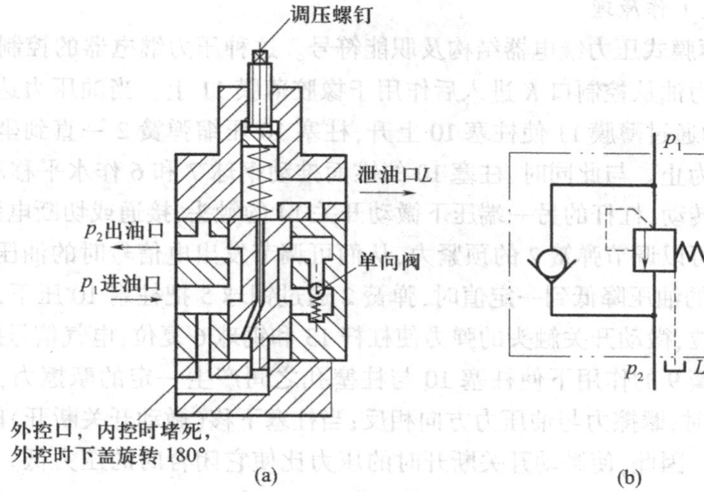

图 5-30　直动式单向顺序阀

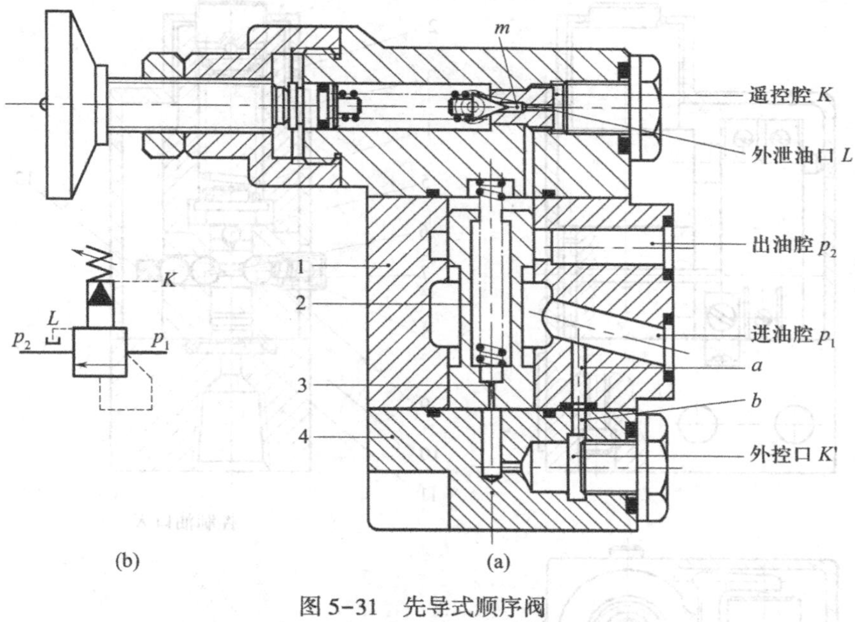

图 5-31　先导式顺序阀

1—阀体；2—主阀芯；3—阻尼孔；4—阀盖

（3）和单向阀组合成单向顺序阀,在平衡回路中保持垂直设置的液压缸不至于因自重而下落,起到平衡阀的作用,参考图 7-43。

（4）将液控顺序阀的出口通油箱,作卸荷阀用,参考图 7-21。

四、压力继电器

压力继电器的作用是将液压系统中的压力信号转换成电信号,操纵电气元件,以实现顺序动作或安全保护等。

（一）结构及工作原理

图5-32为薄膜式压力继电器结构及职能符号。这种压力继电器的控制油口K和液压系统相连。压力油从控制口K进入后作用于橡胶薄膜11上。当油压力达到弹簧2的调定值时，压力油通过薄膜11使柱塞10上升，柱塞10压缩弹簧2一直到坐垫4的肩部碰到套3的台肩为止。与此同时，柱塞10的锥面推动钢球7和6作水平移动，钢球6使杠杆13绕轴12转动，杠杆的另一端压下微动开关14的触头，接通或切断电路，发出电信号。调节螺钉1可以调节弹簧2的预紧力，从而可调节发出电信号时的油压。当系统压力即控制油口K的油压降低到一定值时，弹簧2通过钢球5把柱塞10压下，钢球7依靠弹簧9使柱塞定位，微动开关触头的弹力使杠杆13和钢球6复位，电气信号撤销。

钢球7在弹簧9的作用下使柱塞10与柱塞孔之间产生一定的摩擦力，当柱塞上移（微动开关闭合）时，摩擦力与油压力方向相反；当柱塞下移（微动开关断开）时，摩擦力与油压力方向相同。因此，使微动开关断开时的压力比使它闭合时的压力低。用螺钉8调

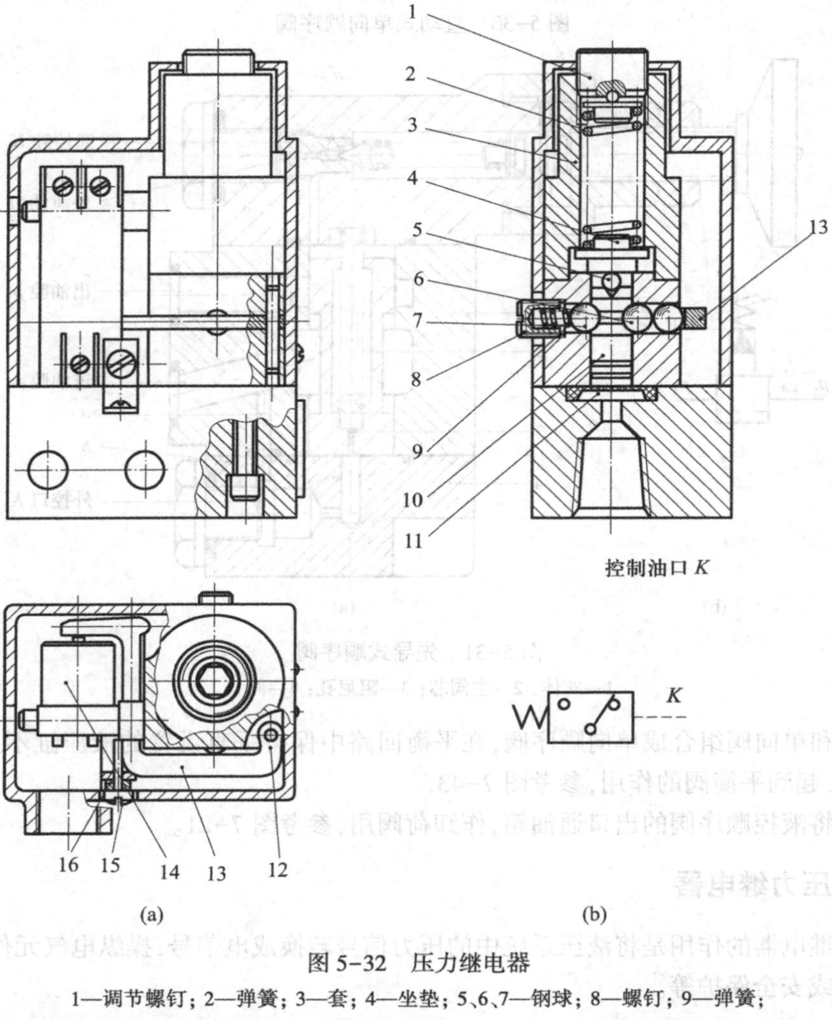

图5-32　压力继电器

1—调节螺钉；2—弹簧；3—套；4—坐垫；5、6、7—钢球；8—螺钉；9—弹簧；10—柱塞；11—橡胶薄膜；12—绕轴；13—杠杆；14—微动开关；15—螺钉；16—垫圈

节弹簧 9 的作用力,可改变微动开关闭合和断开之间的压力差值。螺钉 15 用于调节微动开关与杠杆之间的相对位置,16 为垫圈。

(二) 应用

压力继电器在液压系统中应用比较广泛,例如液压系统的顺序控制、安全控制及卸荷控制等。具体实例参看第七章。

第四节 流量控制阀

一、流量控制原理和节流口的流量特性

(一) 流量控制原理和流量控制阀的节流口形式

流量控制阀(简称流量阀)在液体流经阀口时,通过改变节流口过流断面积的大小或液流通道的长短改变液阻(压力降、压力损失),进而控制通过阀口的流量,以达到调节执行元件(液压缸或液压马达)运动速度的目的。与此相应,流量阀节流口的结构形式有近似薄壁孔和近似细长孔的两种类型。

(二) 节流口的流量特性

节流口的流量决定于节流口的结构形式。对于细长孔,流量由式(2-41)计算;对于薄壁孔,流量由式(2-52)计算。由于任何一种具体的节流口都不是绝对的细长孔或薄壁孔,为此,当用 A_T 表示节流口的过流断面积,Δp_T 表示节流口前后压差,C_T 表示与节流口形状、液体流态、油液性质等因素有关的系数时,节流口的流量 Q_T 可用下式表示

$$Q_T = C_T A_T (\Delta p_T)^m \tag{5-4}$$

式中 m——与节流口形状有关的节流口指数,$0.5<m<1$。

式(5-4)即为实际节流口的流量特性方程。由该式可知,当 C_T、Δp_T 和 m 一定时,只要改变 A_T 的大小,就可以调节流量阀的流量。

(三) 影响节流口流量稳定的因素

流量阀工作时,要求节流口一经调定(面积 A_T 一经调定)后,流量就稳定不变。但实际上流量是有变化的,流量较小时尤其如此。由式(5-4)可看出,影响流量稳定的因素有:

(1) 节流口前后的压差 Δp_T。由式(5-4)知,m 值越大,Δp_T 的变化对流量 Q_T 的影响越大。因此,薄壁孔式的节流口($m\approx0.5$)比细长孔式的($m=1$)好。

(2) 油温度。油液的温度直接影响油液的黏度,油液黏度对细长孔式节流口的流量影响较大,对薄壁孔式节流口的流量影响则很小。此外,对于同一个节流口,在小流量时,节流口的过流断面较小,节流口的长径比相对较大,所以油温影响也较大。

(3) 节流口的堵塞。流量阀在工作时,节流口的过流断面通常是很小的,当系统速度较低时尤其如此。因此节流口很容易被油液中所含的金属屑、尘埃、砂土、渣泥等机械杂质和在高温高压下油液氧化所生成的胶质沉淀物、氧化物等杂质所堵塞。节流口被堵塞的瞬间,油液断流,随之压力很快增高,直到把堵塞的小孔冲开,于是流量突然加大。如此过程不断重复,就造成了周期性的流量脉动。

节流口的堵塞与节流口的形状有很大关系。不同形式的节流口,其水力直径也不一

样。水力直径大，则通流能力强，孔口不容易堵塞，流量稳定性就较好；反之，则较差。此外，油液的质量或过滤精度好时，也不容易产生堵塞现象。

常用的流量阀有普通节流阀、调速阀等。

二、普通节流阀

（一）结构及工作原理

图 5-33(a)、(c)分别是普通节流阀结构及职能符号图。该阀采用轴向三角槽式的节流口形式[图 5-33(b)]，主要由阀体 1、阀芯 2、推杆 3、手把 4 和弹簧 5 等件组成。油液从进油口 p_1 流入，经孔道 a、节流阀阀口、孔道 b，从出油口 p_2 流出。调节手把 4 借助推杆 3 可使阀芯 2 做轴向移动，改变节流口过流断面积的大小，达到调节流量的目的。阀芯 2 在弹簧 5 的推力作用下，始终紧靠在推杆 3 上。

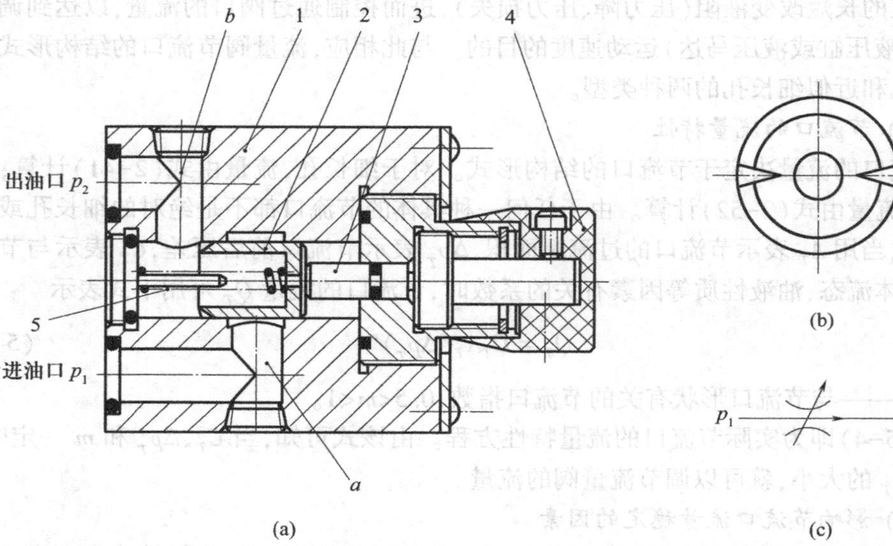

图 5-33　普通节流阀

1—阀体；2—阀芯；3—推杆；4—手把；5—弹簧

（二）流量特性

普通节流阀的流量公式即式(5-4)。节流阀的流量不仅受其过流断面的影响，也受其前后压差的影响。在液压系统工作时，因外界负载的变化将引起节流阀前后压差的变化，所以负载变化将直接影响节流阀流量即系统速度的稳定性。

（三）最小稳定流量及其物理意义

如前所述，节流口的堵塞将直接影响流量的稳定性，节流口调得越小，越易发生堵塞现象。节流阀的最小稳定流量是指在不发生节流口堵塞现象条件下的最小流量。这个值越小，说明节流阀节流口的通流性越好，允许系统的最低速度越低。在实际操作中，节流阀的最小稳定流量必须小于系统的最低速度所决定的流量值，这样系统在低速工作时，才能保证其速度的稳定性。这就是节流阀最小稳定流量的物理意义，亦是选用节流阀的原则之一。

(四) 应用

节流阀的主要作用是在定量泵的液压系统中与溢流阀配合,组成节流调速回路,即进口、出口和旁路节流调速回路(见第七章第一节),调节执行元件的速度;或者与变量泵和安全阀组合使用(见第七章第一节)。节流阀也可作背压阀用。

三、调速阀

由节流阀的流量特性可以看出,节流阀的开口调定后,通过节流阀的流量是随负载的变化而变化的,因而造成执行元件速度的不稳定。所以节流阀只能应用于负载变化不大、速度稳定性要求不高的液压系统中。当负载变化较大,速度稳定性要求又较高时,应采用调速阀。

(一) 结构和工作原理

图 5-34(a)为调速阀的工作原理图。调速阀是由一减压阀和一普通节流阀串联成的组合阀。其工作原理是利用前面的减压阀保证后面节流阀的前后压差不随负载而变化,进而来保持速度稳定的。当压力为 p_1 的油液流入时,经减压阀阀口 h 后压力降为 p_2,并又分别经孔道 b 和 f 进入油腔 c 和 e。减压阀出口即 d 腔,同时也是节流阀 2 的入口。油液经节流阀后,压力由 p_2 降为 p_3,压力为 p_3 的油液一部分经调速阀的出口进入执行元件(液压缸),另一部分经孔道 g 进入减压阀芯 1 的上腔 a。调速阀稳定工作时,其减压阀芯 1 在 a 腔的弹簧力、压力为 p_3 的油压力和 c、e 腔的压力为 p_2 的油压力(不计液动力、摩擦力和重力)的作用下,处在某个平衡位置上。当负载 F_L 增加时,p_3 增加,a 腔的液压力亦增加,阀芯下移至一新的平衡位置,阀口 h 增大,其减压能力降低,使压力为 p_1 的入口油

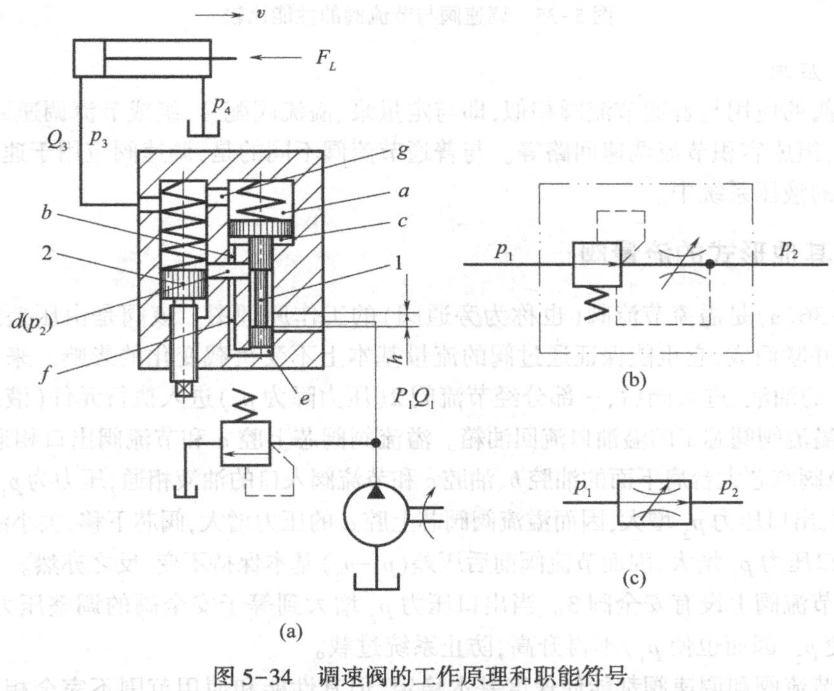

图 5-34 调速阀的工作原理和职能符号

1—减压阀芯;2—节流阀;h—减压阀阀口;b、f、g—孔道;a、c、e—油腔;d—减压阀出口

压少减一些，故 p_2 值相对增加。因此，当 p_3 增加时，p_2 也增加，因而节流阀两端压差值 (p_2-p_3) 基本保持不变，反之亦然。于是通过调速阀的流量不变，液压缸的速度稳定，不受负载变化的影响。

图 5-34(b) 为调速阀的详细职能符号，图 5-34(c) 为其简化符号。

（二）静特性曲线

图 5-35 为调速阀与普通节流阀相比较的静特性，即阀两端的压差 Δp 与阀的过流量 Q 的关系曲线。可见，在压差较小时，调速阀的性能与普通节流阀相同，即二者曲线重合。这是由于较小的压差不能使调速阀中的减压阀芯抬起，减压阀芯在弹簧力的作用下处在最下端，阀口最大，不起减压作用，整个调速阀就相当于节流阀的结果。因此，调速阀正常工作时必须保证其前后压差至少为 0.4~0.5MPa，即 Δp_{min} = 0.4~0.5MPa。

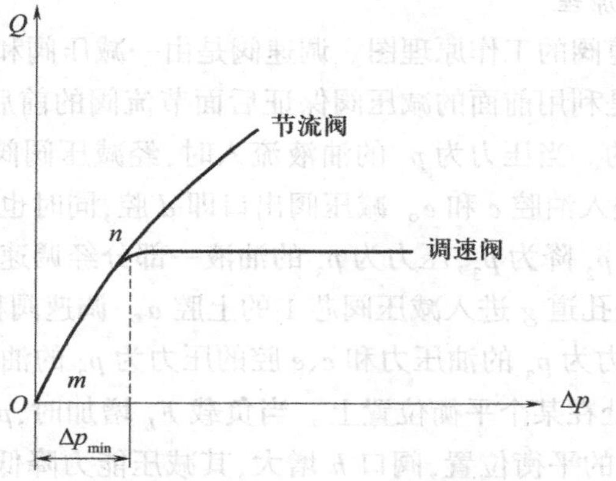

图 5-35　调速阀与节流阀的性能比较

（三）应用

调速阀的应用与普通节流阀相似，即与定量泵、溢流阀配合，组成节流调速回路；与变量泵配合，组成容积节流调速回路等。与普通节流阀不同的是，调速阀应用于速度稳定性要求较高的液压系统中。

四、其他形式的流量阀

图 5-36(a) 是溢流节流阀（也称为旁通阀）的工作原理图。该阀是由压差式溢流阀和节流阀并联而成，它也能保证通过阀的流量基本上不受负载变化的影响。来自液压泵压力为 p_1 的油液，进入阀后，一部分经节流阀 2（压力降为 p_2）进入执行元件（液压缸），另一部分经溢流阀阀芯 1 的溢油口流回油箱。溢流阀阀芯上腔 a 和节流阀出口相通，压力也为 p_2；溢流阀阀芯大台肩下面的油腔 b、油腔 c 和节流阀入口的油液相通，压力为 p_1。当负载 F_L 增大时，出口压力 p_2 增大，因而溢流阀阀芯上腔 a 的压力增大，阀芯下移，关小溢流口，使节流阀入口压力 p_1 增大，因而节流阀前后压差 (p_1-p_2) 基本保持不变；反之亦然。

溢流节流阀上设有安全阀 3。当出口压力 p_2 增大到等于安全阀的调整压力时，安全阀打开，使 p_2（因而也使 p_1）不再升高，防止系统过载。

溢流节流阀和调速阀都能使速度基本稳定，但其性能和使用范围不完全相同。主要差别如下：

(1) 溢流节流阀其入口压力即泵的供油压力 p_1 随负载大小而变化。负载大,供油压力大,反之亦然。因此泵的功率输出合理、损失较小,效率比采用调速阀的调速回路高。

(2) 溢流节流阀中的溢流阀阀口的压降比调速阀中的减压阀阀口的压降大;系统低速工作时,通过溢流阀阀口的流量也较大。因此,作用于溢流阀芯上、与溢流阀上端的弹簧作用力方向相同的稳态液动力也较大。且溢流阀开口越大,液动力越大,这样相当于溢流阀芯上的弹簧刚度增大。因此当负载变化引起溢流阀阀芯上、下移动时,当量弹簧力(将稳态液动力考虑在弹簧力之内的作用力)变化较大,其节流阀两端压差(p_1-p_2)变化加大,引起的流量变化增加。所以溢流节流阀的流量稳定性较调速阀差,在小流量时尤其如此。因此在有较低稳定流量要求的场合不宜采用溢流节流阀,而在对速度稳定性要求不高、功率又较大的节流调速系统中,如插床、拉床、刨床中应用较多。

(3) 在使用中,溢流节流阀只能安装在节流调速回路的进油路上,而调速阀在节流调速回路的进油路、回油路和旁油路上都可应用。因此,调速阀比溢流节流阀应用广泛。

图 5-36(b)为溢流节流阀的详细职能符号,图 5-36(c)为简化符号。

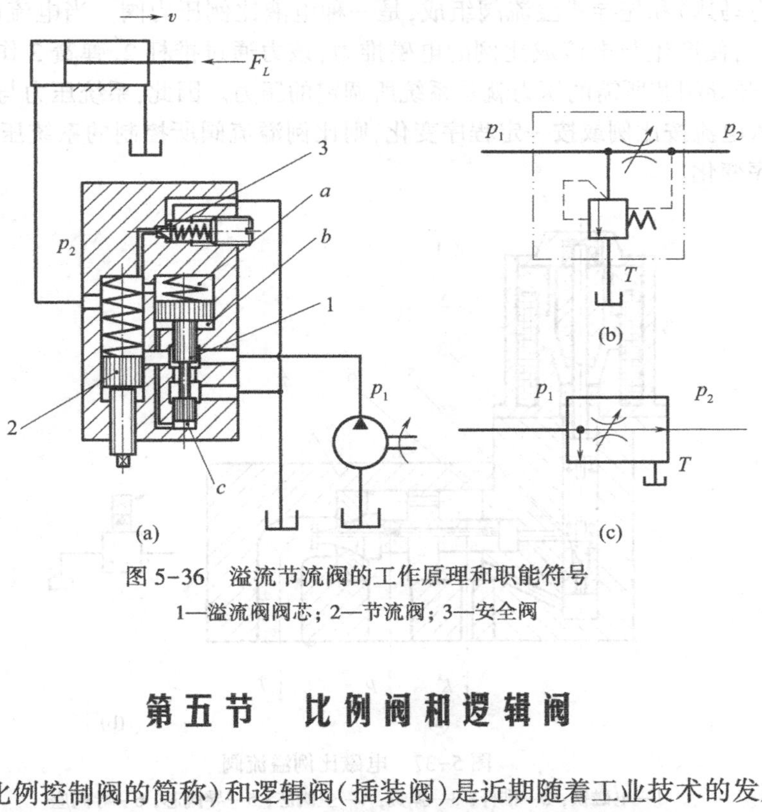

图 5-36 溢流节流阀的工作原理和职能符号

1—溢流阀阀芯;2—节流阀;3—安全阀

第五节 比例阀和逻辑阀

比例阀(比例控制阀的简称)和逻辑阀(插装阀)是近期随着工业技术的发展,在液压技术领域中出现的新型液压件,它们的出现为液压技术的普及和推广开辟了新的道路。

一、比例阀

一般的液压阀都是手调的,都是对系统的液压参数——流量、压力等进行通断式控制的元件。但在相当一部分液压系统中,手调的通断式控制不能满足要求,而这些系统又不需要像电液伺服阀那样有较高的精度和响应速度,通常只希望采用较简单的电气装置,在对精度和响应速度没有很高要求的情况下实现连续控制或遥控。比例阀正是根据这种需要,在通断式控制元件和伺服控制元件的基础上,发展起来的一种新型电-液控制元件。它可根据输入的电信号连续地、按比例地控制液压系统中液流的压力、流量和方向,并可防止液压冲击。其结构设计、工艺性能、使用维修和价格都介于通断式控制元件和伺服控制元件之间,并兼备了两类元件的一些特点。近年来在液压系统中,尤其在有简易的自动控制的液压系统中得到了较多的应用。比例阀一般都用于开环控制。闭环控制时,可采用反馈(检测)元件。

比例阀按其控制的参数可分为:比例压力阀、比例流量阀、比例方向阀和比例复合阀。前两种为单参数(压力或流量)控制阀,后两种能同时控制多个参数(流量和方向等)。

目前常用的比例阀大多是电气控制的,所以一般也称为电液比例阀。电气控制可采用电磁式或电动式,通常用的是电磁式。

(一) 电磁比例压力阀

图 5-37 为一种典型的比例溢流阀结构及其职能符号。它由直流比例电磁铁(又称为电磁式力马达)和先导式溢流阀组成,是一种电液比例压力阀。当电流(电信号)输入电磁铁 1 后,便产生与电流成比例的电磁推力,该力通过推杆 2、弹簧 3 作用于导阀芯 5 上,这时顶开导阀芯所需的压力就是系统所调定的压力。因此,系统压力与输入电流成比例。若输入电流按比例或按一定程序变化,则比例溢流阀所控制的系统压力也按比例或按一定程序变化。

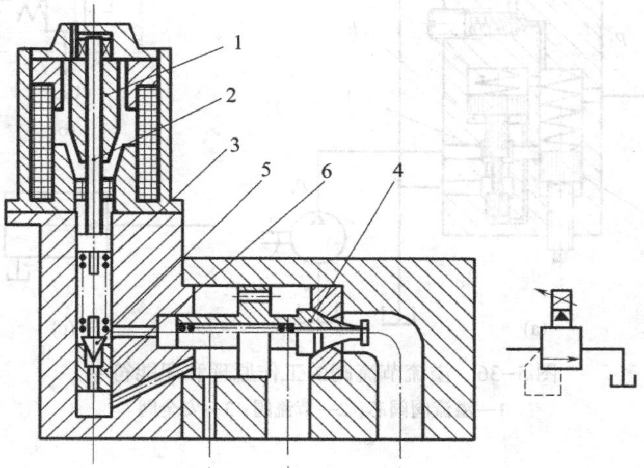

图 5-37 电磁比例溢流阀

1—电磁铁; 2—推杆; 3—弹簧; 4—主阀芯; 5—导阀芯; 6—导阀座

由于一般先导式压力阀都由导阀和主阀两部分构成,因此,只要改变图 5-37 所示结构的主阀,就可以获得比例减压阀、比例顺序阀等不同类型的比例阀。若将图 5-37 所示结构的主阀部分去掉,便是直动式比例压力阀的结构形式。利用 K 口亦可实现远程调压。

比例压力阀的应用很广,图 5-38 为各种压力机经常采用的多级压力控制回路(a)及改用比例压力阀后进行连续控制的实例(b)。图中表示的是三级压力控制,还可以有五级或更多级的控制。采用比例控制后不仅大大减少了液压元件,简化了管路,方便了安装、使用和维修,降低了成本,而且显著提高了控制性能,使原来溢流阀控制的压力调整由阶跃式变为比例阀控制的缓变式(c),因此避免了压力调整引起的液压冲击和振动,提高了性能。

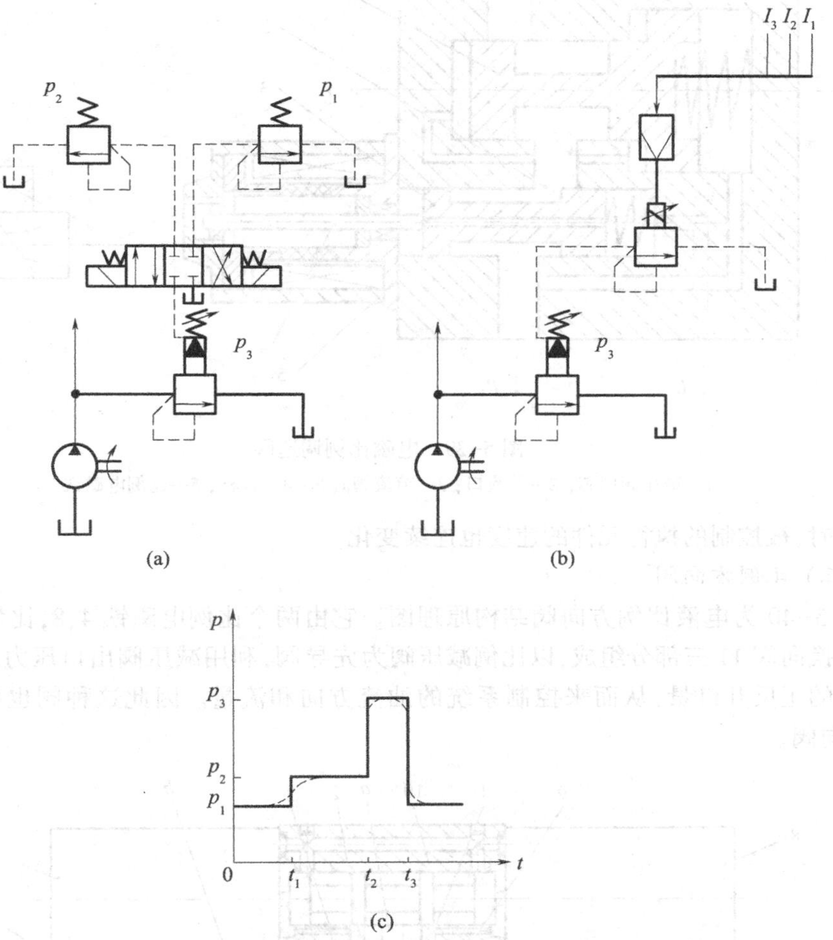

图 5-38 用比例压力阀的压力控制回路

(二) 比例流量阀

图 5-39 为电磁比例调速阀结构及其职能符号,与普通调速阀相比,其主要区别是用直流比例电磁铁对节流阀的控制代替了节流阀的手动控制。当电流输入比例电磁铁 5 后,比例电磁铁便产生一个与电流成比例的电磁力。此力经推杆 4 作用于节流阀阀芯 3 上,使阀芯左移,阀口开度增加。当作用于阀芯上的电磁力与弹簧力相平衡时,节流阀阀芯停止移动,节流口保持一定的开度,调速阀通过一确定的流量。因此,只要改变输入比例电磁铁的电流的大小,即可控制通过调速阀的流量。若输入的电流连续地或按一定程序地变化,则比例调速阀所控制的流量也按比例或按一定程序地变化。

比例调速阀常用于注射成型机(如注塑机)、抛砂机、多工位加工机床等的速度控制系统中。进行多种速度控制时,只需要输入对应于各种速度的电流信号就可以实现,而不必像一般调速阀那样,对应一个速度值需要一个调速阀及换向阀等。当输入电流信号连

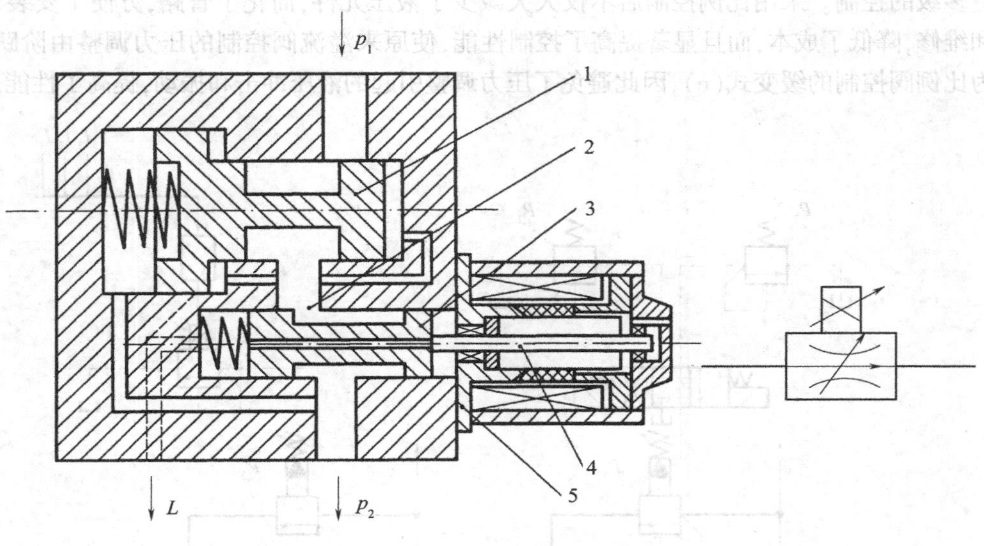

图 5-39　电磁比例调速阀

1—减压阀阀芯；2—节流口；3—节流阀阀芯；4—推杆；5—比例电磁铁

续变化时，被控制的执行元件的速度也连续变化。

（三）比例方向阀

图 5-40 为电液比例方向阀结构原理图。它由两个比例电磁铁 4、8，比例减压阀 10 和液动换向阀 11 三部分组成，以比例减压阀为先导阀，利用减压阀出口压力来控制液动换向阀的正反开口量，从而来控制系统的油流方向和流量。因此这种阀也称为比例流量-方向阀。

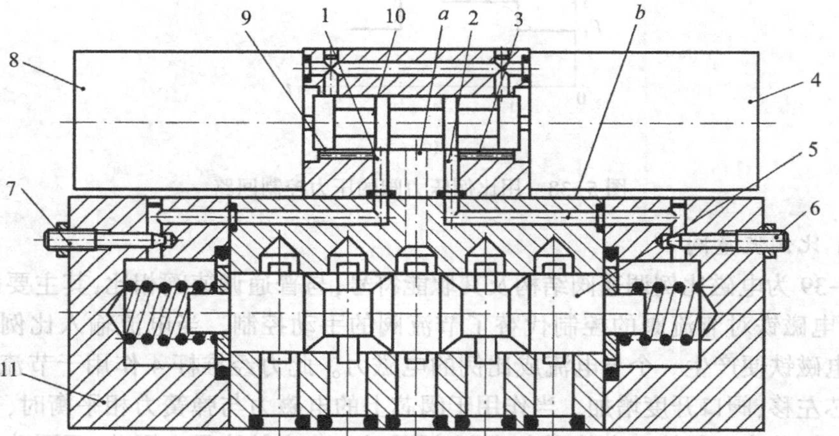

图 5-40　电液比例方向阀

1、2—孔道；3、9—反馈孔；4、8—比例电磁铁；5—阀芯；6、7—节流阀；10—比例减压阀；11—液动换向阀

当直流电信号输入电磁铁 8 时，电磁铁 8 产生电磁力，经推杆将减压阀芯推向右移，通道 2 与 a 沟通，压力油 p_p 自 p 口进入，经减压阀阀口后压力降为 p_2，并经孔道 b 流至液

动换向阀 11 的右侧，推动阀芯 5 左移，使阀 11 的 p、B 口沟通。同时，反馈孔 3 将压力油 p_2 引至减压阀芯的右侧，形成压力反馈。当作用于减压阀芯的反馈油压与电磁力相等时，减压阀处于平衡状态，液动换向阀则有一相对应的开口量。压力 p_2 与输入电流成比例，阀 11 的开口量又与压力 p_2 呈线性关系，因此阀 11 的开口量即阀 11 的过流量与输入电流的大小成比例。增大输入电流，可使 p 至 B 之间的过流断面积加大，流量增加。

若信号电流输入电磁铁 4，则使阀芯 5 右移，压力油从孔口 A 流出，液流变向。

可见，电液比例方向阀既可改变液流方向，又可用来调速，并且二者均可由输入电流连续控制。另外，液动换向阀的端盖上装有节流阀 6、7，可用来调节液动换向阀的换向时间。

比例方向阀与伺服阀（详见第十章）相比，虽然控制精度较低，但作用相似，因此其应用的回路也同伺服阀相近，应用最多的是位置控制回路。但由于比例阀的流量控制范围较伺服阀大得多，因此不仅在中小流量系统中应用广泛，而且在大型的液压机械（如注塑机、车辆、机床、船舶等）中也得到应用。

二、逻辑阀

逻辑阀，由于它的主要元件均采用插入式的连接方式，并且大部分采用锥面密封切断油路，所以又称为插装式逻辑阀或插装式锥阀，简称插装阀。这种阀不仅能满足常用液压控制阀的各种动作要求，而且在同等控制功率情况下，与普通液压阀相比，具有体积小、重量轻、功率损失小、动作速度快和易于集成等优点，特别适用于大流量液压系统的调节和控制。目前在冶金、轧钢、锻压、塑料成形及船舶等机械中均有应用。

图 5-41 为逻辑阀的典型结构原理及职能符号图。它主要由阀体 1、阀套 2、阀芯 3、弹簧 4 和端盖 5 等组成。A、B 是分别与两个主油路相连的油腔，C 是控制腔。A_c、A_a、A_b 分别是控制油压 p_c、A 腔油压 p_a 和 B 腔油压 p_b 的有效承压面积，且 $A_c=A_a+A_b$。改变控制

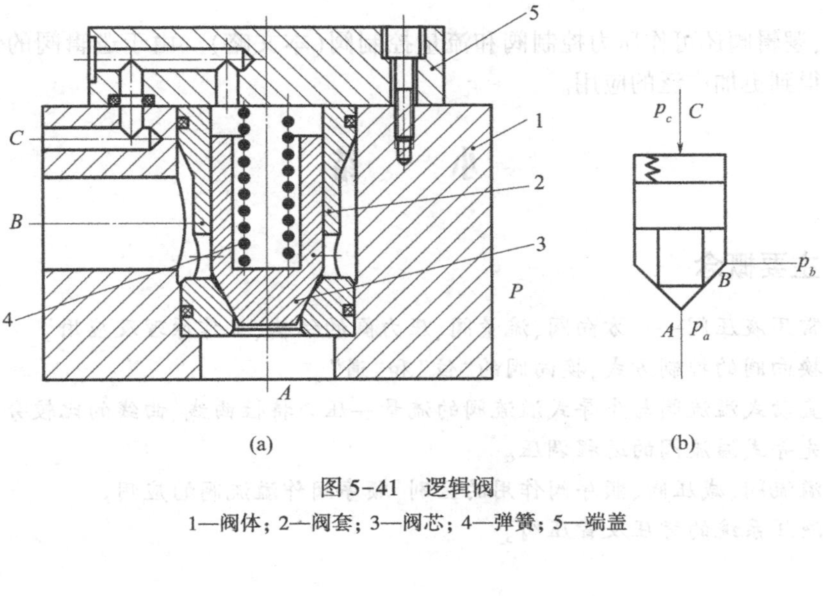

图 5-41 逻辑阀

1—阀体；2—阀套；3—阀芯；4—弹簧；5—端盖

油压 p_c 的大小，就可以控制阀的开启。例如，若不考虑液动力和阀芯质量，则当调整 p_c，使 $p_aA_a+p_bA_b>p_cA_c+F_s$（F_s 为弹簧4的作用力）时，锥阀芯3开启，使油腔 A、B 接通，油液自 A 腔流入，从 B 腔流出，且通常是如此。但由于控制油液一般都引自进油腔或油源，即 $p_c \geqslant p_a$，而 $A_c=A_a+A_b$ 且通常 $p_a \geqslant p_b$，所以只要控制腔 C 有控制油液时，不等式 $p_aA_a+p_bA_b>p_cA_c+F_s$ 就不会成立，锥阀芯3就不能打开。只有在控制腔接通油箱时，$p_c=0$，锥阀芯才能开启，使油腔 A、B 接通（可见这种阀的开、关动作很像受操纵的逻辑元件，所以称其为逻辑阀）。

若 B 是进油腔，则 A 是出油腔，且 $p_b>p_a$ 时：若 C 腔与油箱连通，则阀开启，B 腔的压力油流向 A 腔；若 C 腔油压大于或等于 B 腔油压，即 $p_c \geqslant p_b$，则阀关闭，B 腔与 A 腔隔断。由此可见，逻辑阀沟通和切断油路的作用相当于一个液控的二位二通换向阀。

图5-42是逻辑阀用作方向阀的示意图。当油路中的二位四通电磁阀断电时，锥阀（逻辑阀）2、4的控制腔通入控制油液，两阀关闭；锥阀1、3的控制腔和油箱相通，压力油 p 顶开阀3从油口 B 流出并推动活塞向左运动，液压缸左腔的排油进入油口 A 顶开阀1流回油箱。当二位四通电磁阀通电时，p 和 A 通，B 和 T 通，液压缸向右运动。

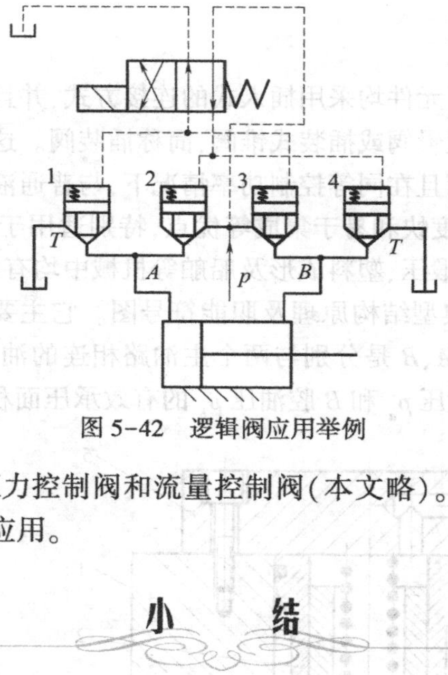

图5-42　逻辑阀应用举例

此外，逻辑阀还可作压力控制阀和流量控制阀（本文略）。由于逻辑阀的优点突出，因此必将得到更加广泛的应用。

小　结

一、主要概念

(1) 常用液压阀——方向阀、流量阀、压力阀的结构、工作原理及应用。

(2) 换向阀的控制方式，换向阀的“位”和“通”。

(3) 直动式溢流阀与先导式溢流阀的流量—压力特性曲线、曲线的比较分析。

(4) 先导式溢流阀的远程调压。

(5) 溢流阀、减压阀、顺序阀作用的区别，顺序阀作溢流阀的应用。

(6) 液压系统的背压及背压阀。

(7) 节流阀最小稳定流量的物理意义、影响最小稳定流量的主要因素。

(8) 流量阀节流口的结构形式,通常采用的具体类型。

(9) 调速阀与节流阀的性能比较,各自的适用场合。

(10) 常用各类阀的职能符号。

二、计算

对由油源、执行元件和液压控制阀所组成的液压回路或系统进行压力、流量及其相关量的计算。

自我检测题及其解答

【题目】 设有如图所示的液压回路。已知液压缸的有效工作面积分别为 $A_1=A_3=100\text{cm}^2$,$A_2=A_4=50\text{cm}^2$,当最大负载 $F_{L_1}=14\times10^3\text{N}$,$F_{L_2}=4250\text{N}$、背压力 $p=1.5\times10^5\text{Pa}$,节流阀 2 的压差 $\Delta p=2\times10^5\text{Pa}$ 时,试问:

(1) A、B、C 各点的压力(忽略管路损失)各是多少?

(2) 对阀 1、2、3 最小应选用多大的额定压力?

(3) 快速进给速度 $v_1=3.5\times10^{-2}\text{m/s}$,快速进给速度 $v_2=4\times10^{-2}\text{m/s}$ 时,各阀的额定流量应选用多大?

(4) 试选定阀 1、2、3 的型号(由液压传动设计手册或产品样本中查选)。

(5) 试确定液压泵的规格、型号(由液压传动设计手册或产品样本中查选)。

【解答】

(1) 求 A、B、C 各点的压力。

$$p_c=\frac{F_{L_1}}{A_1}=\frac{14\times10^3}{100\times10^{-4}}=14\times10^5\text{Pa}$$

$$p_A=p_c+\Delta p=14\times10^5+2\times10^5=16\times10^5\text{Pa}$$

$$p_B=\frac{F_{L_2}+A_4\cdot p}{A_3}=\frac{4250+50\times10^{-4}\times1.5\times10^5}{100\times10^{-4}}$$

$$=5\times10^5\text{Pa}$$

(2) 阀 1、2、3 的额定压力。

按上述计算的最高工作压力 $16\times10^5\text{Pa}$ 作为各阀的最小额定压力。待阀 1、2、3 的具体型号确定后,应使其额定压力值 $\geqslant16\times10^5\text{Pa}$。

(3) 计算各阀的过流量(实际流量)Q。

节流阀的过流量 Q_T

$$Q_T=A_1v_1=(100\times10^{-2}\times3.5\times10^{-1})\text{dm}^3/\text{s}=21\text{L/min}$$

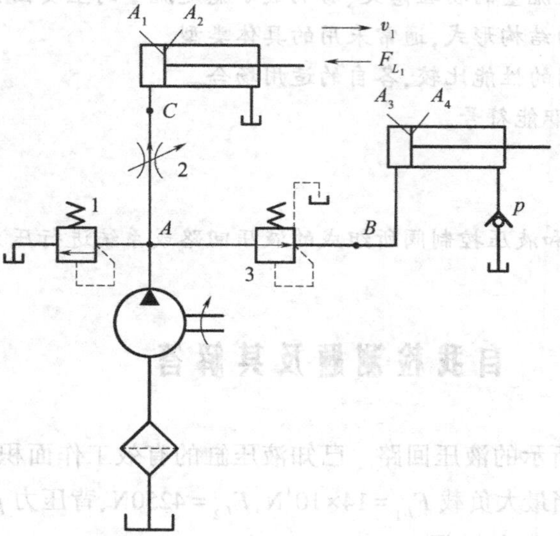

自检题图 4

1—溢流阀；2—节流阀；3—减压阀。

减压阀的过流量 Q_J

$$Q_J = A_3 v_2 = (100 \times 10^{-2} \times 4 \times 10^{-1})\,\mathrm{dm^3/s} = 24\mathrm{L/min}$$

溢流阀的过流量 Q_Y

因溢流阀的最小稳定流量 $Q_{Y\min}$ 为 3L/min，故 Q_Y 值为

$$Q_Y > Q_T + Q_J + Q_{Y\min} = 21 + 24 + 3 = 48\mathrm{L/min}$$

（4）确定阀 1、2、3 的型号

阀的型号应根据阀的最高工作压力和实际流量（亦即最大流量）选用：

节流阀为 L-H10（L——节流阀；H——额定压力 31.5MPa；10——通径 10mm、额定流量 40L/min）；

减压阀为 JF-10B［JF——减压阀；10——通径 10mm、额定流量 63L/min；额定压力 6.3MPa（0.5～6.3MPa）］；

溢流阀为 YF3-10B［YF——溢流阀；3——结构代号；额定压力 6.3MPa（0.5～6.3MPa）；10——通径 10mm、额定流量 63L/min；B——板式连接］。

（5）选定液压泵

选定液压泵的型号时既应满足回路中最大流量（≥48L/min）和最高工作压力的要求，又要考虑流量的泄漏和液压泵的压力储备。故选定齿轮泵为 CB-50 型［CB——齿轮泵；50——排量；额定压力 10MPa；额定转速 1450r/min（额定流量 71L/min）］。

习　题

5-1　什么是换向阀的“位”和“通”？换向阀有几种控制方式？其职能符号如何表示？

5-2 哪些阀可以作背压阀用？哪种阀最好？单向阀当背压阀用时，需采取什么措施？

5-3 二位四通电磁阀能否作二位三通或二位二通阀使用？具体接法如何？

5-4 图 5-13 所示的电液换向阀的电磁阀（先导阀）为什么采用 Y 型中位机能？又如本题所示的电液换向阀回路中，当电磁铁 $1YA$ 或 $2YA$ 通电动作时，液压缸并不动作，这是什么原因？

5-5 试分析液控单向阀在下述回路中的作用。

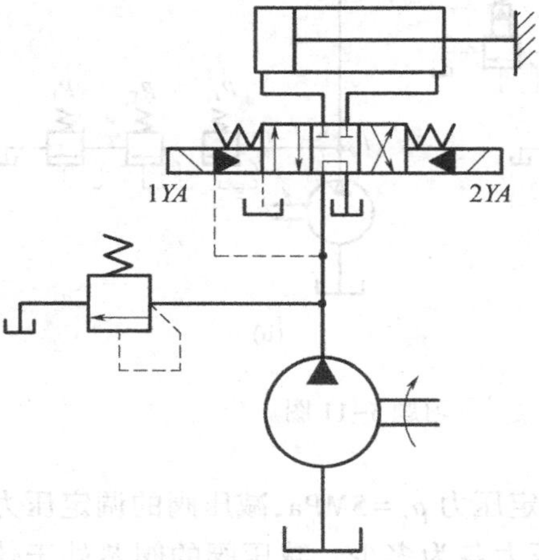

习题 5-4 图

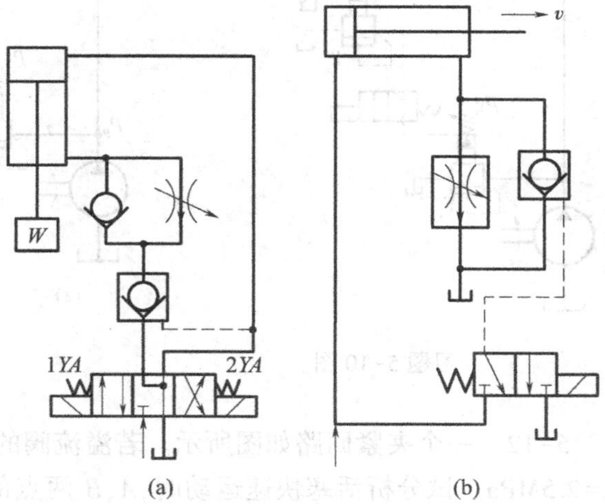

(a) (b)

习题 5-5 图

5-6 若把先导式溢流阀的远程控制口接油箱，液压系统会产生什么问题？

5-7 试绘出直动式、先导式溢流阀的流量-压力静特性曲线，并分析比较两者的性能、特点。

5-8 若将减压阀的进、出油口反接，会出现什么情况（分两种情况讨论：压力高于减压阀的调定压力和低于调定压力时）？

5-9 如图所示，两个不同调定压力的减压阀串联后的出口压力决定于哪个减压阀？为什么？两个不同调定压力的减压阀并联时，出口压力决定于哪一个减压阀？为什么？

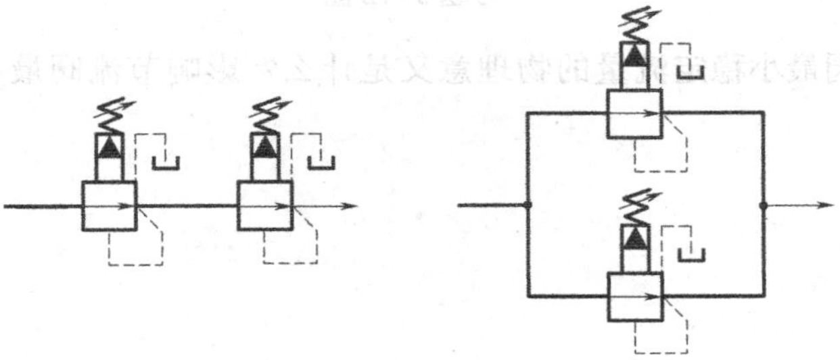

(a) (b)

习题 5-9 图

5-10　图示回路最多能实现几级调压？各溢流阀的调定压力 p_{Y1}、p_{Y2}、p_{Y3} 之间的大小关系如何？

5-11　图示两个回路中各溢流阀的调定压力分别为 $p_{Y1}=3\text{MPa}$，$p_{Y2}=2\text{MPa}$，$p_{Y3}=4\text{MPa}$。问在外载无穷大时，泵的出口压力 p_p 各为多少？

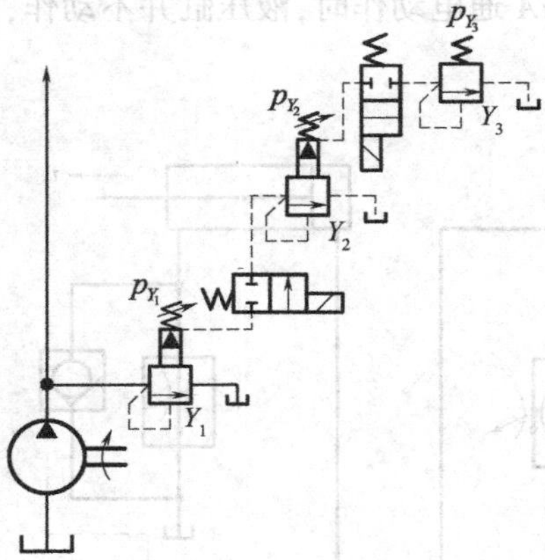

习题 5-10 图

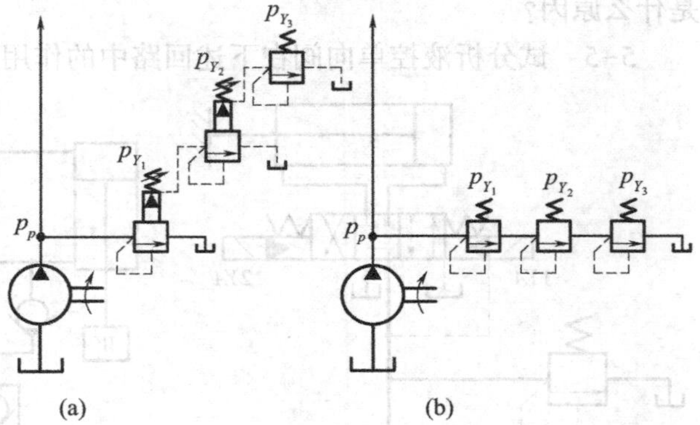

习题 5-11 图

5-12　一个夹紧回路如图所示。若溢流阀的调定压力 $p_Y=5\text{MPa}$，减压阀的调定压力 $p_J=2.5\text{MPa}$。试分析活塞快速运动时，A、B 两点的压力各为多少？减压阀的阀芯处于什么状态？工件夹紧后，A、B 两点的压力各为多少？减压阀的阀芯又处于什么状态？此时减压阀阀口有无流量通过？为什么？

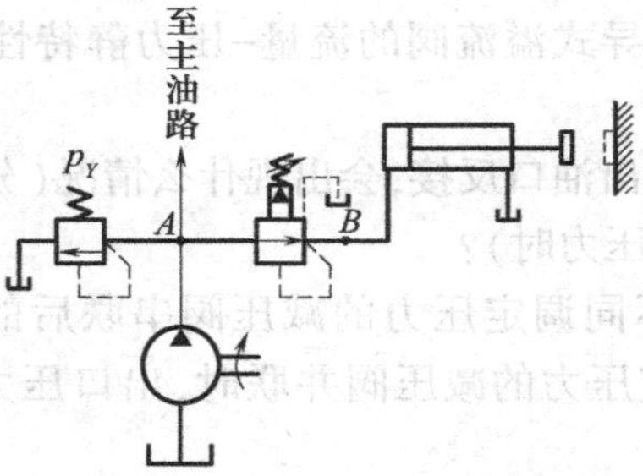

习题 5-12 图

5-13　节流阀最小稳定流量的物理意义是什么？影响节流阀最小稳定流量的主要因素有哪些？

第六章　辅助装置

液压系统中的辅助装置是指滤油器、蓄能器、油箱、热交换器、密封件、管件等液压件。它们是保证液压系统正常工作不可缺少的部分。如果选择或使用不当，不但会直接影响系统的工作性能，甚至会使系统无法工作，因此必须给予足够重视。其中油箱可供选择的标准件较少，常常是根据液压设备和系统的要求自行设计，其他一些辅助元件则做成标准件，供设计时选用。

第一节　滤油器

一、滤油器的作用及过滤精度

(一) 滤油器的作用

液压系统中使用的油液难免要混入一些杂质、污物，使油液不同程度地污染。杂质和污物的存在，不仅会加速液压元件的磨损，擦伤密封件，而且会堵塞节流孔、卡住阀类元件，使元件动作失灵以至损坏。一般认为液压系统故障的75%以上是油液中的杂质所致。因此，为了保证系统正常工作，提高其使用寿命，必须对油液中杂质和污物颗粒的大小及数量加以控制。滤油器的作用就是净化油液，使油液的污染程度控制在所允许的范围之内。

(二) 过滤精度

不论任何滤油器，其工作原理都是依靠具有一定尺寸过滤孔的滤芯过滤污物的。滤油器的过滤精度是指它能从油液中过滤掉的杂质颗粒的大小。根据过滤精度，工程上一般将滤油器分为粗过滤、普通过滤、精过滤和超精过滤器四种，它们能过滤掉的杂质颗粒的标称尺寸分别为100μm以上，10~100μm，5~10μm和1~5μm。

液压系统要求的过滤精度必须保证使油液中所含杂质颗粒尺寸小于有相对运动的液压元件之间的配合间隙(通常为间隙的1/2)或油膜厚度。系统压力越高，相对运动表面的配合间隙越小，因而要求的过滤精度就越高。因此，液压系统的过滤精度主要决定于系统的工作压力。压力同过滤精度间的关系，如下表所示。

过滤精度表(推荐值)

系统类别	润滑系统	传动系统			伺服系统
压力/MPa	0~2.5	<7	>7	35	21
过滤精度/μm	100	25~50	<25	<10	<5

二、滤油器的典型结构及其特性

常用滤油器，按其滤芯的形式可分为网式、线隙式、纸芯式、烧结式、磁性式等多种。

磁性式滤油器是利用永久磁铁的强大磁性来吸附并分离系统油液中的铁屑和带磁性的磨料，一般与其他滤油器组合（即将高性能的永久磁铁设置在滤油器中）使用。故这里只重点介绍网式、线隙式、纸芯式和烧结式滤油器。

（一）网式（WU式）滤油器

图6-1为网式滤油器结构图。它由上盖1、下盖4、一层或几层铜丝网2以及四周开有若干个大孔的金属或塑料筒形骨架3等组成。

这种滤油器的过滤精度与网孔大小、铜网层数有关，有80μm、100μm、180μm三种标准等级，压力损失不超过0.1×10^5Pa（其额定流量为16~630L/min）。

网式滤油器的特点是：结构简单，通油能力大，压力损失小，清洗方便，但过滤精度低。主要用在泵的吸油管路上，以保护油泵。

（二）线隙式（XU式）滤油器

图6-2所示为一种线隙式滤油器结构，它由端盖1、壳体2、带孔眼的筒形骨架3和绕在骨架3外部的铜线或铝线4组成。这种滤油器是利用线丝间的间隙过滤的，过滤精度决定于间隙的大小。工作时，油液从孔a进入滤油器内，经线间的间隙、骨架上的孔眼进入滤芯中再由孔b流出。这种滤油器主要用在液压系统的压力管道上，也可用于泵的吸油口或系统回油管路上。其过滤精度主要有30μm、50μm、80μm和100μm四种精度等级，其额定流量从10~630L/min不等，在额定流量下，压力损失为$(0.2 \sim 1.5) \times 10^5$Pa，当这种滤油器装在液压泵的吸油管道上时，其额定流量应选得比泵的大些。

线隙式滤油器的特点是：结构简单，通油性能好，过滤精度较高，所以应用较普遍。缺点是不易清洗。该滤器可安装压差发信装置（堵塞指示器），当压差达到3.5×10^5Pa时发出信号，以便清洗或更换滤芯。

（三）纸芯式（ZU式）滤油器

纸芯式滤油器以滤纸（机油微孔滤纸等）为过滤材料，把平纹或波纹过滤纸1绕在带

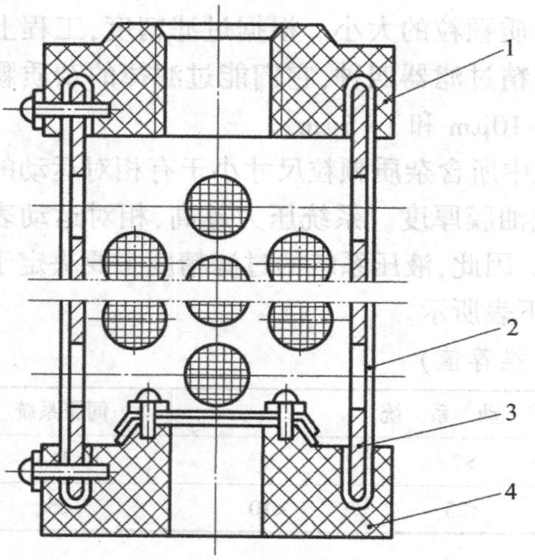

图6-1　网式滤油器

1—上盖；2—铜丝；3—骨架；4—下盖

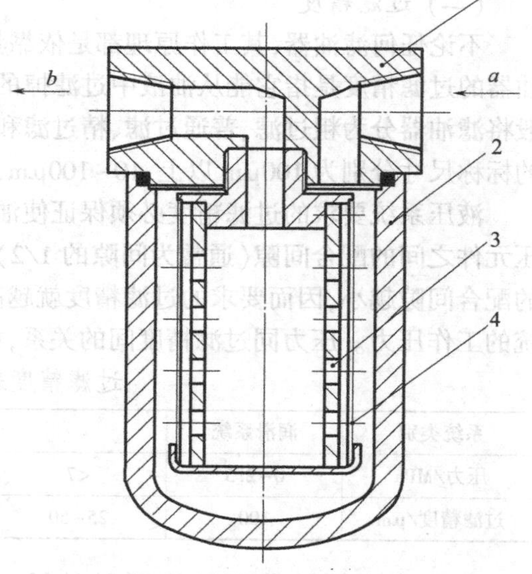

图6-2　线隙式滤油器

1—端盖；2—壳体；3—筒形骨架；4—铜线（铝线）

孔的镀锡铁皮骨架 2 上制成滤(纸)芯(见图 6-3)。油液从滤芯外面经滤纸进入滤芯内,然后从孔道 a 流出。为了增加滤纸 1 的过滤面积,纸芯一般都做成折叠形。

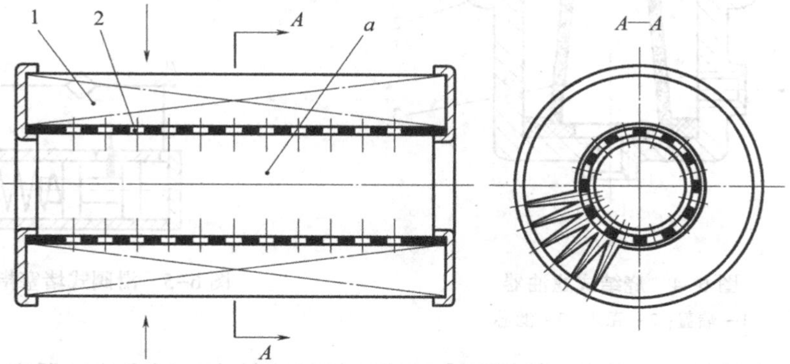

图 6-3 纸芯式滤油器的纸芯

1—过滤纸; 2—骨架

这种滤油器的过滤精度有 10μm 和 20μm 两种规格,压力损失为(0.1~2)×10^5Pa,有用于高压(31.5MPa)管路上的和低压(1.6MPa)管路上的两种,也可安装压差发信装置(堵塞指示器)。其主要特点是过滤精度高,但堵塞后无法清洗,只能更换纸芯,一般用于需要精过滤的场合。

(四) 烧结式(SU 式)滤油器

烧结式滤油器结构如图 6-4 所示(1 为端盖,2 为壳体,3 为滤芯),其滤芯是由颗粒状青铜粉压制后烧结而成,它是利用铜颗粒之间的微孔滤去油液中杂质的。因此,过滤精度与微孔的大小有关。选择不同粒度的粉末制成不同壁厚的滤芯就能获得不同的过滤精度。在图 6-4 中,油液从 a 孔进入,经滤芯 3 后由孔 b 流出。

这种滤油器的过滤精度为 6~100μm,额定流量为 4~125L/min,压力损失为(0.6~2)×10^5Pa。

烧结式滤油器的特点是滤芯能烧结成各种不同的形状,且强度大、抗腐蚀性好、制造简单、过滤精度高,适用于精过滤;缺点是颗粒容易脱落,堵塞后不易清洗。

三、滤油器上的堵塞指示装置

图 6-5 所示为滑阀式滤油器堵塞指示装置,其作用是在滤油器堵塞时,发出报警信号,以便及时清洗和更换滤芯。由图可知,滤油器的进、出油口 p_1、p_2 分别与滑阀的左右两端相通。滤油器的流通情况良好时,滑阀芯在弹簧的作用下处在左端位置;当滤油器逐渐被堵塞时,滑阀左右两端的压差加大,指针逐渐右移,这就指示了滤油器的堵塞情况。用户可根据上述指示确定是否应清洗或更换滤芯。滤油器的堵塞指示装置还有磁力式等其他形式,它还可以通过电气装置发出灯光等信号进行报警。

四、滤油器的选用

一般说来,选择高精度的滤油器可以大大提高液压系统工作的可靠性和元件的寿命;但滤油器的过滤精度越高,压力损失越大,滤芯堵塞越快,滤芯清洗、更换周期越短,成本

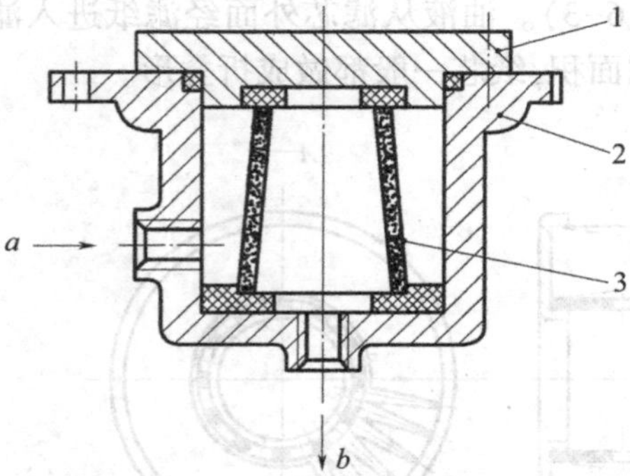

图 6-4　烧结式滤油器

1—端盖；2—壳体；3—滤芯

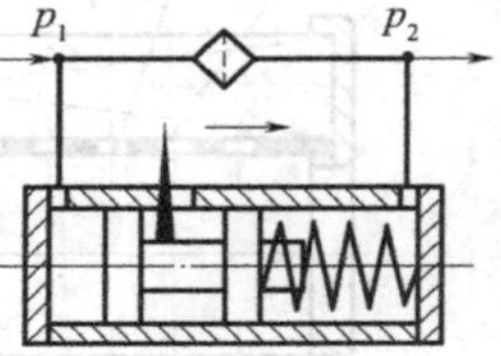

图 6-5　滑阀式堵塞指示器

越高。因此，在选择时应根据具体情况合理地选择过滤精度。通常滤油器应根据液压系统的技术要求，从以下几个方面，参考有关滤油器的产品目录进行选择：

(1) 根据系统的工作压力，确定过滤精度要求，选择相应的滤油器的类型。一般说来，系统的工作压力越高，过滤精度的要求也较高，应选择精度较高的滤油器。

(2) 根据系统的流量（严格说是通过滤油器的流量）选择足够的通流面积，使压力损失尽量小。一般可根据要求通过的流量，由产品样本选用相应规格的滤芯。若以较大流量通过小规格的滤油器，则将使液流通过滤油器的压力损失剧增，加快滤芯的堵塞，不能达到预期的过滤效果。

(3) 滤芯应具有足够的强度（耐压强度），不因压力油的作用而损坏。

(4) 滤芯抗腐蚀性好，能在规定温度下长期工作。

(5) 滤芯的更换、清洁、维护方便。

五、滤油器的安装

(一) 安装于液压泵的吸油口

安装于液泵的吸油口如图 6-6(a) 所示。这种安装方式增大了液压泵的吸油阻力，而且当滤油器堵塞时，使液压泵的工作条件恶化。为此要求滤油器有较大通油能力（大于液压泵的流量）和较小的压力损失［不超过 $(0.1 \sim 0.2)\times10^5$Pa］，一般多用精度较低的网式滤油器，其主要作用是保护液压泵。但液压泵中因零件的磨损而产生的颗粒仍可能进入系统中。

(二) 安装于液压泵的出油口

安装于液压泵的出油口如图 6-6(b) 所示。这种安装方式可以保护液压系统中除液压泵以外的其他元件。由于滤油器在高压下工作，故要求滤油器的滤芯及壳体有一定的强度和刚度，即足够的耐压性能，同时压力损失不应超过 3.5×10^5Pa。为了避免由于滤油器的堵塞而引起液压泵的过载，应把滤油器安装在与溢流阀相并联的分支油路上。同时，为了防止滤油器堵塞，可与滤油器并联一旁通阀（外泄顺序阀），或在滤油器上设置堵塞指示器。

(三) 安装在回油管路上

安装在回管路上的滤油器位置如图 6-6(c) 所示。这种安装方式不能直接防止杂质进入液压泵和其他元件，而只能循环地除去油液中的部分杂质。它的优点是允许滤油器

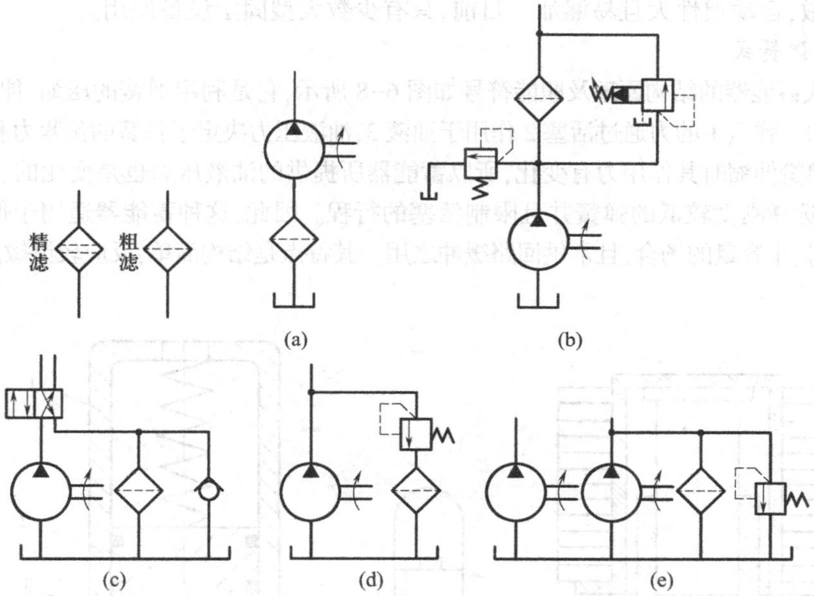

图 6-6 滤油器的安装位置

有较大的压降，而滤油器本身不处在高压下工作，可用刚度、强度较低的滤油器。

(四) 安装在旁路上

安装在旁路上的滤油器位置如图 6-6(d)所示。这种方式又称为局部过滤，通过滤油器的流量不少于总流量的 20%～30%。其主要缺点是不能完全保证液压元件的安全，因此，不宜在重要的液压系统中采用。

(五) 单独过滤系统

单独过滤系统如图 6-6(e)所示。这种安装方式是用一个专用液压泵和滤油器组成一个独立于液压系统之外的过滤回路。它可以经常清除系统中的杂质，适用于大型机械的液压系统。

第二节 蓄 能 器

蓄能器是液体压力能的储存和释放装置。它可作为辅助动力源，也可作为液压系统中的脉动、冲击吸收器等。

一、蓄能器的类型及工作原理

蓄能器主要有重力式、弹簧式和充气式等三种类型。

(一) 重力式

重力式蓄能器的结构原理及职能符号如图 6-7 所示，它是利用重物的位置变化来储存和释放能量的。重物 1 通过柱塞 2 作用于液压油 3，使之产生一定的压力。储存能量时，油液从孔 a 经单向阀进入蓄能器内，通过柱塞推动重物上升；释放能量时，油液从 b 孔输出，柱塞同重物一起下降。这种蓄能器结构简单、压力稳定，但容量较小，体积、重量大，反应不灵敏,运动惯性大且易漏油。目前,只有少数大型固定设备使用。

(二)弹簧式

弹簧式蓄能器的结构原理及职能符号如图6-8所示,它是利用弹簧的压缩、伸长来储存、释放能量的。弹簧1的力通过活塞2作用于油液3,油液压力决定于弹簧的预紧力和活塞的面积。由于弹簧伸缩时其作用力有变化,所以蓄能器所提供的油液压力也是变化的。为减少这一变化,可选择刚度较低的弹簧并且限制活塞的行程。因此,这种蓄能器适用于低压[(10~12)×10^5Pa]、小容量的场合,且常供回路缓冲之用。其特点是结构简单,反应较灵敏。

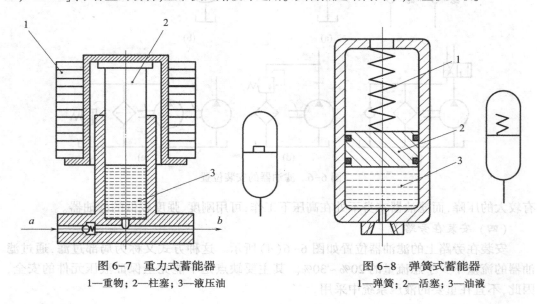

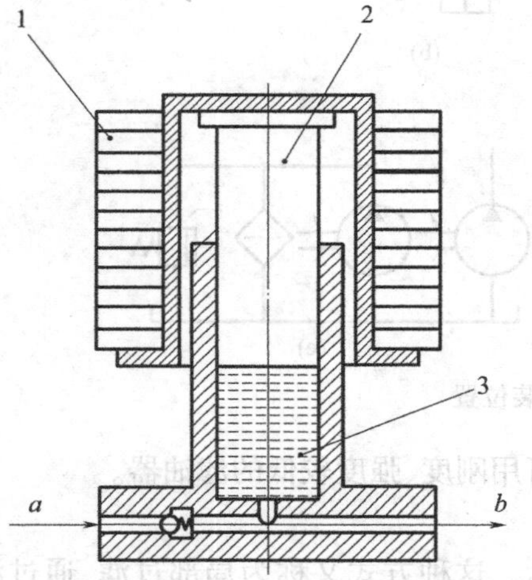

图6-7 重力式蓄能器

1—重物;2—柱塞;3—液压油

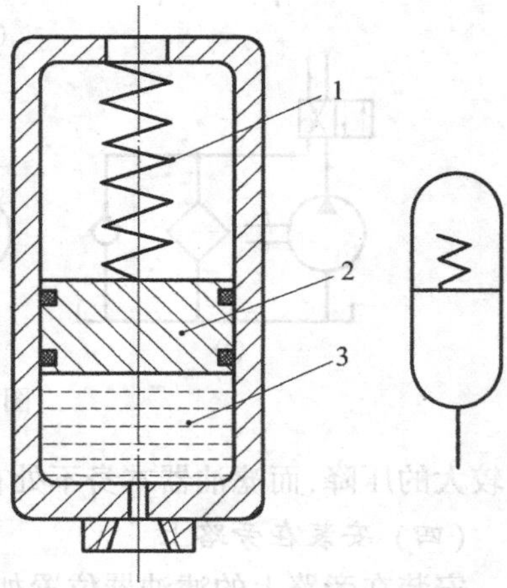

图6-8 弹簧式蓄能器

1—弹簧;2—活塞;3—油液

(三)充气式

充气式蓄能器是利用气体的压缩、膨胀来储存、释放能量的。为安全起见,所充气体一般都使用惰性气体——氮气。按结构的不同,充气式蓄能器可分为直接接触式和隔离式两类。隔离式又可分为活塞式和气囊式两种。这种蓄能器输出的油压力也是变化的,但其变化量较弹簧式小得多。

1. 气瓶式蓄能器

图6-9为气瓶式蓄能器及其职能符号图(图中,1为气体;2为液压油;3为气瓶)。这是一种直接接触式蓄能器。其结构简单,容量大、体积小、惯性小、反应灵敏。缺点是气体容易混入油液中,使液体的压缩性增加,从而影响执行元件运动的平稳性。另外,这种蓄能器耗气量大,必须经常补气,因此,往往适用于中、低压大流量系统。

2. 活塞式蓄能器

图6-10为活塞式蓄能器(图中,1为气体;2为活塞;3为液压油)。这是一种隔离式蓄能器。其特点是结构简单,工作可靠,安装容易,维修方便。但由于活塞的外圆和缸筒的内壁是配合表面,加工要求较高,故成本较高。另外,由于活塞摩擦力的影响,使反应灵敏性受到影响,且活塞不能完全防止气体渗入油液,所以性能不十分理想。这种蓄能器容量不大,常用于中、高压液压系统。

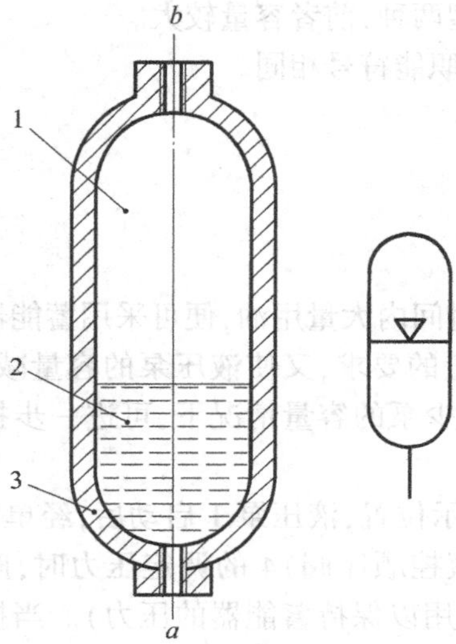

图 6-9 气瓶式蓄能器

1—气体；2—液压油；3—气瓶

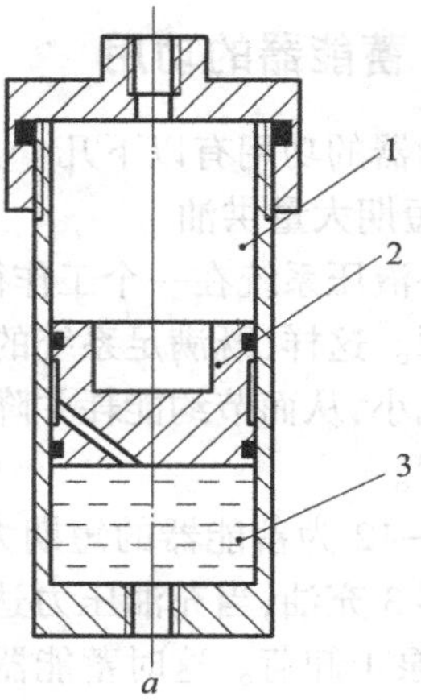

图 6-10 活塞式蓄能器

1—气体；2—活塞；3—液压油

3. 气囊式蓄能器

图 6-11 为气囊式蓄能器及其职能符号图，这也是一种隔离式蓄能器，主要由充气阀 1、壳体 2、气(皮)囊 3 和菌形阀 4 等组成。充气阀只在为气囊充气时才打开，平时关闭。菌形阀可使油液进出蓄能器并托住皮囊，防止皮囊从油口挤出。这种蓄能器的特点是气体与油液完全隔开，皮囊的惯性小，反应灵敏，蓄能器的结构尺寸小、质量轻、安装方便、维修容易，因此是目前应用最广泛的一种蓄能器。但其容量不大，皮囊及无缝、耐高压的外壳制造要求较高。蓄能

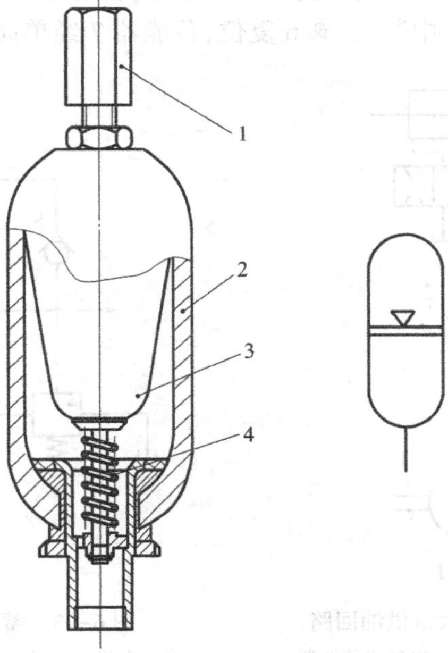

图 6-11 气囊式蓄能器

1—充气阀；2—壳体；3—气囊；4—菌形阀

器内的皮囊是用耐油橡胶制作的，有折合型和波纹型两种，前者容量较大。

皮囊式、活塞式蓄能器同属隔离式蓄能器，二者职能符号相同。

二、蓄能器的功用

蓄能器的功用有以下几个方面：

1. 短期大量供油

如果液压系统在一个工作循环中，只在很短的时间内大量用油，便可采用蓄能器作为辅助油源。这样，既满足系统的最大速度即最大流量的要求，又使液压泵的容量减少，电机功率减小，从而节约能耗并降低温升；或者在不减少泵的容量情况下，可进一步提高系统的速度。

图 6-12 为蓄能器的短期大量供油回路。在图示位置，液压泵 1 启动后，经单向阀 2 向蓄能器 3 充油，当充油压力达到卸荷阀（内泄式液控顺序阀）4 的调定压力时，阀 4 打开，液压泵 1 卸荷。这时蓄能器储存能量（单向阀 2 用以保持蓄能器的压力）。当换向阀 5 的左位或右位起作用时，液压泵和蓄能器经换向阀 5 同时向液压缸 6 供油，使液压缸得到快速运动，这时蓄能器释放能量。阀 4 的调定压力决定了蓄能器充油压力的最高值，此值应高于系统最高工作压力，使得阀 5 的左位或右位接通时，阀 4 关闭，以保证液压泵的流量全部进入系统。

2. 系统保压

这一功用主要用于压力机或机床夹紧装置的液压系统。在实现保压时，由蓄能器释放能量，补充系统泄漏，维持系统压力（见图 7-35）。

3. 应急能源

当停电或原动机发生故障而使系统供油中断时，蓄能器可作为系统的应急能源。如图 6-13 所示，当液压泵供油中断时，阀 6 复位，蓄能器 7 经单向阀 8 向系统输油，在一段

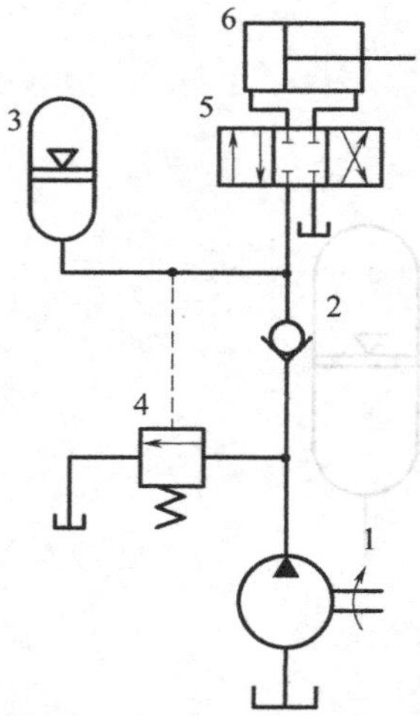

图 6-12　蓄能器的短期大量供油回路

1—单向定量泵；2—单向阀；3—气囊式蓄能器；4—液控顺序阀（内泄）；5—三位四通换向阀；6—单杆液压缸

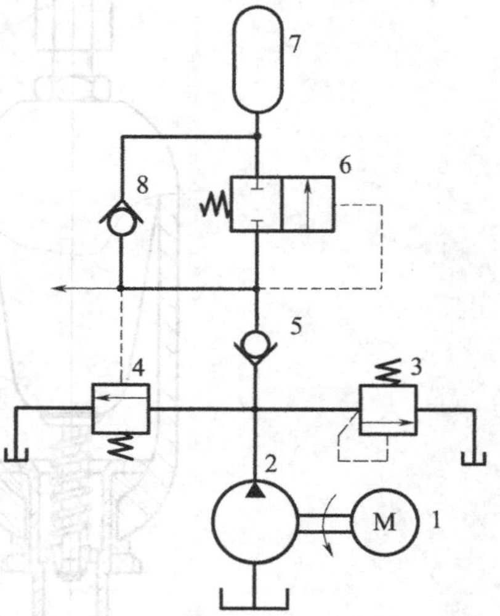

图 6-13　蓄能器的应急能源作用

1—电机；2—单向定量泵；3—溢流阀；4—液控顺序阀（内泄）；5—单向阀；6—二位二通液动换向阀；7—蓄能器；8—单向阀

时间内维持系统压力。图中卸荷阀 4 用于液压泵卸荷。

4. 缓和压力冲击,吸收压力脉动

在液压系统中,当液压阀[如图 6-14(b)中的阀 5]或液压泵[如图 6-14(a)中的泵 2]突然启动或停止时,系统中要出现液压冲击(第二章第六节)。在产生压力冲击和压力脉动的部位加接蓄能器,可使压力冲击得到缓和,也能吸收液压泵工作时的压力脉动。

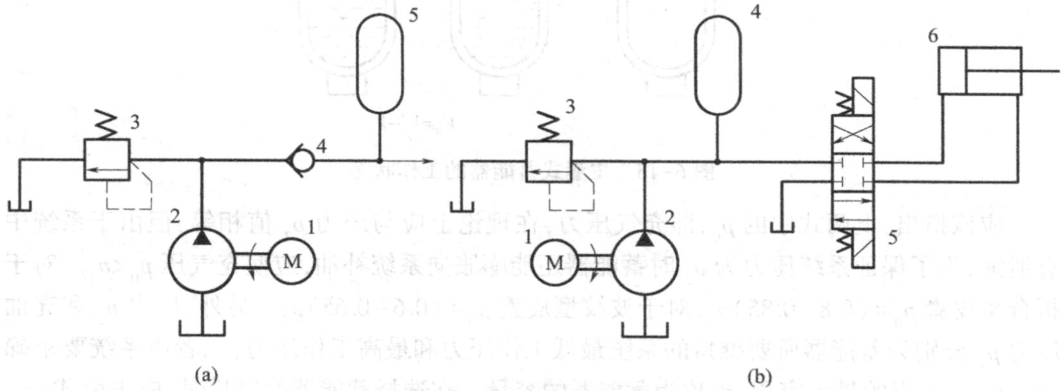

图 6-14 蓄能器用以缓和压力冲击和吸收压力脉动

1—电动机; 2—单向定量泵; 3—溢流阀; 4—单向阀(图 a),蓄能器(图 b); 5—蓄能器(图 a),三位四通电磁阀(图 b); 6—单杆液压缸

三、蓄能器的选用

蓄能器的容量是选用蓄能器的主要指标之一,因此在选用蓄能器之前必须计算其容量。不同类型、不同功用的蓄能器,其容量的计算方法也不一样。下面只对应用最广的皮囊式蓄能器作辅助能源用时的容量加以计算。

皮囊式蓄能器(见图 6-15)在工作前先充气。充气后,皮囊内的压缩气体便占有了蓄能器的全部容积 V_0。此时即皮囊内气体的体积为 V_0,充气压为 p_0。在工作状态下,压力油进入蓄能器,使气囊受压缩,此时压力为 $p_1(>p_0)$,体积为 $V_1(<V_0)$;压力油释放后,气体压力降为 $p_2(<p_1)$,体积膨胀为 $V_2(>V_1)$,如图 6-15 所示。由气体定律有

$$p_0V_0^n = p_1V_1^n = p_2V_2^n = \text{const} \tag{6-1}$$

式中 n 为指数。当蓄能器用来保持系统压力、补偿系统泄漏时,它释放能量的速度是缓慢的,可以认为气体是在等温条件下工作,取 $n=1$;当蓄触器用来大量供油时,它释放能量的速度是迅速的,可认为气体是在绝热条件下工作,取 $n=1.4$。设蓄能器储存(或释放)油液的最大容积为 V_W,很明显有

$$V_W = V_2 - V_1 \tag{6-2}$$

把式(6-2)和式(6-1)联立,可得

$$V_0 = V_W\left(\frac{p_2}{p_0}\right)^{\frac{1}{n}} \Big/ \left[1-\left(\frac{p_2}{p_1}\right)^{\frac{1}{n}}\right] \tag{6-3}$$

或

$$V_W = V_0 p_0^{\frac{1}{n}}\left[\left(\frac{1}{p_2}\right)^{\frac{1}{n}}-\left(\frac{1}{p_1}\right)^{\frac{1}{n}}\right] \tag{6-4}$$

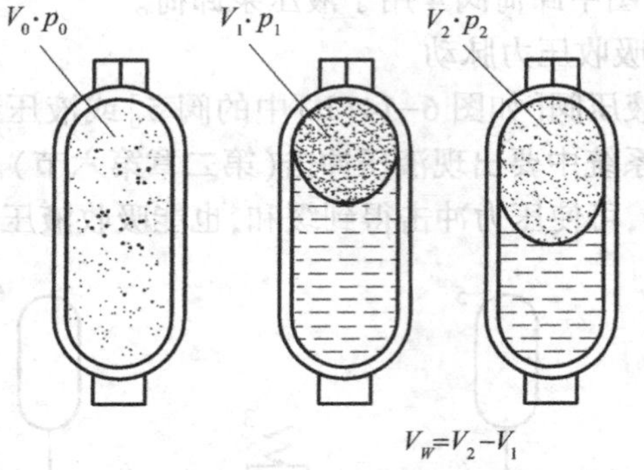

图 6-15 皮囊式蓄能器的工作状态

应该指出，上两式中的 p_0，即充气压力，在理论上应与压力 p_2 值相等，但由于系统中有泄漏，为了保证系统压力为 p_2 时蓄能器还能膨胀向系统补油，应使充气压 $p_0 < p_2$。对于折合型皮囊 $p_0 = (0.8 \sim 0.85) p_2$；对于波纹型皮囊 $p_0 = (0.6 \sim 0.65) p_2$。另外，压力 p_2 和充油压力 p_1 分别为蓄能器所要维持的系统最低工作压力和最高工作压力，二者由系统要求确定。V_0 是皮囊的最大容积，也称为蓄能器的容量。在选择蓄能器的容量时，应先由式(6-3)计算出 V_0 理论值，然后再查产品目录或设计手册，选取同 V_0 靠近且较大者。若蓄能器的容量和系统的工作压力已确定，需要计算蓄能器所能输出的油液体积时，则应运用式(6-4)。

例题 在一个由最高工作压力为 $p_1 = 20\text{MPa}$ 降到最低工作压力为 $p_2 = 10\text{MPa}$ 的液压系统中，若蓄能器的充气压力 $p_0 = 9\text{MPa}$，问需用多大容量的蓄能器才能输出 5L 液体？

解 蓄能器慢速输油时，$n=1$，由式(6-3)有

$$V_0 = 5\left(\frac{100}{90}\right) \Big/ \left[1 - \left(\frac{100}{200}\right)\right] = 11.1\text{L}$$

蓄能快速输油时，$n=1.4$，由式(6-3)有

$$V_0 = 5\left(\frac{100}{90}\right)^{\frac{1}{1.4}} \Big/ \left[1 - \left(\frac{100}{200}\right)^{\frac{1}{1.4}}\right] = 13.8\text{L}$$

四、蓄能器的使用、安装

使用、安装蓄能器时应注意以下几点：

(1) 皮囊式蓄能器应垂直安装（油口向下），否则（倾斜或水平安装时）皮囊会受浮力作用而与壳体单边接触，妨碍其正常伸缩且加快其损坏。

(2) 装在管路上的蓄能器，承受着一个相当于其入口面积与油液压力乘积的作用力，故必须用支承架将其固定。

(3) 蓄能器与管路系统之间应安装截止阀，以便在系统长期停止工作以及充气或检修时，将蓄能器与主油路切断。蓄能器与液压泵之间应安装单向阀，以防止液压泵停转时蓄能器内储存的压力油倒流。

第三节 油箱和热交换器

一、油箱

(一) 作用及典型结构

油箱是储存油液的,以保证供给液压系统充分的工作油液,同时还具有散热、使渗入油液中的空气逸出以及使油液中的污物沉淀等作用。

油箱可分为开式和闭式两种。开式油箱中的油液液面与大气相通,而闭式油箱中的油液液面则与大气隔绝。液压系统多采用开式油箱。开式油箱又分为整体式和分离式。整体式油箱是利用主机(如机床床身)的底座等作为油箱。它的结构紧凑,各处漏油容易回收;但增加了主机结构的复杂性,维修不便、散热性能不好。分离式油箱与主机分离并与泵等组成一个独立的供油单元(泵站),它可以减少温升和液压泵驱动电动机振动对主机工作的影响,精密设备一般都采用这种油箱。

(二) 设计中的几个问题

油箱结构示意如图 6-16 所示。

(1) 油箱应有足够的容量,以满足散热的要求。同时也必须注意到:①在系统工作时油面必须保持足够的高度,以防止液压泵吸空。②在系统停止工作时因油液全部流回油箱,不致造成油液溢出油箱。通常油箱的容量可按液压泵 2~6min 的流量来估计(流量大、压力低取下限;流量小、压力高取上限),油箱内油面的高度一般不应超过油箱高度的 80%,为便于观察应设置油位计 3。

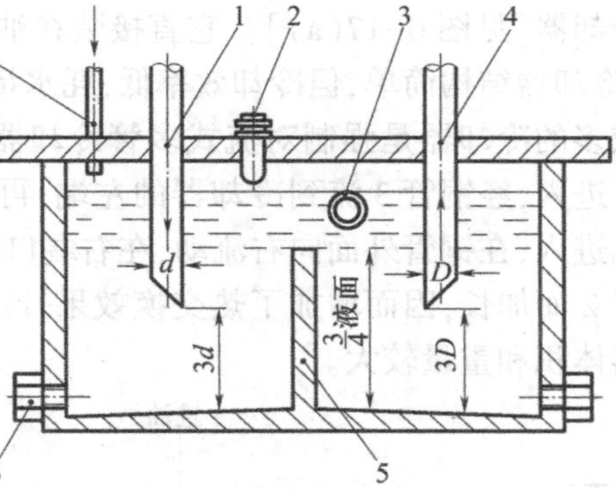

图 6-16 油箱结构示意

1—回油管;2—注油口;3—油位计;4—吸油管;5—隔板;6—放油阀两个;7—泄油管

(2) 吸油管 4 和回油管 1 应隔开。二者距离应尽量远些,最好用一块或几块隔板 5 隔开,以增加油液循环距离,使油液有充分时间沉淀污物、排出气泡和冷却。隔板高度一般取油面高度的 3/4。

(3) 泵的吸油管上应安装网式滤油器,滤油器与箱底间的距离不应小于 20mm。泵的吸油管和系统的回油管应插入最低油面以下(符号:⊔⊔),以防止卷吸空气和回油冲溅产生气泡。管口与箱底、箱壁的距离均不能小于管径的 3 倍,吸油及回油管口须斜切成 45°并面向箱壁。

（4）液压系统的外泄油管应单独接入油箱，一般由油箱上盖直接插入（见图 6-16 中的 7）。对泵和马达的外泄油管要插入油箱液面以下（符号：└|┘），以免空气混入；对阀类元件及仪表的外泄油管，其管口应在液面之上（符号：└┴┘），以减少泄油阻力。

（5）油箱底应有坡度，以方便放油，箱底与地面有一定距离，最低处应装有放油塞或放油阀 6。

（6）油箱一般用 2.5~4mm 的钢板焊成，尺寸高大的油箱要加焊角铁和筋板，以增加刚性。当油箱上固定电动机、液压泵和其他液压件时，顶盖要适当加厚，使其刚度足够。

（7）为了防止油液被污染，箱盖上各盖板、管口处都要加密封装置，注油口 2 应安装滤油网。通气孔要装空气滤清器。

（8）油箱中若安装热交换器时，必须在结构上考虑其安装位置。为了测量油温，油箱上可装设油温计。

（9）油箱应便于安装、吊运和维修。

（10）箱壁应涂耐油防锈涂料。

二、热交换器

液压系统中常用液压油的工作温度以 30~50℃ 为宜，最高不超过 60℃，最低不低于 15℃。油温过高将使油液迅速变质，同时使液压泵的容积效率下降；油温过低则使液压泵的启动吸入困难。为此，当依靠自然冷却不能使油温控制在上述范围时，就须安装加热器或冷却器，即热交换器。

（一）冷却器

冷却器按冷却介质可分为水冷、风冷和氨冷等形式，常用的是水冷和风冷。最简单的冷却器是蛇形管式水冷却器[见图 6-17(a)]。它直接装在油箱内，冷却水从蛇形管内部通过，带走热量。这种冷却器结构简单，但冷却效率低，耗水量大。

液压系统中采用较多的冷却器是强制对流式多管冷却器[见图 6-17(b)]。冷却水从冷却器 1 的右端入口进入，经铜管 3 流到冷却器的左端，再经铜管流到冷却器右端，从出口流出。油液从左端进入，在铜管外面向右流动，在右端口流出。油液的流动路线因冷却器内设置的几块隔板 2 而加长，因而增加了热交换效果，冷却效率高。隔板 4 将进、出水隔开。但这种冷却器体积和重量较大。

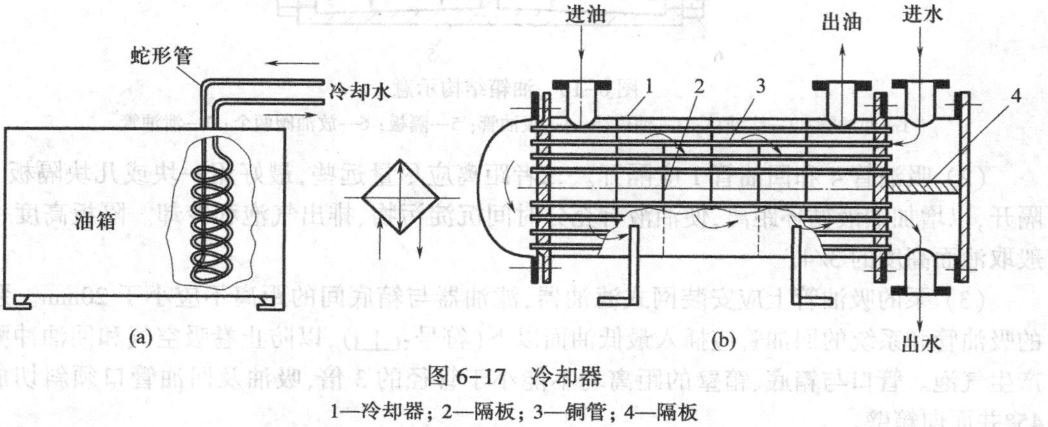

图 6-17　冷却器

1—冷却器；2—隔板；3—铜管；4—隔板

近年来出现的一种翅片式冷却器也是多管式水冷却器。每根管子有内、外两层,内管中通水,外管中通油,而外管上还有许多翅片,以增加散热面积。这种冷却器重量相对较轻。

液压系统也可采用汽车上的风冷式散热器来进行冷却。这种方式不需要水源,结构简单,使用方便,特别适用于行走机械的液压系统,但冷却效果较水冷式差。

冷却器一般安装在回油路或低压管路上,如图6-18所示。这里,液压泵输出的压力油直接进入系统,从系统回油路上来的热油和从溢流阀1溢出的热油一起通过冷却器冷却。单向阀2是用以保护冷却器的。当系统不需要冷却时,可将截止阀3打开。

冷却器造成的压力损失一般约为$(0.1\sim1)\times10^5$Pa。

(二) 加热器

液压系统中油液的加热一般都采用电加热器,如图6-19所示。加热器2通常安装在油箱1的壁上,用法兰盘固定。由于直接和加热器接触的油液温度可能很高,会加速油液老化,因此单个加热器的容量不能太大。电加热器的结构简单,可根据所需要的最高、最低温度自动进行调节。

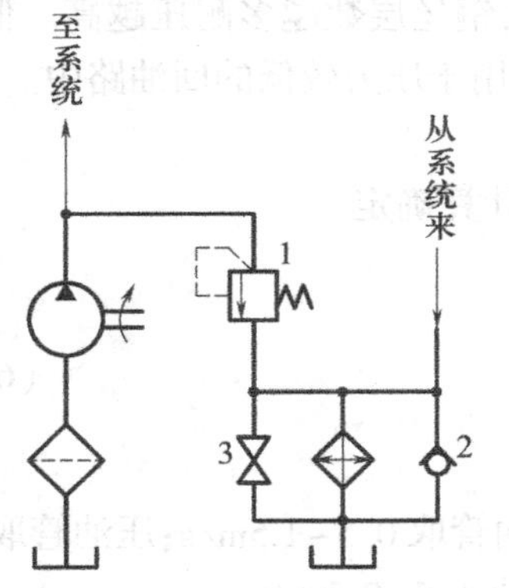

图6-18 冷却器的安装

1—溢流阀;2—单向阀;3—截止阀

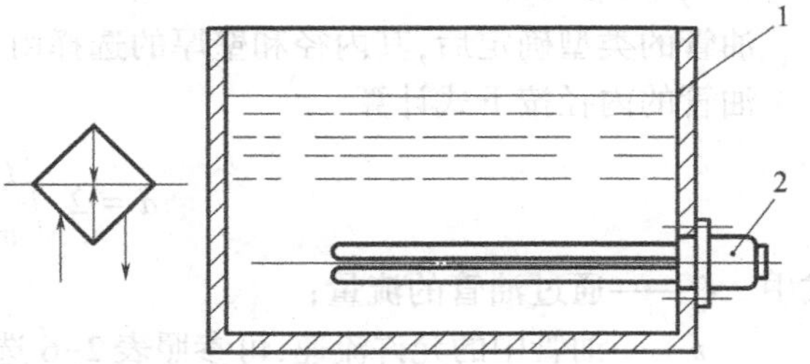

图6-19 加热器的安装

1—油箱;2—加热器

第四节 其他辅件

这里所说的其他辅件是指油管、管接头和压力表等。密封装置在第四章液压缸中已经介绍,故此不再赘述。

一、油管

(一) 类型及其选择

液压系统中使用的油管有钢管、铜管、尼龙管、塑料管、橡胶软管等多种。采用哪种油管,主要由工作压力、安装位置及使用环境等条件决定。

1. 钢管

钢管能承受高压,价格低廉,耐油,抗腐蚀,刚度较好,不易使油液氧化,但装配、弯曲较困难。在压力较高的管道中优先采用,且常用10号、15号冷拔无缝钢管。对于低压系统(压力小于1.6MPa时)可以采用焊接钢管。

2. 铜管

紫铜管装配时弯曲方便，但承压能力低（一般不超过 6.5~10MPa），抗振能力弱，材料贵重，且易使油液氧化。在中、低压液压系统中采用，且通常只用在液压装置内部配接不便处。在机床中应用较多，并常配以扩口管接头。黄铜管可承受较高压力（达 25MPa），但不如紫铜管那样容易弯曲。

3. 尼龙管

这是一种新型的乳白色半透明管，其承压能力因材料不同自 2.5~8MPa 不等。它价格低廉，弯曲方便，但寿命较短，能部分地代替紫铜管。目前多数只在低压系统中使用。

4. 塑料管

这种油管价格低，装置方便，但承压能力很低（小于 0.5MPa），且高温时软化，长期使用会老化。一般只在回油路、泄油路中使用。

5. 橡胶软管

橡胶软管用于有相对运动的两件之间的连接，有高压和低压两种。高压橡胶软管（压力可达 20~30MPa）由夹有几层钢丝编织的耐油橡胶制成，钢丝层数越多耐压越高。低压橡胶软管由夹有帆布或棉线的耐油橡胶或聚氯乙烯制成，多用于压力较低的回油路中。

（二）油管的计算

油管的类型确定后，其内径和壁厚的选择由下面的计算确定。

油管的内径按下式计算

$$d = 2\sqrt{\frac{Q}{\pi v}} \tag{6-5}$$

式中 Q——通过油管的流量；

v——油管中的允许流速，可参照表 2-6 选取：吸油管取 0.5~1.5m/s；压油管取 2.5~5m/s（压力高取大值，反之取小值）；回油管取 1.5~2.5m/s。

油管壁厚 δ 按下式计算

$$\delta \geqslant \frac{pd}{2[\sigma]} \tag{6-6}$$

式中 p——管内工作压力；

$[\sigma]$——油管材料的许用应力 $[\sigma]=\sigma_b/n$，这里 σ_b 为材料的抗拉强度，n 为安全系数，对钢管，当 $p<7\text{MPa}$ 时，取 $n=8$；$p<17.5\text{MPa}$ 时，取 $n=6$，$p>17.5\text{MPa}$ 时，取 $n=4$。

计算出油管的内径和壁厚后，查阅有关手册，选用相近的标准规格。

二、管接头

管接头是油管与油管、油管与液压元件间的可拆装的连接件。它应满足拆装方便、连接牢固、密封可靠、外形尺寸小、通油能力大、压力损失小及工艺性好等要求。管接头的种类很多，按其通路数和流向可分为直通、弯头、三通和四通等；按管接头和油管的连接方式不同又可分为扩口式、焊接式、卡套式等。管接头与液压件之间都采用螺纹连接；在中低压系统中采用英制螺纹，外加防漏填料；在高压系统中则采用公制细牙螺纹，外加端面垫圈。常用管接头类型如图 6-20 所示。

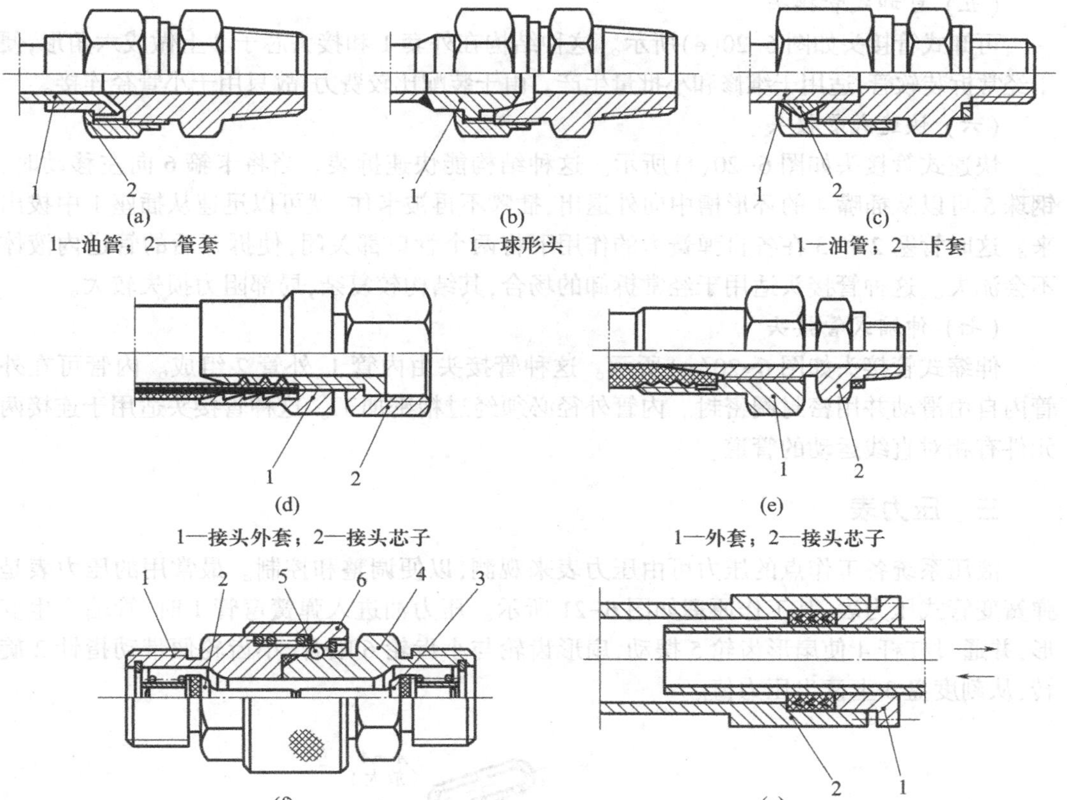

(a) 1—油管；2—管套

(b) 1—球形头

(c) 1—油管；2—卡套

(d) 1—接头外套；2—接头芯子

(e) 1—外套；2—接头芯子

(f) 1—插座；2、3—管塞；4—插嘴；5—钢珠；6—卡箍

(g) 1—内管；2—外管

图 6-20 常用管接头

(一) 扩口管接头

扩口管接头如图 6-20(a)所示。这种管接头利用油管 1 管端的扩口在管套 2 的紧压下进行密封。其结构简单,适用于铜管、薄壁钢管、尼龙管和塑料管等低压管道的连接处。

(二) 焊接管接头

焊接管接头如图 6-20(b)所示。这种管接头连接牢固,利用球面进行密封,简单可靠。缺点是装配时球形头 1 必须与油管焊接,因此适用厚壁钢管。其工作压力可达 31.5MPa。

(三) 卡套式管接头

卡套式管接头如图 6-20(c)所示。这种管接头利用卡套 2 卡住油管 1 进行密封。其轴向尺寸要求不严,装拆方便。但对油管的径向尺寸精度要求较高,须采用精度较高的冷拔钢管。其工作压力可达 31.5MPa。

(四) 扣压式管接头

扣压式管接头如图 6-20(d)所示。这种管接头由接头外套 1 和接头芯子 2 组成,软管装好后再用模具扣压,使软管得到一定的压缩量。此种结果具有较好的防脱落和密封性能,因而在机床的中、低压系统中得到应用。

（五）可卸式管接头

可卸式管接头如图 6-20(e)所示。这种结构在外套 1 和接头芯子 2 上做成六角形，便于经常拆装软管，适用于维修和小批量生产。由于装配比较费力，故只用于小管径连接。

（六）快速式管接头

快速式管接头如图 6-20(f)所示。这种结构能快速拆装。当将卡箍 6 向左移动时，钢珠 5 可以从插嘴 4 的环形槽中向外退出，插嘴不再被卡住，就可以迅速从插座 1 中拔出来。这时管塞 2 和 3 在各自弹簧力的作用下将两个管口都关闭，使拆开后的管道内液体不会流失。这种管接头适用于经常拆卸的场合，其结构较复杂，局部阻力损失较大。

（七）伸缩式管接头

伸缩式管接头如图 6-20(g)所示。这种管接头由内管 1、外管 2 组成。内管可在外管内自由滑动并用密封圈密封。内管外径必须经过精密加工。这种管接头适用于连接两元件有相对直线运动的管道。

三、压力表

液压系统各工作点的压力可由压力表来观测，以便调整和控制。最常用的压力表是弹簧变管式压力表，其工作原理如图 6-21 所示。压力油进入弹簧弯管 1 时，管端产生变形，并通过杠杆 4 使扇形齿轮 5 摆动，扇形齿轮与小齿轮 6 啮合，小齿轮便带动指针 2 旋转，从刻度盘 3 上读出压力值。

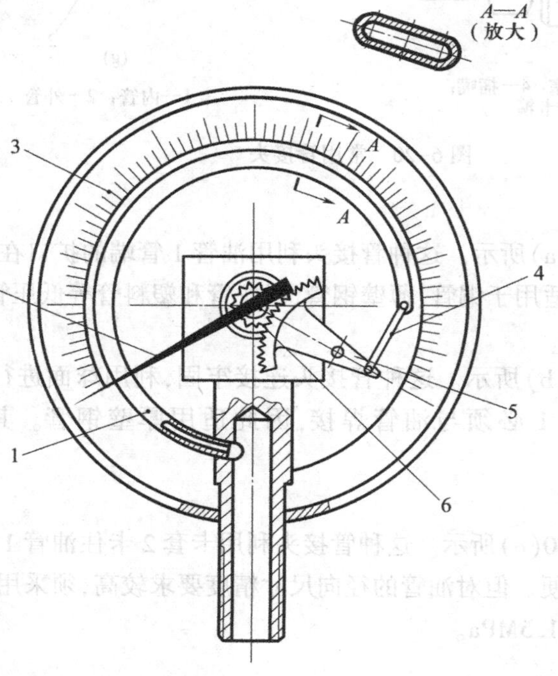

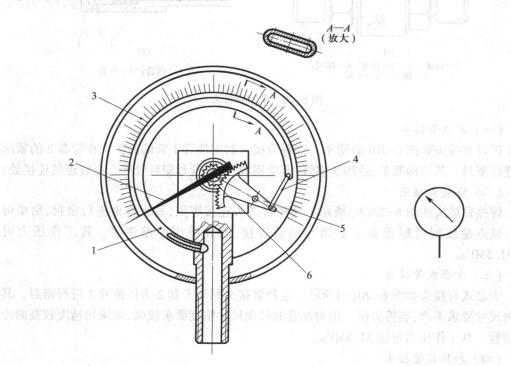

图 6-21　弹簧弯管式压力表

1—弹簧弯管；2—指针；3—刻度盘；4—杠杆；5—扇形齿轮；6—小齿轮

压力表的精度等级以其误差占量程的百分数表示。选用压力表时,系统最高压力约为其量程的四分之三比较合理。为防止压力冲击损坏压力表,常在连接压力表的通道上设置阻尼器。

小　结

一、主要概念

(1) 滤油器的作用、过滤精度等级、过滤精度与系统的工作压力间的关系。

(2) 滤油器的典型结构及其特性(过滤精度等级、压力损失、应用场合等)。

(3) 滤油器的安装位置及其相应的作用。

(4) 蓄能器的工作原理、类型及主要功用。

(5) 气囊式蓄能器所维持系统的最低压力 p_2 与蓄能器的充气压力 p_0 间的关系。

(6) 油管、管接头的种类、使用范围。

二、计算

蓄能器的容量或蓄能器输出油液体积的计算。

自我检测题及其解答

【题目】 一用折合式蓄能器使液压泵卸荷的液压系统,如自检题图5所示。已知液压缸的工作压力为 $p=98\times10^5$Pa,若允许的压力下降率为 $\delta=0.12$,在泵卸荷的时间内,系统的漏损量 $\Delta V=0.1$L。试问蓄能器的充气压力多大?蓄能器的容量多大?

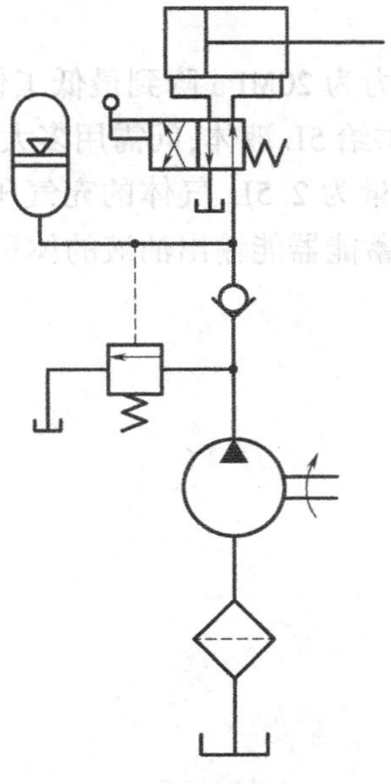

自检题图5

【解答】

1) 求充气压力 p_0

由题意知蓄能器维持的最高工作压力为 $p_1 = 98\times10^5\text{Pa}$,由压力下降率求出蓄能器要维持的系统最低工作压力 p_2:

由
$$\delta=\frac{p_1-p_2}{p_1}=0.12$$

可得
$$p_2=p_1-\delta p_1=p_1(1-\delta)=98\times10^5(1-0.12)=86.24\times10^5\text{Pa}$$

则
$$p_0=(0.80\sim0.85)p_2=(0.80\sim0.85)\times86.24\times10^5\text{Pa}$$
$$=(69\sim73.3)\times10^5\text{Pa}$$

选取
$$p_0=72\times10^5\text{Pa}$$

2) 求容量 V_0

$\Delta V=0.1\text{L}$ 是蓄能器向系统的补油容量。蓄能器慢速输油时,$n=1$,由式(6-3)可得

$$V_0 = V_W\left(\frac{p_2}{p_0}\right)\bigg/\left[1-\left(\frac{p_2}{p_1}\right)\right]$$
$$=\frac{V_W p_1 p_2}{(p_1-p_2)p_0}=\frac{\Delta V p_1 p_2}{(p_1-p_2)p_0}$$
$$=\frac{0.1\times98\times10^5\times86.24\times10^5}{(98-86.24)\times72\times10^5\times10^5}$$
$$=0.998\text{L}$$

由本书参考文献[2](作者成大先)查选,采用 NXQ1-1.6/10-L 型囊式蓄能器(其公称容量为 1.6L,公称压力为 10MPa,采用螺纹连接)。

习　题

6-1　在一个由最高工作压力为 20MPa 降到最低工作压力为 10MPa 的液压系统中,假设蓄能器充气压为 9MPa 时,供给 5L 液体,问需用多大容量的蓄能器?

6-2　一个气囊式蓄能器容量为 2.5L,气体的充气压为 2.5MPa,当工作压力从 $p_1 = 7\text{MPa}$ 变化到 $p_2=5\text{MPa}$ 时,试求蓄能器能输出油液的体积。

第七章　液压基本回路

一台设备的液压系统不论多么复杂或简单,都是由一些液压基本回路组成的。所谓液压基本回路就是由一些液压件组成的、完成特定功能的油路结构。例如:用来调节执行元件(液压缸或液压马达)速度的调速回路;用来控制系统全局或局部压力的调压回路、减压回路或增压回路;用来改变执行元件运动方向的换向回路等,这些都是液压系统中常见的基本回路。熟悉和掌握这些回路的构成、工作原理和性能,对于正确分析和合理设计液压系统是很重要的。

在液压系统中,调速回路性能往往对系统的整个性能起着决定性的影响,特别是那些对执行元件的运动要求较高的液压系统(如机床液压系统等)尤其如此。因此,调速回路在液压系统中占有突出的地位,其他基本回路则常是围绕着调速回路来匹配的。所以,本章将重点讨论调速回路,同时也介绍常用的其他基本回路。

第一节　调速回路

一、概述

(一) 对调速回路的基本要求

通常,调速回路应满足如下基本要求:

(1) 能在规定的范围内调节执行元件的速度,满足要求的最大速比。

(2) 提供驱动执行元件所需的力或转矩。

(3) 负载变化时,已调好的速度稳定不变或在允许的范围内变化,即液压系统具有足够的速度刚性。

(4) 功率损失要小。

(二) 调速回路的类型

按速度的调节方法分,调速回路有如下三种形式:

(1) 节流调速。即采用定量泵供油,依靠流量控制阀调节流入或流出执行元件的流量 Q 实现变速。

(2) 容积调速。即依靠改变变量泵和(或)改变变量液压马达的排量 q_p、q_M 来实现变速。

(3) 容积节流调速(联合调速)。即依靠变量泵和流量控制阀的联合调速。其特点是,由流量控制阀改变输入或流出执行元件的流量来调节速度,同时又通过变量泵的自身调节过程使其输出的流量和流量阀所控制的流量相适应。

按油液在油路中的循环形式分,有如下两种回路:

(1) 开式回路。油液在油路中的循环路线为:泵的出口→执行元件→油箱→泵的入口。开式回路的特点是结构简单，能使油液较好地冷却和使杂质沉淀，但油箱尺寸大，空气和杂物易进入回路中。由于节流调速回路发热较多，故实际应用中节流调速回路都采用开式回路。

(2)闭式回路。油液在油路中的循环路线为泵的出口→执行元件→泵的入口，即油液形成闭式循环。闭式回路的特点是油箱尺寸小，结构紧凑，减少了空气和杂物进入回路的机会，但结构较复杂，油液散热条件差，需要辅助泵向系统供油，以弥补泄漏和冷却。容积式调速回路要求结构紧凑、污染少，因此采用闭式回路较多，但也有采用开式回路的。

二、节流调速回路

节流调速回路根据所用流量控制阀的不同，有普通节流阀的节流调速回路和调速阀的节流调速回路两种；又根据流量控制阀在回路中的位置不同，有进口节流调速、出口节流调速和旁路节流调速三种。

（一）采用节流阀的节流调速回路

1. 进口节流调速回路

1）油路结构

进口节流调速回路主要由定量泵、溢流阀、节流阀、执行元件——液压缸等组成，节流阀装在液压缸的进油路上，如图7-1所示。

2）调速原理

如图7-1所示，定量泵输出的流量 Q_p 在溢流阀调定的供油压力 p_p 下，其中一部分流量 Q_1 经节流阀后，压力降为 p_1，进入液压缸的左腔并作用于有效工作面积 A_1 上，克服负载 F_L，推动液压缸的活塞以速度 v 向右运动；另一部分流量 ΔQ 经溢流阀流回油箱。当不考虑摩擦力和回油压力($p_2=0$)时，活塞的运动速度和受力方程分别为

$$v = \frac{Q_1}{A_1} \tag{7-1}$$

$$p_1 A_1 = F_L \tag{7-2}$$

若不考虑泄漏，则根据流量连续性原理，流量 Q_1 为节流阀的过流量。设节流阀前后压力差为 Δp_T，联立式(7-1)、式(7-2)和式(5-4)可得

$$v = \frac{C_T A_T}{A_1}\left(p_p - \frac{F_L}{A_1}\right)^m \tag{7-3}$$

可见，当其他条件不变时，活塞的运动速度 v 与节流阀的过流断面积 A_T 成正比，故调节 A_T 就可调节液压缸的速度。

3）性能特点

(1) 速度-负载特性。所谓速度-负载特性是指执行元件的速度随负载变化而变化的性能。这一性能是由速度-负载特性曲线来描述的。

在液压传动中，通过控制阀口的流量是按薄壁小孔流量公式计算的，因此令式(7-3)中的指数 $m=1/2$，则有

$$v = \frac{C_T A_T}{A_1^{\frac{3}{2}}}(A_1 p_p - F_L)^{\frac{1}{2}} \tag{7-4}$$

将式(7-4)按不同的 A_T 作图,则得出一组速度-负载特性曲线,如图 7-2 所示。由图及式(7-4)可见,当 p_p 和 A_T 调定后,活塞的速度随负载加大而减小,当 $F_L=F_{L\max}=p_pA_1$ 时,速度降为零,活塞停止不动;反之,负载减小活塞速度加大。通常,负载变化对速度的影响程度用速度刚度 k_v 来衡量,速度刚度的定义为

$$k_v=-\frac{\partial F_L}{\partial v} \tag{7-5}$$

即速度刚度是速度-负载特性曲线上某点切线斜率的倒数,斜率越小,速度刚度越大,已调定的速度受负载波动的影响就越小,速度的稳定性就越好。反之亦然。

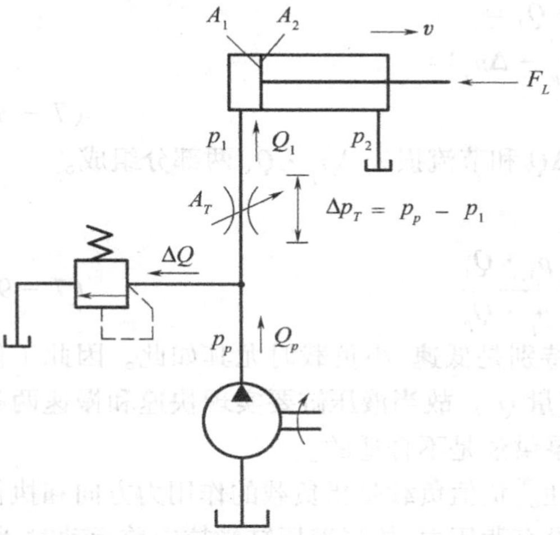

图 7-1　节流阀的进口节流调速回路

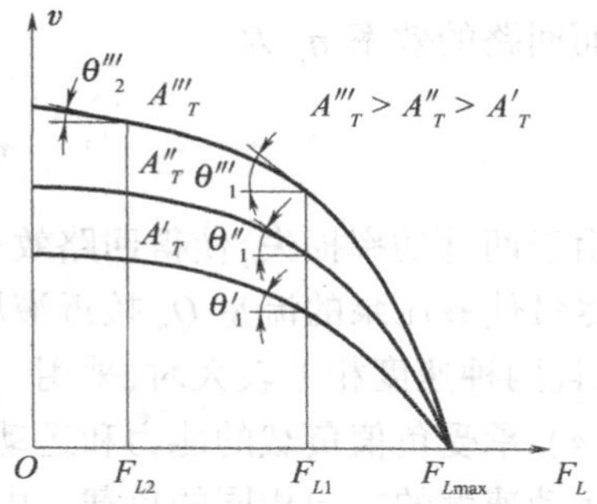

图 7-2　节流阀进口节流调速回路的速度-负载特性曲线

因随着负载的增加,速度将下降。为保持 k_v 为正值,在式(7-5)前加一负号。若以 θ 表示速度-负载特性曲线上某一点的切线角,则式(7-5)也可写成

$$k_v=-\frac{1}{\tan\theta} \tag{7-6}$$

由式(7-4)和式(7-5)可求得速度刚度:

$$k_v=\frac{2A_1^{\frac{3}{2}}}{C_TA_T}(p_pA_1-F_L)^{\frac{1}{2}}=\frac{2(p_pA_1-F_L)}{v} \tag{7-7}$$

由上式及图 7-2 可以看出:

① 当 A_T 一定时(如 $A_T=A_T'''$),负载 F_L 越小(如 $F_{L2}<F_{L1}$),速度刚度 k_v 越大(如 $1/\tan\theta_2'''>1/\tan\theta_1'''$)。

② 当负载 F_L 一定时(如 $F_L=F_{L1}$),A_T 越小(如 $A'_T<A''_T<A_T'''$),速度刚度 k_v 越大(如 $1/\tan\theta_1'>1/\tan\theta_1''>1/\tan\theta_1'''$)。

③ 适当增大液压缸的有效工作面积 A_1 和提高液压泵的供油压力 p_p 可提高速度刚度。

由上述分析可知,这种调速回路在低速小负载时的速度刚度较高,但在低速小负载的情况下功率损失较大,效率较低。

(2) 最大承载能力。由式(7-4)和图 7-2 可以看出,在 p_p 调定的情况下,不论 A_T 如何变化,液压缸的最大承载能力是不变的,即 $F_{L\max}=p_pA_1$。故称这种调速方式为恒推力调速。

(3) 功率特性。液压泵的输出功率为

$$P_p = p_p \cdot Q_p = \text{const}$$

液压缸输出的有效功率为

$$P_1 = F_L \cdot v = F_L \cdot Q_1/A_1 = p_1 \cdot Q_1$$

回路的功率损失(不考虑液压缸、管路和液压泵上的功率损失)为

$$\begin{aligned}\Delta P = P_p - P_1 = p_pQ_p - p_1 \cdot Q_1 = \\ p_p(Q_1 + \Delta Q) - Q_1(p_p - \Delta p_T) = \\ p_p \cdot \Delta Q + \Delta p_T \cdot Q_1\end{aligned} \tag{7-8}$$

故这种调速回路的功率损失由溢流损失 $p_p \cdot \Delta Q$ 和节流损失 $\Delta p_T \cdot Q_1$ 两部分组成。

而回路的效率 η_c 为

$$\eta_c = \frac{P_1}{P_p} = \frac{p_1 \cdot Q_1}{p_p \cdot Q_p} \tag{7-9}$$

由于两种功率损失,使得回路效率很低,特别是低速、小负载时尤其如此。因此工作时应尽量使液压泵的流量 Q_p 接近液压缸的流量 Q_1。故当液压缸要实现快速和慢速两种运动,且两种速度相差较大时,采用一个定量泵供油是不合适的。

(4) 承受负值负载的能力和运动的平稳性。负值负载是指负载的作用力方向和执行元件运动速度的方向相同的负载。由于回油没有背压力,故当液压缸受拉向前运动时,将使活塞运动速度失去控制。因此,进口节流调速回路不能承受负值负载。另外,当负载突然变小时,活塞因无背压将产生突然快进——前冲现象。因此,这种调速回路的运动平稳性差。

(5) 油液发热对泄漏的影响。这种调速回路,经节流阀后发热的油液直接进入液压缸,对液压缸泄漏的影响较大,从而直接影响液压缸的容积效率和速度的稳定性。

2. 出口节流调速回路

在这种调速回路中,节流阀串联在液压缸的回油路上(见图 7-3),借助节流阀控制液压缸的排油量 Q_2 实现速度调节。由于进入液压缸的流量 Q_1 受到回油路上排油量 Q_2 的限制,因此用节流阀来调节液压缸排油量 Q_2,也就调节了进油量 Q_1。定量泵多余的油液经溢流阀流回油箱。

把出口节流调速回路作类似于进口节流调速回路的分析,可知两者在速度—负载特性、最大承载能力及功率特性等方面是相同的,它们通常都适用于低压、小流量、负载变化不大的液压系统。但两种回路有以下明显差别,选用时应予以注意。

(1) 出口节流调速由于回油路上有背压,因此能承受负值负载(而进口节流调速则要在回油路上加背压阀后才能承受负值负载),并在工作过程中运动较平稳。

(2) 出口节流调速回路中经节流阀发热的油液直接流回油箱(进口节流调速则流入液压缸),因此对液压缸的泄漏、容积效率及稳定性无影响。

(3) 启动时的前冲。在出口节流调速回路中,若停车时间较长,液压缸回油腔中要漏

掉部分油液，形成空隙。重新启动时，液压泵全部流量进入液压缸，使活塞以较快速度前冲一段距离，直到消除回油腔中的空隙并形成背压为止。这种启动时的前冲现象可能会损坏机件。但对于进口节流调速回路，只要在启动时关小节流阀，就能避免前冲。

3. 旁路节流调速回路

1）油路结构

图 7-4 为节流阀的旁路节流调速回路，这种回路与进、出口节流调速回路的主要区别是将节流阀安装在与液压缸并联的进油支路上，并且回路中的溢流阀作安全阀用。

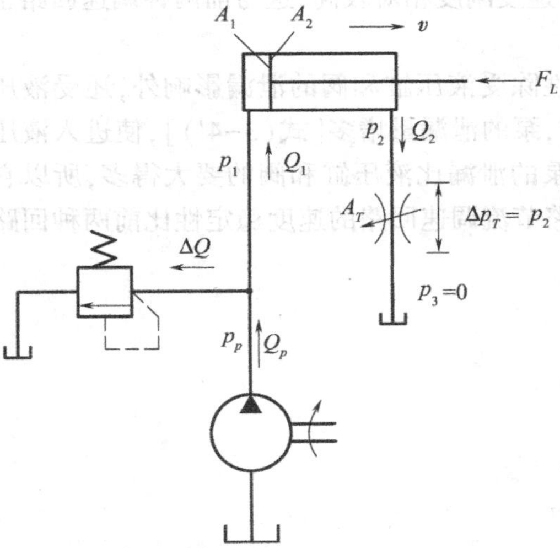

图 7-3 节流阀的出口节流调速回路

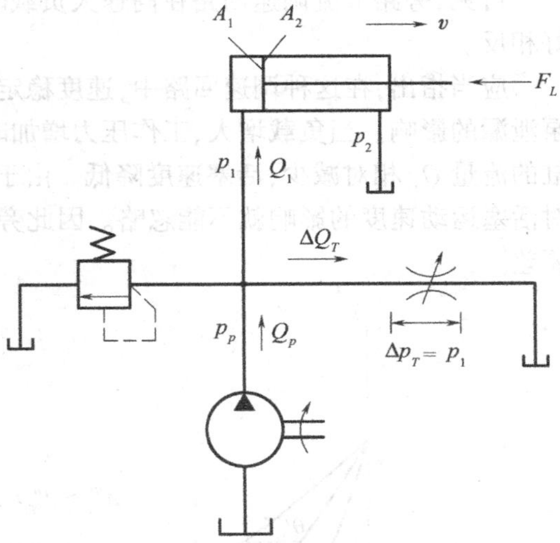

图 7-4 节流阀的旁路节流调速回路

2）调速原理

定量泵输出的流量 Q_p，其中一部分 ΔQ_T 通过节流阀流回油箱，另一部分 $Q_1 = Q_p - \Delta Q_T$ 进入液压缸，推动活塞运动。如果流量 ΔQ_T 增多，流量 Q_1 就减少，活塞的速度就慢；反之，活塞的速度就快。因此，调节节流阀的过流量 ΔQ_T，就间接地调节了进入液压缸的流量 Q_1，也就调节了活塞的运动速度 v。这里，液压泵的供油压力 p_p（在不考虑管路损失时）等于液压缸进油腔的工作压力 p_1，其大小决定于负载 F_L；安全阀的调定压力应大于最大的工作压力，它仅在回路过载时才打开。

3）性能特点

（1）速度-负载特性。这种回路的速度—负载特性用上述同样的分析方法求得活塞的运动速度为

$$v = \frac{Q_1}{A_1} = \frac{Q_p - \Delta Q_T}{A_1} = \frac{Q_p - C_T A_T (\Delta p_T)^{\frac{1}{2}}}{A_1} = \frac{Q_p - C_T A_T \left(\frac{F_L}{A_1}\right)^{\frac{1}{2}}}{A_1} \tag{7-10}$$

因而速度刚度为

$$k_v = -\frac{\partial F_L}{\partial v} = \frac{2A_1^2}{C_T A_T} p_1^{\frac{1}{2}} = \frac{2A_1 F_L}{Q_p - A_1 v} \tag{7-11}$$

旁路节流调速回路的速度-负载特性曲线如图7-5所示。由图7-5和式(7-11)可看出:

① 当节流阀的过流断面积一定而负载增加时,速度显著下降;

② 当节流阀的过流断面积一定时(如 $A_T=A'_T$),负载越大(如 $F_{L2}>F_{L1}$),速度刚度越大(切线角 $\theta'_2<\theta'_1$);

③ 当负载一定时(如 $F_L=F_{L1}$),节流阀的过流断面积越小(如 $A'''_T>A''_T>A'_T$),速度刚度越大(切线角 $\theta'''_1>\theta''_1>\theta'_1$);

④ 增大活塞面积 A_1 可提高速度刚度。

可见,旁路节流调速回路在高速大负载时速度刚度相对较高,这与前两种调速回路正好相反。

应当指出,在这种调速回路中,速度稳定性除受液压缸和阀的泄漏影响外,还受液压泵泄漏的影响。当负载增大、工作压力增加时,泵的泄漏量增多[式(3-4′)],使进入液压缸的流量 Q_1 相对减少,活塞速度降低。由于泵的泄漏比液压缸和阀的要大得多,所以它对活塞运动速度的影响就不能忽略。因此旁路节流调速回路的速度稳定性比前两种回路要差。

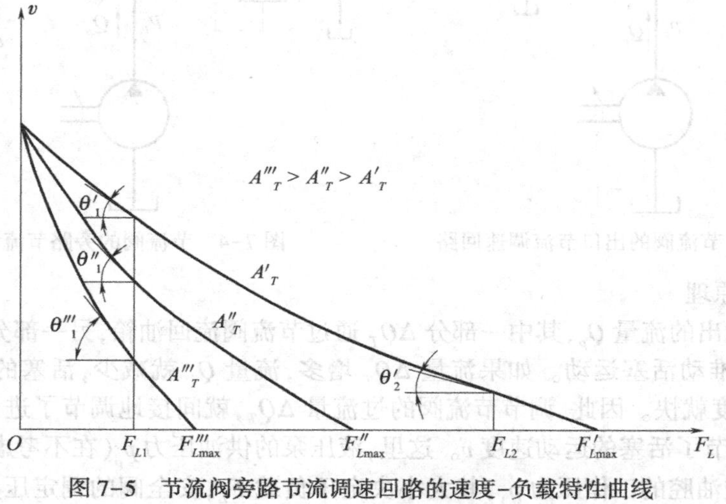

图7-5　节流阀旁路节流调速回路的速度-负载特性曲线

(2) 最大承载能力。由图7-5可看出,旁路节流调速回路能承受的最大负载 $F_{L\max}$ 随着活塞运动速度的降低而减少($F'_{L\max}>F''_{L\max}>F'''_{L\max}$)。最大负载值可在式(7-10)中令 $v=0$ 时得到。这时液压泵的全部流量 Q_p 都经节流阀流回油箱。此时若继续增大节流阀的过流断面积已不起调节作用,只能使系统压力降低,其最大承载能力也随之下降。因此,这种调速回路的最大承载能力在低速时低,其调速范围也较小。

(3) 功率特性。这种回路只有节流损失 $\Delta P(=p_1\Delta Q_T)$ 而无溢流损失;液压泵的输出功率 P_p 随着工作压力 p_1 的增减而增减。因而回路效率 $\eta_c(=P_1/P_p=p_1Q_1/p_pQ_p\approx Q_1/Q_p)$ 较前两种调速回路都高,并且当泵的流量 Q_p 确定后,速度越大(Q_1 越大),效率越高。

综上所述,旁路节流调速回路只宜用在负载变化不大、对速度稳定性要求不高、高速大负载的场合。

（二）采用调速阀的节流调速回路

如前所述，三种节流阀的节流调速回路的速度稳定性之所以较差，主要原因是由于负载变化引起了节流阀两端压差的变化，从而使节流阀的流量发生变化。如果用调速阀代替回路中的节流阀，由于调速阀两端的压差不受负载变化的影响，其过流量只取决于节流口过流断面积的大小，因而可以大大提高回路的速度刚度、改善速度的稳定性。这就是调速阀的节流调速回路。不过，这些性能上的改善是以加大整个流量控制阀的工作压差为代价的——调速阀的工作压差一般最少要 5×10^5Pa，高压调速阀可达 10×10^5Pa。

调速阀的节流调速回路在机床的中、低压小功率系统中得到了广泛应用。

三、容积调速回路

容积调速回路是依靠改变泵和（或）液压马达的排量来实现调速的。这种调速回路有变量泵与定量执行元件（液压缸或液压马达）、变量泵与变量液压马达以及定量泵与变量液压马达等几种组合形式。容积式调速多采用闭式回路。与节流调速回路相比，容积式调速回路既没有溢流损失，也没有节流损失，所以回路效率较高，发热少。但变量泵或变量液压马达的结构较定量泵或定量液压马达复杂，并且回路中常需要辅助泵来补油和散热，因此容积调速回路的成本较节流调速回路的成本稍高，这在一定程度上限制了容积调速回路的使用范围。一般认为液压系统功率较大或对发热限制较严时，宜采用容积调速回路。

（一）变量泵和液压缸的容积调速回路

1. 油路结构及工作原理

图 7-6 为这种调速回路，其中图（a）为开式回路，图（b）为闭式回路。改变变量泵的排量就能达到调速的目的。图中 3 是安全阀，用以防止系统过载，平时不打开。对于图（b）所示的闭式回路，还可采用双向变量泵来使液压缸换向（图中只表示了单向运动情况），但是由于液压缸二腔有效工作面积不可能完全相等以及液压缸外泄漏等原因，回路

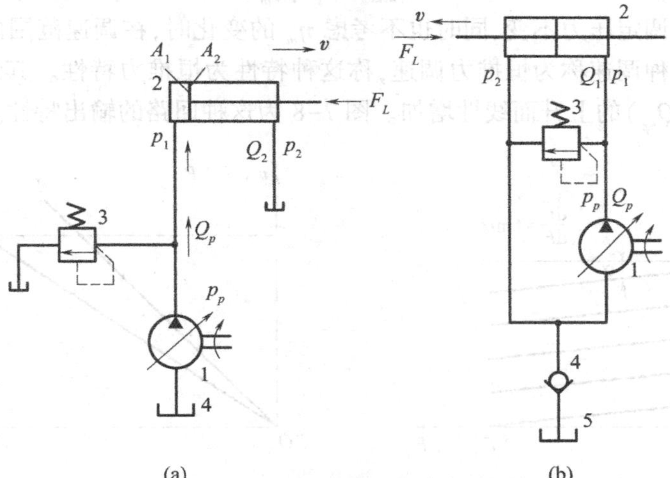

图 7-6 变量泵-液压缸容积调速回路

1—变量泵；2—液压缸；3—安全阀；4—油箱[图(a)]，单向阀[图(b)]；5—补油油箱[图(b)]。

中还需及时对系统补油。图中5是补油油箱。当液压泵的吸油腔因缺油而使压力下降到低于大气压力时,油液从补油油箱5通过单向阀4向系统补油。单向阀4的作用是防止回路停车时液压缸回油腔中的油液流回油箱。

2. 性能特点

1) 速度-负载特性

这种调速回路速度的稳定性主要受变量泵泄漏的影响,其泄漏量与工作压力成正比。若泵的理论流量为 Q_{t_p},泄漏系数为 k_l,求得这种回路(以开式回路为例)的活塞运动速度为

$$v = \frac{Q_1}{A_1} = \frac{Q_p}{A_1} = \frac{1}{A_1}\left[Q_{t_p} - k_l\left(\frac{F_L}{A_1}\right)\right] \tag{7-12}$$

将式(7-12)按不同的 Q_{t_p} 值作图,可得一组平行直线,如图7-7所示,即速度-负载特性曲线。由图可见,由于泵有泄漏,活塞运动速度将随负载增加而减小。当速度调得较低时,负载增至某值后活塞将停止运动(图中 F'_L 点)。这时泵的理论流量全部用来弥补了泄漏。可见这种调速回路在低速下的承载能力是很差的。这种调速回路的速度刚度为

$$k_v = A_1^2/k_l \tag{7-13}$$

可见,k_v 值不受负载影响;加大液压缸的有效工作面积,减小泵的泄漏,都可以提高回路的速度刚度。

2) 调速范围

这种调速回路的最大速度决定于泵的最大流量[式(7-12)],而最低速度则可以调得很低(若没有泄漏最低速度可近似调到零),因此调速范围较大。对于图7-6(b),如果采用双向变量泵,则可不需要换向阀,由变量泵直接操纵执行元件换向,并在正反向之间实现连续的无级变速。

3) 恒推力特性

在上述回路中,液压缸的最大工作压力由安全阀3限定(为 p_s),若液压缸的机械效率为 η_m,则液压缸能产生的最大推力 F_{max} 为

$$F_{max} = p_s A_1 \eta_m \tag{7-14}$$

所以当安全阀的调定压力不变,同时也不考虑 η_m 的变化时,在调速范围内液压缸的最大推力也不变。这种调速称为恒推力调速,称这种特性为恒推力特性。其最大输出功率 P 随着速度(流量 Q_{t_p})的上升而线性增加。图7-8为这种回路的输出特性。

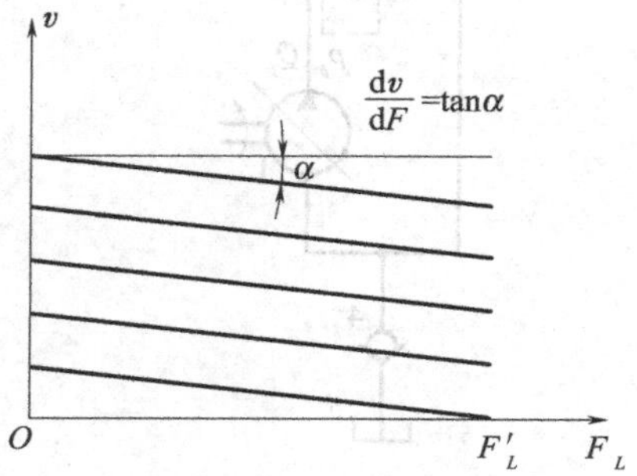

图7-7 变量泵-液压缸式容积调速回路的速度-负载特性曲线

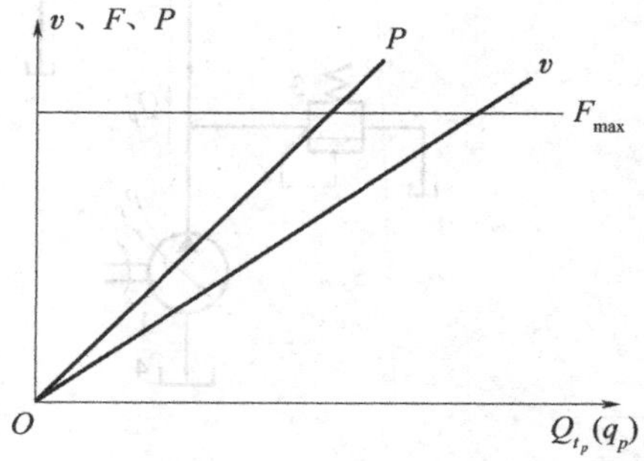

图7-8 液压缸的输出特性

（二）变量泵-定量液压马达的容积调速回路

1. 油路结构及工作原理

调速回路如图 7-9 所示。图中，安全阀 4 装在高低压油路之间，用以限定回路最高工作压力，防止系统过载。辅助泵 1 装在低压油路上，工作时经单向阀 2 向低压油路补油，并防止空气渗入和空穴现象的出现，促进热交换。溢流阀 6 溢出多余油液，把回路中的热量带走。泵 1 的补油压力由溢流阀 6 调定，一般为$(3\sim10)\times10^5$Pa，其流量通常为变量泵 3 最大流量的 10%~15%。

若不考虑泵、管路和液压马达的泄漏，则液压马达的转速 n_M 为

$$n_M=\frac{Q_{t_M}}{q_M}=\frac{Q_M}{q_M}=\frac{Q_p}{q_M}=\frac{Q_{t_p}}{q_M}=\frac{n_p}{q_M}q_p=f(q_p) \quad (7-15)$$

因 q_M、n_p 都为常数，故调节变量泵 3 的排量 q_p 就调节了液压马达的转速 n_M。n_M 与 q_p 的关系曲线如图 7-10 所示。

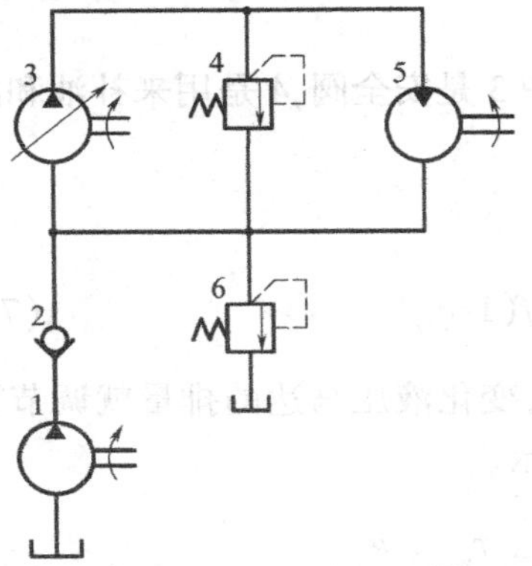

图 7-9 变量泵-定量液压马达容积调速回路

1—单向定量泵；2—单向阀；3—单向变量泵；4—安全阀；5—单向定量马达；6—溢流阀

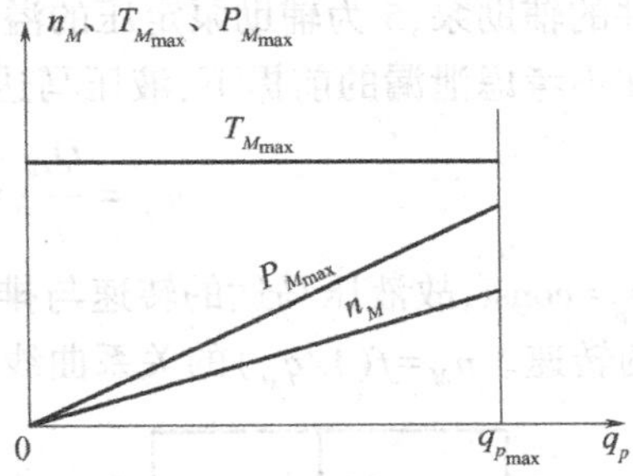

图 7-10 n_M、$T_{M_{\max}}$、$P_{M_{\max}}$ 与 q_p 的关系曲线

2. 性能特点

1）速度-负载特性

实际上，因泵与马达均有泄漏，且其泄漏量与负载压力成正比[式(3-4′)]，因此负载变化将直接影响液压马达速度的稳定性。即随负载转矩的增加液压马达的转速略有下降。但减少泵和(或)液压马达的泄漏量，增大液压马达的排量，都可以提高回路的速度刚度。

2）调速范围

由于变量泵的排量 q_p 可以调得较小，因此这种调速回路有较大的调速范围。如果采用高质量的柱塞变量泵，那么其调速范围可达 40，并可实现连续的无级调速。当回路中的液压泵能改变供油方向时，液压马达能实现平稳的换向。

3）恒转矩特性

在图 7-9 中，液压马达的最高输入油压 $p_{M_{\max}}$ 由安全阀 4 调定为定值，又因为定量液压马达 q_M 一定，因此当不计液压马达的出口油压时，液压马达能输出的最大转矩 $T_{M_{\max}}$ 为

$$T_{M\max}=\frac{p_{M_{\max}}q_M}{2\pi}\eta_{mM}=\text{const} \quad (7-16)$$

即若不考虑机械效率 η_{mM} 的变化，则在调速范围内的各种速度下液压马达的最大输出转矩是不变的。因此称这一特性为恒转矩特性（见图 7-10）；这种调速为恒转矩调速。

4）功率特性

若不计各种损失，液压马达的最大输出功率为

$$P_{M_{\max}} = q_p n_p p_{M_{\max}} = f(q_p) \tag{7-17}$$

故液压马达的最大输出功率随变量泵的排量变化而线性变化，如图 7-10 所示。

5）效率

因无溢流损失和节流损失，所以回路效率较高。在不计管路损失情况下，回路总效率为液压泵和液压马达总效率之积。

综上所述，这种调速回路具有一定的调速范围，回路效率比较高，具有恒转矩特性，在行走机械、起重机械及锻压设备等功率较大的液压系统中得到了广泛应用。

（三）定量泵-变量液压马达的容积调速回路

1. 油路结构及工作原理

这种调速回路的油路结构如图 7-11 所示。其中 3 是安全阀，4 是用来补油和改善吸油条件的辅助泵，5 为辅助泵定压的溢流阀。

在不考虑泄漏的前提下，液压马达的转速为

$$n_M = \frac{Q_{t_M}}{q_M} = \frac{Q_{t_p}}{q_M} = \frac{n_p q_p}{q_M} = f(1/q_M) \tag{7-18}$$

由于 $q_p = \text{const}$，故液压马达的转速与排量 q_M 成反比，变化液压马达的排量就调节了液压马达的转速。$n_M = f(1/q_M)$ 的关系曲线如图 7-12 所示。

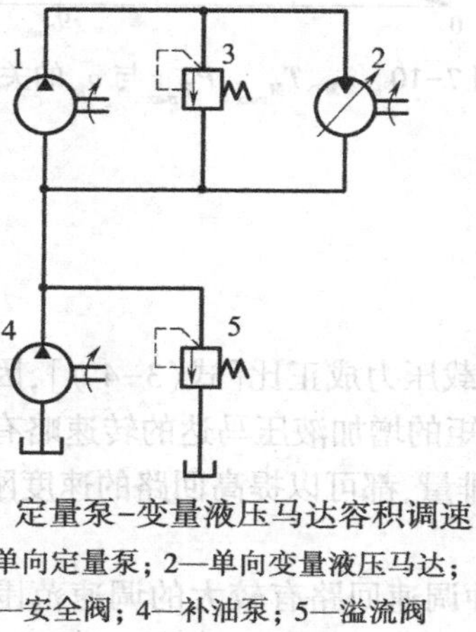

图 7-11 定量泵-变量液压马达容积调速回路

1—单向定量泵；2—单向变量液压马达；3—安全阀；4—补油泵；5—溢流阀

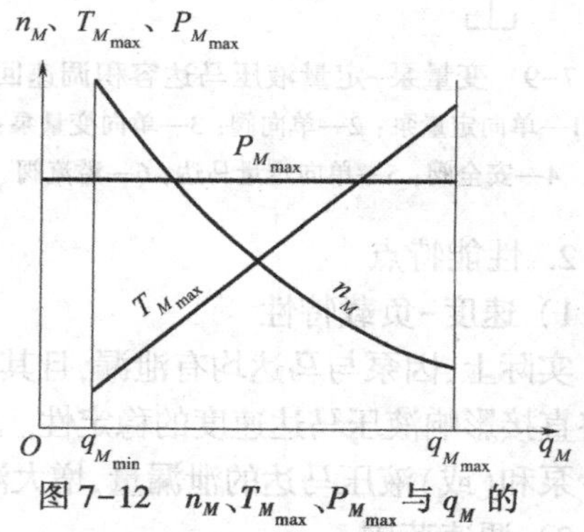

图 7-12 n_M、$T_{M_{\max}}$、$P_{M_{\max}}$ 与 q_M 的关系曲线

2. 性能特点

1）速度-负载特性

这种调速回路的速度-负载特性与变量泵-定量液压马达容积调速回路的完全相同。

2）调速范围

由式（7-18）可以看出，减小液压马达的排量可提高其转速，但这将导致液压马达输出转矩的减小，使机械效率降低。当排量减小到一定程度时，液压马达将会因输出转矩不

足以克服负载而停止转动。所以液压马达的转速不能太高;同时,受液压马达变量机构最大行程的限制,其排量也不能太大,转速也不可太低。因此这种调速回路的调速范围较小,一般只有4左右。

3）恒功率特性

当安全阀3的调定压力 $p_{M_{\max}}$ 一定时,液压马达的最大输出功率 $P_{M_{\max}}$ 为

$$P_{M_{\max}} = p_{M_{\max}} Q_M \eta_M \tag{7-19}$$

当不考虑泄漏(此时液压马达的流量等于液压泵的流量,为定值)和液压马达总效率 η_M 的变化时,最大输出功率 $P_{M_{\max}}$ 为一定值。因此,回路的这一特性称为恒功率特性,这种调速称为恒功率调速。实际上,液压马达排量的减小将使输出转矩减小、机械效率降低,进而使总效率 η_M 降低、最大输出功率减小。图7-12为不考虑效率变化时,这种调速回路的功率特性。

4）转矩特性

液压马达的最大转矩 $T_{M_{\max}}$ 仍按式(7-16)计算,不同的是,此时液压马达的排量 q_M 是可变的,输出的最大转矩也是变化的,并且随着液压马达排量的增减而增减。将二者关系作图如图7-12所示。

5）效率

在不考虑管路损失的情况下,回路的效率为泵和液压马达效率之积。由于液压马达的机械效率随其排量的减小而下降,故在高速时回路的效率有所下降。

定量泵—变量液压马达容积调速的优点是恒功率调速,但其调速范围小,同时又不宜采用变量马达(双向变量马达)来换向。因此这种调速方法很少单独使用。

(四) 变量泵-变量液压马达的容积调速回路

1. 油路结构及工作原理

图7-13为这种调速回路的油路结构。图中:1为辅助泵(补油);12为给泵1定压的溢流阀;单向阀4、5用于双向补油;溢流阀6、7用于两个方向上的安全阀;压差式液动换向阀8用于回路中的热交换;溢流阀9用于定回油路(低压油路)的排油压力;双向变量泵2既可以改变流量,又可以改变供油方向,用以实现液压马达10的调速和换向。

2. 调速特性

这种调速回路相当于恒转矩调速回路与恒功率调速回路的组合。当将液压马达的速度由低向高调节时,首先将液压马达的排量置于最大值上不动,调节变量泵的排量,使泵的排量由小到大变化,直到泵的排量变到最大值为止。这一阶段就是恒转矩调速阶段。回路的特性与恒转矩回路相似,参数 n_M、$T_{M_{\max}}$、$P_{M_{\max}}$ 与 q_p 的关系如图7-14左半部分所示。此后,将泵的最大排量固定不动,而将液压马达的排量由大向小变化,直到马达排量减小到某一允许值为止。这一阶段则是恒功率调速阶段,回路的特性与恒功率回路相似,参数 n_M、$T_{M_{\max}}$、$P_{M_{\max}}$ 与 q_M 的关系如图7-14右半部分所示。

由于这种调速回路兼有上述两种回路的性能,因而回路总的调速范围扩大了(可达100)。回路在恒转矩的低速段可保持最大输出转矩不变;而在高速段则可提供较大的功率输出。这一特点正好符合大部分机械的要求,所以受到广泛应用。这种调速回路常用于机床主运动、纺织机械、矿山机械和行走机械中,以获得较大的调速范围。

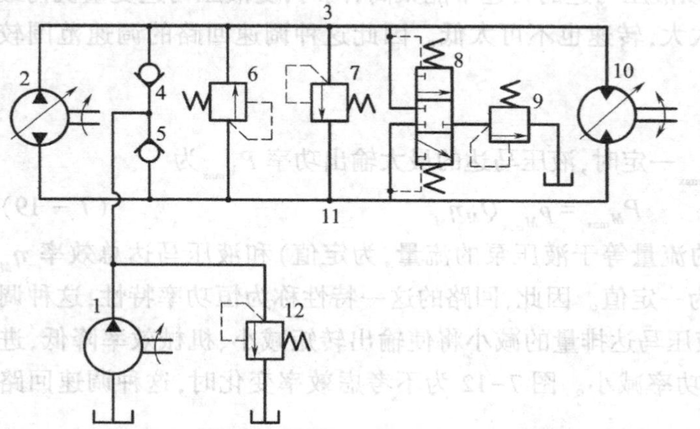

图 7-13　变量泵-变量液压马达的容积调速回路

1—补油油泵；2—双向变量泵；3、11—分别为高、低压管路；4、5—单向阀；6、7—安全阀；8—三位三通液动换向阀；9、12—溢流阀；10—双向变量液压马达

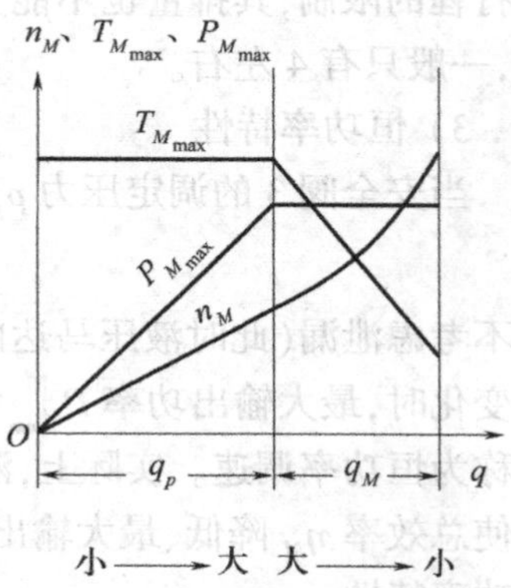

图 7-14　n_M、$T_{M_{\max}}$、$P_{M_{\max}}$与 q_p、q_M 的关系

四、容积节流调速回路

容积调速回路的突出优点是效率高、发热少，但由于泵或(和)液压马达泄漏的影响，也存在着速度随负载的增加而下降的不足，在低速时尤为如此。与调速阀的节流调速回路相比，容积式调速回路的低速稳定性较差。若系统既要求效率高，又要求有较好的低速稳定性(如某些组合机床的动力滑台)，则应采用容积节流调速回路。下面介绍两种容积节流调速回路。

(一) 限压式变量叶片泵和调速阀的容积节流调速回路

图 7-15(a)为这种调速回路的油路结构。调节调速阀 2 节流口过流断面积，就调节

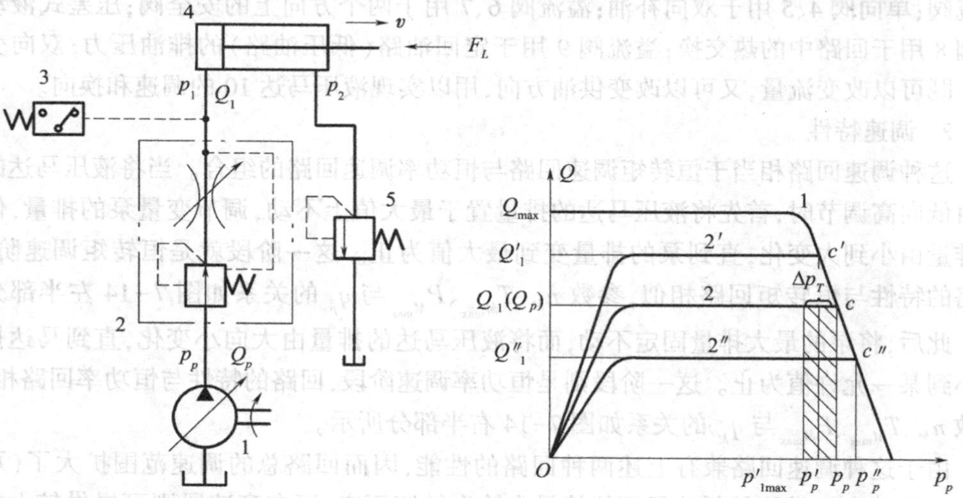

图 7-15　限压式变量叶片泵-调速阀调速回路

1—单向变量泵；2—调速阀；3—压力继电器；4—液压缸；5—溢流阀

了流经调速阀、进入液压缸 4 的流量 Q_1,从而就调节了液压缸的运动速度 v。

设回路处于某一正常工作状态。若不考虑泵 1 到调速阀 2 之间泄漏,则由连续性原理,变量泵输出的流量 Q_p 应与调速阀的过流量 Q_1 相等,即调速阀的特性曲线 2 应与限压式变量泵的特性曲线相交于一点 c[图 7-15(b)]。c 点的横坐标 p_p 即为变量泵的出口压力,亦即调速阀的入口压力;c 点的纵坐标 Q_1 既是调速阀的流量,也是泵的输出流量,即 $Q_p=Q_1$。当调节调速阀,使其流量 Q_1 增大,即调速阀的特性曲线由 2 变为 2′时[图 7-15(b)],泵的输出流量瞬时小于调速阀控制的流量,即 $Q_q<Q'_1$,于是泵出口液流的阻力减小,出口油压随之减小,即由图 7-15(b)中的点 c 向点 c'变化,直到重合于 c'点为止。从而使得 $Q_p=Q'_1$。反之,调节调速阀使流量 Q_1 减少,即调速阀的特性曲线由 2 变为 2″时,$Q_p>Q''_1$,于是泵的出口油压升高,点 c 向点 c''变化,最终重合于 c''点,使 $Q_p=Q''_1$。由此可见,这种调速回路是用调速阀来操纵液压泵,使液压泵的输出流量与调速阀控制的流量相适应。

这种调速回路没有溢流损失,但仍有节流损失,其大小与液压缸的工作压力 p_1 有关。若调速阀稳定工作的最小压差为 Δp_T,液压缸的背压力为 p_2,则液压缸工作腔压力 p_1 的工作范围是:$p_2A_2/A_1\leqslant p_1\leqslant(p_p-\Delta p_T)$。负载越小,工作压力 p_1 越低,节流损失越大。当 $p_1=p_{1\max}(=p_p-\Delta p_T)$时,节流损失 Δp_T[图 7-15(b)中阴影部分]最小。另外,回路中存在的背压力 p_2 也会造成功率损失。不难看出,这种调速回路是在容积调速回路中以增加压力损失来换取低速稳定性的,因此其回路效率高于节流调速而低于容积调速。

如果系统需要采用死挡铁停留,那么由压力继电器 3 发信号时,变量泵的压力应调得更高些,以保证压力继电器的可靠工作(不过这将导致调速中减压阀的压降增加,增加系统的发热)。这种回路中的调速阀可以装在进油路上,也可装在回油路上。这种回路的主要优点是泵的压力和流量在工作进给和快速运动时能自动变换,能量损耗小,发热少,运动平稳性好;缺点是泵的构造比定量泵复杂,成本高。它最适用于负载变化不大的中、小功率场合,如组合机床的进给系统等处。

(二) 差压式变量泵和节流阀的容积节流调速回路

差压式变量泵(稳流量式变量叶片泵)的主要特点是能自动补偿由负载变化引起的泵的泄漏量的增量,使泵输出的流量基本上保持稳定。图 7-16 为采用这种泵和节流阀组成的调速回路,其工作原理与上述容积节流调速回路相似:节流阀 4 控制着进入液压缸 5 的流量 Q_1,并使变量泵输出的流量 Q_p 自动和 Q_1 相适应。下面从两个方面说明。

1. 速度的调定

正常工作时,若不考虑泄漏,则 $Q_1=Q_p$(见图 7-16),即如图 7-17 所示:节流阀的特性曲线 1 与压差式变量泵的特性曲线 2 相交于 c 点。当调节节流阀使 $Q_1(=Q'_1)>Q_p$ 时,泵出口的液流阻力减小,油压 p_p 降低、节流阀两端压差 p_p-p_1 减小,泵的定子在柱塞缸 2 右腔的弹簧力和压差 p_p-p_1 的作用下左移,加大偏心距 e,泵的供油量加大,直到 $Q_p=Q'_1$ 为止。此时在图 7-17 中就是曲线 1′与曲线 2 相交于 c'点。反之,当 $Q_1(=Q''_1)<Q_p$ 时,油压 p_p 上升,压差 p_p-p_1 加大,定子右移,泵供油量减少,直到 $Q_p=Q''_1$ 为止。此时在图 7-17 中就是交点 c''。

2. 速度的稳定

当负载 F_L 增大时,液压缸工作压力 p_1 增大,泵的供油压力 p_p 则因液流阻力增加也

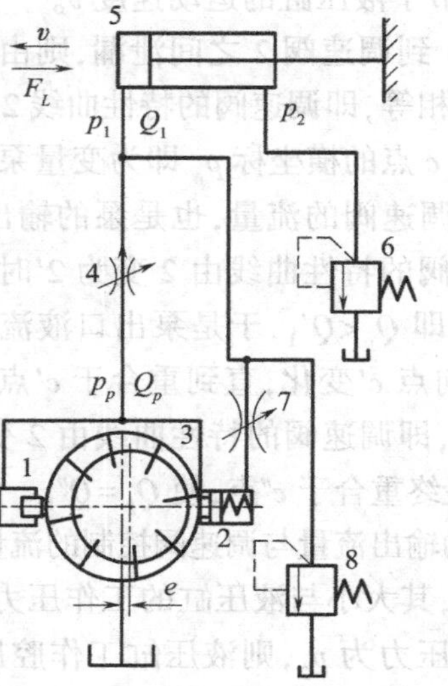

图 7-16 差压式变量泵和节流阀的容积节流调速回路

1、2—柱塞缸；3—变量泵；4—节流阀；5—液压缸；6—背压阀；7—固定节流口；8—溢流阀

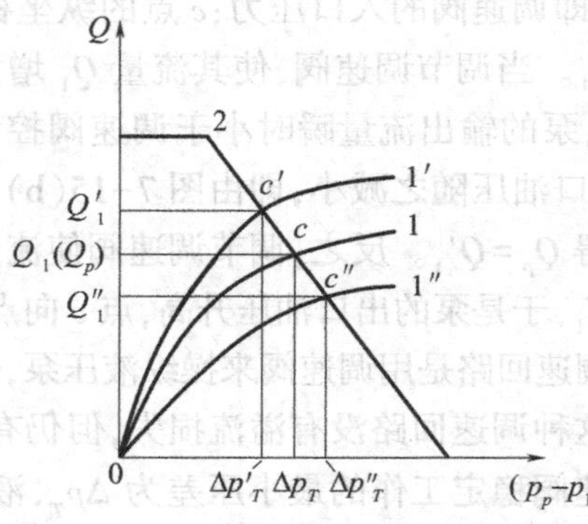

图 7-17 压差式变量泵和节流阀的工作点的确定

随之增大，从而引起泵的泄漏量增加，供油量 Q_p 减少，节流阀前后压差 Δp_T 也随之减小，变量泵定子左移，偏心矩 e 加大，Q_p 上升，直至 Q_1 和 Δp_T 恢复到接近原来的调定值为止。反之，当负载减小时，p_1、p_p 都减小，泵的泄漏量减少，Q_p 相对增加（大于调定的 Q_1 值），压差 Δp_T 加大，定子右移，Q_p 下降，直至 Q_1 和 Δp_T 都基本上恢复到调定值为止。可见这种调速回路的速度调定后，就基本上不受负载变化的影响。这就保证了工作部件速度的稳定。在低速小流量的场合，其稳定速度的作用更为明显。

由上述分析可看出，这种调速回路只有节流损失，其值为节流阀两端压力差 Δp_T。但该值较前一种容积节流调速回路中调速阀的压力差要小，因此发热少，效率高。两种容积节流调速回路都主要用于组合机床（动力滑台）液压系统，可以满足低速稳定性和提高效率、减少发热的要求。不过，后一种在负载变化较大、低速小流量的场合使用更加优越。

五、调速回路的选择

在节流、容积、容积节流三种调速回路中：节流调速回路的特点是结构简单，成本低，但其发热多，效率低；容积调速回路的特点是发热少，效率高，但结构复杂，成本高，且低速稳定性差；容积节流调速回路可改善低速稳定性，但是要增加压力损失，使回路效率略有降低。选择调速方案时，首先考虑满足使用性能要求，同时应使结构简单，工作可靠，成本低廉。选择时，如下几点可供参考。

（1）节流调速与容积调速的选择。从功率大小及对系统的温升要求出发：功率较大或对系统温升要求较严，又不能采用较大的油箱或其他办法来散热时，宜采用容积调速，其他情况用节流调速比较简单。

（2）节流阀节流调速与调速阀节流调速的选择。从负载变化大小及对速度-负载特性的要求出发:负载变化大,且要求速度刚度较大时,宜采用调速阀节流调速回路,否则采用节流阀节流调速回路较简单。

(3) 进口、出口、旁路节流调速回路的选择。根据性能要求出发:有负值负载或对运动平稳性要求较高时,宜用出口调速或进口调速加背压阀;为防止执行元件启动时的冲击(突跳)或为了实现压力控制,宜采用进口调速。采用旁路节流调速时,在一定程度上可减少功率损耗和系统发热。而溢流节流阀调速回路则只能用于进口调速。

(4) 容积调速时,变量泵与变量液压马达的选择。主要从调速范围和承载能力出发:用变量泵调速时,调速范围较大(可达40),承载力较大,是恒转矩(或恒推力)输出;用变量液压马达调速时,是恒功率输出,但调速范围较小(一般不超过4),承载力较低;采用变量泵和变量液压马达调速时,兼有恒转矩和恒功率特性,调速范围较大,可达100。

(5) 功率不大,但要求发热小、调速范围宽、速度—负载特性又好时,可采用容积节流调速。

第二节 快速运动回路和速度换接回路

一、快速运动回路

为了提高生产率,一般都要求执行元件在空行程时作快速运动。下面介绍几种常用的快速运动回路。

(一) 液压缸差动连接的快速运动回路

图7-18为利用液压缸的差动连接实现快速运动的回路(参看第四章第一节)。在此回路中,差动连接只出现在换向阀3左位接入回路,使活塞向右运动时,这种回路相当于缩小了液压缸的有效工作面积,其结构比较简单,应用较多。但是液压缸的速度提高得不多,当 $A_1=2A_2$ 时,差动连接只比非差动连接的最大速度快一倍。因此,当不能满足机械设备快速运动的要求时,应和其他方法联合使用。

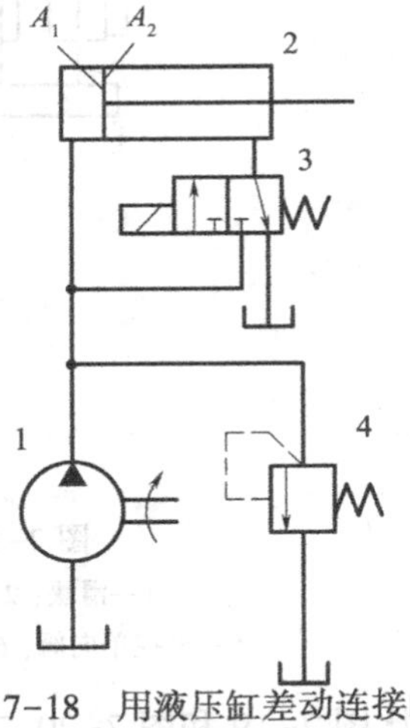

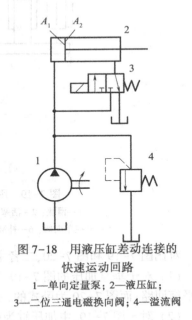

图7-18 用液压缸差动连接的快速运动回路

1—单向定量泵;2—液压缸;3—二位三通电磁换向阀;4—溢流阀

(二) 用辅助液压缸的快速运动回路

图7-19为用辅助液压缸实现快速运动的回路,它常用于大、中型液压机的液压系统。回路中共有三个液压缸,中间柱塞缸3为主缸,两侧直径较小的液压缸2为辅助缸。当电液换向阀8的右位起作用时,泵的压力油经阀8进入辅助液压缸2的上腔(此时顺序阀4关闭),因缸2的有效工作面积较小,故液压缸2带动滑块1快速下行,液压缸2下腔的回油经单向顺序阀7流回油箱。与此同时,主缸3经液控单向阀5(也称为充液阀)从油箱6吸入补充液体。当滑块1触及工件后,系统压力上升,顺序阀4打开(同时关闭阀5),压力油进入主缸3,三个液压缸同时进油,速度降低,滑块转为慢速加压行程(工作行程)。当阀8处于左位时,压力油经阀8后,一路经单向顺序阀7进入辅助液压缸下

腔，使活塞带动滑块上移（而其上腔的回油则经阀 8 流回油箱）；另一路同时打开液控单向阀 5，使主缸的回油经阀 5 排回油箱 6。

图 7-20 为另一种卧式辅助缸的快速运动回路。当阀 6 右位导通时，泵 8 压力油进入柱塞辅助缸 2（两个），因辅助缸有效工作面积小，变量泵 8 的流量又量大（因负载为零，泵的供油压力小），故缸 2 带动滑块 9 前进（左移）。与此同时，主缸 1 经液控单向阀 3（亦称充液阀）从油箱 4 吸入补充油液。当滑块 9 触及工件后，系统压力上升，泵的供油压力增加，致使顺序阀 5 打开，压力油进入主缸 1（同时关闭阀 3），由于三个缸同时进油，而变量泵排油流量又下降，故滑块速度显著降低，滑块转为慢速加压行程（工作行程）。当阀 6 左位导通时，泵的排油进入主缸 1 的有杆腔，推动主缸并通过滑块带动辅助缸（同时打开阀 3）右移（退回），辅助缸的回油经阀 6 左位排回油箱，主缸的排油经阀 3 流回补油油箱 4。因此时负载为零，变量泵的流量最大，而主缸有杆腔的有效工作面积又小，故滑块快速右移、退回，并在阀 6 处中位时，原位停止。

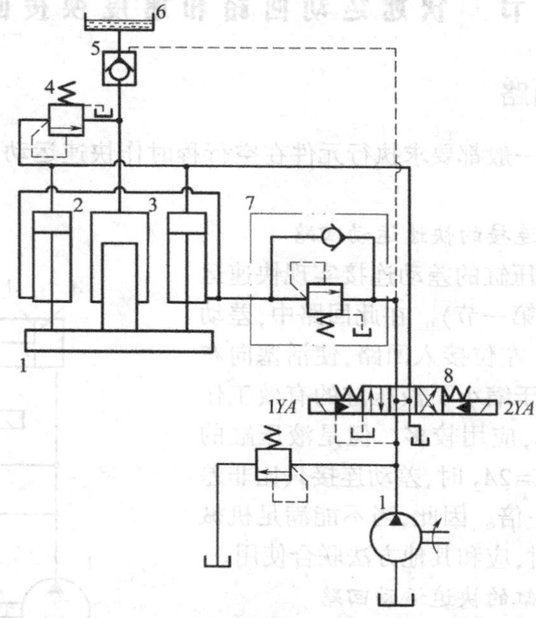

图 7-19　用辅助液压缸实现快速运动的回路

1—滑块；2—活塞缸（2 个）；3—柱塞缸；4—顺序阀（外泄）；5—液控单向阀；6—补液油箱；7—单向顺序阀；8—三位四通电液换向阀

对比图 7-19 和图 7-20，二者主要区别在于：

（1）对于垂直加压的图 7-19，滑块、液压缸等移动部件都是立式的，因此系统中采用了平衡回路；而图 7-20 为卧式的，不需要平衡回路。

（2）对于图 7-19，主加压缸为柱塞缸，而柱塞较活塞的抗弯能力相对较强，因此图7-19 所示系统更适合于大中型液压机液压系统。

（3）图 7-19 为定量泵的节流调速（调速回路图中未给出）；而图 7-20 则为变量泵的容积调速，系统的速度随负载大小的变化自动调节。

（三）双泵供油的快速运动回路

图 7-21 为采用双泵供油实现快速运动的回路。当系统中执行元件空载快速运动时，大流量泵 2 输出的压力油经单向阀 4 后和小流量泵 1 的供油相汇合，共同向系统供油；工作进给时，系统压力升高，液控顺序阀 3 打开，大流量泵 2 卸荷，单向阀 4 关闭，系统由小流量泵 1 单独供油，作慢速工作进给运动。图中溢流阀 5 控制小流量泵 1 的供油压力，它是根据系统的最大工作压力调定的；液控顺序阀 3 则使大流量泵 2 在快速空行程时供油，在工作进给时卸荷，它的调定压力应高于快速空行程而小于工作进给时所需的压力，在快进速度比工作进给速度大出很多倍的情况下，采用双泵供油回路可明显减少功率损失，提高效率。这种回路在组合机床液压系统中应用较多。

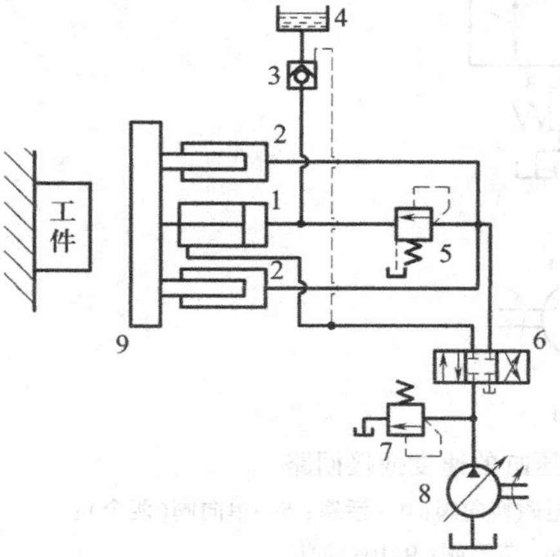

图 7-20　卧式辅助缸的快速运动回路

1—主液压缸（活塞缸）；2—辅助液压缸（柱塞缸）；3—液控单向阀；4—补油油箱；5—顺序阀（外泄式）；6—三位四通换向阀；7—溢流阀；8—单向变量泵；9—滑块

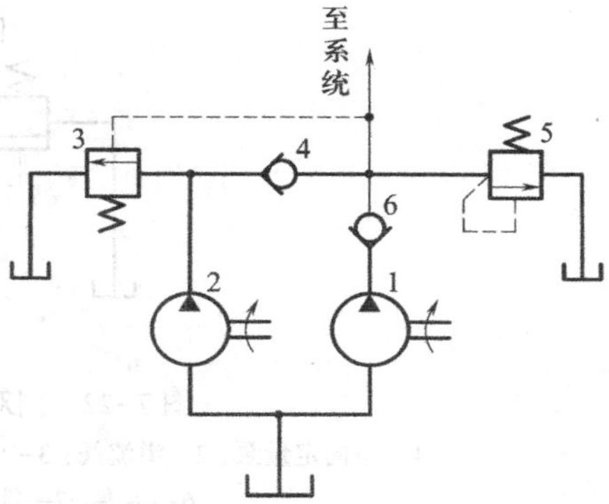

图 7-21　用双泵供油的快速运动回路

1、2—单向定量液压泵；3—液控顺序阀（内泄）；4、6—单向阀；5—溢流阀

（四）采用蓄能器的快速运动回路

这种快速回路的油路结构如图 6-12 所示。其工作原理在第六章第二节中已经介绍，应指出的是，使用这种回路的液压系统在整个工作循环内必须有足够长的停歇时间，以使液压泵完成它对蓄能器的充油工作。

二、速度换接回路

在一些设备中，常要求液压执行元件在一个工作循环中从一种运动速度变换成另一种运动速度（例如由快进变换成工进等），这时就需要使用速度换接回路。

（一）快进速度和工作速度间的换接回路

1. 用双活塞液压缸的换接回路

图 7-22 为采用双活塞液压缸的速度换接回路。这种回路具有主活塞 4 和浮动活塞 6 两个活塞。在图示位置上，活塞 6 和活塞 4 相距 l，其间充满了油液。当电磁阀 3 通电时，泵 1 输出的油液经阀 3 进入液压缸左腔，右腔的回油经液压缸端盖上的油口 9、阀 3 流回油箱，两个活塞一起快速向右运动，距离 l 保持不变。当活塞 6 运动至碰到液压缸右端盖时，6 不再运动，而两活塞中间的油液从液压缸的油口 10 经节流阀 8、阀 3 回油箱。由

于阀 8 的作用，使活塞 4 的运动减速（一直到两个活塞靠紧为止），从而实现了主活塞 4 的快速和慢速之间的换接。当阀 3 断电时，泵输出的压力油经阀 3、油口 9 进入液压缸右腔后，首先打开两个单向阀 5，进入两活塞中间，推动主活塞向左退回，并在锁紧螺母 7 碰到浮动活塞 6 的右端面时，两活塞同时向左快速退回。这种回路速度换接的位置准确，工作行程 l 可通过调整螺母 7 来调节；其缺点是液压缸结构较复杂。

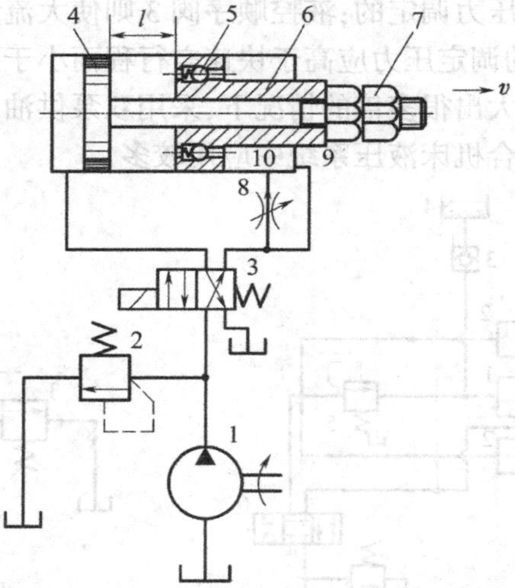

图 7-22　用双活塞液压缸的速度换接回路

1—单向定量泵；2—溢流阀；3—二位四通电磁换向阀；4—活塞；5—单向阀（两个）；6—活塞；7—锁紧螺母；8—节流阀；9、10—油口

2. 用行程阀的换接回路

图 7-23 为用行程阀实现的速度换接回路。这一回路可使执行元件完成快进—工进—快退—停止这一自动工作循环。图示位置是快退至原位的状态。当二位四通电磁阀 3 的电磁铁通电后，阀 3 的左位机能起作用，泵 1 输出的压力油经阀 3 进入液压缸 4 的左腔，右腔的回油经过二位二通行程阀 7 的下位、阀 3 的左位流回油箱。由于这时回油没有

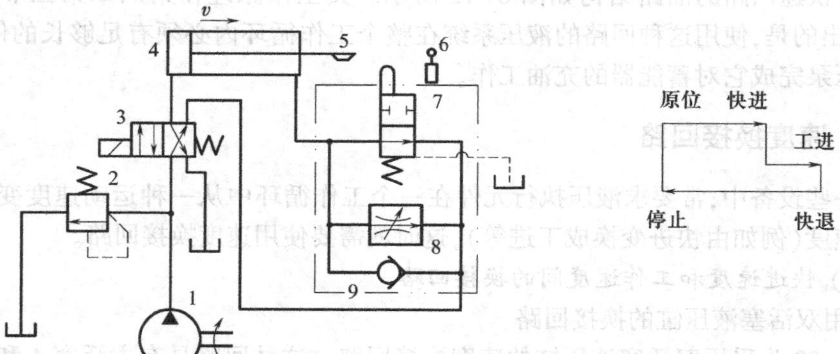

图 7-23　用行程阀实现的速度换接回路

1—单向定量泵；2—溢流阀；3—二位四通电磁换向阀；4—液压缸；5—行程挡块；6—行程开关；7—二位二通行程阀；8—调速阀；9—单向阀

阻力,所以活塞快速前进。当工作台上的行程挡块5将行程阀7的触头压下时,阀7的上位机能起作用,使油路断开。这时液压缸4右腔的回油只能经过调速阀8流回油箱,油流阻力增加,活塞运动速度减慢,实现了活塞的快速和慢速之间换接。活塞进入工作进给状态。当活塞继续前进,行程挡块5碰到行程开关6后,阀3断电,阀3的右位机能起作用,泵1的压力油便经阀3、单向阀9进入液压缸的右腔,左腔的回油直接流回油箱,于是活塞快速退回原位,处于图示状态。

这种换接回路,用改变行程挡块的斜度来调整换接过程的快慢,因此速度换接比较平稳,换接位置比较准确。但行程阀的安装位置不灵活,受到一定限制,管路连接也比较复杂。若改用电磁阀来代替行程阀7,安装位置就方便多了,但换接位置精度和平稳性要差。

采用行程阀的速度换接回路在机床液压系统中应用较多。

(二) 两种工作速度之间的换接回路

1. 两个调速阀并联的速度换接回路

图7-24为两个调速阀并联的速度换接回路。在图示位置上,泵1输出的压力油经调速阀3、二位三通电磁阀5进入执行元件,执行元件得到了由阀3所控制的第一种工作进给速度;当需要第二种进给速度时,使电磁阀5的电磁铁带电,压力油就经调速阀4、阀5的右位进入执行元件。这时执行元件就按调速阀4所控制的速度运动,即实现了两种工作速度的换接。

这种速度换接回路的特点是:调速阀3、4的开口可以单独调整,互不影响;当一个调速阀工作时,另一个则处于非工作状态。在两种速度换接时,处于非工作状态的阀(如阀4)需要经过一个从不工作(调速阀中的减压阀口完全打开)到工作(减压阀口关小)的启动过程。因此,速度换接时会使执行元件出现突然前冲现象,速度换接不够平稳,故应用较少。

2. 两个调速阀串联的速度换接回路

图7-25为两个调速阀串联的速度换接回路。在图示位置时,执行元件的工作速度

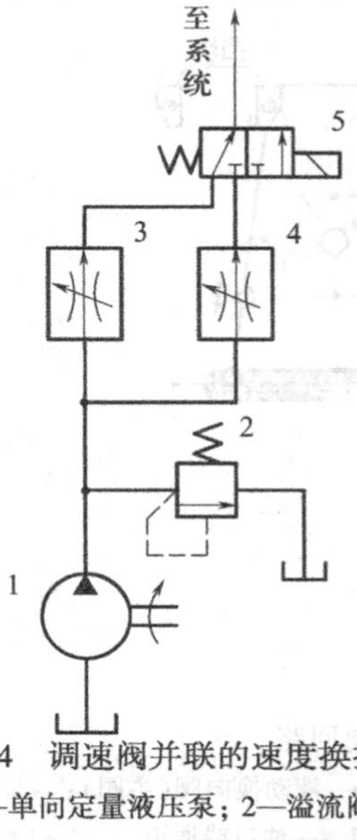

图7-24 调速阀并联的速度换接回路

1—单向定量液压泵;2—溢流阀;
3、4—调速阀;5—二位三通电磁换向阀

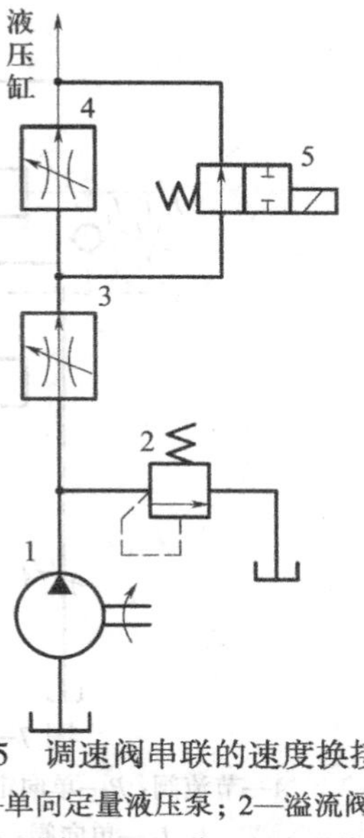

图7-25 调速阀串联的速度换接回路

1—单向定量液压泵;2—溢流阀;
3、4—调速阀;5—二位二通电磁换向阀

由调速阀 3 控制；当需要第二种工作速度时，使阀 5 带电，由于阀 4 的节流口调得比阀 3 小，因此这时执行元件的速度由阀 4 控制。这种回路在阀 4 没起作用之前，阀 3 一直处于工作状态，它在速度换接开始的瞬间限制着进入调速阀 4 的流量，因此速度换接比较平稳。

第三节　方向控制回路

方向控制回路的作用是利用各种方向阀来控制液压系统中液流的方向和通断，以使执行元件换向、启动或停止（包括锁紧）。

一、换向回路

换向回路是用来变换执行元件运动方向的。采用各种换向阀或改变变量泵的输油方向都可以使执行元件换向。其中，电磁阀动作快，但换向有冲击，且交流电磁阀又不宜频繁地切换；电液换向阀换向时较平稳，但仍不适于频繁切换；采用变量泵来换向，其性能一般较好，但构造较复杂。因此，对换向性能（如换向精度、换向平稳性和换向停留等）有一定要求的某些机械设备（如磨床等）常采用机液换向阀的换向回路。

（一）时间控制式机液换向回路

图 7-26 为时间控制式机液换向回路。该回路主要由机动先导阀 C 和液动主阀 D 及节流阀 A 等组成。由执行元件带动工作台上的行程挡块拨动机动先导阀，机动先导阀使液动阀 D 的控制油路换向，进而使液动阀换向，执行元件（液压缸）反向运动。执行元件的换向过程可分解为制动、停止和反向启动三个阶段。在图示位置上，泵 B 输出的压力油经阀 C、D 进入液压缸左腔，液压缸右腔的回油经阀 D、节流阀 A 流回油箱，液压缸向右运动。当工作台上的行程挡块拨动拨杆，使机动导阀 C 移至左位后，泵输出的压力油经

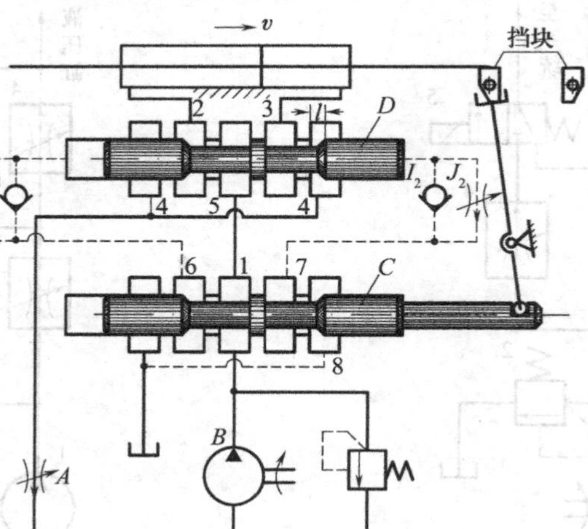

图 7-26　时间控制式机—液换向回路

A—节流阀；B—单向定量液压泵；C—机动先导阀；D—液动换向阀（主阀）；
I_1、I_2—单向阀；J_1、J_2—节流阀；1、2、3、4、5、6、7、8—油口或通道

导阀 C 的油口 7、单向阀 I_2 作用于液动阀 D 的右端，阀 D 左移，液压缸右腔的回油通道——3 至 4 逐渐关小，工作台的移动速度减慢，这是执行元件（工作台）的制动过程。当阀芯移过一段距离 l（阀 D 的阀芯移至中位）后，回油通道全部关闭，液压缸两腔互通，执行元件停止运动。当阀 D 的阀芯继续左移时，泵 B 的油液经阀 C、阀 D 的通道 5 至 3 进入液压缸右腔，同时油路 2 至 4 打开，执行元件开始反向运动。这三个阶段过程的快慢决定于液动阀 D 阀芯移动的速度。该速度由阀 D 两端的控制油路回油路上的节流阀 J_1（或 J_2）调整，即当液动阀 D 的阀芯从右端向左端移动时，其速度由节流阀 J_1 调整；反之，则由 J_2 调整。由于阀芯从一端到另一端的距离一定，所以调整 D 阀芯移动的速度，也就调整了时间，因此称这种换向回路为时间控制式换向回路。时间控制式换向回路最适用于要求换向频率高、换向平稳性好、无冲击，但不要求换向精度很高的场合，如平面磨床、牛头刨床等液压系统中。

（二）行程控制式机液换向回路

上述换向回路的主要缺点是，节流阀 J_1 或 J_2 一旦调定后，制动时间就不能再变化。故若执行元件的速度高，其冲击量就大；执行元件速度低，冲击量就小。因此，换向精度不高。图 7-27 所示的行程控制式机液换向回路就解决了这一问题。

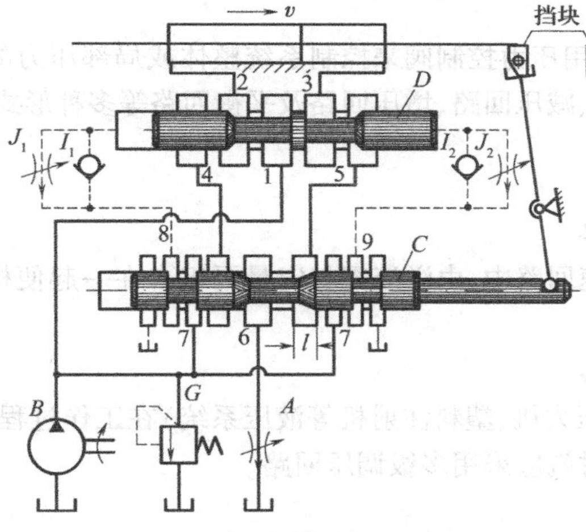

图 7-27 行程控制式机液换向回路

A—节流阀；B—单向定量泵；C—先导阀；D—液动换向阀（主阀）；G—溢流阀；

I_1、I_2—单向阀；J_1、J_2—节流阀；1、2、3、4、5、6、7、8、9—油口或通道

在图 7-27 所示的位置上，液压缸的回油必须经过先导阀 C 才能流回油箱。这是与时间控制式换向回路主要区别之处。当工作台上的行程挡块拨动拨杆，使先导阀 C 的阀芯左移时，阀芯中段的右制动锥 1 将先导阀阀体上的油口 5、6 间的回油通道逐渐关小，起制动作用。执行元件的速度高，行程挡块拨动拨杆的速度也快，油口 5、6 间的通道关闭速度就快；反之亦然。通道的关闭过程就是执行元件的制动过程。因此，在速度变化时，执行元件的停止位置即换向位置基本保持不变，故称这种回路为行程控制式换向回路。这种回路换向精度高，冲击量小；但由于先导阀制动锥 1 恒定，制动时间和换向冲击的大小就受到执行元件运动速度的影响。所以这种换向回路宜用在执行元件速度不高但换向精度要求较高的场合，例如，内、外圆磨床的液压系统中。

二、锁紧回路

锁紧回路的作用是防止液压缸在停止运动时因外力的作用而发生位移或窜动。锁紧回路可用单向阀、液控单向阀或O型、M型换向阀来实现。

（一）液控单向阀锁紧回路

液控单向阀的锁紧回路如图5-6所示。

（二）换向阀锁紧回路

图7-28为换向阀的锁紧回路。这种回路利用三位四通阀的O型（或M型）中位机能封闭液压缸两腔，使活塞能在其行程的任意位置上锁紧。由于滑阀式换向阀的泄漏，这种锁紧回路能保持执行元件锁紧的时间不长。

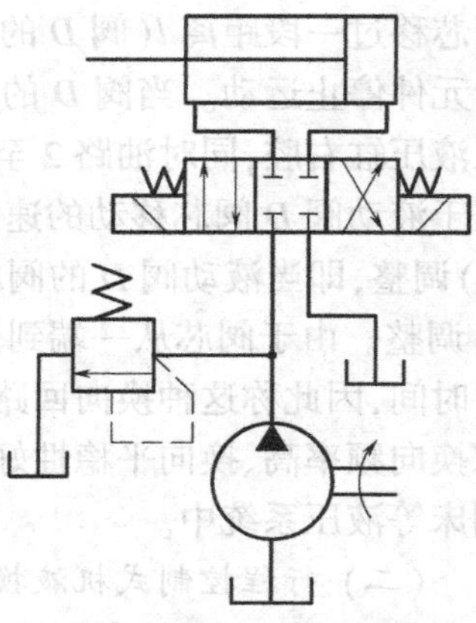

图7-28 换向阀锁紧回路

第四节 压力控制回路

压力控制回路是利用压力控制阀来控制系统整体或局部压力的回路，主要有调压回路、卸荷回路、保压回路、减压回路、增压回路及平衡回路等多种形式。

一、调压回路

（一）单级调压回路

在进、出口节流调速回路中，由溢流阀与定量泵组合在一起便构成了单级调压回路，如图7-1和图7-3所示。

（二）多级调压回路

某些液压系统（如压力机、塑料注射机等液压系统）在工作过程中的不同阶段往往需要不同的工作压力，这时就应采用多级调压回路。

1. 双级调压回路

图5-23是由溢流阀和远程调压阀构成的双级调压回路。这种回路在机床的夹紧机构和压力机液压系统中都有应用。

图7-29是应用于压力机的另一种双级调压回路的实例。图中，活塞1下降为工作行程，其压力由高压溢流阀4调节；活塞上升为非工作行程，其压力由低压溢流阀3调节，且只需克服运动部件自身的重力和摩擦阻力即可。溢流阀3、4的规格都必须按液压泵最大供油量来选择。

2. 二级以上的调压回路

图7-30为三级调压回路之一。在图示状态下，系统压力由溢流阀1调节（为10MPa）；当1*YA*带电时，系统压力由溢流阀3调节（为5MPa）；2*YA*带电时，系统压力由溢流阀2调节（为7MPa）。因此，可以得到三级压力。三个溢流阀的规格都必须按泵的最大供油量来选择。这种调压回路能调出三级压力的条件是溢流阀1的调定压力必须大于另外两个溢流阀的调定值，否则溢流阀2、3将不起作用。

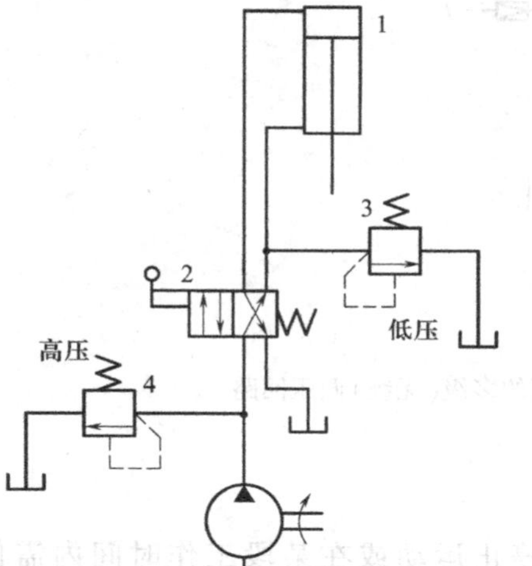

图 7-29 压力机的双级调压回路

1—液压缸；2—二位四通手动换向阀；3、4—溢流阀

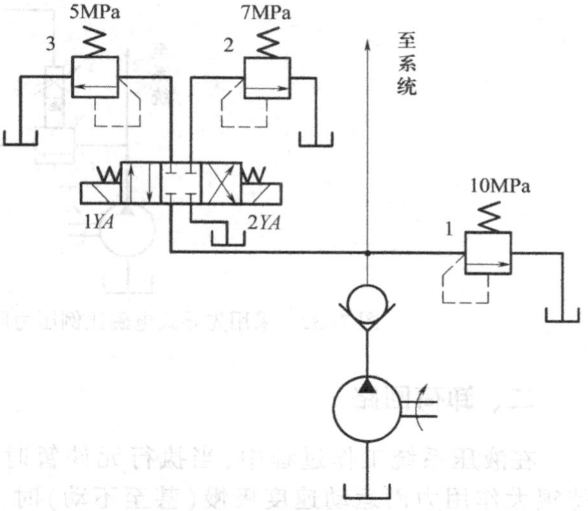

图 7-30 三级调压回路

1—溢流阀(高压)；2、3—溢流阀(低压)

图 7-31 为另一种采用先导式溢流阀的三级调压回路，其工作原理与图 7-30 基本相同：当阀 4 处中位时，泵出口压力(系统压力)p_p 值由阀 1 决定；当阀 4 处左位时，p_p 值由阀 2 决定；当阀 4 处右位时，p_p 值由阀 3 决定。因此，在泵的出口也能调出三级压力，且阀 2、3 的调定压力低于阀 1。所不同的是图 7-31 中的溢流阀 1 必须是先导式；阀 2、3 的最大流量皆为阀 1 遥控口(远程控制口)的过流量，远非泵的最大供油量。因此，阀 2、3 的流量规格比图 7-29 中的小得多。在实用中，图 7-31 更适合于远程调压控制(遥控)。

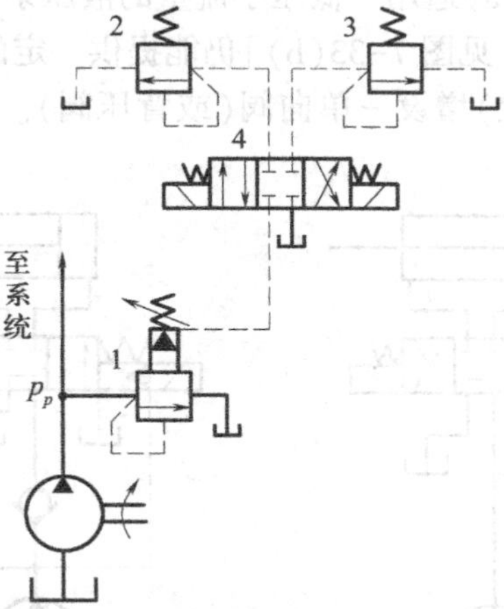

图 7-31 先导式溢流阀三级调压回路

1—先导式溢流阀；2、3—远程调压阀(溢流阀)；4—三位四通 O 形电磁换向阀

另外，在采用比例压力阀的压力控制回路中，调节比例溢流阀的输入电流 I，就可改变系统的压力，实现多级(无级)压力控制。如图 7-32 所示。

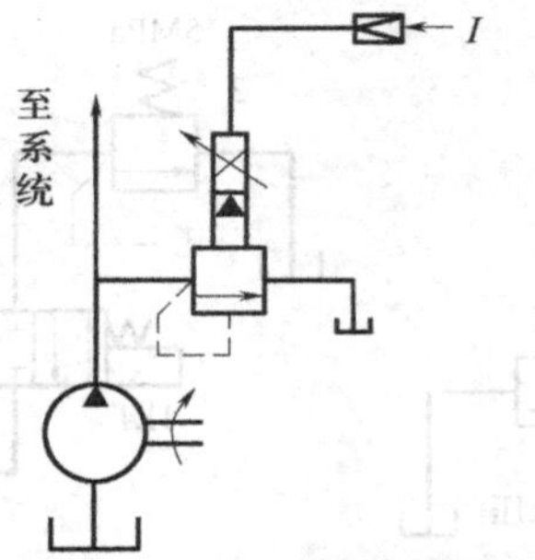

图 7-32　采用先导式电磁比例压力阀的多级(无级)调压回路

二、卸荷回路

在液压系统工作过程中，当执行元件暂时停止运动或在某段工作时间内需保持很大作用力而运动速度极慢(甚至不动)时，若泵(定量泵)的全部流量或绝大部分流量能在零压(或很低的压力)下流回油箱，或泵(变量泵)能在仍维持原来的高压而流量为零(或接近零)的情况下运转，则功率损失可为零或很小。将液压泵在很小功率输出下运转的状态称为液压泵的卸荷。前者(定量泵的情况)称为压力卸荷；后者(变量泵的情况)称为流量卸荷。采用卸荷回路可以实现液压泵卸荷，减少功率损耗，降低系统发热，延长液压泵和电机的使用寿命。下面介绍几种典型的卸荷回路。

(一) 执行元件不需要保压的卸荷回路

1. 采用三位阀的卸荷回路

图 7-33 为采用具有 M 型中位机能换向阀的卸荷回路。这种方法比较简单，当阀处于中位时，泵卸荷。图 7-33(a)适用于低压小流量的液压系统；图 7-33(b)适用于高压大流量系统。为使泵在卸荷时[见图 7-33(b)]仍能提供一定的控制油压[$(2\sim3)\times10^5$Pa]，可在泵的出口处(或回油路上)增设一单向阀(或背压阀)。不过这将使泵的卸荷压力相应增加。

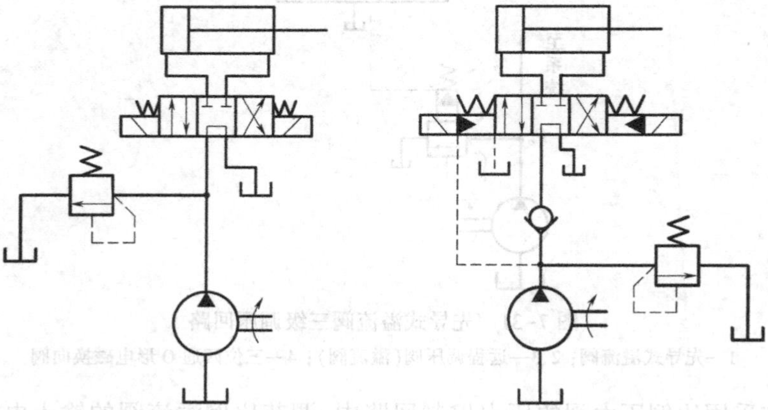

图 7-33　用三位换向阀的卸荷回路

2. 采用二位二通阀的卸荷回路

图 7-34 为采用二位二通阀的卸荷回路,图示位置为泵的卸荷状态。这种卸荷回路,阀 2 的规格必须与泵 1 的额定流量相适应。因此这种卸荷方式不适用于大流量的场合,通常用于泵的额定流量小于 63L/min 的系统。

3. 用先导式溢流阀的卸荷回路

这种卸荷回路如图 5-24 所示,其卸荷压力的大小取决于先导式溢流阀主阀弹簧的强弱,一般为(2~4)×10^5Pa。由于阀 3 只需通过先导式溢流阀 2 控制油路中的油液,故可选用较小规格的阀,并可进行远程控制。这种形式的卸荷回路适用于流量较大的液压系统。

(二)执行元件需要保压的卸荷回路

1. 用蓄能器保压

图 7-35 为用蓄能器保压的卸荷回路。在图示位置上,液压泵向蓄能器和液压缸供油,当系统压力达到卸荷阀(液控顺序阀)7 的调定值时,阀 7 动作,使溢流阀 2 的遥控口接通油箱,则液压泵 1 卸荷。此后由蓄能器 5 来保持液压缸 6 的压力,保压时间决定于系统的泄漏、蓄能器的容量等。当压力降低到一定数值时,阀 7 关闭,泵 1 就继续向蓄能器和系统供油。这种回路适用于液压缸的活塞较长时间作用在物件上的系统。

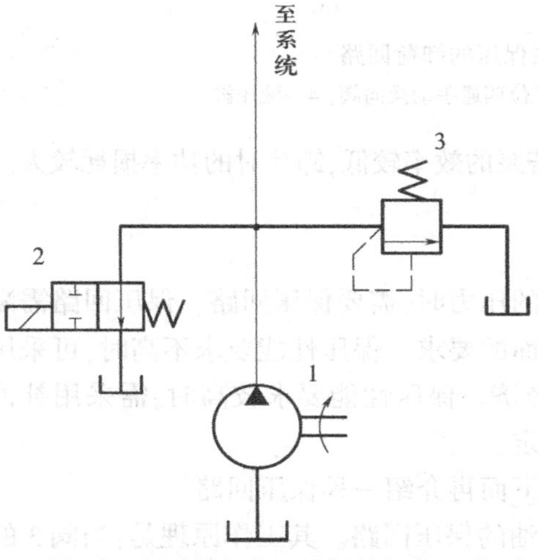

图 7-34 采用二位二通阀的卸荷回路

1—单向定量泵;2—二位二通电磁换向阀;3—溢流阀

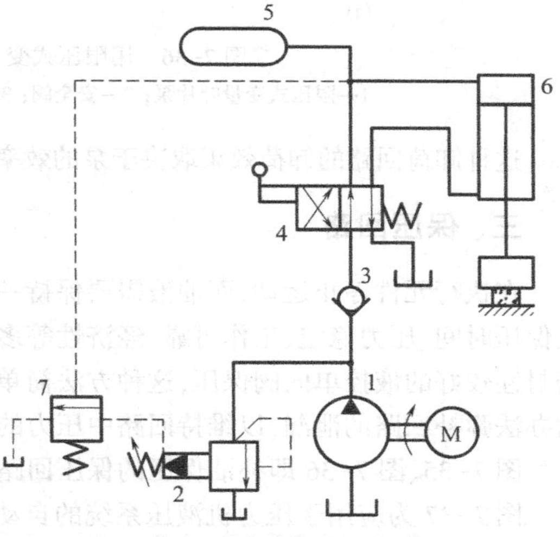

图 7-35 用蓄能器保压的卸荷回路

1—单向定量泵;2—先导式溢流阀;3—单向阀;4—二位四通手动换向阀;5—蓄能器;6—液压缸;7—液控顺序阀(内泄)

2. 用限压式变量泵保压的卸荷回路

图 7-36 为用于压力机(如塑料或橡胶制品压力机)上的,利用限压式变量泵保压的卸荷回路。这种回路是利用泵输出的油压来控制它的输出流量的原理进行卸荷的。图 7-36(a)是压头(即活塞杆)快速接近工件,以缩短辅助时间的过程,此时泵 1 的压力很低(低于预调压力 p_b),而输出流量最大。当压头接触到工件后[图(b)],工件变形的阻力使液压泵的工作压力迅速上升。当压力超过预调压力 p_b 时,泵的流量自动减少,直至压力升到使泵的流量近于零(这一极少的流量只用来补偿泵自身和回路的泄漏)为止。这时液

压缸上腔的油压由限压式变量泵维持基本不变，即处于保压状态。泵本身则处于卸荷(流量卸荷)状态，压力机的压头以高压、静止(或移动速度极慢)的状态进行挤压工作。挤压完成后，操纵换向阀，使压头快速退回。

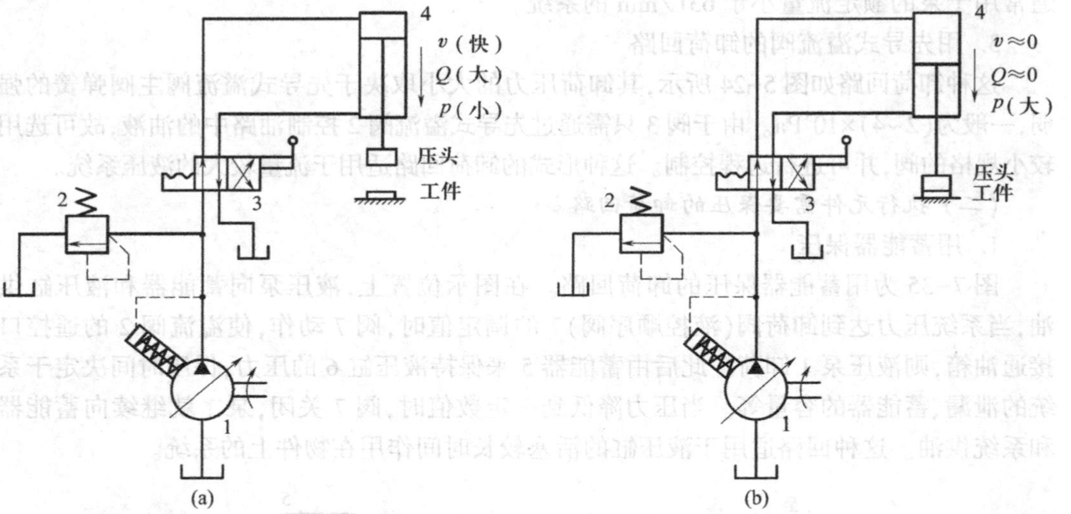

图 7-36　用限压式变量泵保压的卸荷回路

1—限压式变量叶片泵；2—安全阀；3—二位四通手动换向阀；4—液压缸

这种卸荷回路的卸荷效果取决于泵的效率，若泵的效率较低，卸荷时的功率损耗较大。

三、保压回路

在执行元件停止运动，而油液需要保持一定的压力时，需要保压回路。保压回路需满足保压时间、压力稳定、工作可靠、经济性等多方面的要求。保压性能要求不高时，可采用密封性较好的液控单向阀保压，这种方法简单、经济。保压性能要求较高时，需采用补油的办法弥补回路的泄漏，以维持回路中压力的稳定。

图 7-35、图 7-36 即补油保压的保压回路。下面再介绍一种保压回路。

图 7-37 为应用于压力机液压系统的自动补油的保压回路。其工作原理是：当阀 3 的右位机能起作用时，泵 1 经液控单向阀 4 向液压缸 6 上腔供油，活塞自初始位置快速前进，接近物件。当活塞触及物件后，液压缸上腔压力上升，并在达到预定压力值时，电接触式压力表 5 发出信号，将阀 3 移至中位，使泵 1 卸荷，液压缸上腔由液控单向阀保压。当液压缸上腔的压力下降到某一规定值时，电接触式压力表 5 又发出信号，使阀 3 右位又起作用，泵 1 再次重新向液压缸 6 的上腔供油，使压力回升。如此反复，实现自动补油保压。当阀 3 的左位机能起作用时，活塞快速退回原位。

这种保压回路能在 20MPa 的工作压力下保压 10min，压力降不超过 2MPa。它的保压时间长，压力稳定性也较好。

四、减压回路

在液压系统中，若某个支路需要的工作压力比主油路低时，在这个支路上便要采用减压回路。例如，液压系统中的夹紧油路、控制油路和润滑油路等都需要减压回路。常用的减压方法是在需要减压的油路前串联一个定值减压阀。下面介绍几种常见的减压回路。

（一）单级减压回路

图 7-38 为夹紧机构上常用的减压回路。图中，泵 1 的供油压力根据主油路的负载由溢流阀 2 调定。夹紧液压缸 6 的工作压力根据它的负载由减压阀 3 调定。单向阀 4 的作用是在主油路压力降低（低于减压阀的调整压力）时，防止油液倒流，起短时保压作用。为了保证二次压力的稳定，减压阀的入口与出口压力差值最低不应小于 0.5MPa。若减压回路中执行元件的速度需要调节，可在减压阀的出口串联一流量控制元件。这种联法可避免先导式减压阀的泄漏量对流量控制元件调定流量的影响。

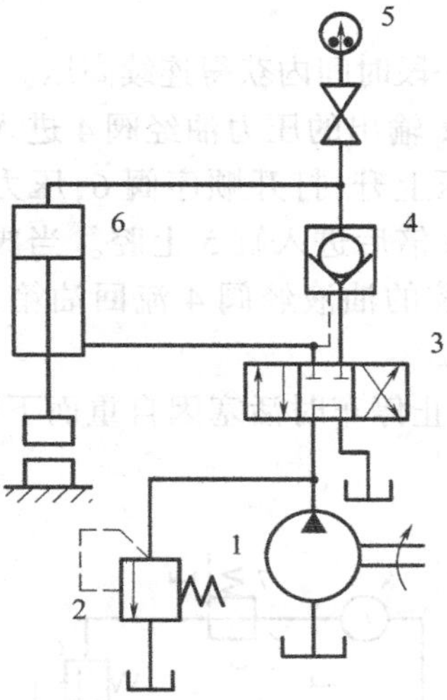

图 7-37　自动补油的保压回路

1—单向定量泵；2—溢流阀；
3—M 型三位四通换向阀；4—液控单向阀；
5—电接触式压力表；6—液压缸

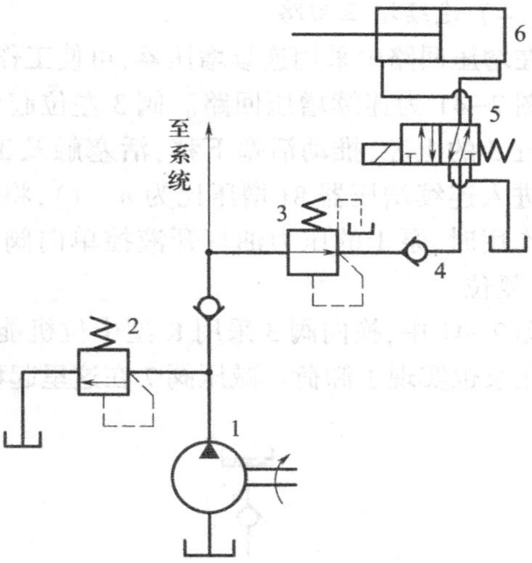

图 7-38　单极减压回路

1—单向定量泵；2—溢流阀；3—减压阀；
4—单向阀；5—二位五通电磁换向阀；
6—液压缸

（二）二级减压回路

图 7-39 为二级减压回路，图中 3 是带遥控口的先导式减压阀。将减压阀的遥控口通过二位二通阀 4 与一调压阀 5 相连，就可以在减压回路上获得两种预定的二次压力。在图示位置上，二次压力由阀 3 调定（为 30×10^6Pa）；当阀 4 切换时，二次压力由阀 5 调定（为 15×10^5Pa）。为了能在减压回路上调出二级压力来，阀 5 的调压值必须小于阀 3。

减压回路中也可以采用比例减压阀实现无级调压。

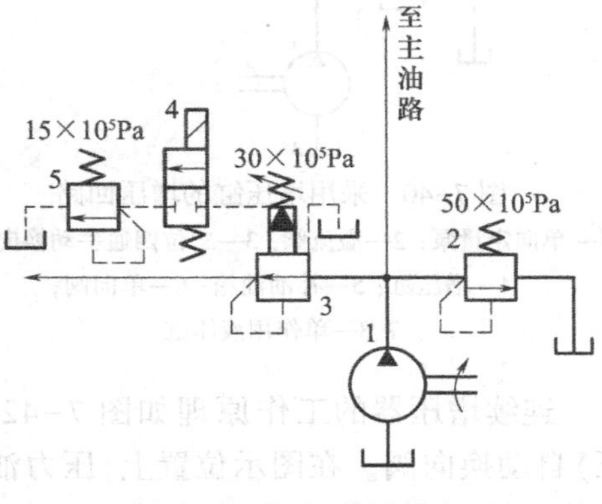

图 7-39　二级减压回路

1—单向定量泵；2—溢流阀；3—减压阀；
4—二位二通电磁换向阀；5—调压阀

五、增压回路

在液压系统中，若某一支路的工作压力需要高于主油路时，可采用增压回路。增压回路压力的增高是由增压器实现的。

（一）采用增压缸的增压回路

图7-40为采用增压缸（增压器）的增压回路（增压缸的增压原理见第四章第一节）。图中，5为补油油箱，当增压缸柱塞向左运动时，向柱塞缸补油。这种增压回路的增压比等于增压缸中左边的活塞面积与右边的柱塞面积之比。该回路的缺点是不能得到连续的高压油。

（二）连续增压回路

在增压回路中采用连续增压器，可使工作液压缸在一段时间内获得连续高压。

图7-41为连续增压回路。阀3左位起作用时，泵1输出的压力油经阀4进入工作液压缸5的上腔，推动活塞下移，活塞触及工件后，油压上升，打开顺序阀6，压力油经阀7进入连续增压器8（增压比为$n:1$），将油压增加n倍后进入缸5上腔。当阀3右位起作用时，泵1的压力油打开液控单向阀4，缸5上腔的油液经阀4流回油箱，活塞上行、复位。

图7-41中，换向阀3采用K型中位机能，是为了防止停车时活塞因自重而下降，同时液压泵也实现了卸荷。减压阀7在这里起稳压作用。

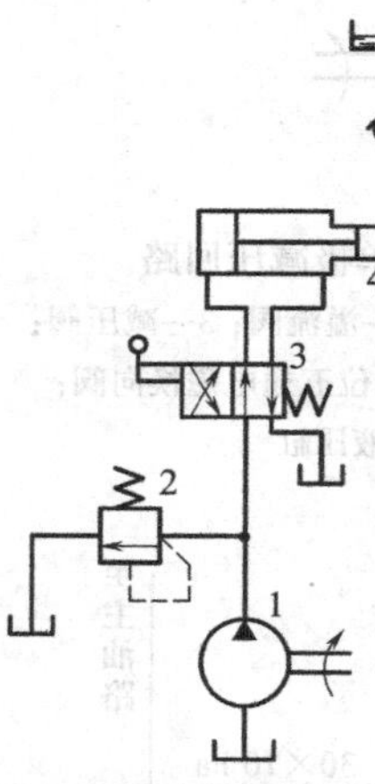

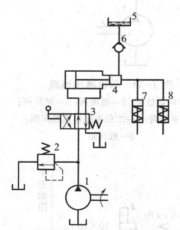

图7-40　采用增压缸的增压回路

1—单向定量泵；2—溢流阀；3—二位四通手动换向阀；4—增压缸；5—补油油箱；6—单向阀；7、8—单作用液压缸

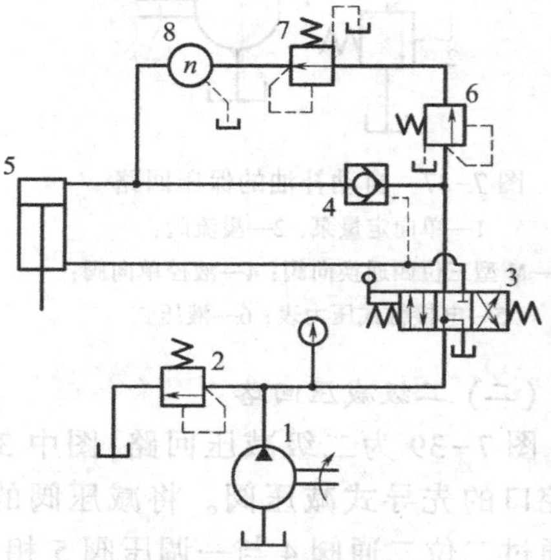

图7-41　连续增压回路

1—单向定量泵；2—溢流阀；3—K型三位四通手动换向阀；4—液控单向阀；5—液压缸；6—顺序阀（外泄）；7—减压阀；8—连续增压器

连续增压器的工作原理如图7-42所示。为了连续供给高压油，采用电器（或液压）自动换向阀。在图示位置上，压力油经自动换向阀1后，直接进入活塞腔A，同时又经单向阀2进入柱塞腔a，推动活塞左移。A'腔的油液经阀1流回油箱。这时在增压缸的a'腔经单向阀5输出增压油液，单向阀4关闭。当增压缸活塞移到左端时，触动电触头7，使自动换向阀的2YA失电，1YA通电，压力油经阀1的右位，直接输入A'、a'腔，

于是 a 腔经单向阀 4 输出增压油液。如此借助换向阀 1 的左右换向连续输出增压油液。

六、平衡回路

为了防止直立式液压缸及与其相联的工作部件因自重而自行下滑,常采用平衡回路。即在立式液压缸下行的回路中设置适当阻力,使液压缸的回油腔中产生一定的背压,以平衡其自重。

(一) 用单向顺序阀的平衡回路

图 7-43 为用单向顺序阀的平衡回路。单向顺序阀 4 的调定压力 p_x 应调到足以平衡移动部件的自重 W。若液压缸回油腔的有效面积为 A,则 p_x 的理论值(忽略摩擦力)为 $p_x = W/A$。为了安全起见,单向顺序阀的压力调定值应稍大于此值。

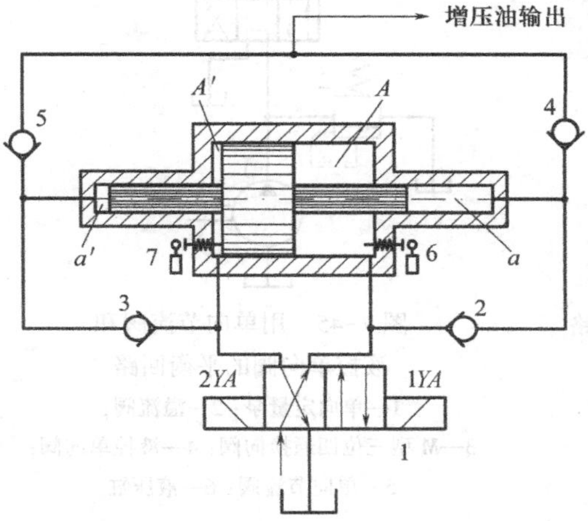

图 7-42 连续增压器的工作原理

1—二位四通自动换向阀; 2、3、4、5—单向阀;

6、7—触头

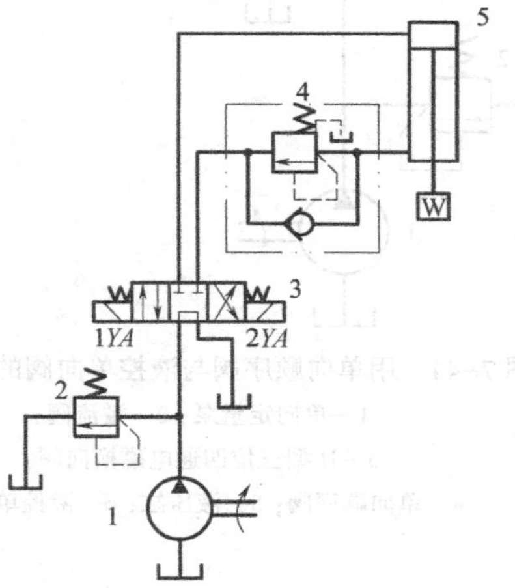

图 7-43 用单向顺序阀的平衡回路

1—单向定量泵; 2—溢流阀;

3—M 型三位四通电磁换向阀;

4— 单向顺序阀; 5—液压缸

这种平衡回路,由于顺序阀的泄漏,当液压缸停留在某一位置后,活塞还会缓慢下降。因此,若在单向顺序阀和液压缸之间增加一液控单向阀 6(见图 7-44),由于液控单向阀密封性很好,就可以防止活塞因单向顺序阀泄漏而下降。

(二) 单向节流阀和液控单向阀的平衡回路

图 7-45 为单向节流阀和液控单向阀组成的平衡回路。当液压缸 6 上腔进油,活塞向下运动时,因液压缸下腔的回油经节流阀产生背压,故活塞下行运动较平稳。当泵突然停转或阀 3 处于中位时,液控单向阀 4 将回路锁紧,并且重物的重量越大液压缸 6 下腔的油压越高,阀 4 关得越紧,其密封性越好。因此这种回路能将重物较长时间地停留在空中某一位置而不下滑,平衡效果较好。该回路在回转式起重机的变幅机构中有所应用。

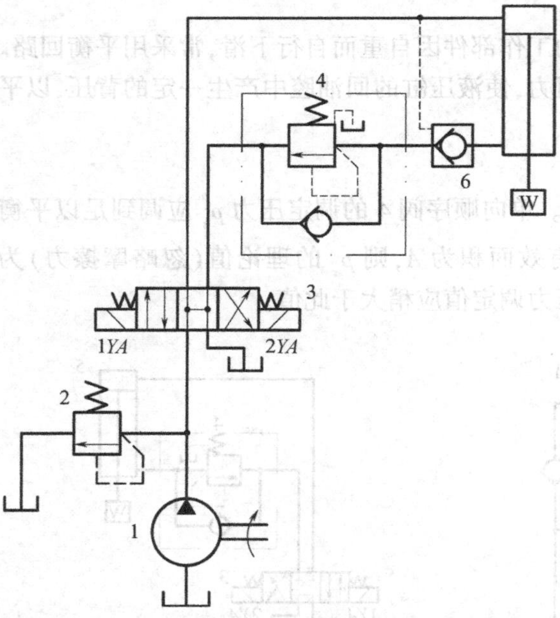

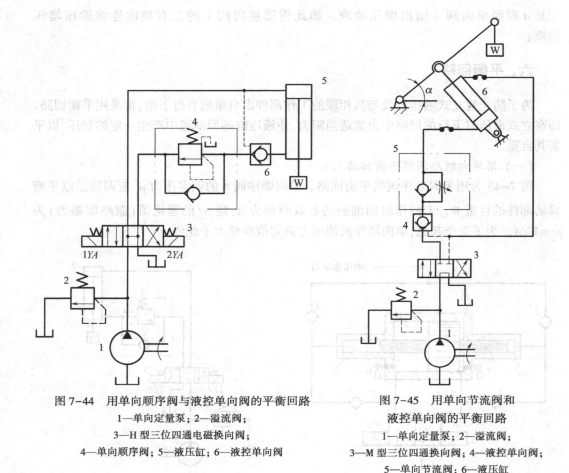

图 7-44　用单向顺序阀与液控单向阀的平衡回路

1—单向定量泵；2—溢流阀；
3—H 型三位四通电磁换向阀；
4—单向顺序阀；5—液压缸；6—液控单向阀

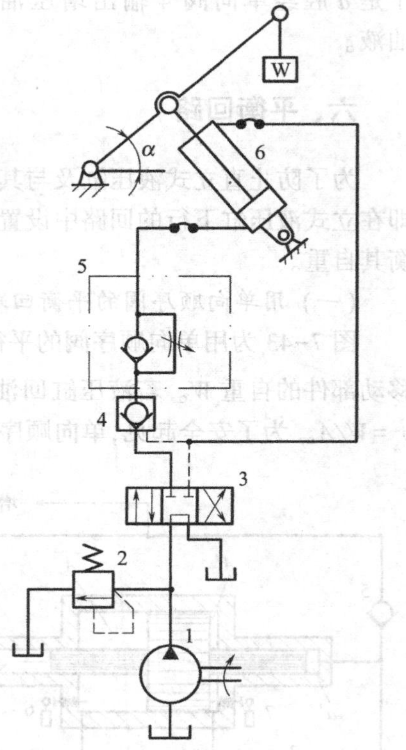

图 7-45　用单向节流阀和
液控单向阀的平衡回路

1—单向定量泵；2—溢流阀；
3—M 型三位四通换向阀；4—液控单向阀；
5—单向节流阀；6—液压缸

第五节　多缸工作控制回路

用一个液压泵驱动两个或两个以上的液压缸（或液压马达）工作的回路，称为多缸工作控制回路。根据液压缸（或液压马达）动作间的配合关系，多缸控制回路可以为多缸顺序动作回路和多缸同步动作回路两大类。

一、多缸顺序动作回路

某些机械，特别是自动化机床，在一个工作循环中往往要求各个液压缸按着严格的顺序依次动作（如机床要求实现夹紧、切削、退刀等），多缸顺序动作回路就是实现这种要求的回路。这种回路，按各液压缸顺序动作的控制方式，可分为压力控制式、行程控制式和时间控制式三种类型。

（一）压力控制式顺序动作回路

所谓压力控制式，是利用液压系统工作过程中的压力变化控制某些液压件（如顺序阀、压力继电器等）动作，进而控制执行元件按先后顺序动作的控制方式。

1. 用顺序阀的顺序动作回路

图 7-46 为采用顺序阀的顺序动作回路。图中液压缸 6(夹紧液压缸)和液压缸 7(钻孔液压缸)按①→②→③→④的顺序动作。阀 3 左位导通、泵 1 启动后,压力油首先进入液压缸 6 的无杆腔,推动液压缸 6 的活塞向右运动,实现运动①。待工件夹紧后,活塞不再运动,油液压力升高,使单向顺序阀 5 接通,压力油进入液压缸 7 的无杆腔,推动其活塞向右运动,实现运动②。阀 3 切换后,泵 1 的压力油首先进入液压缸 7 的有杆腔,使其活塞向左运动,实现运动③。当液压缸 7 的活塞运动到终点停止后,油液压力升高,于是打开单向顺序阀 4,压力油进入液压缸 6 的有杆腔,推动其活塞向左运动复位,实现运动④。

这种顺序动作回路的可靠性主要取决于顺序阀的性能及其压力的调定值。为保证动作顺序可靠,顺序阀的调定压力应比先动作的液压缸的最高工作压力高出 0.8~1MPa,以免系统中压力波动时顺序阀产生误动作。

2. 用压力继电器(KP)的顺序动作回路

图 7-47 为采用压力继电器的顺序动作回路。其工作原理是:电磁铁 1*YA* 通电时,压力油进入液压缸 5 左腔,推动其活塞向右运动,实现运动①。当缸 5 的活塞运动到预定位置,碰上死挡铁(限位挡块)后,回路压力升高。压力继电器 3(KP_1)发出信号,使电磁铁 3*YA* 通电,压力油进入液压缸 6 左腔,推动其活塞向右运动,实现运动②。当缸 6 的活塞运动到预定位置时,电磁铁 3*YA* 断电、4*YA* 通电,压力油进入液压缸 6 的右腔,使其活塞向左运动、退回,实现运动③。当它到达终点后,回路压力又升高。压力继电器 4(KP_2)发出信号,使电磁铁 1*YA* 断电,2*YA* 通电。压力油进入液压缸 5 右腔,推动其活塞向左退回,实现运动④。从而完成了一个由①→②→③→④的运动循环。与顺序阀的顺序动作回路相似,为了防止压力继电器误发信号,压力继电器的调整压力应比先动作液压缸的最高工作压力高出$(3\sim5)\times10^5$Pa。

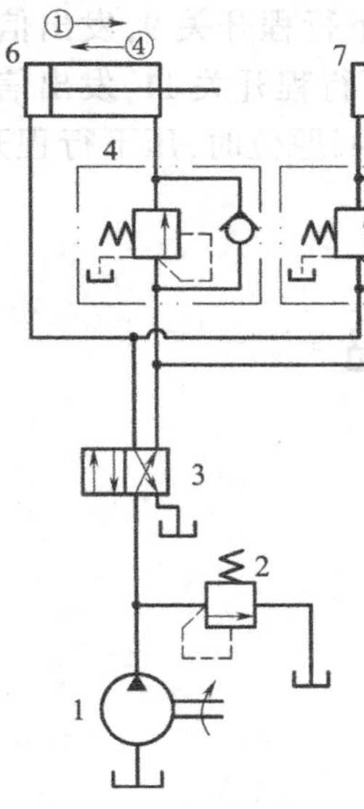

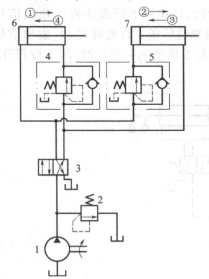

图 7-46 用顺序阀的顺序动作回路

1—单向定量泵;2—溢流阀;3—二位四通换向阀;4、5—单向顺序阀;6、7—液压缸

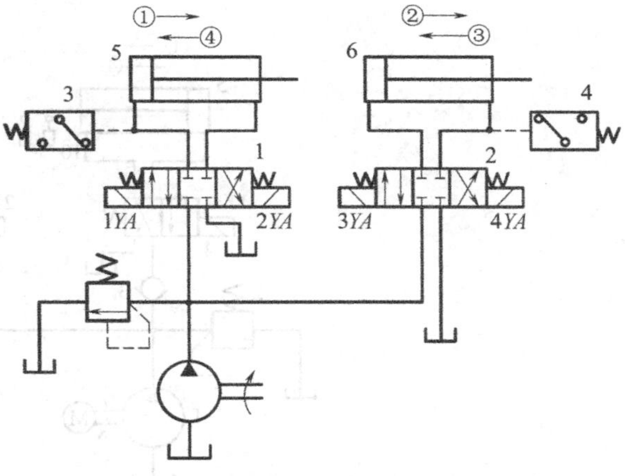

图 7-47 用压力继电器的顺序动作回路

1、2—O 型三位四通电磁换向阀;3、4—压力继电器;5、6—液压缸

表 7-1 为图 7-47 所示回路的电磁铁动作顺序表（“+”号表示元件通电或动作；“-”号则相反）。

表 7-1　电磁铁动作顺序表

动作＼元件	1YA	2YA	3YA	4YA	KP_1	KP_2
①	+	-	-	-	-	-
②	+	-	+	-	+	-
③	+	-	-	+	-	-
④	-	+	-	+	-	+
复位	-	-	-	-	-	-

（二）行程控制式顺序动作回路

行程控制式是利用液压缸移动到某一规定位置后，发出控制信号，使下一个液压缸动作的控制方式。这种控制方式应用非常普遍，它可由电气行程开关、行程阀或特殊结构的液压缸等实现。

1. 用行程开关的顺序动作回路

图 7-48 为用行程开关和电磁阀的顺序动作回路。图示位置是液压缸 5、7 的初始状态（液压缸 5、7 中的活塞都处于缸中的左端位置）。按下原位启动按钮，1*YA* 通电，缸 5 活塞向右运动实现了运动①。到达预定位置时，挡块压下行程开关 8，发出信号，2*YA* 通电，缸 7 活塞向右运动，实现了运动②。到达预定位置时，挡块压下行程开关 9，发出信号，2*YA* 断电，缸 7 活塞向左退回，实现了运动③。退到原位后压下行程开关 11，发出信号，1*YA* 断电，缸 5 活塞向左运动退回，实现运动④。当缸 5 活塞退回原位时，压下行程开关

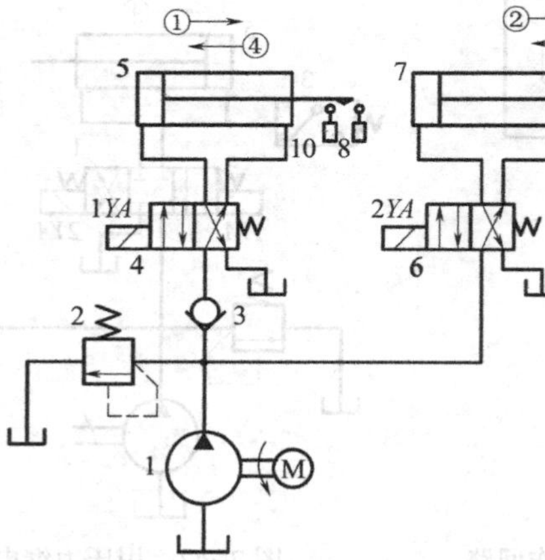

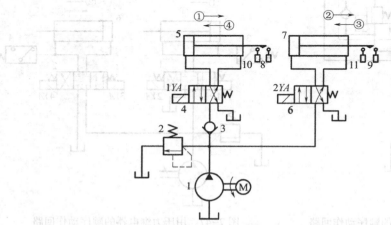

图 7-48　用行程开关和电磁阀的顺序动作回路

1—单向定量泵；2—溢流阀；3—单向阀；4、6—二位四通电磁换向阀；5、7—液压缸；8、9、10、11—行程开关

10,为下一个工作循环做好准备。这种回路的顺序动作用电气元件控制,灵活方便,特别适合于动作顺序要经常变动的场合。动作的可靠性在很大程度上取决于电气元件的质量。

2. 用行程阀的顺序动作回路

图 7-49 为这种回路的油路结构。图中所示为回路的原始位置,即液压缸中活塞都处在缸中左端位置(如若哪个液压缸不在原位,泵启动后也会将该缸归位)。当阀 3 电磁铁带电、其左位导通时,泵 5 的压力油进入缸 1 左腔,使其活塞右移,实现了运动①。当"①"到达预定位置时,行程挡块 7 逐渐压下阀 4 触头,使阀 4 上位导通,泵 5 的压力油进入缸 2 的左腔,使其活塞右移,实现了运动②。当"②"到达预定位置时,阀 3 电磁铁断电,其右位导通,泵 5 的压力油进入缸 1 右腔,使其活塞左移,实现了运动③。当"③"到达原位时,挡块 7 完全脱离阀 4 触头,阀 4 下位导通,泵 5 的压力油进入缸 2 右腔,使其活塞左移,实现了运动④。当"④"到达原位时,整个回路(系统)复位,完成顺序动作①~④的一个动作循环。这种顺序动作回路动作可靠性高,但顺序动作变动的灵活性较差,即动作顺序一经确定,再变化就比较困难。

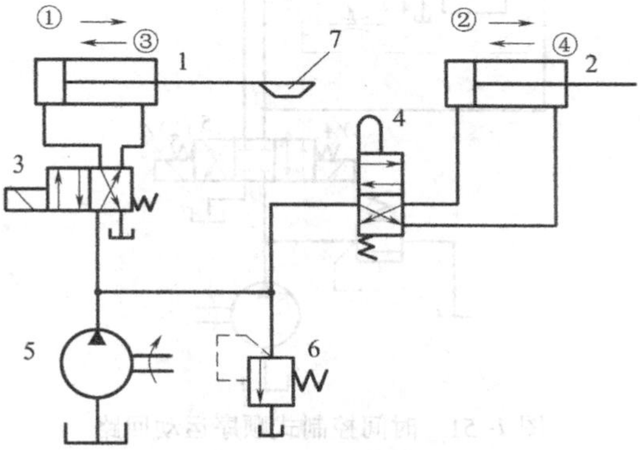

图 7-49 采用行程阀的顺序动作回路

1、2—液压缸; 3—二位四通电磁换向阀; 4—二位四通行程阀; 5—单向定量泵; 6—溢流阀; 7—行程挡块

(三) 时间控制式顺序动作回路

时间控制式就是在一个液压缸开始动作后,经过一段规定的时间,另一个液压缸才动作的控制方式。在液压系统中,时间的控制一般是由延时阀来完成的。

图 7-50 是延时阀的结构原理图。它由单向节流阀和二位三通液动换向阀组成。图中,当油口 1 通入压力油时,阀芯向右运动,将其右端油腔中的油液经节流阀排出后,油口 1、2 才能接通。故油口 1、2 是延时接通的。调节节流阀开口的大小,就改变了油口 1 和 2

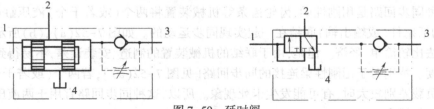

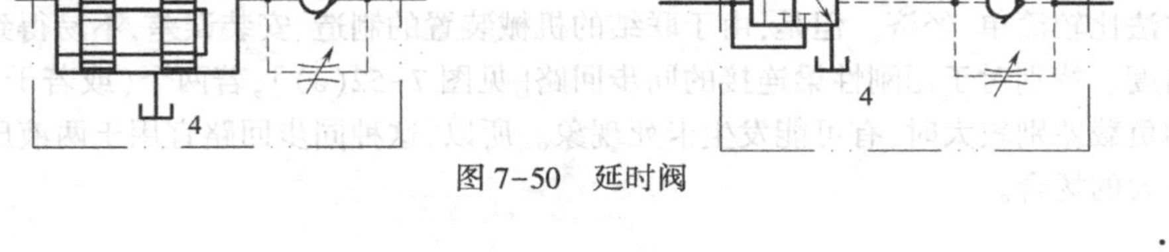

图 7-50 延时阀

延时接通的时间。

图 7-51 为采用延时阀的时间控制式顺序动作回路。其工作原理如下：阀 5 的左位机能起作用时，压力油经阀 5 进入液压缸 6 的左腔，推动其活塞向右运动，右腔回油经阀 5 左位流回油箱，实现运动①。压力油同时进入延时阀的油口 1，经延时阀延时一定时间后，油口 1 和油口 2 接通。压力油进入液压缸 7 的左腔，推动其活塞向右运动，右腔回油经阀 5 左位流回油箱，实现运动②。当阀 5 的右位机能起作用时，压力油同时进入液压缸 6、7 的右腔，使两液压缸快速返回、复位。同时，经延时阀的单向阀，使延时阀的二位三通液动阀阀芯复位。这种控制方式简单易行。但由于通过节流阀的流量受压力、油温等影响，不能保持恒定，所以控制时间不够稳定。故这种回路很少单独使用，一般都需与行程控制配合使用。

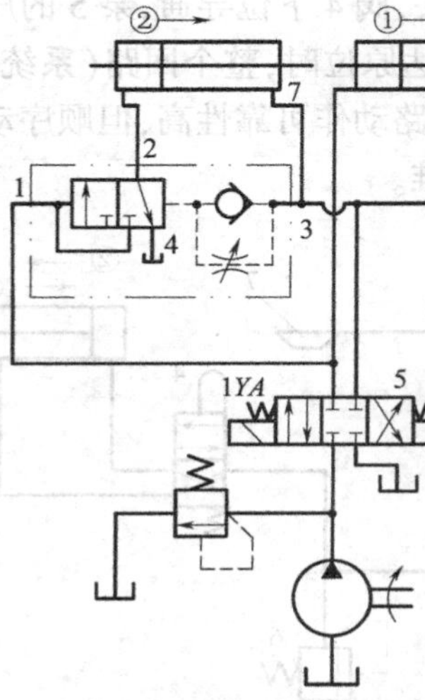

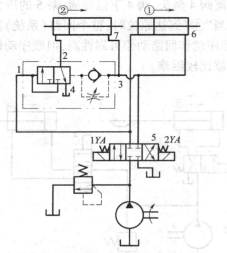

图 7-51　时间控制式顺序运动回路

1、2、3、4—油口；5—O 型三位四通电磁换向阀；6、7—液压缸

二、多缸同步动作回路

在一些机构中，有时要求两个或两个以上的工作部件在工作过程中同步运动，即具有相同的位移（位置同步）或相同的速度（速度同步）。但是，由于各自的负载不同，摩擦阻力的不同，缸径制造上的差异，泄漏的不同以及结构弹性变形的不一致等因素的影响，使它们不可能达到理想同步。同步回路就是为减少或克服这些影响而设置的。下面介绍几种常用的同步回路。

（一）液压缸机械连接的同步回路

这种同步回路是用刚性梁、齿轮齿条等机械装置将两个（或若干个）液压缸（或液压马达）的活塞杆（或输出轴）联结在一起实现同步运动的。如图 7-52(a)、(b) 所示。这种同步方法比较简单、经济。但是，由于联结的机械装置的制造、安装误差，不易得到很高的同步精度。特别对于用刚性梁连接的同步回路[见图 7-52(a)]，若两个（或若干个）液压缸上的负载差别较大时，有可能发生卡死现象。所以，这种同步回路宜用于两液压缸负载差别不大的场合。

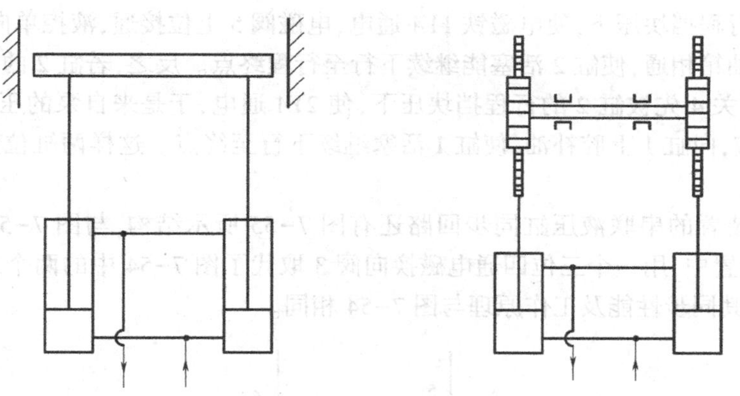

图 7-52　机械连接的同步回路

（二）串联液压缸的同步回路

图 7-53 为两个液压缸串联的同步回路。其中，第一个液压缸回油腔排出的油液输入第二个液压缸，如果两液压缸的有效工作面积相等，就可实现速度同步。这种同步回路结构简单、效率高，能适应较大的偏载。但泵的供油压力高（至少为两缸工作压力之和）。然而，由于制造误差、内泄漏以及气体混入等因素的影响，这种同步回路很难保证严格的同步，往往会产生同步失调现象。这种现象（即便是很微小的）如不加以解决，在多次行程后就将累积为显著的位置上的差别。为此，在采用串联液压缸的同步回路时，一般都具有位置补偿装置。

图 7-54 为带有补偿装置的串联液压缸同步回路（一）。这种同步回路可在行程终点处消除两缸的位置误差。其工作原理如下：当两个液压缸同时向下运动时（此时三位四通阀的左位机能起作用），若缸 1 的活塞先到终点，而缸 2 的活塞还没到达，则行程开关 3

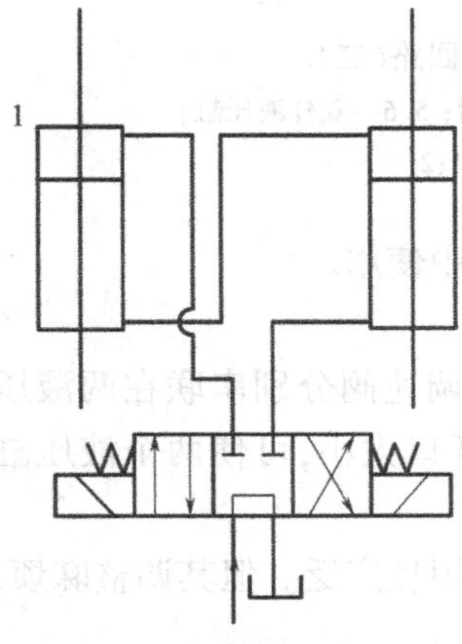

图 7-53　串联液压缸的同步回路

1、2—液压缸

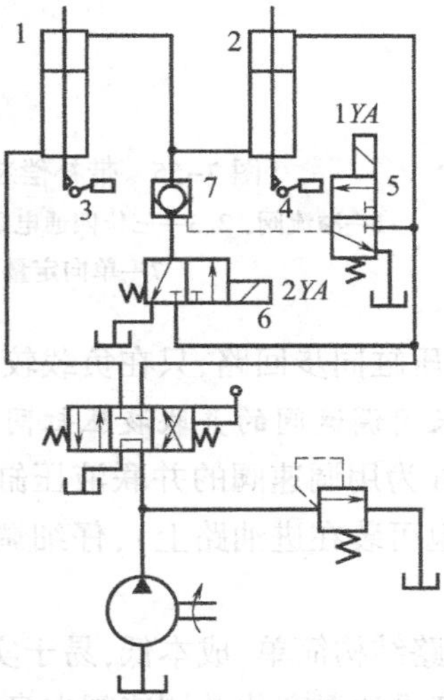

图 7-54　带补偿装置的串联液压缸同步回路（一）

1、2—液压缸；3、4—行程开关；

5、6—二位三通电磁换向阀；7—液控单向阀

先被缸1的行程挡块压下，使电磁铁1YA通电，电磁阀5上位接通，液控单向阀7被打开，缸2下腔与油箱相通，使缸2活塞能继续下行至行程终点。反之，若缸2的活塞先到达终点，则行程开关4先被缸2的行程挡块压下，使2YA通电，于是来自泵的压力油便经阀6打开单向阀7，向缸1上腔补油，使缸1活塞继续下行至终点。这样两缸位置上的误差就不会累积了。

带补偿装置的串联液压缸同步回路还有图7-55所示结构，与图7-54的主要差别是，在补偿装置中，用一个三位四通电磁换向阀3取代了图7-54中的两个二位三通电磁换向阀5、6，其同步性能及工作原理与图7-54相同。

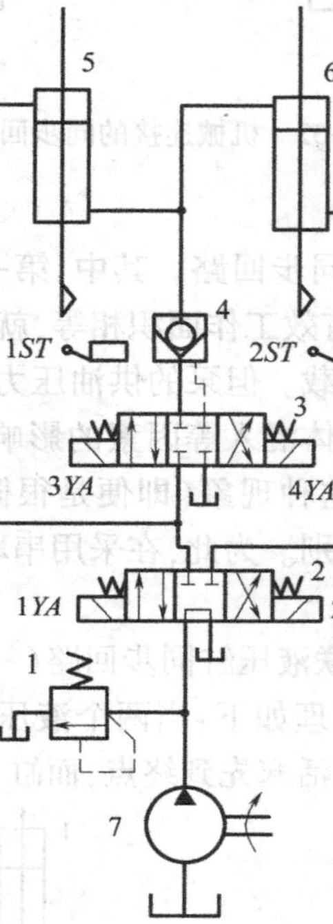

图7-55　带补偿装置的串联液压缸同步回路(二)

1—溢流阀；2、3—三位四通电磁换向阀；4—液控单向阀；5、6—双杆液压缸；

7—单向定量泵；1ST、2ST—行程开关1、2

串联液压缸同步回路，只在负载较小的小型液压机械中使用。

（三）采用调速阀的并联液压缸同步回路

图7-56为用调速阀的并联液压缸同步回路。图中，调速阀分别串联在两液压缸的回油路上（也可装在进油路上），仔细调整两个调速阀的开口大小，可使两个液压缸向右速度同步。

这种回路结构简单，成本低，易于实现多缸同步，故应用较广泛。但其调整麻烦，效率低，同步精度受油温变化及调速阀本身性能差异影响较大。

（四）采用同步液压马达的同步回路

图7-57为采用同步液压马达使两个液压缸同步运动的回路。图中，两个相同排量的液压马达4、5的传动轴联在一起，分别向有效工作面积相同的液压缸6、7输送等量的

压力油。其他元件都是为补油而设置的,以使液压缸6、7同步。工作原理如下:1YA通电后,泵1的压力油同时进入液压马达4、5,两个马达同步回转排出油液分别进入液压缸6、7,使6、7向右运动。若缸6(或缸7)先到终点,则液压马达4(或5)的排油压力升高,并打开单向阀11(或10)、溢流阀8,油液流回油箱,而液压马达5(或4)继续向缸7(或6)的左腔供油,使缸7(或缸6)运动到底。反之,2YA通电时,泵1的压力油进入缸6、7的右腔,使其向左运动,并经马达回油。若缸6(或缸7)先到终点,则缸7(或缸6)在压力油的作用下继续向左运动,回油使液压马达5(或4)继续回转,油箱通过单向阀12(或9)向液压马达4(或5)的进油腔补油,直到油缸7(或6)到达终点为止。

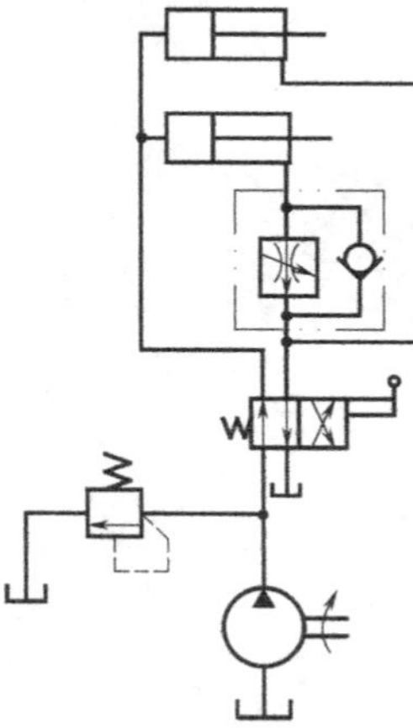

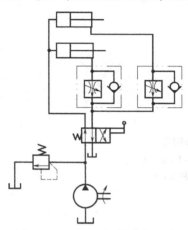

图7-56 用调速阀的同步回路

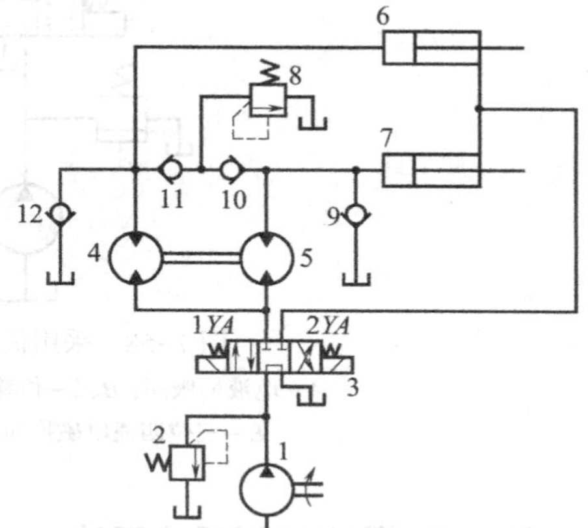

图7-57 采用同步液压马达的同步回路

1—单向定量泵;2—溢流阀;3—M型三位四通电磁换向阀;4、5—双向定量液压马达;6、7—液压缸;8—溢流阀;9、10、11、12—单向阀

这种回路的同步精度主要受两个液压马达排量的差异、容积效率等因素的影响,一般为2%~5%。这种回路所用元件较多,费用较高,适用于工作行程较长的场合。

以上所介绍的几种同步回路,大多数是控制流量,故只能保证速度同步。若要求位置同步精度较高时,应采用由比例调速阀或伺服阀组成的同步回路。

图7-58为采用电液伺服阀的液压缸并联的同步回路。因电液伺服阀及其回路和系统不是本教材的主要内容,故这里只做简单说明。当阀*E*右位导通时,泵的压力油同时进入缸1、2上腔,缸1、2(活塞)下移,若两缸位置相同,伺服放大器*D*接受的位移传感器*B*、*C*的反馈误差输入信号为零,*D*没有信号输出,伺服阀*A*保持中位不动。若缸1下移位置超前、缸2滞后(即便是很小的滞后),伺服放大器*D*将接受到的*B*、*D*反馈误差信号放大并输出电流信号控制电液伺服阀,使其左位导通,这时缸1回油截止,其下移瞬时停止。而缸2继续下移,直到与缸1同位(此时伺服阀放大器输出信号为零,伺服阀*A*复位至中位)。若缸2下移位置超前,缸1滞后,则伺服阀右位导通,致使缸2回油截止,缸2下移瞬时停止,而缸1则继续下移,直到与缸2同位(伺服阀*A*复位至中位)。也就是说缸1、2在下移(或上移——其原理与下移相同)过程中,瞬时产生的位置误差随时都能得到纠正,即能保证严格的同步。因此,这种同步回路同步精度高,但价格昂贵。也可用比例阀代替伺服阀,使其价格降低,但同步精度也将相应降低。

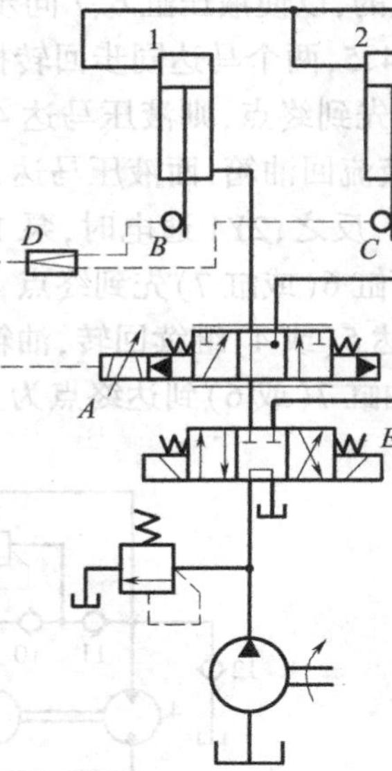

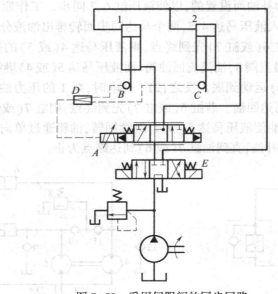

图 7-58　采用伺服阀的同步回路

A—电液伺服阀；*B*、*C*—位移传感器；*D*—伺服放大器；
E—三位四通电磁换向阀；1、2—单杆液压缸

三、多缸快、慢速互不干扰回路

在多缸的液压系统中，为防止一个液压缸快速运动，大量吞进油液，降低整个系统的压力，干扰其他液压缸的运动，需要采用专门的快、慢速互不干扰回路。

图 7-59 为这种回路之一，它采用了快、慢速各由一个泵供油的方式。图中，泵 2 为低压大流量泵，供快速时使用；泵 1 为高压小流量泵，供工进慢速时使用。两个泵源由二位五通阀隔开，从两个泵来的油液分别由两个油口进入每个液压缸，因而两缸可各自完成“快进—慢进（工进）—快退”的自动工作循环，互不干扰。其动作顺序如表 7-2 所列。

图示位置为两缸初始位置。当电磁铁 3*YA*、4*YA* 带电时，启动双联泵，高压泵 1 对两个液压缸 13、14 没有流量输出（其排出的油液经调速阀 5、6 后分别被二位五通电磁阀 7、8 右位截止），而低压泵 2 则分别经阀 7、11，阀 8、12 向液压缸 13、14 供油，并使两缸实现差动连接、快进。当 3*YA*、4*YA* 断电，1*YA*、2*YA* 带电时，泵 2 对两个液压缸没有流量输出［其排出的油液分别被阀 7（左位）、11（右位）、8（左位）、12（右位）所截止］，而高压泵 1 则分别经阀 5、阀 7、阀 9、阀 11 向液压缸 13（无杆腔）和经阀 6、阀 8、阀 10、阀 12 向液压缸 14（无杆腔）供油，两缸工进，其速度分别由调速阀 5、6 调节。当 1*YA*、2*YA*、3*YA*、4*YA* 都带电时，泵 1 的排油虽然分别通过了阀 7、阀 8，但却分别被阀 11、12 截止，故对两液压缸没有流量输入，而低压泵 2 此时却分别被阀 11、阀 12 导通，使其输出的流量分别进入两液压缸的有杆腔，液压缸快速退回。

由上述分析及图 7-59 可知：

(1) 两个执行元件—液压缸及其各自所在的回路（系统）分别相对两个液压泵呈并联，各自有自己的进油口，互不影响。

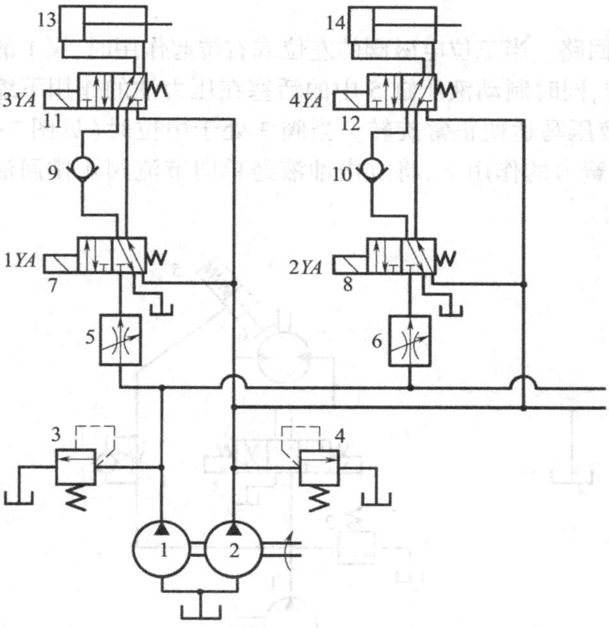

表7-2 电磁铁动作顺序表

动作＼电磁铁	1YA,2YA	3YA,4YA
快进	−	+
工进	+	−
快退	+	+

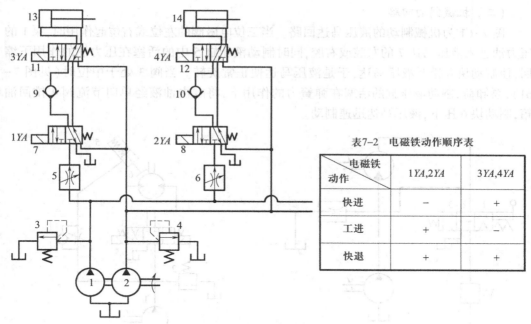

图 7-59 多缸快、慢速互不干扰回路

1—单向定量泵（高压小流量）；2—单向定量泵（低压大流量）；3、4—溢流阀；5、6—调速阀；7、8、11、12—二位五通电磁换向阀；9、10—单向阀；13、14—液压缸

（2）两个液压缸各自的快进—工进—快退动作是在电磁铁的控制下分别由两个泵分开完成的，因此两个液压缸的动作之间没有影响，互不干扰。

（3）把两个液压泵分开（隔开）起作用的是二位五通电磁换向阀（7、8、11、12）。

（4）每个液压泵的容量（额定流量）都必须满足同时工作液压缸的最大流量要求。

第六节 液压马达回路

液压马达回路和液压缸回路绝大部分是相同的，这里只介绍几种液压马达特有的回路。

一、液压马达制动回路

当工作部件停止工作时，由于液压马达的旋转惯性（该惯性较液压缸的惯性大得多），液压马达还要继续旋转。为使液压马达迅速停转，需要采用制动回路。常用的方法有液压制动和机械制动。

（一）液压制动回路

图 7-60 是在液压马达的回油路上安置背压阀（溢流阀），使液压马达制动的回路。当手动阀处于位置 1 时，液压马达出口接通油箱，液压泵向液压马达供油（最高供油压力由溢流阀限定），液压马达运转。当手动阀处于位置 3 时，液压泵卸荷，液压马达的回油因背压阀（溢流阀）的作用，压力升高，对液压马达起制动作用，使马达迅速停转。当手动阀处于位置 2 时，液压泵卸荷，液压马达出口通油箱，在机械摩擦的阻力作用下，液压马达缓慢停转。

（二）机械制动回路

图 7-61 为机械制动的液压马达回路。当三位电磁阀的左位或右位起作用时，泵 1 的压力油进入液压马达 7 的左腔或右腔，同时制动液压缸 5 中的活塞在压力油的作用下缩回，使制动块 6 松开液压马达，于是液压马达便正常旋转。当阀 3 处于中位时（见图 7-61），泵卸荷，制动液压缸的活塞在弹簧力的作用下，将缸内油液经单向节流阀 4 排回油箱，制动块 6 压下，液压马达迅速制动。

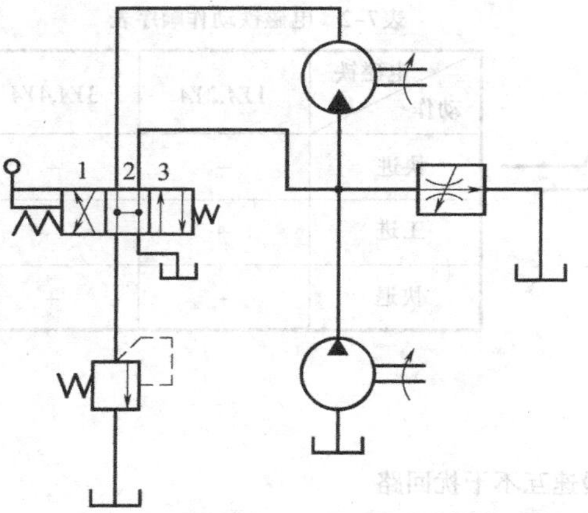

图 7-60 用背压阀（溢流阀）的制动回路

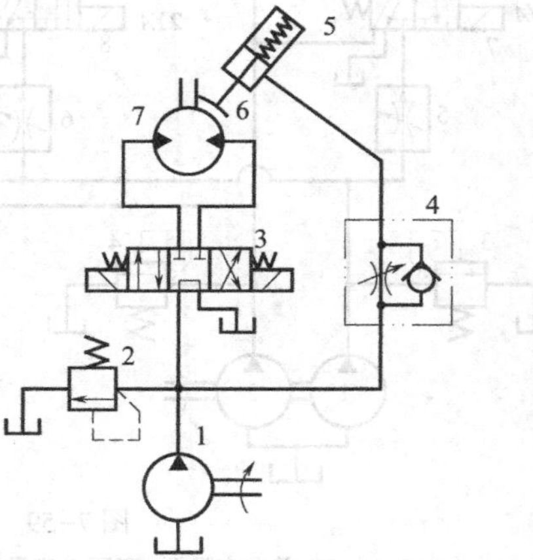

图 7-61 液压马达的机械制动回路

1—单向定量泵；2—溢流阀；
3—M 型三位四通电磁换向阀；4—单向节流阀；
5—制动液压缸；6—制动块；7—双向定量液压马达

图 7-61 中，单向节流阀 4 的作用是控制制动块 6 的松开时间，使松闸较慢，以避免液压马达启动时的冲击。这种制动回路常应用于起重运输机械的液压系统。

（三）平衡制动回路

图 7-62 是液压马达机械制动回路应用于平衡回路（系统）的示例之一。

图中，若没有制动液压缸 7 的作用时：当三位手动阀 3 左位起作用时，泵 1 的压力油经单向阀 5 进入液压马达 6 的左腔，液压马达顺时针方向旋转，进行提升重物 W 的作业。当阀 3 右位机能起作用时，泵 1 的压力油进入液压马达的右腔。同时经阻尼孔 a，打开顺序阀 9，液压马达反向转动。重物 W 靠自重降落。若重物下降的速度超过泵 1 供油量所决定的速度时，阀 9 的控制压力降低，阀口关小，使液压马达回油阻力增加，从而阻止了重物的超速下降。当阀 3 处于中位（图示位置）时，液压泵卸荷。液压马达的右侧油路因重物降落的抽吸作用，使压力低于液控顺序阀 9 弹簧的调定压力，于是阀 9 关闭，液压马达不能回油，使重物 W"悬挂"在空中。为防止发生溜车现象，图中设置了刹车制动机构——制动液压缸 7。当换向阀处于中位时，制动液压缸 7 泄油，将液压马达制动；当换向阀在左、右位时，液压缸 7 进油，制动解除，液压马达即可自由旋转。图中阻尼孔 a 是为减小液控顺序阀 9 控制油压的波动，使阀 9 开启平缓而设置的。

这种平衡制动回路，宜用于功率较大，负载变化较大而又要求下降速度平稳、易控制和锁紧时间要求较长的起重机构。如船舶起货机起升、变幅系统、锚机系统、港口用汽车起重机系统及各种绞车系统等。

二、液压马达的串、并联回路

在行走机械中，常直接用液压马达来驱动车轮，这时可利用液压马达串、并联的不同特性适应行走机械的不同工况。

图 7-63 为液压马达的串、并联回路。当电磁阀 1 断电时，无论电磁阀 2 的左右电磁铁哪个通电，两液压马达都并联，这时，行走机械有较大的牵引力，即液压马达输出的转矩大，但速度低；当电磁阀 1 通电，阀 2 左右电磁铁任何一个通电时，两液压马达都串联，这时行走机械速度高，但牵引力小。

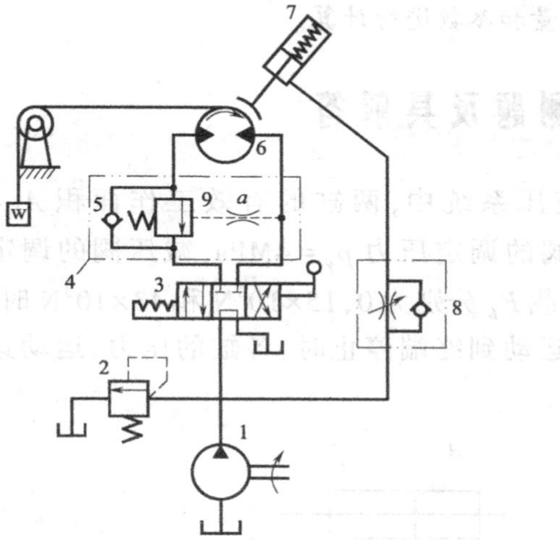

图 7-62　平衡制动回路

1—单向定量泵；2—溢流阀；3—O 形三位四通手动换向阀；4—单向液控顺序阀；5—单向阀；6—双向定量液压马达；7—制动缸；8—单向节流阀；9—液控顺序阀（内泄）

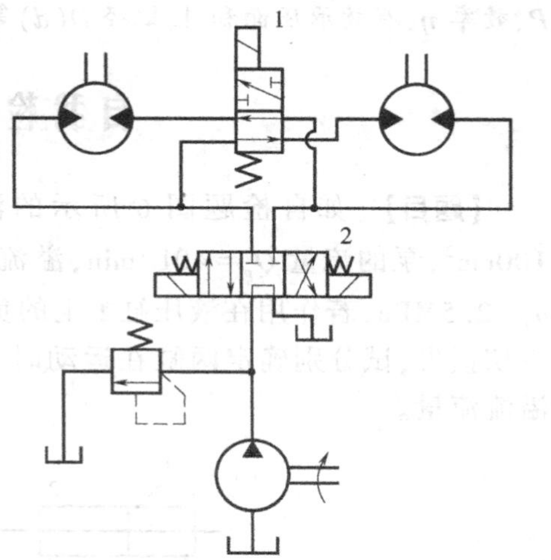

图 7-63　液压马达的串、并联回路

1—二位四通电磁换向阀；2—M 型三位四通电磁换向阀

小　结

一、主要概念

（1）液压基本回路、基本回路的类型、调速回路与其他回路间的匹配关系。

（2）调速回路的基本要求、类型，开式回路、闭式回路及其特点及应用。

（3）三种节流调速回路（采用普通节流阀和调速阀）的油路结构，各自的优缺点、应用场合。

（4）容积调速回路类型、调速特性（恒转矩、恒功率特性）、应用场合。

（5）容积节流调速回路油路结构、调速实质。

（6）调速回路的选择。

（7）典型快速运动回路（差动液压缸和双泵供油的快速运动回路）、速度换接回路的类型及典型油路结构。

（8）调压回路、减压回路各自特点及典型油路结构。

(9) 绘出由定量泵和溢流阀组成的双级调压回路，说明能调出两级压力的条件。

(10) 增压回路与平衡回路的应用场合。

(11) 液压泵的卸荷、卸荷类型，适应场合。

(12) 采用电磁阀、行程阀、顺序阀的两个液压缸的顺序动作回路。

(13) 液压缸串联、并联同步精度不高的原因，解决办法。

二、计算

对所给出的液压回路或系统的压力 p、流量 Q、速度 v、负载 F_L、转矩 T、转速 n、功率 P、效率 η、有效承压面积 A、缸径 $D(d)$ 等量和参数进行计算。

自我检测题及其解答

【题目】 如自检题图 6 所示的液压系统中，两缸的有效工作面积 $A_1=A_2=100\text{cm}^2$，泵的流量 $Q_p=40\text{L/min}$，溢流阀的调定压力 $p_Y=4\text{MPa}$，减压阀的调定压力 $p_J=2.5\text{MPa}$，若作用在液压缸 1 上的负载 F_L 分别为 0，$15\times10^3\text{N}$ 和 $43\times10^3\text{N}$ 时，不计一切损失，试分别确定两缸在运动时、运动到终端停止时，各缸的压力、运动速度和溢流流量。

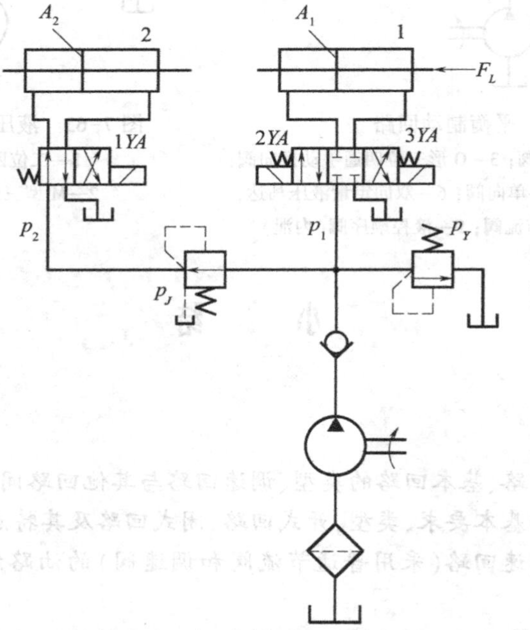

自检题图 6

【解答】

1) $F_L=0$

① 液压缸 1（2YA 通电）和液压缸 2 向右运动时：

液压缸的工作压力

$$p_1 = p_2 = 0$$

液压缸的运动速度

$$v_1 = v_2 = \frac{Q_p}{2A_1} = \frac{40 \times 10^{-3}(\mathrm{m^3/min})}{2 \times 100 \times 10^{-4}(\mathrm{m^2})} = 2\mathrm{m/min}$$

溢流量

$$Q_Y = 0$$

② 液压缸1、2运动到终端停止时：

液压缸1的工作压力 $p_1 = p_Y = 4\mathrm{MPa}$；

液压缸2的工作压力 $p_2 = p_J = 2.5\mathrm{MPa}$；

液压缸1、2的运动速度 $v_1 = v_2 = 0$；

溢流量 $Q_Y = Q_p = 40\mathrm{L/min}$（不考虑先导式减压阀导阀的泄漏）。

2）$F_L = 15 \times 10^3\mathrm{N}$

① 液压缸1、2运动时：

因液压缸2无负载，故先运动。此时工作压力

$$p_1 = p_2 = 0$$

速度

$$v_2 = \frac{Q_p}{A_2} = \frac{40 \times 10^{-3}(\mathrm{m^3/min})}{100 \times 10^{-4}(\mathrm{m^2})} = 4\mathrm{m/min}$$

液压缸2到终端后，缸1再运动。此时：

$$p_1 = \frac{F_L}{A_1} = \frac{15 \times 10^3}{100 \times 10^{-4}} = 15 \times 10^5\mathrm{Pa} = 1.5\mathrm{MPa}$$

$$v_1 = \frac{Q_p}{A_1} = \frac{40 \times 10^{-3}(\mathrm{m^3/min})}{100 \times 10^{-4}(\mathrm{m^2})} = 4\mathrm{m/min}$$

因减压阀没工作，故

$$p_2 = p_1 = 1.5\mathrm{MPa}$$

溢流量

$$Q_Y = 0$$

② 液压缸1、2运动到终端停止时：

$$p_1 = p_Y = 4\mathrm{MPa}$$

$$p_2 = p_J = 2.5\mathrm{MPa}$$

$$v_1 = v_2 = 0$$

$$Q_Y = Q_p = 40\mathrm{L/min}$$

3）$F_L = 43 \times 10^3\mathrm{N}$

负载压力 $$p_L = \frac{F_L}{A_1} = \frac{43 \times 10^3}{100 \times 10^{-4}} = 4.3\mathrm{MPa} > p_Y = 4\mathrm{MPa}$$

液压缸2运动时

$$p_1 = p_2 = 0$$

$$v_2 = \frac{Q_p}{A_2} = \frac{40 \times 10^{-3}(\mathrm{m^3/min})}{100 \times 10^{-4}(\mathrm{m^2})} = 4\mathrm{m/min}$$

溢流量 $Q_Y = 0$

液压缸 2 停止运动后工作压力为

$$p_1 = p_Y = 4\mathrm{MPa}$$

$$p_2 = p_J = 2.5\mathrm{MPa}$$

因为负载压力 p_L 大于溢流阀调定的压力 p_Y,所以液压缸 1 始终不动,即 $v_1 = 0$。

溢流量 $Q_Y = Q_p = 40\mathrm{L/min}$。

习　题

7-1　在图 7-1 中,若将溢流阀去掉,调节节流阀能否调节速度 v? 为什么?

7-2　图示(a)、(b)是利用定值减压阀与节流阀串联来代替调速阀,问能否起到调速阀稳定速度的作用? 为什么?

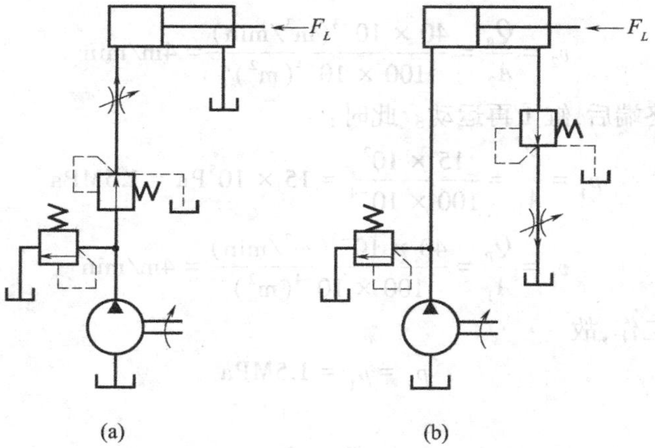

习题 7-2 图

7-3　图示回路(a)、(b)最多能实现几级调压? 阀 1、2、3 的调整压力之间应是怎样的关系? 图(a)、(b)有何差别?

7-4　图示为采用标准液压元件的行程换向阀 A、B 及带定位机构的液动换向阀 C 组成的自动换向回路,试说明其自动换向过程。

7-5　若单出杆液压缸的两腔有效工作面积相差很大,当有杆腔进油无杆腔回油得到快速运动时,无杆腔的回油量很大。为避免选用流量很大的二位四通阀,常增加一个大流量的液控单向阀旁路排油。试用单出杆液压缸(双作用式)、二位四通电磁阀、液控单向阀及压力油源画出其回路图。

7-6　液压缸 A 和 B 并联,要求缸 A 先动作,速度可调,且当 A 缸活塞运动到终点后,缸 B 才动作。试问图示回路能否实现所要求的顺序动作? 为什么? 在不增加元件数量(允许改变顺序阀的控制方式)的情况下,应如何改进?

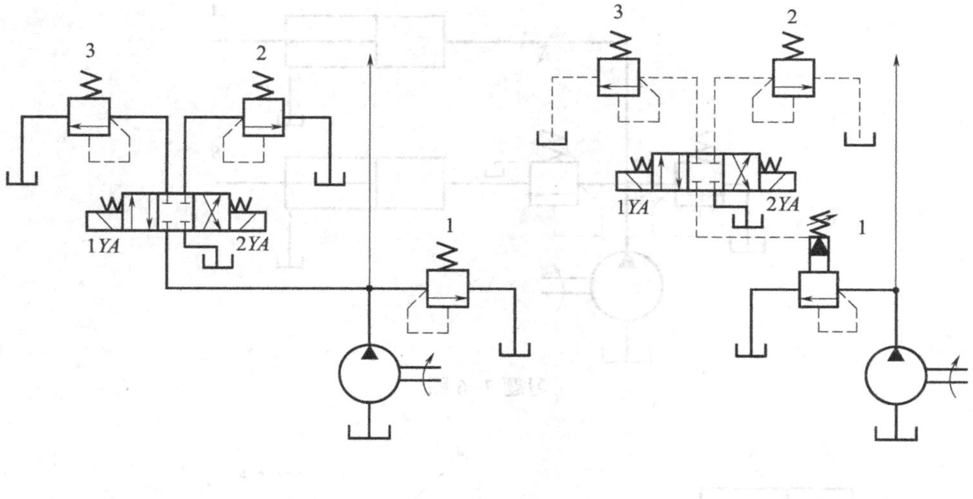

习题 7-3 图

1—先导式溢流阀；2、3—溢流阀

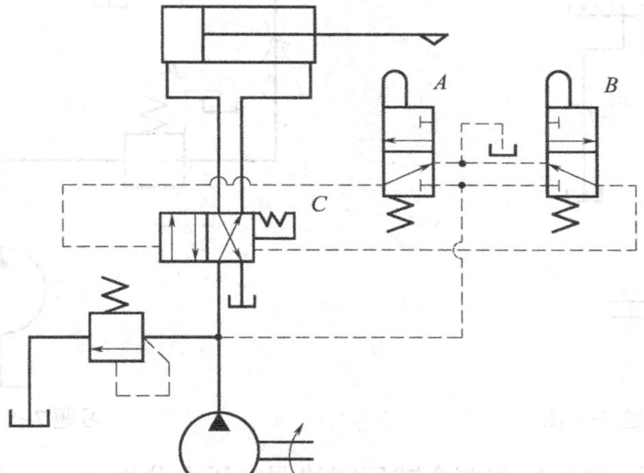

习题 7-4 图

7-7 图示为一采用进油路与回油路同时节流的调速回路。设两个节流阀的开口面积相等：$a_1=a_2=0.1\text{cm}^2$，两阀的流量系数均为 $C_d=0.62$，液压缸两腔有效工作面积分别为 $A_1=100\text{cm}^2$，$A_2=50\text{cm}^2$，负载 $F_L=5\ 000\text{N}$，方向始终向左，溢流阀的调定压力 $p_Y=p_p=20\times10^5\text{Pa}$，泵的流量 $Q_p=25\text{L/min}$。试求活塞往返运动的速度。这两个速度有无可能相等？

7-8 如图所示，液压缸的有效工作面积 $A_1=50\text{cm}^2$，负载阻力 $F_L=5\ 000\text{N}$，减压阀的调定压力 p_J 分别调成 $5\times10^5\text{Pa}$，$20\times10^5\text{Pa}$ 或 $25\times10^5\text{Pa}$，溢流阀的调定压力分别调成 $30\times10^5\text{Pa}$ 或 $15\times10^5\text{Pa}$，试分析该活塞的运动情况。

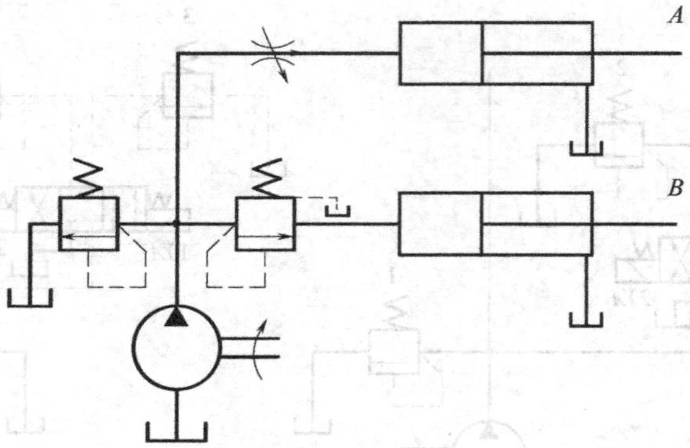

习题 7-6 图

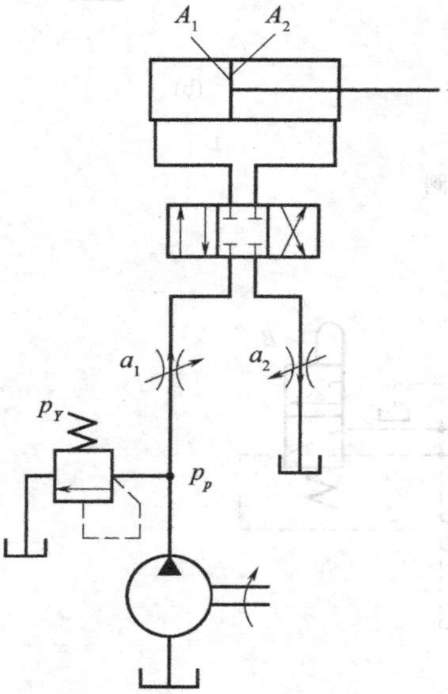

习题 7-7 图

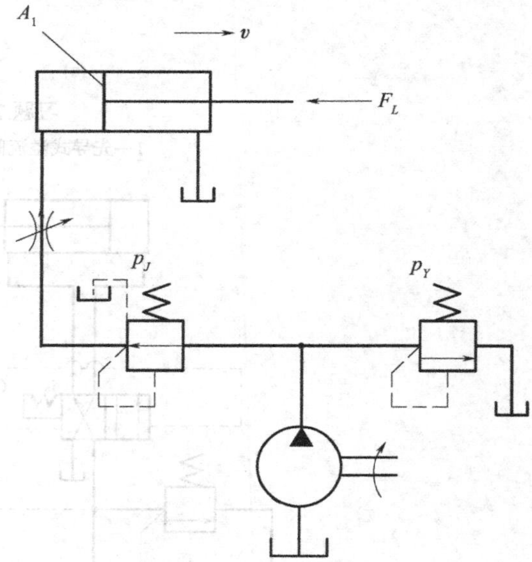

习题 7-8 图

7-9　如图所示，溢流阀和两个减压阀的调定压力分别为：$p_Y=45\times10^5$Pa，$p_{J1}=35\times10^5$Pa，$p_{J2}=20\times10^5$Pa；负载 $F_L=1\ 200$N；活塞有效工作面积 $A_1=15\text{cm}^2$；减压阀全开口时的局部损失及管路损失可略去不计。试确定活塞在运动中和到达终端位置时 a、b 和 c 点处

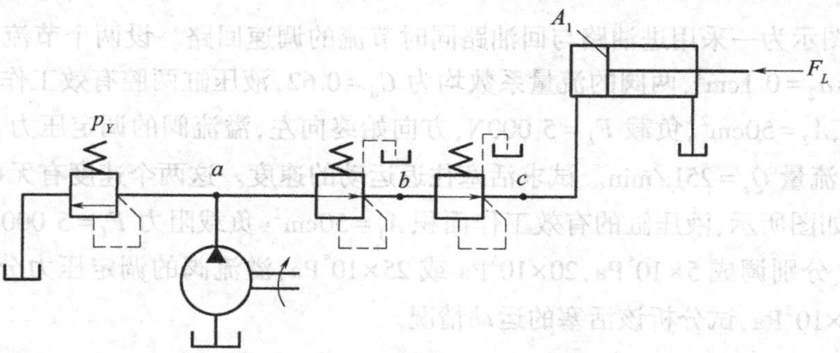

习题 7-9 图

的压力。当负载加大到 $F_L = 4\ 200\text{N}$ 时,这些压力有何变化?

7-10 在图 7-1 所示的进口节流调速回路中,液压缸的有效工作面积 $A_1 = 2A_2 = 50\text{cm}^2$,$Q_p = 10\text{L/min}$,溢流阀的调定压力 $p_p = 24\times10^5\text{Pa}$,节流阀为薄壁小孔型,其过流断面积为 $A_T = 0.02\text{cm}^2$,取 $C_d = 0.62$,油液密度 $\rho = 900\text{kg/m}^3$。只考虑液流通过节流阀的压力损失,其他损失不计。试分别按 $F_L = 10\ 000\text{N}$、$5\ 500\text{N}$ 和 0 三种负载情况,计算液压缸的运动速度和速度刚度。

7-11 在图示回路中,已知液压缸径 $D = 100\text{mm}$,活塞杆直径 $d = 70\text{mm}$,负载 $F_L = 25000\text{N}$。

① 为使节流阀前后压差 Δp_T 为 $3\times10^5\text{Pa}$,溢流阀的调定压力应为多少?

② 若溢流阀的调定压力不变,当负载降为 $F_L = 15\ 000\text{N}$ 时,节流阀前后压差 $\Delta p_T = ?$

③ 若节流阀开口面积为 0.05cm^2,允许活塞的最大前冲速度为 5cm/s,活塞能承受的最大负切削力是多少?

④ 当节流阀的最小稳定流量为 $50\text{cm}^3/\text{min}$ 时,该回路的最低稳定速度为多少?

⑤ 若将节流阀改装在进油路上,在液压缸有杆腔接油箱时,活塞的最低稳定速度是多少?与④的最低稳定速度相比较说明什么问题。

7-12 如图所示,泵的流量 $Q_p = 25\text{L/min}$,负载 $F_L = 40\ 000\text{N}$,溢流阀的调定压力 $p_Y = 54\times10^5\text{Pa}$,液压缸的工作速度 $v = 18\text{cm/min}$,不考虑管路损失和液压缸的摩擦损失。试计算:

① 工进时液压回路的效率;

② 负载 $F_L = 0$ 时,活塞的运动速度和回油腔的压力。

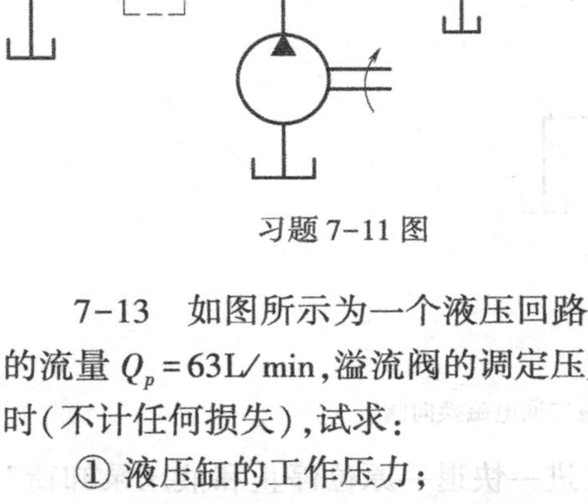

习题 7-11 图

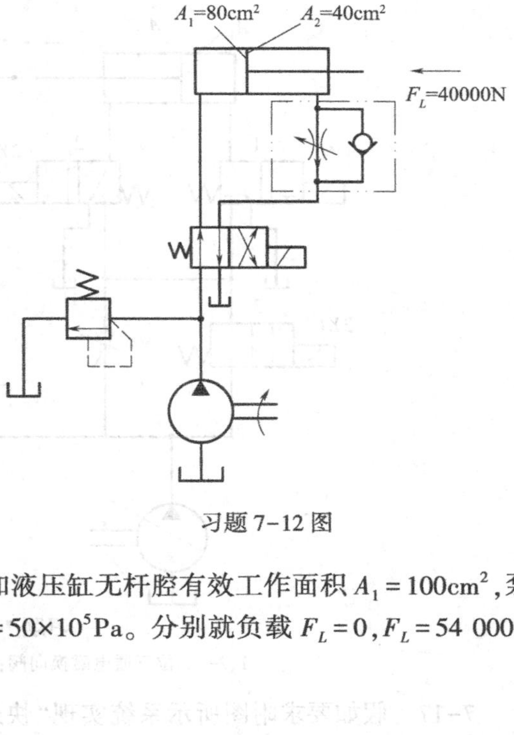

习题 7-12 图

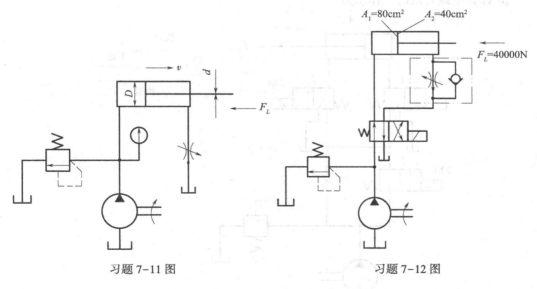

7-13 如图所示为一个液压回路。已知液压缸无杆腔有效工作面积 $A_1 = 100\text{cm}^2$,泵的流量 $Q_p = 63\text{L/min}$,溢流阀的调定压力 $p_Y = 50\times10^5\text{Pa}$。分别就负载 $F_L = 0$,$F_L = 54\ 000\text{N}$ 时(不计任何损失),试求:

① 液压缸的工作压力;

② 活塞的运动速度和溢流阀的溢流流量。

7-14　由变量泵和定量液压马达组成的调速回路，变量泵排量可在 0~50cm³/r 的范围内改变。泵转速为 1000 r/min，马达排量 $q_M=50\text{cm}^3/\text{r}$，安全阀调定压力为 $100\times10^5\text{Pa}$。在理想情况下，泵和马达的容积效率和机械效率都是100%。求此调速回路中：

① 液压马达最低和最高转速；

② 液压马达的最大输出转矩；

③ 液压马达的最高输出功率。

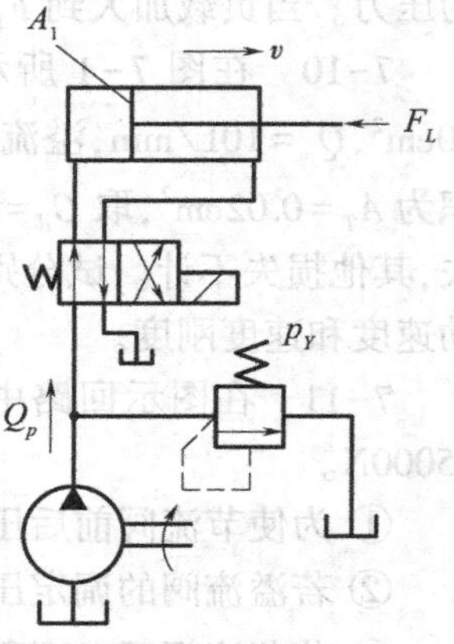

习题 7-13 图

7-15　在题 7-14 中，在压力为 $100\times10^5\text{Pa}$ 时，泵和液压马达的机械效率都是 0.85。泵和马达的泄漏量随工作压力的提高而线性增加，在压力为 $100\times10^5\text{Pa}$ 时，泄漏量均为 1L/min。当工作压力为 $100\times10^5\text{Pa}$ 时，重新完成题 7-14 中各项要求，并计算回路在最高和最低转速下的总效率。

7-16　在图示回路中，液压缸两腔的有效工作面积 $A_1=2A_2$，泵和阀的额定流量均为 Q，在额定流量且各换向阀通过额定流量 Q 时的压力损失都相同 $\Delta p_1=\Delta p_2=\Delta p_3=\Delta p_n=2\times10^5\text{Pa}$，如液压缸快进时的摩擦阻力及管道损失都可以忽略不计：

① 列出回路实现"快进—工进—快退—停止"工作循环时的电磁铁动作顺序表（电磁铁通电者为"+"号，反之为"-"号）。

② 快进时，通过换向阀 1 的流量是多少？

③ 计算空载时泵的工作压力。

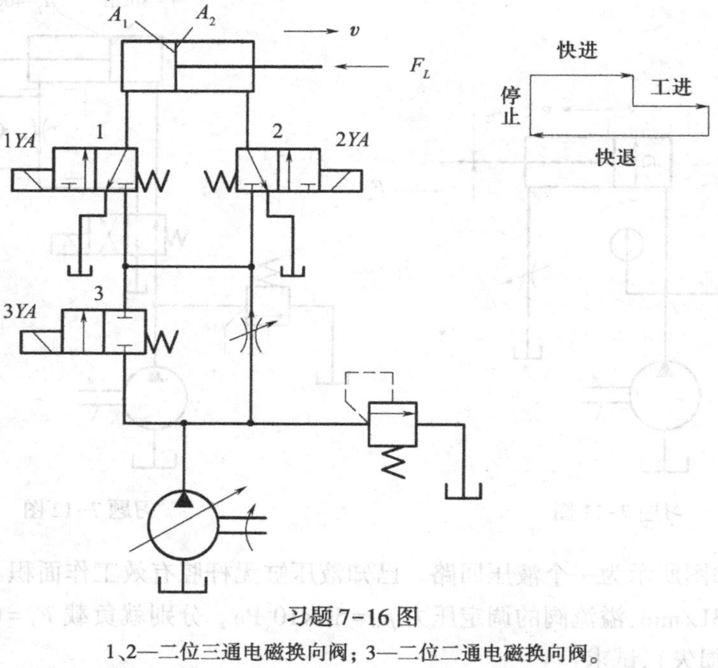

习题 7-16 图

1、2—二位三通电磁换向阀；3—二位二通电磁换向阀。

7-17　假如要求附图所示系统实现"快进—工进—快退—原位停止和液压泵卸荷"工作循环，试列出各电磁铁的动作顺序表。

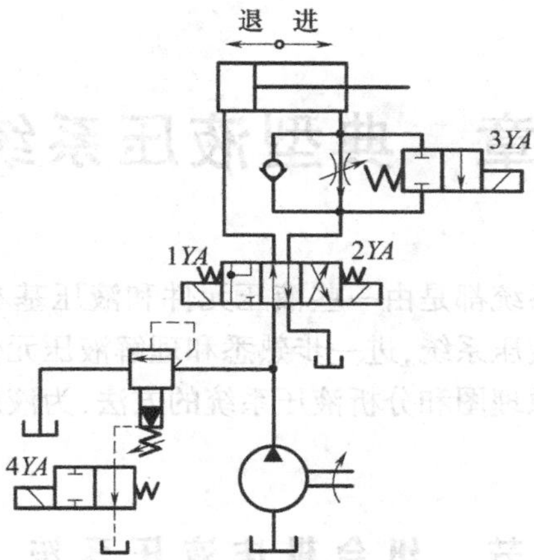

习题 7-17 图

7-18 图示液压系统，液压缸有效面积 $A_1=A_2=100\text{cm}^2$，缸Ⅰ负载 $F_L=35\,000\text{N}$，缸Ⅱ运动时负载为零。不计摩擦阻力、惯性力和管路损失。溢流阀、顺序阀和减压阀的调整压力分别为 4MPa、3MPa 和 2MPa。求在下列三种工况下 A、B 和 C 处的压力：

① 液压泵启动后，两换向阀处于中位；

② 1YA 通电，液压缸Ⅰ活塞移动时及活塞运动到终点时；

③ 1YA 断电，2YA 通电，液压缸Ⅱ活塞运动时及活塞碰到固定挡块时。

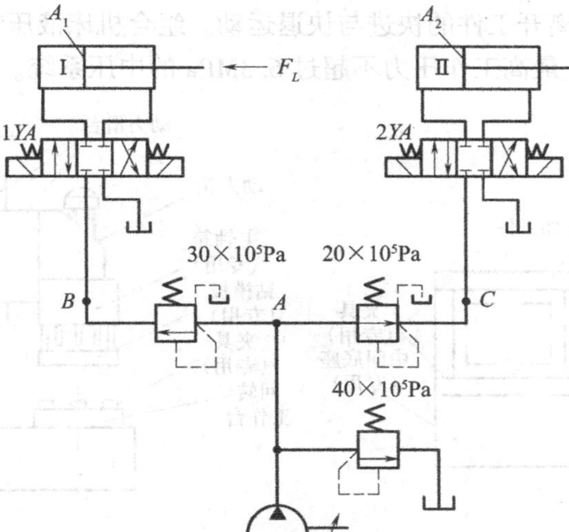

习题 7-18 图

第八章　典型液压系统

如前所述,任何一个液压系统都是由一些液压元件和液压基本回路组成的。本章的目的,是通过介绍几种典型的液压系统,进一步熟悉和理解液压元件和液压基本回路的性能与应用,学会阅读液压系统原理图和分析液压系统的方法,为液压系统的设计打下一定的基础。

第一节　组合机床液压系统

一、概述

组合机床是由一些通用部件(如动力头、滑台、床身、立柱、底座、回转工作台等)和少量的专用部件(如主轴箱、夹具等)组成的,加工一种或几种工件的一道或几道工序的高效率机床(见图 8-1)。它能完成钻、扩、铰、镗、铣、丝等工序和工作台的转位、定位、夹紧和输送等辅助动作,可用来组成自动线。液压动力滑台是组合机床上用来完成直线运动的动力部件,在它上面安装上(他驱式)动力头时,可完成刀具切削工件时的进给(工进)运动和刀具接近工件和离开工件的快进与快退运动。组合机床液压动力滑台的液压系统是一种以速度变换为主、最高工作压力不超过 6.3MPa 的中压系统。

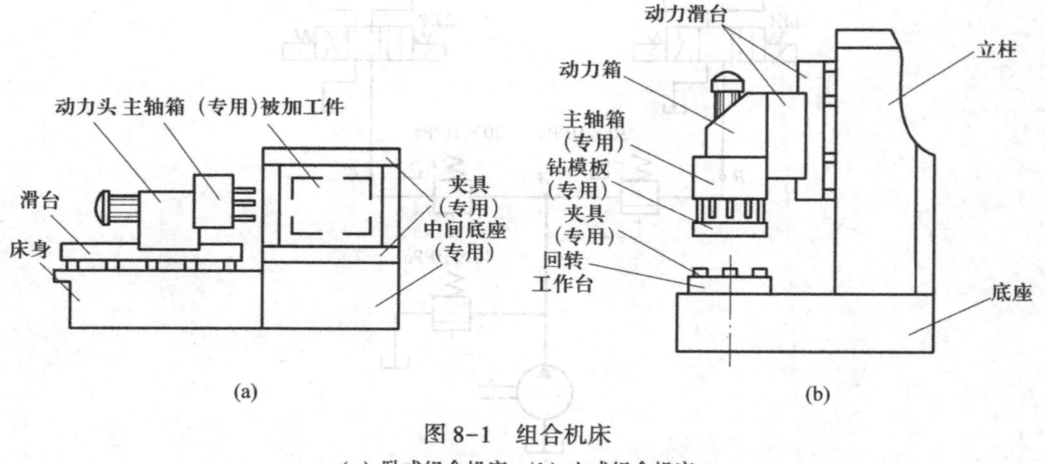

图 8-1　组合机床

(a) 卧式组合机床；(b) 立式组合机床

YT4543 型液压动力滑台工作台面的尺寸为 450mm×800mm,进给速度范围为 6.6~660mm/min,最大快进速度为 7.3m/min,最大进给力为 44 100N。下面介绍这种动力滑台的液压系统。

二、YT4543 型液压动力滑台的液压系统及其工作原理

图 8-2 为 YT4543 动力滑台的液压系统图。这个系统采用限压式变量叶片泵供油，

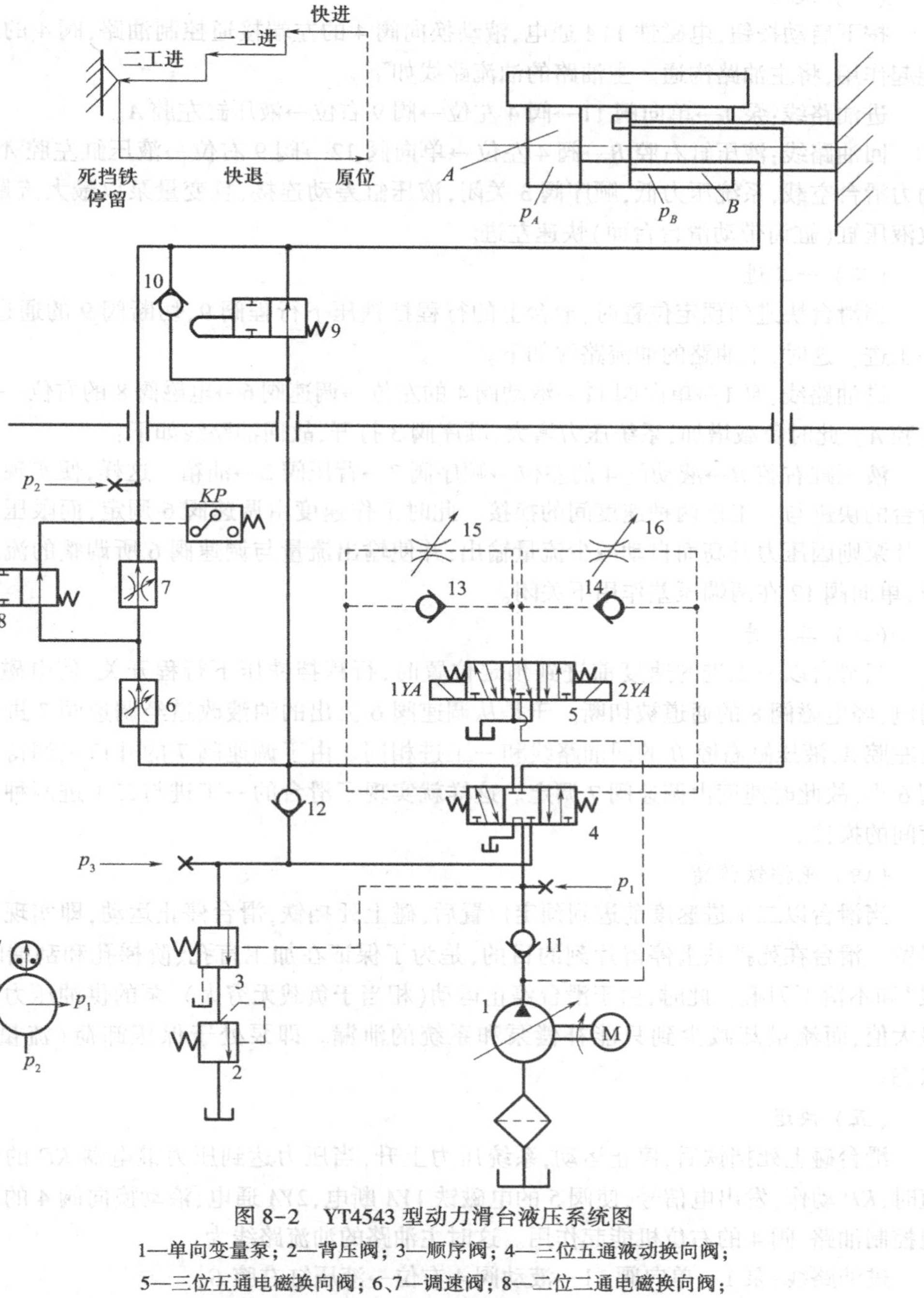

图 8-2 YT4543 型动力滑台液压系统图

1—单向变量泵；2—背压阀；3—顺序阀；4—三位五通液动换向阀；

5—三位五通电磁换向阀；6、7—调速阀；8—二位二通电磁换向阀；

9—二位二通机动换向阀；10、11、12、13、14—单向阀；15、16—节流阀；17—压力表开关

用电液换向阀 5、4 换向,用行程阀 9 实现快进速度和工进速度的换接,用电磁阀 8 实现两种工进速度的换接,用调速阀 6、7 使进给速度稳定。该系统可实现多种自动工作循环。现以二次工作进给带死挡铁停留的自动工作循环为例来说明液压系统的工作原理。

(一) 快进

按下启动按钮,电磁铁 1*YA* 通电,液动换向阀 4 的左端接通控制油路,阀 4 的左位机能起作用,将主油路沟通。主油路的油流路线如下。

进油路线:泵 1→单向阀 11→阀 4 左位→阀 9 右位→液压缸左腔 *A*。

回油路线:液压缸右腔 *B*→阀 4 左位→单向阀 12→阀 9 右位→液压缸左腔 *A*。此时动力滑台空载,系统压力低,顺序阀 3 关闭,液压缸差动连接,且变量泵以最大流量输出,故液压缸(缸筒带动滑台台面)快速左进。

(二) 一工进

当滑台快进到预定位置时,滑台上的行程挡铁压下行程阀 9,切断阀 9 的通道,实现一工进。这时,主油路的油流路线如下。

进油路线:泵 1→单向阀 11→液动阀 4 的左位→调速阀 6→电磁阀 8 的右位→液压缸左腔 *A*。此时负载增加,系统压力增大,顺序阀 3 打开,故回油路线如下:

液压缸右腔 *B*→液动阀 4 的左位→顺序阀 3→背压阀 2→油箱。这样,便实现了液压滑台的快进与一工进两种速度间的换接。此时工作速度由调速阀 6 调定,而限压式变量叶片泵则因压力升高而自动减少流量输出,并使输出流量与调速阀 6 所调整的流量相适应,单向阀 12 在两端压差作用下关闭。

(三) 二工进

当滑台以一工进的速度前进到预定位置时,行程挡铁压下行程开关,使电磁铁 3*YA* 通电,经电磁阀 8 的通道被切断。于是从调速阀 6 流出的油液改道经调速阀 7 进入液压缸左腔 *A*,液压缸右腔 *B* 的回油路线和一工进相同。由于调速阀 7 的开口量调得比调速阀 6 小,故此时速度由调速阀 7 调定。这样就实现了滑台的一工进与二工进两种工作速度间的换接。

(四) 死挡铁停留

当滑台以二工进速度前进到预定位置后,碰上死挡铁,滑台停止运动,即实现死挡铁停留。滑台在死挡铁上停留片刻的目的,是为了保证在加工盲孔、阶梯孔和刮端时,“清根”和不留下刀痕。此时,由于滑台停止运动(相当于负载无穷大),泵的供油压力升高到最大值,而流量却减少到只能补偿泵和系统的泄漏。即泵处于保压卸荷(流量卸荷)状态。

(五) 快退

滑台碰上死挡铁后,停止运动,系统压力上升,当压力达到压力继电器 *KP* 的调定数值时,*KP* 动作,发出电信号,使阀 5 的电磁铁 1*YA* 断电,2*YA* 通电,液动换向阀 4 的右端接通控制油路,阀 4 的右位机能起作用。这时主油路的油流路线为:

进油路线:泵 1→单向阀 11→液动阀 4 右位→液压缸右腔 *B*;

回油路线:液压缸左腔 *A*→单向阀 10→液动阀 4 右位→油箱。因此时为空载,回油又没有背压,故系统压力很低,泵 1 输出流量最大,滑台快速右退。

(六) 原位停止

当滑台退回到原位时,行程挡铁压下原位行程开关,发出信号,使所有电磁铁都断电,阀5和阀4都处于中位,液压缸 A、B 两腔油路封闭,滑台停止运动,泵1通过阀4中位卸荷。

图中17为压力表开关。表8-1为该系统的电磁铁动作顺序表。

表8-1 电磁铁动作顺序表

动作 \ 元件	1YA	2YA	3YA	KP	行程阀9
快进(差动)	+	−	−	−	导 通
一工进	+	−	−	−	切 断
二工进	+	−	+	−	切 断
死挡铁停留	+	−	+	−	切 断
快 退	−	+	±	±	切断→导通
原位停止	−	−	−	−	导 通

三、YT4543型液压动力滑台液压系统的特点

由上述分析可以看到这个液压系统有以下的一些特点:

(1) 系统采用了"限压式变量叶片泵—调速阀—背压阀"式的容积节流调速回路,因此能保证稳定的低速运动、较好的速度刚性和较大的调速范围(约100)。

(2) 系统采用了限压式变量泵和液压缸的差动连接实现快进,能量利用合理。滑台停止运动时,换向阀使液压泵低压卸荷,减少能量损耗。

(3) 系统采用了行程阀和顺序阀实现快进与工进的换接,这不仅简化了电路,而且使动作可靠,换接精度也比电气控制式高。而两个工进之间的换接,由于两者速度都较低,故采用电磁阀完全能保证换接精度。

第二节 M1432A型万能外圆磨床液压系统

一、概述

M1432A型万能外圆磨床是既可以磨削外圆表面(包括阶梯形外圆表面),又可以磨削内孔(利用内孔磨削附件)的机床。该机床用液压完成的动作主要有:工作台的直线往复运动;砂轮架的快速进、退;尾架顶尖的退出等。根据磨削工艺及操作过程的需要,对上述三种运动有各自的要求。现分述如下。

(一) 工作台的直线往复运动

1. 调速范围

工作台的直线往复运动是实现工件纵向进给的,速度通常比较低。工作台要求能在0.05~6m/min范围内无级调速,并能在10~30mm/min的低速下,作无爬行的运动,以修整砂轮。

2. 换向及换向精度

要求换向频繁,过程平稳,制动和反向启动迅速。

磨削阶梯轴和盲孔时，工作台应有较高的换向精度，以防止砂轮碰撞工件，造成事故。通常在相同速度下的换向位置误差不大于 0.03mm，在变速下的换向位置误差不大于 0.3mm。

3. 端点停留

磨削时砂轮一般应超出工件，为避免工件两端因磨削时间较短而尺寸偏大（对外圆）或偏小（对内孔）的弊病，机床要求工作台在换向位置能做短暂停留，停留时间应在 0~5s 范围内可调。

4. 抖动

横磨（切入式磨削）时，砂轮宽度大于工件。为提高工件表面质量，使砂轮磨损均匀，要求工作台能实现短行程（1~3mm）频繁（100~150 次/min）的直线往复运动（称为抖动）。

5. 互锁

为保证操作安全，工作台的液压驱动和手动操作应能互锁。

（二）砂轮架的快进和快退

在装卸和测量工件时，砂轮架应能快速退回，以确保安全。在磨削开始时，砂轮架应快速前进且有很高的复位精度和运动平稳性。

（三）尾架顶尖的松开、缩回

为了保证安全操作，必须只在砂轮架快速退回时，尾架顶尖才能松开、缩回。

在上述要求中，以工作台直线往复运动的要求为最高，所以工作台的换向是外圆磨床液压系统的核心问题。

二、液压系统的工作原理

图 8-3 为 M1432A 型万能外圆磨床的液压系统图。其中 E 为开停阀，是非标准件，用于使工作台启动或停止，a_1-a_1、b_1-b_1、c_1-c_1、d_1-d_1 分别表示该阀的四个不同截面及截面的接口情况。F 为节流阀，非标准件，用于调节工作台往复运动的速度，a_2-a_2、b_2-b_2 为该阀的两个不同截面。C 为机动先导阀，D 为液动换向阀，C、D 二者组成行程控制式换向回路（第七章第三节）。系统工作原理如下。

（一）工作台作往复运动

1. 往复运动

在图示位置上，开停阀 E 的手柄处于“开”的位置；先导阀 C 的阀芯处在阀体的右端；液动换向阀 D 的阀芯左端与控制油液相通，阀芯在控制油压作用下，处在阀体的右端。这时液动换向阀 D 将主油路沟通。主油路油流路线如下。

进油路线：泵 B→油口 1′→阀 D→油口 2→液压缸 Z_1 右腔。

回油路线：液压缸 Z_1 左腔→油口 3→阀 D→油口 5→阀 C→油口 6→开停阀 E 的 a_1-a_1 截面→开停阀 E 的轴向槽（图中虚线）→开停阀 E 的 b_1-b_1 截面→油口 14→节流阀 F 的 b_2-b_2 截面→节流阀 F 的轴向槽（图中虚线）→节流阀 F 的 a_2-a_2 截面上的节流口→油箱。

因此，液压缸带动工作台向右运动。工作台向右运动到预定位置停止后，再返回。这一换向过程可分为预制动、终制动、端点停留和反向启动四个阶段。

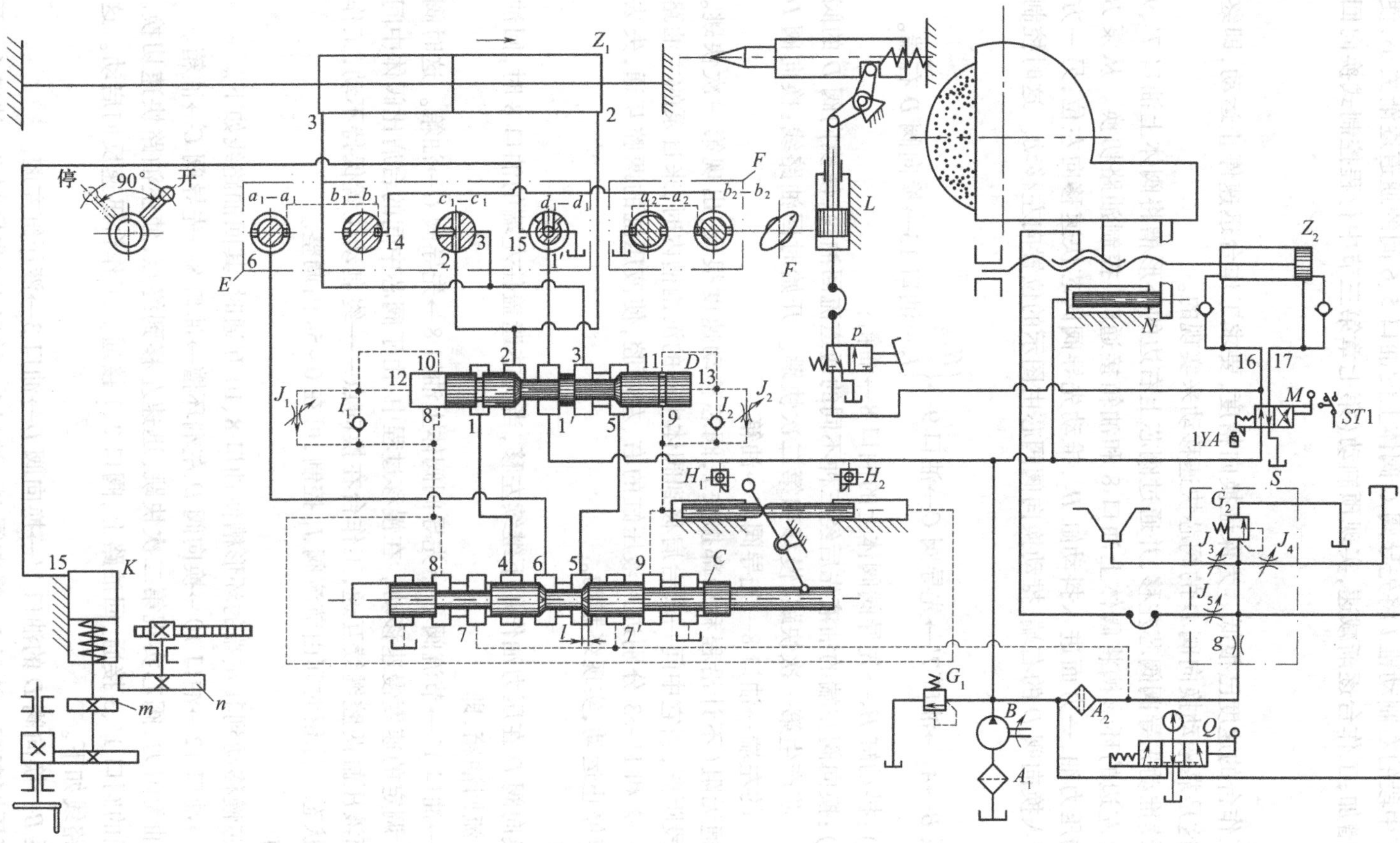

图 8–3 M1432A 型万能外圆磨床液压系统图

1、1′、2、3、4、5、6、7、7′、8、9、10、11、12、13、14、15—油口；16、17—管道；B—液压泵；A_1—粗滤油器；A_2—精滤油器；G_1、G_2—溢流阀；g—固定节流口；I_1、I_2—单向阀；J_1、J_2、J_3、J_4、J_5—节流阀；M—二位四通手动换向阀；Z_1—液压缸；Z_2—砂轮架快速进退缸；Q—压力表开关；S—润滑油稳定器；N—柱塞缸；L—尾架液压缸；p—二位三通脚踏式换向阀；F—节流阀；E—开停阀；C—先导阀；D—液动换向阀；H_1、H_2—抖动缸；K—手摇机构液压缸；m、n—齿轮

1）预制动

当工作台向右运动到达预定位置时，固定在工作台上的左挡块拨动拨杆，使先导阀 C 的阀芯左移，阀芯中段的右制动锥 l 将先导阀 C 阀体上的油口 5、6 间的通道逐渐关小，使液压缸回油阻力增加，工作台逐渐减速，实现预制动（第七章第三节中行程控制式换向回路的制动过程）。

2）终制动

预制动后，工作台的速度已很低。为保证换向精度，要求工作台迅速停止运动，即终制动时间要短。这是靠液动换向阀 D 的阀芯快速移动来实现的。

当工作台继续推动先导阀阀芯左移，并通过阀芯上右边的环形槽将阀体上油口 7′、9 接通，通过阀芯上左边的环形槽将阀体上油口 8 和油箱接通时，控制油路切换。从泵 B 经滤油器 A_2 来的压力油，一方面进入抖动缸 H_1，推动先导阀阀芯快速移向左位；另一方面经单向阀 I_2 进入换向阀 D 的右端，推动换向阀阀芯由图示的位置向左移动。这时控制油流路线如下。

进油路线：泵 B→A_2→油口 7′→先导阀 C→油口 9→$\begin{cases} H_1。\\ I_2\text{→油口 13→换向阀 } D \text{ 右端。}\end{cases}$

回油路线（1）：抖动缸 H_2→先导阀阀体上的油口 8→油箱；

回油路线（2）：换向阀左端的油液先后经三种不同的通道流回油箱，使换向阀 D 的阀芯产生第一次快跳、慢移和第二次快跳。开始时回油路线：换向阀 D 的左端→油口 8→先导阀 C→油箱。

由于回油畅通无阻（不计沿程和局部损失），阀芯移动速度很大，出现第一次快跳。阀芯快速移动一段距离，当它中间一节台肩移到阀体中间的沉割槽内时，来自泵的主油路压力油经油口 1′→2 和 1′→3 分别进入液压缸的右、左两腔，使液压缸的两腔互通，失去动力，工作台迅速停止运动，实现终制动。

3）端点停留

终制动后，换向阀 D 在压力油作用下继续左移，当阀芯遮盖住左端的油口 8 时，回油只能经节流阀 J_1 流回油箱，即

换向阀左端→油口 12→节流阀 J_1→先导阀阀体上油口 8→先导阀 C→油箱。这时阀芯 D 以节流阀 J_1 调定的速度慢速移动。在慢移过程中，由于阀芯中间的台肩比阀体中间的沉割槽窄，因而液压缸两腔继续互通，工作台在换向点——终制动位置保持不动，工作台处于端点停留状态。停留时间由节流阀 J_1 控制，可在 0~5s 内调整。

4）反向启动

当换向阀阀芯慢移动到其左端的环形槽使油口 8、10 互通时，其回油路线如下。

换向阀左端→油口 12→油口 10→换向阀 D 左端环槽→油口 8→先导阀 C→油箱。

由于此时回油无阻力，阀芯实现第二次快跳，迅速左移到终点，使主油路快速切换。进油路上，换向阀的阀口 1′、3 接通，回油路上，阀口 2、1 接通。工作台迅速反向启动。这时主油路的油流路线如下。

进油路线：泵 B→换向阀 D 的油口 1′→换向阀 D→油口 3→液压缸左腔。

回油路线：液压缸右腔→油口 2→换向阀 D→油口 1→油口 4→先导阀 C→油口 6→开停阀 E 的 a_1-a_1 截面→阀 E 的轴向槽→阀 E 的 b_1-b_1 截面→油口 14→节流阀 F 的 b_2-b_2

截面→阀 F 的轴向槽→阀 F 的 a_2-a_2 截面上的节流口→油箱。于是工作台向左运动，并在其右挡块碰上拨杆后，控制油路按上述同样的过程反向切换，主油路也随之作反向切换，工作台又向右运动。如此不断反复，使工作台实现了直线往复运动。调节节流阀 F 的开口大小，可使工作台在 0.05～6m/min 范围内无级变速。

2. 互锁

当开停阀 E 的手柄处在“开”的位置时，来自泵 B 的压力油经下面路线进入手摇机构控制缸 K：

泵 B→换向阀的油口 1′→换向阀 D→阀 E 的 d_1-d_1 截面上的油口 1′→阀 E 的 d_1-d_1 截面→油口 15→手摇机构控制缸 K 的上腔。

控制缸 K 中的活塞，由于上腔油压作用，下移并将手摇机构的一对齿轮 m、n 脱开。因此，工作台往复运动时，手轮不起作用。当把开停阀 E 转到“停”的位置时，开停阀的 b_1-b_1 截面关闭了液压缸通往节流阀 F 的回油路，而其 c_1-c_1 截面使液压缸 Z_1 左右两腔连通。工作台停止运动。这时手摇机构液压缸 K 内的油液在下腔弹簧力作用下经油口 15、阀 E 的 d_1-d_1 截面径向孔回油箱。手动机构齿轮 m、n 啮合，工作台就可以通过手轮来操作了。从而实现了手动操作与液压驱动的互锁。

（二）砂轮架作快速进退

砂轮架作快速进退是由一个手动二位四通阀 M 操纵砂轮架快速进退缸 Z_2 实现的。图 8-3 所示为砂轮架快退后的位置。快退的油流如下。

进油路线：泵 B→手动阀 M 的左位→管道 16→砂轮架快速进退缸 Z_2 的左腔，推动活塞带动丝杠、螺母及砂轮架快速后退。

回油路线：砂轮架快速进退缸 Z_2 的右腔→管道 17→手动阀 M 的左位→油箱。

扳动手动阀 M 的手柄，使右位机能起作用时，砂轮架快速前进。快速前进的油流如下。

进油路线：泵 B→手动阀 M 的右位→管道 17→砂轮架快速进退缸 Z_2 的右腔、推动活塞带动丝杠、螺母及砂轮架快速前进。

回油路线：缸 Z_2 的左腔→管道 16→手动阀 M 的右位→油箱。

快进终点的位置依靠活塞和缸盖的接触来保证，其复位精度可达 0.005mm。

当手动换向阀 M 处于“快进”位置时，手柄将行程开关 ST_1 压下，使主轴头架转动，冷却泵启动；当砂轮架快退时 ST_1 脱开，头架和冷却泵停转。

需要进行内圆磨削时，只要将机床上的内圆磨具翻下来，磨具便压下另一行程开关，使内外圆磨削互锁电磁铁 1YA（图中未画出）通电吸合，将手动阀 M 在快进位置上锁住，使手柄无法扳动。这样就不会因误操作使砂轮架快退而引起事故，实现了内、外圆磨削的互锁。

（三）尾架顶尖的松开、缩回

尾架顶尖只有在砂轮架快退时，才能松开、缩回，因为尾架液压缸 L 的压力油来自液压缸 Z_2 的前（左）腔。顶尖的伸出和缩回由一个脚踏式二位三通阀 P 控制。

（四）润滑及其他

1. 润滑

泵 B 输出的压力油经精滤油器 A_2、润滑油稳定器 S 上的阻尼孔 g 和节流阀 J_3、J_4 或 J_5 分别通至工作台的 V 型导轨、平导轨和砂轮架的手摇机构的丝杠螺母副等处，供润滑之用。润滑油通过阻尼孔 g 后,压力已降低,降低后的压力,即润滑油压由溢流阀 G_2 调定;各润滑处所需的流量分别由相应的节流阀调节。

2. 丝杠螺母副间隙的消除

液压系统开始工作时,柱塞缸 N 内就通入压力油,使柱塞顶住砂轮架,消除进给丝杠螺母副的轴向间隙,保证横向进给的准确性。

3. 压力的测定

系统的压力由溢流阀 G_1 调整,润滑油的压力由溢流阀 G_2 调整,这两个压力值均通过系统设置的压力表开关 Q 由一个压力表测定。

三、液压系统的特点

M1432A 型万能外圆磨床的液压系统具有如下特点:

(1) 系统采用了结构简单、价格便宜的普通节流阀的节流调速回路,这对调速范围不很大、负载较小且基本恒定的磨床来说是很适宜的。此外,出口节流调速在液压缸回油腔中造成的背压力有利于工作稳定和加速工作台的制动,也有利于防止系统中渗入空气。

(2) 系统采用了杆定式的双杆活塞缸,使左、右两个方向运动速度一致,以适应外圆磨削的需要,又减小了机床的占地面积。

(3) 由于工作台的换向是外圆磨床的核心问题,而用标准液压阀实现工作台换向的高精度、高运动平稳性又很难,因此系统采用了自行设计的开停阀 E 和节流阀 F(均为非标准件),采用了行程控制式换向回路,以满足工作台换向的一系列要求。并且把开停阀 E、先导阀 C、液动换向阀 D 组合在一个称为“液压操纵箱”的阀体内。这样就缩小了液压元件的总体积、阀间的管道长度,减少了油管及管接头的数目,并改善了液压系统的工作性能,也方便了操作。

第三节 YB32-300 型四柱万能液压机液压系统

一、概述

液压机是用于锻压轴类零件的压装或校正、冷挤、冲压、弯曲、压块、粉末冶金、成形等工艺过程的压力加工机械。它广泛地应用于工业生产的各个部门。

为了得到较大的压制力(总的作用力)而又不使机器的体积过于庞大,液压机的工作压力一般都采用高压(10~40MPa),甚至超高压(80~150MPa),液压泵多采用柱塞泵,并且多是配油阀式的。执行元件一般都是液压缸。另外,由于加压工艺的要求,液压机加压液压缸在加压时,加压活塞移动较慢,甚至有一段时间加压活塞不动而又保持对工件的压力(保压过程),但在空行程时要快速运动。因此,液压机的加压行程和空行程的速度差异很大。

液压机,按所用的工作介质不同,有水压机和油压机两种;按机体的结构不同,有单臂式、柱式和框架式等。其中以柱式液压机应用较广泛。YB32-300 型四柱万能液压机,以油为工作介质,其主缸的最大压制力为 300×9.8kN,液压最大工作压力为 20MPa。该液压机采用变量柱塞泵供油,工作压力、压制速度及行程范围均可任意调节,并能在压制成形后保压，在自动延时后回程动作。此机适用于可塑性材料的压制工艺，如冲裁、弯曲、翻边、薄板拉伸等；也可用于校正、压装、砂轮成形、粉末制品的压制成型等工艺。

二、液压系统的工作原理

YB32-300 型液压机要求液压系统完成的主要动作有主缸活塞，即滑块的快速下行、慢速加压、保压、泄压、快速回程及在任意点的停止；顶出缸（下缸）活塞的顶出、退回等。图 8-4 为该液压机的工作循环图。

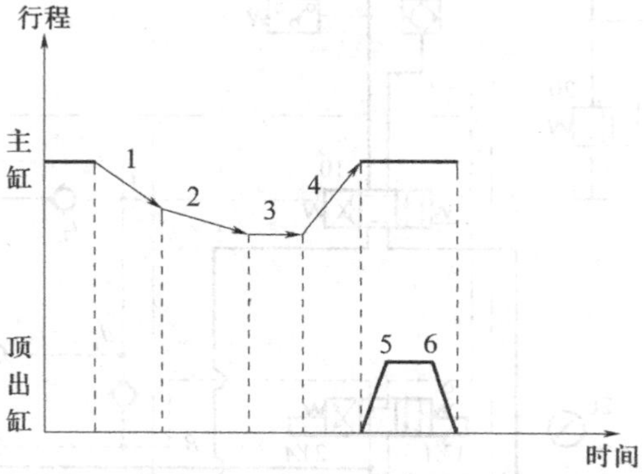

图 8-4 YB32-300 液压机工作循环图

1—快速下行；2—慢速加压；3—保压延时；4—快速回程；5—顶出；6—退回

图 8-5 为 YB32-300 液压机液压系统图。该系统由一个手动变量轴向柱塞泵 1（63SCY14-1）供油，主缸 22 的工作压力经溢流阀 2 由远程调压阀 3 调整，运动速度由改变泵的流量来调节。顺序阀 5 调整到进油压力大于 2.5MPa 才打开，其作用是在主缸 22 或顶出缸 31 停止运动（泵卸荷）时，使控制油路仍具有足够压力。主缸的回油要经过控制顶出缸运动的电液换向阀 6 的中位才能流回油箱；而顶出缸的进油也要经过控制主缸运动的电液换向阀 8 中的液动换向阀 10 的中位才能进入顶出缸的油腔。因而保证了主缸 22 和顶出缸 31 运动的互锁。

（一）主缸运动

1. 快速下行

在图 8-5 所示位置上启动液压泵 1，泵 1 经阀 6 中位卸荷（卸荷压力为打开顺序阀 5 所需压力），故主油路没有接通。经减压阀 4 的控制油路也没接通。按下启动按钮、使 1*YA* 通电时，电磁阀 9 的左位机能起作用，则此时控制油液的油流路线如下。

进油路线：泵 1→减压阀 4→电磁阀 9 的左位→{液控单向阀 16 的控制油口。/ 液动换向阀 10 的左端。}

回油路线：液动换向阀 10 的右端→单向阀 i_1→电磁阀 9 的左位→油箱。

这时主油路接通，油流路线如下。

进油路线：泵 1→顺序阀 5→液动换向阀 10 的左位→单向阀 17→主缸 22 的上腔。

回油路线：主缸 22 的下腔→液控单向阀 16→液动换向阀 10 的左位→电液换向阀 6 的中位→油箱。

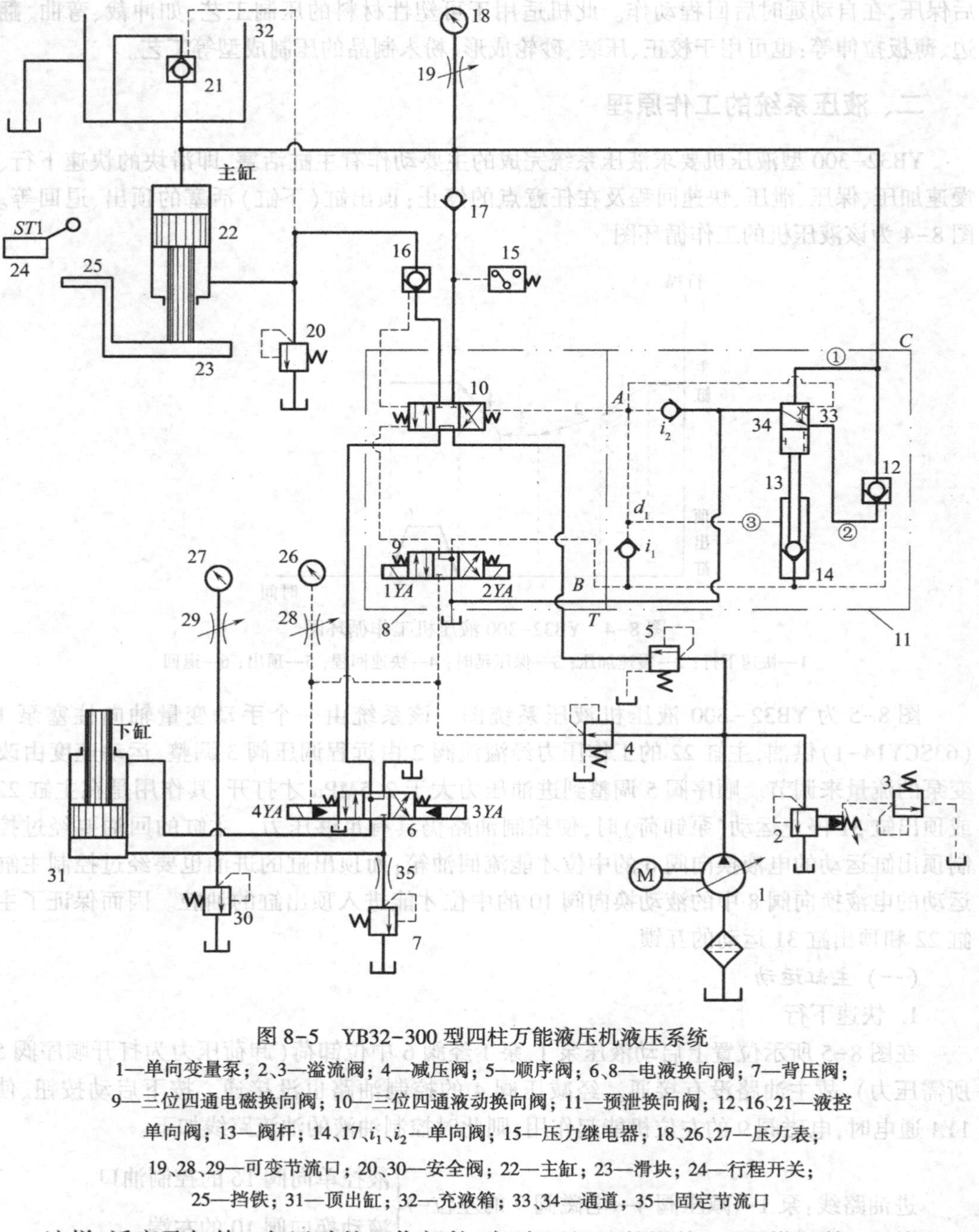

图 8-5　YB32-300 型四柱万能液压机液压系统

1—单向变量泵；2、3—溢流阀；4—减压阀；5—顺序阀；6、8—电液换向阀；7—背压阀；9—三位四通电磁换向阀；10—三位四通液动换向阀；11—预泄换向阀；12、16、21—液控单向阀；13—阀杆；14、17、i_1、i_2—单向阀；15—压力继电器；18、26、27—压力表；19、28、29—可变节流口；20、30—安全阀；22—主缸；23—滑块；24—行程开关；25—挡铁；31—顶出缸；32—充液箱；33、34—通道；35—固定节流口

这样，活塞及与其一起运动的工作部件（如液压机上的滑块 23 即横梁等）在其自重及上腔油压的共同作用下迅速下降。若活塞下降速度超调，则在主缸上腔将形成局部真空。这样，置于液压缸顶部的充液箱 32 在大气压力作用下，打开液控单向阀 21，向主缸上腔补油，使之总能充满油液，以便在活塞下降到接触工件时，能立即进行加压。

2. 接触工件，慢速加压

当滑块 23 接触到工件后，主缸上腔压力迅速升高，液控单向阀 21 被封闭，主缸活塞的速度变得很慢(取决于泵 1 的流量),油流路线与快速下行相同。

3. 保压

当主缸上腔的油压达到预定数值时,压力继电器 15 发出信号,使电磁铁 1*YA* 断电,阀 10 回复中位,主缸上、下油腔封闭。同时泵 1 处于卸荷状态。单向阀 17 保证了主缸上腔良好的密封性(此时主缸上腔通向预泄换向阀 11 的通道不通),而系统则利用密封的压力管道和受压液体的弹性变形实现保压,保压时间由压力继电器 15 控制的时间继电器(图中未画出)控制,能在 0~24min 内调整。

4. 卸压、快速回程

保压结束(到了预定的保压时间)后,时间继电器发出信号,使电磁铁 2*YA* 通电,主缸便处于上升回程状态。若此时主缸上腔立即与回油相通,则系统内液体积蓄的弹性能将突然释放出来,产生液压冲击,造成机器和管路的剧烈振动,发出很大的噪声。所以,保压后必须先泄压然后再回程。故系统设置了预泄换向阀 11。它与电液阀 8 配合,可保证在发出回程信号(2*YA* 通电)时,主缸上腔卸压后,才有压力油通入主缸下腔,使主缸回程。并在主缸回程中,切断泄压液流,而使主缸上腔的排油全部排回充液箱 32。

预泄换向阀的泄压过程如下:主缸加压保压时,主缸上腔的压力油经 *C* 口导入此阀,并通过油道①推压阀杆,将阀杆 13 压紧在单向阀 14 的阀座上。加压、保压完毕时,2*YA* 通电,控制油液经电磁阀 9 的右位由 B 口进入此阀。由于控制油压远小于主缸上腔油压,故此时不能顶开阀杆 13,使控制油不能经过预泄换向阀的油道③作用于液动换向阀 10 的右端,主缸油路不能换向。但控制油液又同时作用于液控单向阀 12,阀 12 打开,主缸上腔的压力油经阀 12、油道②、通道 33-34、油口 *T* 流回油箱。这样,主缸上腔油压迅速降低,当降低到低于控制油压后,单向阀 14 即阀杆 13 被顶开,于是控制油液经油道③进入液动阀 10 的右端,阀 10 的右位机能起作用,使主缸的油路换向,主缸回程、上升。在阀杆 13 被控制油液顶开时,通道 33-34 切断,从而堵住了主缸上腔油液经此阀泄回油箱的通道。

主缸回程时油流如下。

进油路线:泵 1→顺序阀 5→液动阀 10 的右位→液控单向阀 16→{液控单向阀 21；主缸下腔}

回油路线:主缸上腔→阀 21→油箱 32。油箱 32 内液面超过预定位置时,多余油液由溢流管流回油箱。

5. 停止

当回程到预定位置时,滑块 23 上的挡铁 25 压下行程开关 24,电磁铁 2*YA* 断电,液动阀 10 回复中位,主缸被阀 10 锁紧,活塞停止运动,回程结束。泵 1 处于卸荷状态。在实际使用中,只要阀 10 由左位或右位转为中位,主缸便随时可停在任意位置上。另外,在 2*YA* 断电,液动阀阀芯在两端弹簧力作用下,从右位回到中位时,阀芯右端将产生部分真空。此时由油箱经单向阀 i_2 向阀芯右端补油。在由左位回到中位时,阀芯右端的油液经单向阀 i_1 流回油箱。

在主缸下行或回程的运动中,液动换向阀 10 处于左位或右位,控制顶出缸 31 运动的电液换向阀 6 没有油液进入,因而顶出缸不动,所以实现了主缸和顶出缸运动的互锁。图 8-5中,20 为安全阀。其作用:一是防止主缸在任意位置停止时的下行;二是在液控单向阀 16 失灵(打不开)时,防止过载事故。

(二) 顶出缸运动

顶出缸31的动作是在主缸停止运动后进行的。这是由于进入顶出缸的压力油必须先经过液动换向阀10的中位(主缸停止运动的位置),然后再进入控制顶出缸运动的电液换向阀6。从而实现了主缸和顶出缸运动的互锁。

1. 顶出缸(活塞)的顶出

顶出缸的初始位置是活塞处于最下端。按下启动按钮,3*YA*通电,电液换向阀6右位机能起作用,顶出缸31油路接通,其油流路线如下。

进油路线:泵1→顺序阀5→液动阀10的中位→电液换向阀6的右位→顶出缸31的下腔。

回油路线:顶出缸31的上腔→电液换向阀6的右位→油箱。

顶出缸活塞上升、顶出,以便取出压制成型的工件。

2. 顶出缸(活塞)的退回

3*YA*断电,4*YA*通电,电液换向阀6的左位机能起作用,油路换向,顶出缸的活塞下降、退回。

3*YA*、4*YA*都断电,阀6处于中位时,顶出缸原位停止。7为顶出缸背压阀,30为安全阀,35为固定节流孔。

19、28、29为可变节流孔;18、26、27为压力表。

表8-2为YB32-300型四柱万能液压机的电磁铁动作顺序表。

表8-2 电磁铁动作顺序表

动作 \ 电磁铁		1*YA*	2*YA*	3*YA*	4*YA*
主缸	快速下行	+	−	−	−
	慢速加压	+	−	−	−
	保压	−	−	−	−
	泄压回程	−	+	−	−
	停止	−	−	−	−
顶出缸	顶出	−	−	+	−
	退回	−	−	−	+
	停止	−	−	−	−

三、液压系统的特点

(1) 系统是利用主缸活塞、滑块自重的作用实现快速下行,并利用充液箱和充液阀(液控单向阀21)对主缸充液,从而减小泵的流量,简化油路结构。

(2) 系统只采用一个63SCY14-1型高压、中小流量手动变量柱塞泵供油,根据不同压制工艺的压制速度调整供油量。主缸快速下行时,上腔所需的油液,泵只能供很少部分,大部分来自充液箱。这样可以减少工作过程中的溢流损失,使功率利用更合理。

(3) 系统通过单向阀17,利用管道和密封油液的弹性变形来实现保压,方法简单(但对液控单向阀和液压缸等元件的密封性能要求较高)。为了减少由保压转换成快速回程时的液压冲击,系统采用了预泄换向阀的泄压回路。

(4) 主缸与下缸的运动互锁,以确保操作安全。

第四节 船舶机械液压系统

近年来船舶正向着大型、高速、专用化的方向发展,对主、辅机操纵装置的自动化,对各种装卸设备的遥控和自动化等,也提出了新的要求。

液压传动由于具有调速性能好、工作可靠、重量轻及便于与电气元件结合,实现大功率的远程及自动控制等优点,使其在船舶的各种设备上应用日益广泛。几乎所有的现代船舶上都采用了液压操舵装置(液压舵机)。甲板机械和各种装卸设备,也越来越多地使用液压传动。此外,液压传动还广泛地应用于绞车、起重机、起锚机、绞盘、舱口盖和防水门的开关,渔船上的拖网绞车、卷网机,军用舰艇上炮塔的俯仰与回转装置,潜艇的升降舵装置和扬弹机、救生船的起落装置、可变螺距螺旋桨的调节机构、消摆装置等船舶机械中。

下面介绍应用较广泛的液压起货机的液压系统。

船舶起货机有吊杆式、旋转式及桅杆动臂式等多种形式,其中双吊杆式液压起货机是运输船舶上广泛使用的一种。其主要工作参数是起重吨位和起货速度。图 8-6 为双吊杆式起货机液压系统,该系统能完成的主要动作如下:

(1) 起重作业(提升重物)。

(2) 重物在空中任意位置的停留。

(3) 放下重物。

(4) 收放绳索。

(5) 安全及过载保护。

图中液压泵 a(两个)由双出轴电动机 M 拖动,液压马达 b(两个)拖动卷筒,以吊起重物。该系统采用闭式回路,依靠双向变量泵 a 进行调速和换向。

1. 起重作业

在图 8-6 所示位置上,制动缸 8(两个)的有杆腔经阀 3(两个)的右位(左位)与油箱相通,制动缸在缸内弹簧的作用下抱闸,使液压马达制动。此时液压泵 a 的斜盘处于零位(即斜盘倾角为零)。起重作业时,A 边始终为高压。这时,泵 a 的斜盘倾向一方,与泵 a 联动的阀 3(两个)便立即通电,由右位换至左位(由左位换至右位)。同时,辅助泵 c 输出的低压冷油(其工作压力由溢流阀 9 调定)分为两路,一路经单向阀 2(两个)进入低压管路 B 边对系统补油,并作用于失压保护阀 7(两个)的右端(左端),使阀 7 由左位换至右位(由右位换至左位);另一路经阀 7 的右位(左位)、阀 3 左位(右位)使旁通阀 4(两个)呈关闭状态,并进入制动缸 8 的有杆腔,使制动缸松闸。于是,泵 a 自 B 边吸油,向 A 边排油,将压力油输入液压马达 b 的进油腔,推动液压马达 b 按图示方向旋转,起升重物。A、B 边的压力油分别作用于液动换向阀 12(两个)的右、左(左、右)两端,但因 A 边油压高于 B 边,阀 12 的右位(左位)机能起作用,所以低压 B 边的部分热油经阀 12 的右位(左位)、背压阀 10 及泵 a 的壳体冷却后,再经冷却器 11 流回油箱。

2. 重物在空中任意位置的停留

操纵变量泵 a 的变量机构,使泵 a 的斜盘回零位(斜盘倾角为零),阀 3(两个)的电磁铁立即断电,制动缸 8(两个)的有杆腔随即经阀 3(两个)的右位(左位)与油箱相通,制动

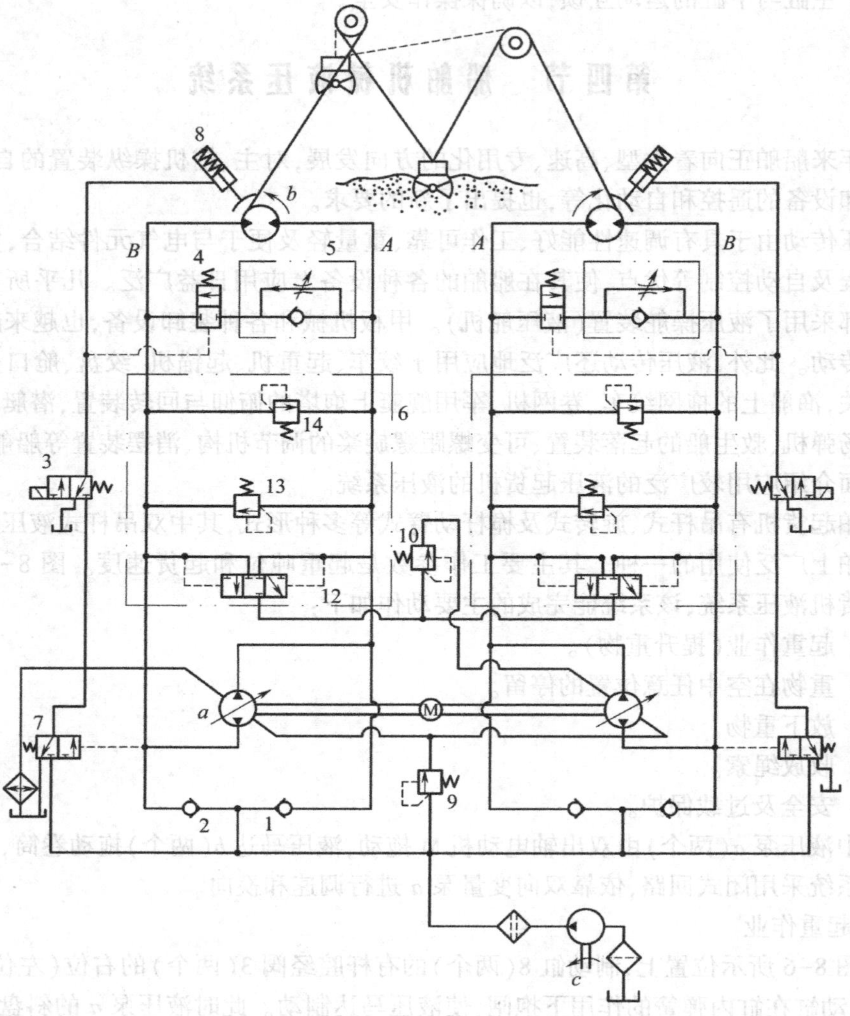

图 8-6　双吊杆式起货机液压系统

1、2—单向阀；3—二位三通电磁换向阀；4—旁通阀；5—单向节流阀；6—阀 12、13、14 组合体；7—失压保护阀；8—制动缸；9—溢流阀；10—背压阀；11—冷却器；12—三位三通液动换向阀；13、14—安全阀；*a*—双向变量泵；*b*—双向定量液压马达；M—双出轴电动机

缸抱闸，使液压马达 *b* 制动，重物悬吊在空中。阀 4（两个）在弹簧力作用下回到接通位。这时即使变量泵 *a* 因斜盘有回零误差而继续排油，也能经单向节流阀 5（两个）中的节流阀和阀 4 而旁通，实现卸荷。

3. 放下重物

放下重物时，*A* 边仍为高压。操纵变量泵 *a* 的变量机构，泵 *a* 的斜盘向另一方向偏转。这时阀 3、泵 *c*、阀 7、阀 4 及制动缸 8 的工作状态与起重作业时相同。于是泵 *a* 自 *A* 边吸油，向 *B* 边排油，液压马达 *b* 按图示相反的方向转动，放下重物。在放下重物过程中，若因故需要将重物停留在空中任意位置时，操纵变量泵 *a* 的变量机构，使泵 *a* 的斜盘回零位（斜盘倾角为零），阀 3 的电磁铁即断电，制动缸 8 的有杆腔随即经阀 3 的右位（左位）

与油箱相通,制动缸抱闸,使液压马达 b 制动,重物悬吊在空中。阀 4 在弹簧力作用下回到接通位。这时即使变量泵 a 因斜盘有回零误差而继续排油,也能经阀 4 和单向节流阀 5(两个)中的单向阀而旁通,实现卸荷。

重物下降时,液压马达 b 在重物的作用下,转速将大于泵 a 所提供的流量所能达到的转速,因此液压马达 b 在重物的拖动下旋转,排油输给泵 a 的上腔,泵 a 下腔的回油进入液压马达 b 的左腔。因此液压泵 a 呈液压马达工况,泵 a 的转速大于拖动其旋转的电机的同步转速,使泵 a 带动电机旋转发电(把电能输给电网中的其他负载,回收电能)。而电机此时产生的制动力矩便是泵 a 的外界负载,使 A 边中的油压呈高压状态。这时,重物对液压马达 b 的主动力矩(拖动力矩)与 A 边中的高压油对液压马达 b 产生的反力矩相平衡。所以重物均速下降,且下降速度与重物无关,只取决于泵 a 的排量大小。操纵变量泵 a 的变量机构,使排量增加或减小,重物下降的速度也随着变化。

在重物均速下降过程中,辅助泵 c 的工作情形与提升作业时一样,为使补油和冷却充分进行,溢流阀 9 的调定压力应稍大于背压阀 10 的调定值。

由上述分析不难看出,该系统不仅能可靠地使机构锁紧(将重物悬吊在空中),方便地控制机构(重物)的下降速度,而且能使电机发电,再生能量。系统的这一作用称为"再生限速"。这种系统(回路)常用于液压泵由电机拖动的重力下降机构中。

4. 收放绳索

液压马达 b 输出轴与起升卷筒相连。卷筒轴端有绳索绞盘。在船舶靠岸的作业中,由于液压马达的正反转都能使绳索绞盘收绳,因此系统 A、B 边都有可能成为高压边。

5. 安全及过载保护

在系统工作过程中,若泵 a 突然失压或压力管路(如高压管路 A)突然破裂时,重物将拖动绞盘迅速下降。这时,失压保护阀 7(两个)被弹簧推回左位(右位),制动缸 8(两个)有杆腔立即经阀 3(两个)左位(右位)、阀 7 左位(右位)与油箱相通,制动缸 8(两个)抱闸、制动,以防止重物坠落。

当系统停止起升或下放重物作业,欲将重物悬吊于空中,而制动缸 8 的制动失灵、刹不住起升卷筒时,液压马达在重物的作用下旋转,由于泵的变量机构(斜盘)在零位,马达右腔(左腔)的排油只能经单向节流阀 5 中的节流阀和阀 4 再回到左腔(右腔),故 A 边中的油液呈高压状态,从而可防止重物的过快坠落。

当系统开始起升或下放重物作业、制动缸 8 松闸,而阀 4 因阀芯卡住造成液压马达 b 旁通短路时,单向节流阀 5 中的节流阀亦能限制马达的转速防止重物快速坠落。

在起重和下放作业中,系统中的 A 边皆为高压,但在收放绳索作业时,B 边也可能为高压。故系统中设置了 13、14 两个安全阀,分别防止 A、B 两边的过载,起双向安全保护作用。

习 题

根据习题图所示的一个液压系统,

(1) 说明液压缸Ⅰ、Ⅱ的调速回路名称。

(2) 填写系统的电磁铁动作顺序表。

(3) 说出各元件的名称和在系统中的作用。

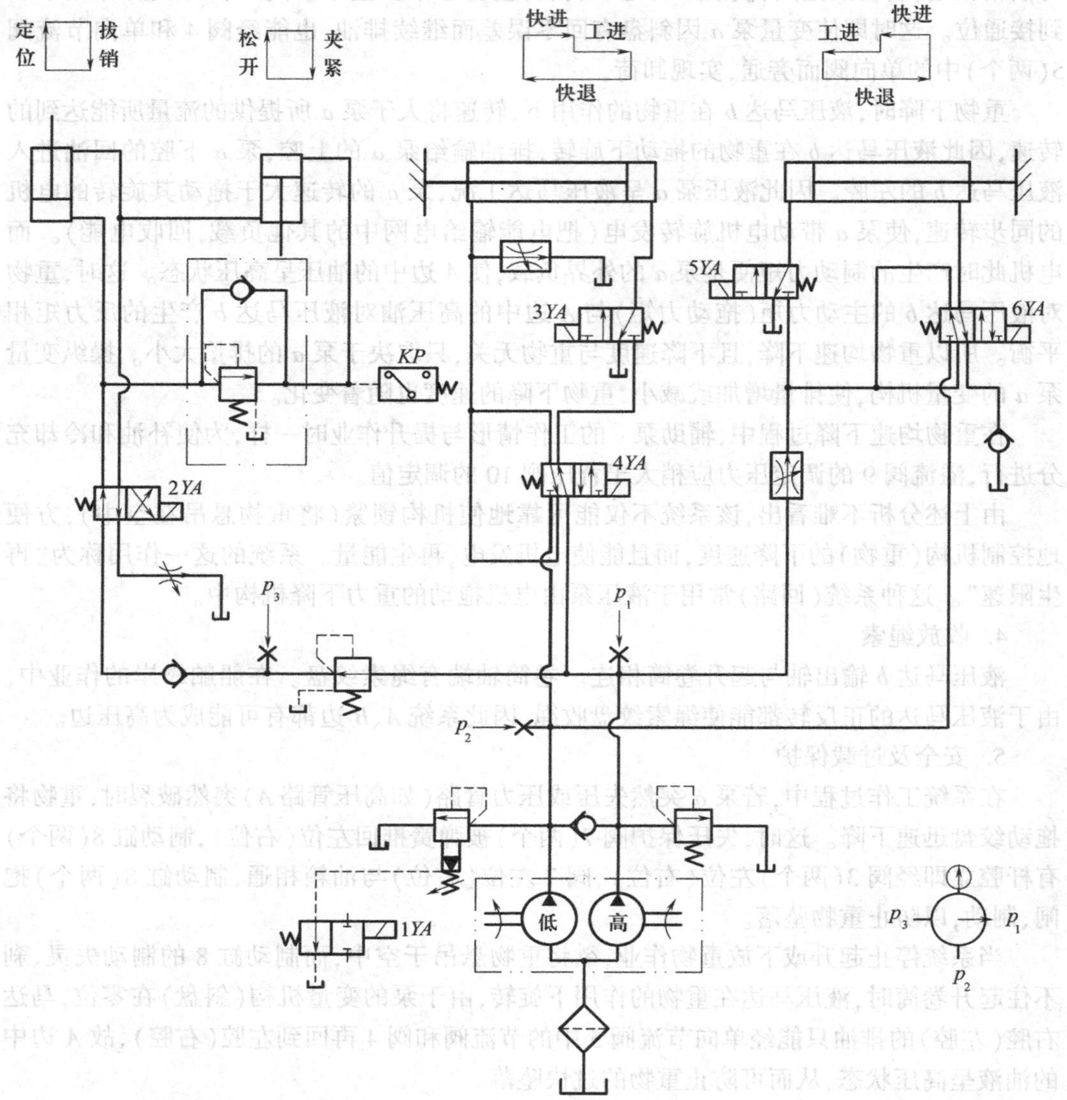

动作名称	电气元件							备注
	1YA	2YA	3YA	4YA	5YA	6YA	KP	
定位夹紧								
快进								(1) Ⅰ、Ⅱ两个回路各自进行独立动作循环，互不约束
工进卸荷（低）								(2) 4YA、6YA 中任一个通电时 1YA 便通电；4YA、6YA 均断电时，1YA 才断电
快退								
松开拔销								
原位卸荷（低）								

习题图

第九章　液压系统的设计与计算

液压系统的设计是整机设计的一部分,是本课程的主要学习目的之一。通常设计液压系统的步骤和内容大致如下:

(1) 明确设计要求、进行工况分析。

(2) 确定液压系统的主要性能参数。

(3) 拟订液压系统图。

(4) 计算和选择液压件。

(5) 估算液压系统的性能。

(6) 绘制工作图,编写技术文件。

上述步骤中各项工作内容有时需要穿插、交叉进行。对某些比较复杂的问题,需经过多次反复才能最后确定。在设计某些较简单的液压系统时,有些步骤可合并。

第一节　明确设计要求,进行工况分析

一、明确设计要求

所谓明确设计要求,就是明确待设计的液压系统所要完成的运动和所要满足的工作性能。具体应明确下列设计要求:

(1) 主机的类型、布置方式(卧式、斜式或垂直式)、空间位置。

(2) 执行元件的运动方式(直线运动、转动或摆动),动作循环及其范围。

(3) 外界负载的大小、性质及变化范围,执行元件的速度及其变化范围。

(4) 各液压执行元件动作之间的顺序、转换和互锁要求。

(5) 工作性能如速度的平稳性、工作的可靠性、转换精度、停留时间等方面的要求。

(6) 液压系统的工作环境,如温度及其变化范围、湿度、振动、冲击、污染、腐蚀或易燃等(这涉及液压元件和介质的选用)。

(7) 其他要求,如液压装置的重量、外形尺寸、经济性等方面的要求。

对于动作循环较复杂的执行元件,或相互动作关系较复杂的几个执行元件,应绘出完整的运动周期表,以使设计要求一目了然。

通过上述要求[尤其是要求(2)],结合第三、四章有关内容或参考表 9-1,选择执行元件的类型便可明确。

表 9-1　液压执行元件的应用实例

执行元件类型		适用工况	应用实例
液压缸	双活塞杆	双向运动速度相等的往复运动	磨床工作台
	单活塞杆	单向或双向工作运动，双向运动速度不等（差动连接时可以相等）	机床、压力机、工程机械和农业机械等各种机械
	柱塞缸	长行程、单向工作运动。成对使用时可用于双向工作运动	压力机、龙门刨床、导轨磨床、叉车、自卸车等
	摆动缸	小于280°的往复摆动	机械手、转位机构、料斗
液压马达	齿轮式	负载力矩不大，速度平稳性要求不高的旋转运动。适用于尘埃多、环境差、噪声限制不严的情况	矿山机械、研磨机、攻丝机等
	叶片式	负载力矩不大，速度刚度低，但要求噪声较低的场合	磨床的头架和回转工作台
	柱塞式	负载力矩较大，速度刚度大，排量可变	工程机械、行走机械、机床等
	低速大转矩（柱塞式）	负载力矩大、低转速（可省去减速箱）	行走机械车轮、各种起重机械（卷扬机）、注塑机等

二、工况分析

工况分析就是分析液压执行元件在工作过程中速度和负载的变化规律，求出工作循环中各动作阶段的负载和速度的大小，并绘制负载图和速度图（简单系统可不绘制，但应找出最大负载和最大速度点）。从这两图中可明显看出最大负载和最大速度值及二者所在的工况。这是确定系统的性能参数和执行元件的结构参数（结构尺寸）的主要依据。

（一）速度分析、速度图

速度分析就是将执行元件在一个完整的工作循环中各阶段的速度用图形表示出来。一般用速度-时间（v-t）或速度-位移（v-l）曲线表示，此图形称为速度图。图 9-1 为组合机床液压动力滑台的动作循环图（a）和相应的速度图（b）。

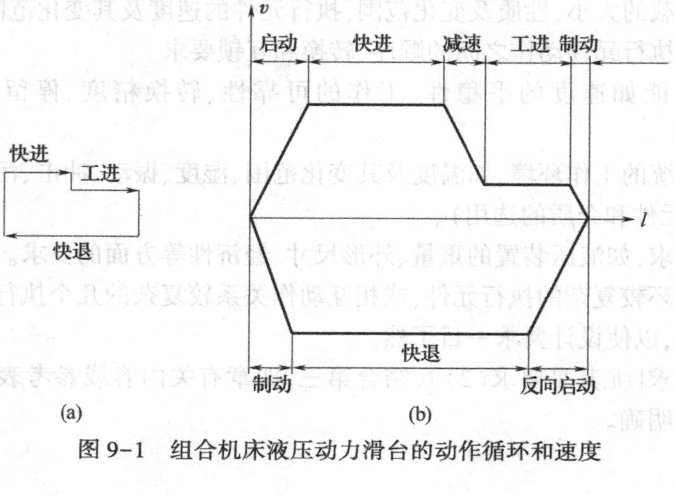

图 9-1　组合机床液压动力滑台的动作循环和速度

（二）负载分析、负载图

负载分析就是将执行元件在一个完整的工作循环中，在各动作阶段所要克服的负载用图形表示出来。一般用负载–时间（$F-t$）或负载–位移（$F-l$）曲线表示，此图形称为负载图。

1. 液压缸的负载分析

液压缸在作直线往复运动时，要克服以下负载：工作负载、摩擦阻力、惯性阻力、重力、密封阻力和背压力（前四种为外负载，后两种为内负载）。在不同的动作阶段，负载的类型和大小不同。下面分别予以讨论。

1）启动阶段

这时活塞或液压缸缸筒处于要动而未动状态，其负载 F 由以下各项组成：

$$F = F_{fs} + F_G = f_s F_n \pm F_G \tag{9-1}$$

式中 F_{fs}——静摩擦力；

F_n——作用在摩擦面（导轨面或支承面）上的正压力；

f_s——摩擦面的静摩擦系数，其数值与润滑条件、导轨的种类和材料有关，在正常润滑条件下的静摩擦系数如表 9-2 所列；

F_G——垂直放置和倾斜放置的工作部件的重量，活塞或缸筒向上运动时为正负载，向下运动时为负值负载。

表 9-2 导轨摩擦系数

导轨种类	导轨材料	工作状态	摩擦系数
滑动导轨	铸铁对铸铁	启动	0.16~0.2
		低速运动（$v<10\text{m/min}$）	0.1~0.12
		高速运动（$v>10\text{m/min}$）	0.05~0.08
	自润滑尼龙	低速中载（也可润滑）	0.12
	金属兼复合材料		0.042~0.15
滚动导轨	铸铁导轨+滚柱（珠）		0.005~0.02
	淬火钢导轨+滚柱（珠）		0.003~0.006
静压导轨	铸铁		0.005
气浮导轨	铸铁、钢或大理石		0.001

2）加速阶段

这是活塞或缸筒从速度为零到恒速（非工作速度——快速）的阶段，这时负载 F 由下式计算：

$$F = F_{fd} + F_m \pm F_G = f_d F_n + \frac{F_G}{g}\frac{\Delta v}{\Delta t} \pm F_G \tag{9-2}$$

式中 F_{fd}——动摩擦力；

f_d——动摩擦系数，其值如表 9-2 所列；

F_m——惯性阻力，这是所有运动部件在启动加速（或制动减速）过程中的惯性力，其值可按牛顿第二定律求出；

Δv——速度的改变量，即恒速度值；

Δt——启动或制动时间，机床一般取 $\Delta t=0.01\sim0.5$s，轻载低速运动部件取小值，重载高速取较大值，对行走机械可取 $\Delta v/\Delta t=0.5\sim1.5\text{m/s}^2$；

g——重力加速度。

3）恒速阶段

该阶段负载由下式决定

$$F=\pm F_L+F_{fd}\pm F_G=\pm F_L+f_dF_n\pm F_G \tag{9-3}$$

式中 F_L——工作负载，当其方向与液压缸的推力方向相同时，为负值负载，相反时为正负载。对非工作行程 $F_L=0$。

4）制动阶段

$$F=\pm F_L+F_{fd}-F_m\pm F_G=\pm F_L+f_dF_n-F_m\pm F_G \tag{9-4}$$

上述四个动作阶段在液压缸的直线往复运动中都存在，只是在退回（快退）过程中，不存在工作负载，即 $F_L=0$。

在式(9-1)~式(9-4)中，密封阻力和背压阻力（背压力）均未考虑。前者是指装有密封装置的零件在相对运动中产生的密封摩擦力，其值与密封装置的类型、液压缸的制造质量和工作压力有关，详细计算比较烦琐，一般都将它考虑在液压缸的机械效率（η_m）之内。后者是指液压缸回油路上的阻力。在系统方案、结构尚未确定以前它是无法计算的，只能先按表9-3的经验数据估算，确切数值待系统确定后再进行验算。另外，若工作部件水平放置，则式(9-1)~式(9-4)中的 $F_G=0$。

表9-3 液压系统中背压力的经验数据

回路特点	背压力 p_2/Pa
进口调速	$(1\sim2)\times10^5$
进口调速，回油装背压阀	$(2\sim5)\times10^5$
出口调速	$(6\sim15)\times10^5$
闭式回路，带补油辅助泵	$(10\sim15)\times10^5$
工作压力超过25MPa的高压系统	0
采用内曲线液压马达	$(7\sim12)\times10^5$

根据上述各阶段的负载和各负载所经历的工作时间（或移动距离），便可绘出液压缸的负载图（$F-l$ 图或 $F-t$ 图），如图9-2所示。图上的最大负载值是初选液压缸工作压力和确定液压缸结构参数时的依据。

2. 液压马达的负载分析

当系统以液压马达为执行元件时，液压马达所要克服的负载转矩 T 应包括下述三项之和：T_L——工作负载折算到液压马达轴上的转矩；T_f——执行机构等的摩擦力（力矩）折算到液压马达轴上的转矩；T_m——执行机构、传动装置、液压马达等在启动和制动时的惯性力（和力矩）折算到液压马达轴上的转矩。即

$$T=T_L+T_f+T_m \tag{9-5}$$

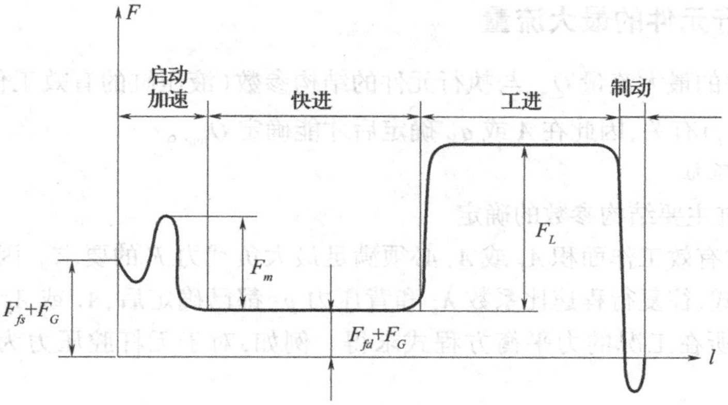

图 9-2 液压缸负载图

在式(9-1)~式(9-4)中,将力换成相应的转矩,即可得到液压马达在不同动作阶段的负载计算式,并可画出相应的负载转矩图。

第二节 液压系统主要性能参数的确定

液压系统的主要性能参数,是指液压执行元件的工作压力 p 和最大流量 Q。二者是计算和选择液压元件、辅件、原动机(电机),进行液压系统设计的主要依据。

一、执行元件的工作压力

执行元件的工作压力可根据最大负载参照表 9-4 选取,也可根据设备的类型参照表 9-5选取。工作压力的大小,关系到所设计的系统是否经济合理。若压力选得偏低,则结构尺寸大(有效工作面积 A 或排量 q 大),质量大,系统所需流量也大;若压力选得偏高,则对元件的制造精度和系统的使用维护要求提高,并使容积效率降低。

表 9-4 不同负载条件下的工作压力

负载 F/N	<5 000	5 000~10 000	10 000~20 000	20 000~30 000	30 000~50 000	>50 000
液压缸的工作压力/MPa	<0.8~1	1.5~2	2.5~3	3~4	4~5	≥5~7

表 9-5 各类机械常用的工作压力

设备类型	机床				农业机械 小型工程机械 工程机械中的辅助机构 船舶舵机	压力机重型机械 起重运输机械 船舶起货机 大中型挖掘机
	磨床	车、镗、铣	组合机床	拉床 龙门刨床		
工作压力/MPa	0.8~2	2~4	3~5	<10	10~16	20~32

二、执行元件的最大流量

执行元件的最大流量 Q_{max} 与执行元件的结构参数（液压缸的有效工作面积 A 或液压马达的排量 q_M）有关，因此在 A 或 q_M 确定后才能确定 Q_{max}。

（一）液压缸

1. 液压缸主要结构参数的确定

液压缸的有效工作面积 A_1 或 A_2 必须满足最大负载力 F 的要求。因此，当液压缸的类型、作用方式、往复行程速比系数 λ_v 和背压力 p_2 都已确定后，A_1 或 A_2 可根据 F（由工况图分析得）所在工况的力平衡方程式求得。例如，对于无杆腔压力为 p_1 的单杆活塞缸有

$$p_1A_1 = p_2A_2 + F \tag{9-6}$$

或

$$A_1 = \frac{F}{p_1 - \lambda_v^{-1}p_2} \tag{9-7}$$

若液压缸为差动连接，且 $A_1=2A_2$，则式(9-7)变为

$$A_1 = \frac{F}{p_1 - (p_2/2)} \tag{9-8}$$

A_1 求出后，由 $A_1=\pi D^2/4$ 求出相应的活塞直径（缸筒内径）D 并按国家标准就近圆整成标准数值。活塞杆直径 d，可由选取的 λ_v 与 D 之间的关系算出，并同样圆整成标准数值。对于差动连接的液压缸，d 可由式 $D=\sqrt{2}d$ 算出；对于往复行程速比无要求的液压缸，d 可按表 4-1 初选。

D、d 初定后，A_1、A_2 应分别再由式 $A_1=\pi D^2/4$ 和 $A_2=\pi(D^2-d^2)/4$ 重新求出。此时，A_1、A_2 初步确定。

液压缸的有效工作面积除满足最大负载要求外，还需满足流量控制阀最小稳定流量 Q_{Vmin} 的要求。因此需要对有效工作面积 A（A_1 或 A_2）进行验算。若液压缸的最低速度为 v_{min}，则

$$A(A_1 \text{和} A_2) \geqslant \frac{Q_{Vmin}}{v_{min}} \tag{9-9}$$

式中，Q_{Vmin} 可由产品样本或设计手册中查得。

若 A 不满足上式，则需重新修改 D。即上述确定 D、d、A_1 和 A_2 的工作要重新进行，直到使式(9-9)满足为止，D、d 或 A_1、A_2 才算最后确定。

2. 液压缸最大流量的确定

若液压缸最大速度（由速度图求得）为 v_{max}，则液压缸最大流量 Q_{max} 由下式求出

$$Q_{max} = Av_{max} \tag{9-10}$$

Q_{max} 是选择液压泵的依据之一。

3. 绘制液压缸工况图

工况图包括压力图、流量图和功率图。该图是根据设计任务要求及已确定的结构参数 A_1、A_2，算出系统在不同动作阶段中的实际工作压力、流量和功率之后作出的（当系统

中包含多个执行元件时，工况图应是各个执行元件工况图的综合)，如图 9-3 所示。工况图显示了系统在整个工作循环中压力、流量、功率的变化规律及它们的最大值出现的位置(工况)。其中，最大压力和最大流量是选择液压泵、控制阀规格的主要依据；最大功率则是选择液压泵驱动电机功率的主要依据。工况图本身也是合理选择液压基本回路、拟订液压系统、进行方案对比和修改的依据。

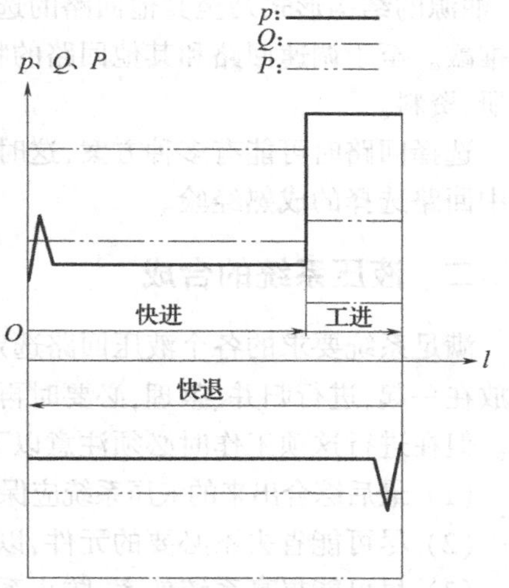

图 9-3 液压缸工况图

(二) 液压马达

1. 液压马达排量的确定

从满足负载转矩 T[见式(9-5)] 的要求出发确定液压马达的排量。若选定液压马达的工作压力为 p，机械效率为 η_{mM}，则

$$q_M = 2\pi T/p\eta_{mM} \tag{9-11}$$

液压马达的机械效率，对于柱塞马达 $\eta_{mM}=0.9\sim0.95$；对于叶片马达 $\eta_{mM}=0.80\sim0.90$。

将由式(9-11)算出的排量 q_M 连同选定的工作压力 p 一起，根据国家标准(设计手册)就近圆整成较大的标准值，并定下液压马达的规格。必要时(如容积节流调速时)还需按马达最低转速 $n_{\min}$ 的要求验算所选定的液压马达的排量 q'_M。即

$$q'_M \geqslant \frac{Q_{V\min}}{n_{\min}} \tag{9-12}$$

2. 液压马达的最大流量 $Q_{\max}$(理论值)

$$Q_{\max} = q'_M n_{\max} \tag{9-13}$$

式中 $n_{\max}$——液压马达的最高转速。

3. 液压马达的工况图

根据液压马达工作循环中各动作阶段的负载和转速(负载图和速度图)可作出液压马达的压力图、流量图和功率图，方法与液压缸相同。

第三节 拟订液压系统图

拟订液压系统图是整个液压设计中重要的一步。它涉及所设计系统的性能和设计方案的经济性、合理性。一般方法是首先根据动作和性能要求，选择并拟订出液压基本回路，然后再将各个基本回路组合成一个完整的液压系统。

一、液压回路的选择

液压回路的选择是根据第九章第一节中的各项要求和执行元件的工况图来进行的。选择回路时既要考虑调速、调压、换向、顺序动作、动作互锁等要求，也要考虑节省能源、减少发热、减少冲击、保证动作精度等问题。

在液压系统中，尤其是机床液压系统中，调速回路是系统的核心。系统的油液循环方

式、油源的结构形式乃至其他回路的选择都受到调速方式的影响，为此必须对调速回路多加推敲。至于调速回路和其他回路的特点及其适用场合，可参见本书第七章和有关设计手册、资料。

选择回路时可能有多种方案，这时除了反复对比外，还应多参考或吸收同类型液压系统中回路选择的成熟经验。

二、液压系统的合成

满足系统要求的各个液压回路选定之后，就可进行液压系统的合成——将各液压回路放在一起，进行归并、整理，必要时再增加一些元件或辅助油路，使之成为完整的液压系统。但在进行这项工作时必须注意以下几点：

（1）最后综合出来的液压系统应保证其工作循环中的每个动作都安全可靠，无互相干扰。

（2）尽可能省去不必要的元件，以简化系统结构。

（3）尽可能提高系统效率，防止系统过热。

（4）尽可能使系统经济合理，便于维修检测。

（5）尽可能采用标准元件，减少自行设计的专用件。

第四节　计算和选择液压件

所谓液压件的计算，是计算该元件在工作中所承受的压力和通过的流量，以便选择、确定元件的规格尺寸。

一、液压泵和电机规格的选择

（一）液压泵的选择

1. 计算液压泵的工作压力

液压泵的工作压力 p_p 必须等于（或大于）执行元件最大工作压力 p_1 及同一工况下进油路上总压力损失 $\sum \Delta p_1$ 之和。即

$$p_p = p_1 + \sum \Delta p_1 \tag{9-14}$$

式中，p_1 可以从工况图中找到；$\sum \Delta p_1$ 按经验资料估计：对一般节流调速和管路较简单的系统，选取 $\sum \Delta p_1 = 0.2 \sim 0.5\text{MPa}$，对进油路上有调速阀或管路复杂的系统，选取 $\sum \Delta p_1 = 0.5 \sim 1.5\text{MPa}$。

2. 计算液压泵的流量

液压泵的流量 Q_p 必须等于（或大于）执行元件工况图上总流量的最大值（$\sum Q_i$）$_{max}$（$\sum Q_i$——同时工作的执行元件流量之和；Q_i——工作循环中某一执行元件在第 i 个动作阶段所需流量）和回路的泄漏量这两项之和。若回路的泄漏折算系数为 K（K=1.1~1.3），则

$$Q_p \geqslant K\left(\sum Q_i\right)_{max} \tag{9-15}$$

对于节流调速系统，若最大流量点处于调速状态，则在泵的供油量中还要增加溢流阀

的最小(稳定)溢流量 3L/min。

如果采用蓄能器储存压力油,泵的流量按一个工作循环中液压执行元件的平均流量估取。

3. 选择液压泵的规格

在参照产品样本选取液压泵时,泵的额定压力应选得比上述最大工作压力高 25%~60%,以便留有压力储备;额定流量只需满足上述最大流量需要即可。

(二) 确定驱动电机功率

驱动电机功率 P 按工况图中执行元件最大功率 P_{max} 所在工况(动作阶段)计算。若 P_{max} 所在工况 i 的泵的工作压力和流量分别为 p_{pi}、Q_{pi};泵的总效率为 η_p,则驱动电机的功率为

$$P = p_{pi}Q_{pi}/\eta_p \tag{9-16}$$

关于泵的总效率 η_p,对齿轮泵取 0.60~0.70;叶片泵取 0.60~0.75;柱塞泵取 0.80~0.85。泵的规格大时取大值,反之取小值。变量泵取小值,定量泵取大值。当泵的工作压力只有其额定压力的 10%~15%时,泵的总效率将显著下降,有时只达 50%。变量泵流量为其公称流量的 1/4 或 1/3 以下时,其容积效率也明显下降,计算时应予以注意。

二、液压阀的选择

液压阀的规格是根据系统的最高工作压力和通过该阀的最大实际流量从产品样本中选取的。一般要求所选阀的额定压力和额定流量要大于系统的最高工作压力和通过该阀的最大实际流量,必要时通过该阀的最大实际流量可允许超过其额定流量,但最多不超过 20%,以避免压力损失过大,引起油液发热、噪声和其他性能恶化。对于流量阀,其最小稳定流量还应满足执行元件最低速度的要求。

三、选择液压辅件

(一) 确定管道尺寸

管道尺寸的确定参见第六章第四节。在实际设计中,管道尺寸、管接头尺寸常选得与液压阀的接口尺寸相一致,这样可使管道和管接头的选择简单。

(二) 确定油箱的容量

油箱的容量 V 可按下面推荐数值估取:

低压系统($p<2.5$MPa),$V=(2\sim4)Q_p$;

中压系统($p<6.3$MPa),$V=(5\sim7)Q_p$;

中高压系统($p>6.3$MPa),$V=(6\sim12)Q_p$。

中压以上系统(如工程、建筑机械液压系统)都带有散热装置,其油箱容积可适当减少。按上式确定的油箱容积,在一般情况下都能保证正常工作。但在功率较大而又连续工作的工况下,需要按发热量验算后确定。

(三) 蓄能器、滤油器等的选用

蓄能器、滤油器等可按第六章有关原则选用。

第五节 液压系统性能的估算

液压系统设计完成之后,可对系统的技术性能指标进行一些必要的验算,以便初步判

断设计的质量,或从几种方案中评选出最好的设计方案来。然而由于影响系统性能的因素较复杂,加上具体的液压装置尚未设计出来,所以验算工作只能是采用一些简化公式近似估算。如果有经过生产实践考验的同类型系统可供参考,这项工作则可省略。

液压系统性能验算的项目很多,常见的有回路压力损失验算和发热温升验算。

一、液压回路中的压力损失

液压回路中总的压力损失 $\sum\Delta p$ 包括管道内总的沿程损失 $\sum\Delta p_l$、局部损失 $\sum\Delta p_\zeta$ 及所有阀类元件的局部损失 $\sum\Delta p_V$ 三项。即

$$\sum\Delta p=\sum\Delta p_l+\sum\Delta p_\zeta+\sum\Delta p_V \tag{9-17}$$

上式中管道内的沿程和局部两种损失可按第二章有关公式估算。但在实际中,一般只对长管道按下式对沿程压力损失 Δp_l 值进行计算

$$\Delta p_l=\frac{8\times10^6\nu Ql}{d^4}\times10^5(\mathrm{Pa}) \tag{9-18}$$

式中 ν——油液的运动黏度(m^2/s);

Q——液压缸(或液压马达)输入(对于进油路)或排出(对于回油路)流量(L/min);

l——进油路或回油路的管道长度(m);

d——管道直径(mm)。

局部损失 Δp_ζ 值,可按下式估算

$$\Delta p_\zeta=(0.05\sim0.15)\Delta p_l \tag{9-19}$$

当通过阀类元件的实际流量 Q_V 不是其额定流量 Q_{V_n} 时,它的实际压力损失 Δp_V 与其额定压力损失 Δp_{V_n} 之间有如下换算关系

$$\Delta p_V=\Delta p_{V_n}(Q_V/Q_{V_n})^2 \tag{9-20}$$

应当指出的是,按式(9-17)计算压力损失时,既要计算进油路的又要计算回油路的,并将回油路的压力损失折算到进油路上,以便确定系统的供油压力或压力阀的调定压力。另外,对于工作循环中不同的动作阶段(快进、工进、快退等阶段),其压力损失是不同的,需分开计算。

若液压回路的效率为 η_c,液压执行元件的效率为 η_m,液压泵的效率为 η_p,则整个系统的效率为

$$\eta_\Sigma=\eta_p\eta_c\eta_m \tag{9-21}$$

二、发热估算

任何机器和设备工作时都有能量(功率)损失。这些损失都将转变为热量,使机器、设备发热、升温。同样,液压系统工作时也要发热,该热量主要是由液压泵和执行元件的功率损失、管道的压力损失、流量阀的节流损失及溢流阀的溢流损失等所引起的。这些能量损失转变成热量使油温升高、黏度下降、容积效率下降、泄漏增加,污染环境。

液压系统各部分所产生的热量,在开始时,一部分由液压油(运动介质)及装置本身所吸收,较少一部分向周围散发。但随着温度的上升,与室温温差的加大,散热能力不断提高。当系统连续工作一段时间、油温达到一定高度后,散热量与发热量相等,油温不再

升高，保持一定值，即系统达到了热平衡，亦即正常工作时，系统处于热平衡状态。发热估算就是运用热平衡原理来对油液的温升值进行验算的。即要求处于热平衡状态下的液压系统，其油温或温差（与室温之差）应在允许范围之内。

若执行元件的有效功率为 P_o(kW)，液压泵的输入功率为 P_i(kW)，则系统的总发热量 H_i(kW) 可按下式估算

$$H_i = P_i - P_o \tag{9-22}$$

如果液压系统的总效率 η_Σ 已由式(9-21)求出，则系统的总发热量亦可按下式估算

$$H_i = P_i(1 - P_o/P_i) = P_i(1 - \eta_\Sigma) \tag{9-23}$$

系统的散热降温主要通过油箱表面和管道表面，后者相对前者小得多，一般不考虑。即只考虑油箱表面散热。设油箱散热面积为 A，降低单位温度所需散发热量为 h_0，因散发热量与散热面积成正比，即

$$h_0 \propto A \tag{9-24}$$

将上述比例式写成等式，引入比例系数 k，即得降低单位温度时所散发热量为

$$h_0 = kA \tag{9-25}$$

若系统散热量为 H_0，则所降低温度 ΔT 为

$$\Delta T = \frac{H_0}{Ak}(℃) \tag{9-26}$$

式中 A——油箱散热面积，m^2；

k——比例系数（油箱散热系数），$W/(m^2 \cdot ℃)$；

周围通风很差时，$k=8\sim9$；

周围通风良好时，$k=15$；

用风扇冷却时，$k=23$；

用循环水强制冷却时，$k=110\sim174$。

如果油箱尺寸——高、宽、长之比为(1∶1∶1)～(1∶2∶3)、油面高度为油箱高度的80%且只依靠油箱表面散热、冷却，那么使系统保持在允许温度以下时，油箱最小散热面积 A_{min} 可近似用下式计算

$$A_{min} = 6.66\sqrt[3]{V^2} \tag{9-27}$$

式中 V——油箱容积，m^3。

将式(9-27)代入式(9-26)，便得到依靠油箱自身面积散热（自然冷却）而降温所得到的最高温度差值，即

$$\Delta T = \frac{H_0}{6.66\sqrt[3]{V^2}k}(℃) \tag{9-28}$$

根据热平衡原理，系统发热、升温的最高温度与上述散热、降温的最高温度相等，亦即以 H_i（发热量）置换上式 H_0，即得进行温升验算时，最高温升 ΔT（以℃计）值，该值应满足

$$\Delta T = \frac{H_i}{6.66\sqrt[3]{V^2}k}(℃) < \text{允许温升值（表 9-6）} \tag{9-29}$$

式中各量纲如前所述。

若上式不满足要求，则需采用扩大油箱散热面积或冷却器等措施加以改善。

表 9-6　各种机械允许油温(℃)

液压设备名称	正常工作油温	最高允许油温	油及油箱的温升
机　床	30~50	55~70	≤30~35
工程机械、矿山机械	50~80	70~90	≤35~40
数控机床	30~50	55~70	≤25
金属粗加工机械、无屑加工机械	40~70	60~90	
机车车辆	40~60	70~80	
船舶	30~60	80~90	

第六节　绘制工作图、编写技术文件

液压系统设计的最后阶段是绘制工作图和编写技术文件。

一、绘制工作图

工作图包括以下几种：

(1) 液压系统图。液压系统经验算后，对系统方案进行修改，绘制出正式的液压系统图。图上应注明各种元件的规格、型号及压力的调整值，画出执行元件完成的工作循环图，列出相应电磁铁和压力继电器的动作顺序表，供系统调试用。

(2) 元件的配置图。液压控制阀通常采用连接板或块（集成块）将它们组合在一起，分别称为液压元件的板式配置和集成块式配置（见图 9-4）。集成块的形状为正方形或长方形的六面体，其上下两面为块与块之间的连接面，四周除一面安装管接头通向执行元件外，其余三面都供连接、固定标准元件之用。在集成块内钻有与液压系统图相对应的孔道，将固定在集成块上的相应元件连通起来（见图 9-4）。液压件厂生产能完成各种功能的集成块，设计者只需选用并绘制集成块组合装配图。如没有合适的集成块可供选用，则需专门设计。

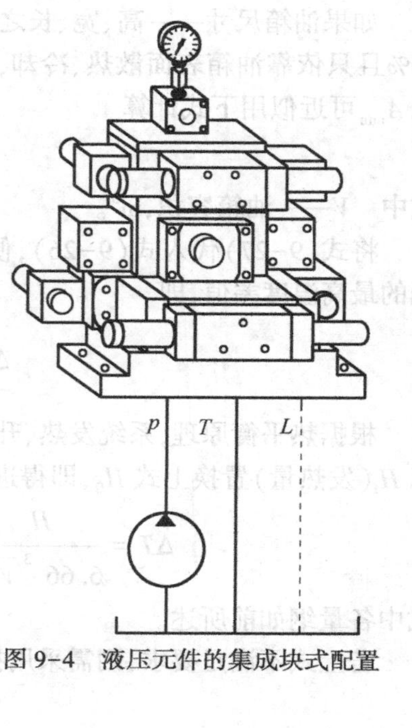

图 9-4　液压元件的集成块式配置

(3) 泵站装配图。泵、拖动泵的电机以及油箱等组合在一起，构成一个独立的液压源，称为泵站。小型泵站有标准化产品供选用，但大、中型泵站常需个别设计，需绘出其装配图和零件图。有时集成块也安装在泵站上。

(4) 液压缸和其他专用件的装配图和零件图。

(5) 管路装配图。管路装配图可为示意图，亦可为实际结构图。一般只绘制示意图说明管道走向，但要注明管道尺寸（内、外径和长度）、管接头规格和装配技术要求等。对非集成块式装配液压件的系统，还应注明各元件的型号规格、数量、连接方式等。在设计管路装配图时，应考虑到安装、使用、调整和检修方便。管路装配图供连接管路用。

(6) 电气线路图。

二、编写技术文件

编写的技术文件包括设计计算书、系统的工作原理和操作使用说明书等。设计计算书中还应对系统的某些性能进行必要的验算。

第七节　液压系统的设计计算举例

一、题目

一卧式钻镗组合机床动力头要完成快进—工进—快退—原位停止的工作循环；最大切削力为 $F_L=12\ 000N$，动力头自重 $F_G=20\ 000N$；工作进给要求能在 0.02～1.2m/min 范围内无级调速，快进、快退速度均为 6m/min；工进行程为 100mm，快进行程为 300mm；导轨形式为平导轨，其摩擦系数：静摩擦 $f_s=0.2$；动摩擦 $f_d=0.1$；往复运动的加速减速时间要求不大于 0.5s。

设计要求：

(1) 确定执行元件(液压缸)的主要结构尺寸 D、d。

(2) 绘制正式液压系统图。

(3) 选择各类元件及辅件的形式和规格。

(4) 确定系统的主要参数。

(5) 进行必要的性能估算(系统发热计算和效率计算)。

二、题解

(一) 确定液压缸的结构尺寸及工况图

1. 负载图及速度图

1) 负载分析

(1) 切削力：

$$F_L = 12000\text{N}$$

(2) 摩擦阻力：

$$F_{fs} = f_s F_G = 0.2 \times 20000 = 4000\text{N}$$
$$F_{fd} = f_d F_G = 0.1 \times 20000 = 2000\text{N}$$

(3) 惯性阻力：

$$F_m = ma = \frac{F_G}{g}\frac{\Delta v}{\Delta t} = \frac{20000}{9.81}\frac{6}{0.5} \times 60^{-1} = 408\text{N}$$

(4) 重力阻力：

因工作部件是卧式安置，故重力阻力为零。

(5) 密封阻力:将密封阻力考虑在液压缸的机械效率中去,取液压缸机械效率 $\eta_m=0.9$。

(6) 背压阻力:背压力 p_B 由表9-3中选取(待后)。

根据上述分析(没考虑颠覆力矩的作用)可算出液压缸在各动作阶段中的负载,如表9-7所列。

表9-7 液压缸各动作阶段中的负载

工 况	计算公式	液压缸负载 F/N	液压缸推力 $F/\eta_m=F/0.9$(N)
启动	$F=F_{fs}$	4 000	4 444
加速	$F=F_{fd}+F_m$	2 408	2 676
快速	$F=F_{fd}$	2 000	2 222
工进	$F=F_L+F_{fd}$	14 000	15 556
快退	$F=F_{fd}$	2 000	2 222

2) 负载图、速度图

快进速度 v_1 与快退速度 v_3 相等,即 $v_1=v_3=6\text{m/min}$,行程分别为 $l_1=300\text{mm}$,$l_3=400\text{mm}$;工进速度 $v_2=0.02\sim1.2\text{m/min}$,即 $v_{2\min}=0.02\text{m/min}$,$v_{2\max}=1.2\text{m/min}$,行程 $l_2=100\text{mm}$。根据这些数据和表9-7中的数值绘制液压缸的 $F-l$ 负载图和 $v-l$ 速度图,如图9-5所示。

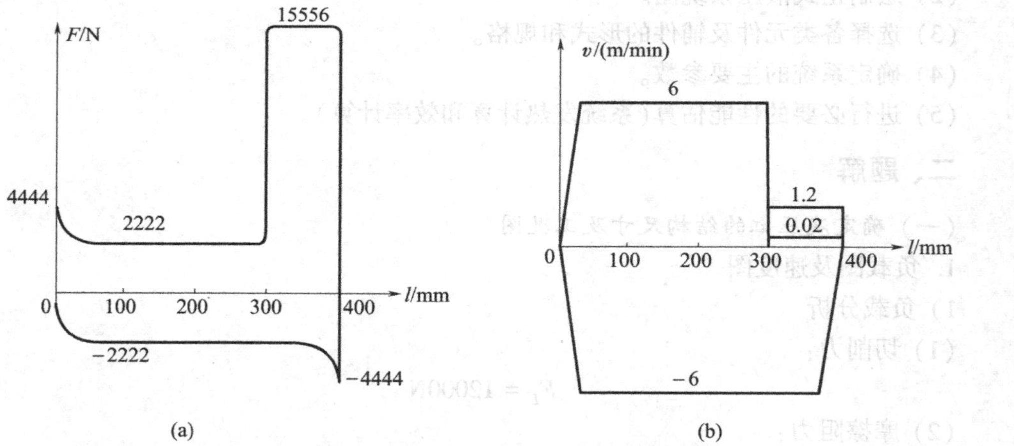

图9-5 液压缸的负载图[图(a)]和速度图[图(b)]

2. 初定液压缸的结构尺寸

(1) 初选液压缸的工作压力 p_1:

由表9-4和表9-5初选 $p_1=30\times10^5\text{Pa}$。

(2) 计算液压缸的结构尺寸:

因要求 $v_1=v_3$,故选用单杆式液压缸,使 $A_1=2A_2(d=0.707D)$,且快进时液压缸差动连接。

因为是钻镗孔加工,为防止钻镗通孔时工作部件突然前冲,回油路中应有背压。由

表 9-3暂取背压为 $p_B=p_2=6\times10^5\text{Pa}$。

快进时，液压缸差动连接，由于管路中有压力损失，所以这时液压缸有杆腔中的压力 p_2 必大于无杆腔中的压力 p_1。若估取这部分损失为 $\Delta p=5\times10^5\text{Pa}$，则 $p_2=p_1+\Delta p=p_1+5\times10^5\text{Pa}$。

快退时，油液从液压缸无杆腔流出，是有阻力的，故也有背压。此时背压也按 $5\times10^5\text{Pa}$ 估取。

由式(9-8)可求出面积为

$$A_1=\frac{F}{p_1-\frac{1}{2}p_2}=\frac{15556}{\left(30-\frac{1}{2}\times6\right)\times10^5}=57.6\text{cm}^2$$

所以 $$D=\sqrt{\frac{4A_1}{\pi}}=\sqrt{\frac{4\times57.6}{\pi}}=8.57\text{cm}=85.7\text{mm}$$

按标准取 $D=85\text{mm}$。

液压缸活塞杆直径为

$$d=\frac{D}{\sqrt{2}}=0.707D=0.707\times85=60\text{mm}$$

按标准取 $d=60\text{mm}$。

由此求得液压缸实际有效工作面积：

无杆腔面积 $A_1=\frac{\pi D^2}{4}=\frac{\pi\times85^2}{4}=56.7\text{cm}^2$

有杆腔面积 $A_2=\frac{\pi}{4}(D^2-d^2)=\frac{\pi}{4}(85^2-60^2)=28.5\text{cm}^2$

查阅产品样本或液压设计手册，如查阅参考文献[2]，选取调速阀型号为 QF3-E10B（公称通径 10mm、额定压力 16MPa，额定流量 50L/min），其最小稳定流量为 $Q_{V\min}=0.05\text{L/min}=50\text{cm}^3/\text{min}$。由式(9-9)验算液压缸的有效工作面积：

$$A_1=56.7\text{cm}^2>\frac{Q_{V\min}}{v_{\min}}=\frac{50}{0.02\times10^2}=25\text{cm}^2$$

$$A_2=28.5\text{cm}^2>\frac{Q_{V\min}}{v_{\min}}=25\text{cm}^2$$

所以流量控制阀无论是放在进油路上，还是回油路上，有效工作面积 A_1、A_2 都能满足工作部件的最低稳定速度要求。

3. 液压缸工况图

液压缸工作循环中各动作阶段的压力、流量和功率的实际使用值见表 9-8。

表 9-8　液压缸工作循环中的压力、流量和功率

工况		负载 F/N	液压缸：回油压力 p_2 /(×10⁵Pa)	液压缸：输入流量 Q /(L/min)	液压缸：进油腔压力 p_1 /(×10⁵Pa)	液压缸：输入功率 P /kW	计算公式
快进	启动	4 444		—	15.76①	—	$p_1=\frac{F+A_2\Delta p}{A_1-A_2}$ $Q=(A_1-A_2)v_1$ $P=p_1Q$
	加速	2 676	$p_2=p_1+\Delta p$ $=p_1+5$	—②	14.54	—	
	恒速	2 222		16.92	12.93	0.365	
工进		15 556	6	6.8~0.113	30.45	0.345~0.006	$p_1=\frac{F+p_2A_2}{A_1}$ $Q=A_1v_2$ $P=p_1Q$
快退	启动	4 444	—	—	15.59①	—	$p_1=\frac{F+A_1p_2}{A_2}$ $Q=A_2v_3$ $P=p_1Q$
	加速	2 676	5	—②	19.34	—	
	恒速	2 222		17.1	17.74	0.506	

① 启动时活塞尚未动作，故取：$\Delta p=0$（快进时）；$p_2=0$（快退时）。
② 因加速时间很短，故流量不计

根据上表可绘制出液压缸的工况图（见图 9-6）。

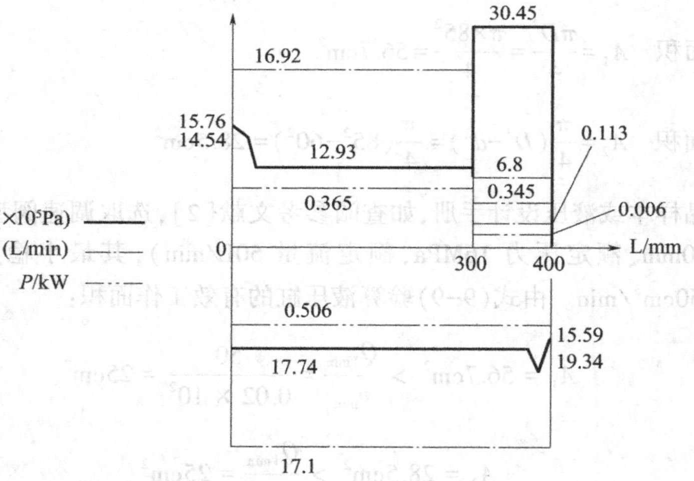

图 9-6　液压缸工况图

（二）拟订液压回路

1. 选择液压回路

1）调速回路及油源形式

由工况图 9-6 知，该机床液压系统功率小（<1kW），速度较低；钻镗加工为连续切削，切削力变化小，故采用节流调速回路（开式回路）。为增加运动的平稳性，防止工件钻通时工件部件突然前冲，采用调速阀的出口节流调速回路。

由工况图还可看出，该系统由低压大流量和高压小流量两个阶段组成，其最大流量

(快退时流量)与最小流量(工进时流量)之比为 $Q_{max}/Q_{min}=17.1/(0.113\sim6.8)=2.51\sim151.3$;而相应的时间(工进与快退时间)之比为$t_{工}/t_{快}=(5\sim300)/4=1.25\sim75$。若按平均值考虑(较多工况是出现在 $v_2=0.02\sim1.2\text{m/min}$ 的平均值上),则上述比值仍很大。故为了节约能源,采用双定量泵(高压小流量泵Ⅰ、低压大流量泵Ⅱ)供油。

2) 快速回路及速度换接回路

因系统要求快进快退速度相等,故快进时采用液压缸差动连接的方式,以保证快进快退时的速度基本相等。

由于快进、工进之间的速度差较大,为减少速度换接时的液压冲击,故采用行程阀控制的换接回路。

3) 换向回路

由工况图可看出,回路中流量较小[在快退时,进油路上的流量为 17.1L/min,回油路上为 $17.1\times56.7/28.5=34.02$(L/min)],系统的工作压力也不高,故采用电磁换向阀的换向回路。

4) 压力控制回路

在双定量泵供油的油源形式确定后,卸荷和调压问题都已基本解决,即工进时,低压泵卸荷,高压泵工作并由溢流阀调定其出口压力。当换向阀处于中位时,高压泵虽未卸荷,但功率损失并不大。故不再采用卸荷回路,以使油路结构简单些。

5) 行程终点的控制方式

这台机床用于钻孔(通孔与不通孔)和镗孔加工,因此要求位置定位精度较高。另外,对于镗孔加工,为保证"清根"(使刀具在工进结束但尚未退回之前,有个短暂停留——原地回转),在行程终点采用死挡铁停留的控制方式(滑台碰上死挡铁后,系统压力升高,由压力继电器发出信号,操纵电磁铁动作,使电磁换向阀切换)。

上述选择的液压回路如图 9-7 所示。

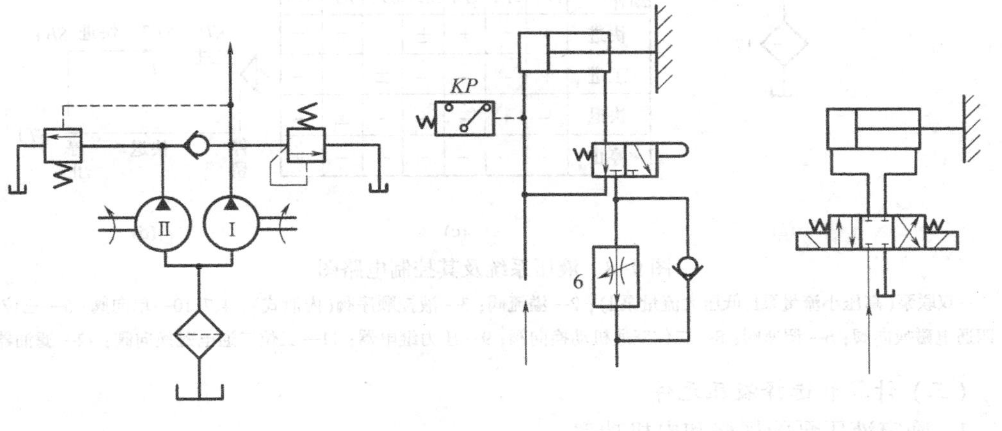

图 9-7　液压回路图

(a) 双泵油源;(b) 调速及速度换接回路;(c) 换向回路

2. 组成液压系统图

由图 9-7 所示的液压回路图组成液压系统图,如图 9-8(a)所示。和图 9-7 相比,系统图中增添了单向阀 10、二位二通电磁阀 11。这是因为若没有阀 10 和 11，液压缸便不能自动退回原位，即在快退过程中，当液压缸移至快进与工进的换接处时，行程阀 8 将恢复常位（左位），这时液压泵的来油将被阀 8 的左位截止（当无阀 10 时）或经阀 10、阀 8 左位、阀 5 右位直接流回油箱（当有阀 10 但在通道 *a*、*b* 间无阀 11 时）。

图 9-8(b) 为液压系统的控制电路图。滑台在原位时，行程开关 *ST*1 被挡铁压动，其动合触点闭合，动断触点断开；当将旋钮开关 *SA* 放在"2"位置时，按动按钮 *SB*1，滑台可点动向前调整；若滑台不在原位，按动 *SB*2，滑台可点动后退，直至原位。图 9-8(c) 为电磁铁动作顺序表。图 9-8(d) 为液压系统的动作循环。

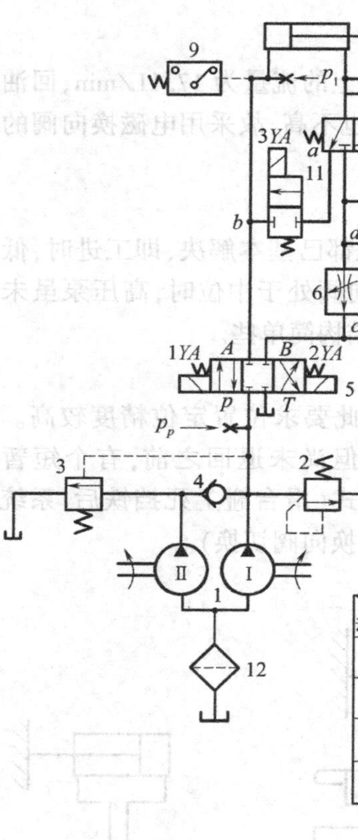

(a)

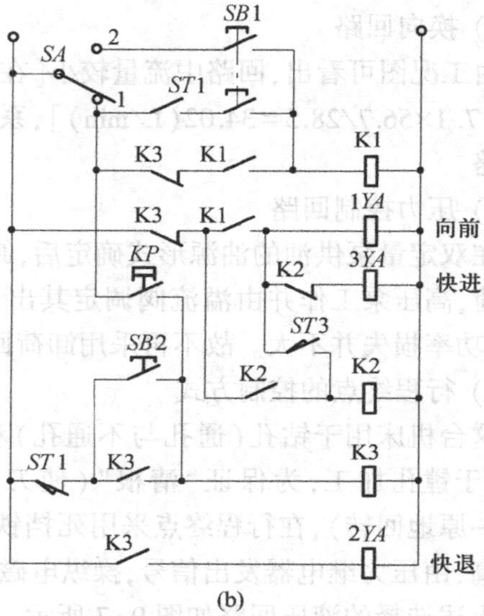

(b)

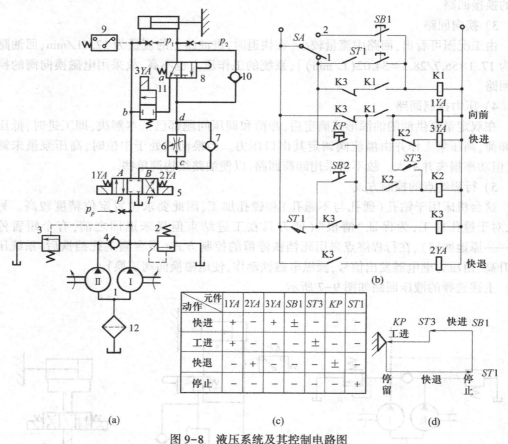

动作 \ 元件	1YA	2YA	3YA	SB1	ST3	KP	ST1
快进	+	−	+	±	−	−	−
工进	+	−	−	−	±	−	−
快退	−	+	−	−	−	±	−
停止	−	−	−	−	−	−	+

(c)

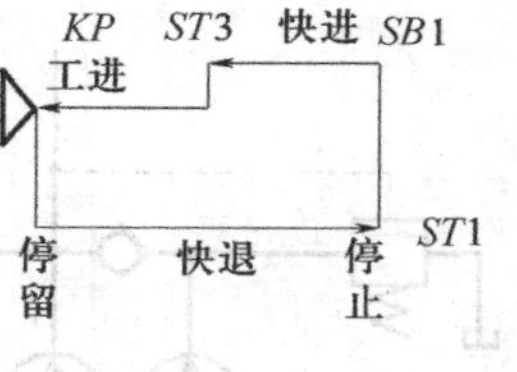

(d)

图 9-8 液压系统及其控制电路图

1—双联泵（高压小流量泵Ⅰ，低压大流量泵Ⅱ）；2—溢流阀；3—液控顺序阀（内泄式）；4、7、10—单向阀；5—三位四通电磁换向阀；6—调速阀；8—二位三通机动换向阀；9—压力继电器；11—二位二通电磁换向阀；12—滤油器

（三）计算和选择液压元件

1. 确定液压泵的规格和电机功率

1）液压泵工作压力的计算

（1）确定小流量泵的工作压力 p_{p_1}。

小流量泵在快进、快退和工进时都向系统供油。由图 9-6 知，最大工作压力为 $p_1 = 30.45\times10^5$Pa。在出口节流调速中，因进油路比较简单，故进油路压力损失取 $\Sigma\Delta p_1 = 5\times$

10^5Pa，则小流量泵的最高工作压力为

$$p_{p_{p_1}} = p_1 + \Sigma\Delta p_1 = 30.45 \times 10^5 + 5 \times 10^5 = 35.45 \times 10^5 \text{Pa}$$

（2）确定大流量泵的工作压力 $p_{p_{p_2}}$。

大流量泵只在快进、快退中供油。由工况图可知，最大工作压力为 $p_1 = 17.74\times10^5$Pa。若取此时进油路上的压力损失为 $\Sigma\Delta p_1 = 5\times10^5$Pa。则大泵的最高工作压力为

$$p_{p_{p_2}} = p_1 + \Sigma\Delta p_1 = 17.74 \times 10^5 + 5 \times 10^5 = 22.74 \times 10^5 \text{Pa}$$

2）液压泵流量的计算

由图 9-6 知，液压缸需要的最大流量为 17.1L/min，若取泄漏折算系数 $K=1.2$，则两个泵的总流量为

$$Q_p = 17.1 \times 1.2 = 20.52 \text{L/min}$$

因工进时的最大流量为 6.8L/min（见工况图），考虑到溢流阀的最小稳定流量（3L/min），故小泵的流量最少应为 $Q_{p_1}=9.8$L/min。

3）液压泵规格的确定

按 $p_{p\max}=p_{p_1}\times[1+(25\sim60)\%]=35.45\times10^5\times[1+(25\sim60)\%]=(44.3\sim56.72)\times10^5$Pa，$Q_p=20.52$L/min 查产品样本或设计手册，选取 YB_1-12/12 型双联叶片泵*：排量 $q_1=q_2=$ 12mL/r；额定压力 $p_p=6.3$MPa；额定转速 $n_p=960$r/min；容积效率 $\eta_{Vp}=0.85\sim0.95$。若取 $\eta_{Vp}=0.9$，则双泵的输出流量为 $Q_p=[(12\times960\times0.9/1000)\times2]$L/min=20.7L/min。

4）电机功率的确定

由工况图上得知，液压缸最大功率 $P_{\max}=0.506$kW 出现在压力为 17.74×10^5Pa、流量为 17.1L/min 的快退阶段，这时泵站输出压力为 $17.74\times10^5\text{Pa}+5\times10^5\text{Pa}=22.74\times10^5$Pa，流量为 20.7L/min。若取双泵总效率为 $\eta_p=0.75$，则由式（3-9）、（9-16），所需电机功率为

$$P = \frac{p_p Q_p}{60\eta_p} = \frac{2.274 \times 20.7}{60 \times 0.75}\text{kW} = 1.05\text{kW}$$

查阅文献[8]——新编机械设计手册，选取 Y90L-6 型电动机：额定功率 1.1kW；额定转速 910r/min（同步转速 1000r/min）。

值得提出的是，$P=1.1$kW 是根据 $n_p=960$r/min（$Q_p=20.7$L/min）确定的。当泵的实际转速由该值变为拖动其旋转的电机的额定转速 910r/min 时，其实际输出流量则变为 $Q_p=19.7$L/min[$=(12\times910\times0.9/1000)\times2L/min=19.7$L/min]，而所需电机功率则为

$$1\text{kW}\left(=\frac{p_p Q_p}{60\eta_p}=\frac{2.274\times19.7}{60\times0.75}\text{kW}=1\text{kW}\right)$$

2. 液压阀的选择

液压阀的选择主要是使其性能和规格能满足系统要求，安全可靠地工作。为此，要根据该阀在系统中最大的工作压力和最大的实际流量这两个参数来确定。为安全保险起

* 双联泵是由两个规格相同或不同的泵并联组成，除中间共用的泵体和传动轴比单泵加长外，其余零件与单泵相同。

见,最大工作压力按泵的最高工作压力来考虑,而最大实际流量既要考虑该阀在快进、工进、快退动作中的过流量,又要考虑在同一动作中该阀在进油路上和回油路上的过流量(例如换向阀),其中的最大者即该阀的最大实际流量。据此,各阀的具体选择如下。

1) 确定各阀最大实际流量

(1) 溢流阀——阀2。

溢流阀在系统工进时配合高压泵Ⅰ开启、溢流工作,但此时的溢流量都不是其最大值。因为在系统正式工作之前,溢流阀要将其调定的压力事先调整好。在调整时,先将溢流阀调压弹簧充分放松,使泵Ⅰ的全部流量都经溢流阀流回油箱,然后逐渐旋紧(压缩)调压弹簧,直至其入口压力被憋到(调整到)欲调定的值为止,溢流阀的调整完毕。因此,溢流阀的最大实际流量是泵Ⅰ的额定流量,即

$$Q_{V2_{\max}} = Q_{p_1} = (19.7/2)\,\mathrm{L/min} = 9.9\,\mathrm{L/min}$$

(2) 卸荷阀——阀3。

该阀的作用是要保证系统在快进—工进—快退的动作循环中,“关”得住,“开”得及时。即在快进、快退时,该阀能保证低压泵Ⅱ和高压泵Ⅰ共同向系统供油时而不泄漏(关得住);在工进时,该阀能及时打开,使泵Ⅱ卸荷(开得及时)。因此该阀的最大实际流量为泵Ⅱ的卸荷流量即额定流量,即

$$Q_{V3_{\max}} = 9.9\,\mathrm{L/min}$$

(3) 单向阀——阀4。

该阀在快进、快退时通过的都是泵Ⅱ的额定流量,因此其最大实际流量为

$$Q_{V4_{\max}} = Q_{p_2} = 9.9\,\mathrm{L/min}$$

(4) 三位四通电磁换向阀——阀5。

该阀在快进—工进—快退的动作循环中都有流量通过。快进、快退时的流量显然大于工进时。快进时因液压缸差动连接,通过该阀的流量只有进油路(至液压缸无杆腔的油路)的流量为双泵的共同流量19.7L/min(回油路为零);快退时,通过该阀的进油路(至液压缸有杆腔的油路)的流量为双泵的共同流量19.7L/min,但通过该阀的回油路(液压缸无杆腔至油箱的油路)的流量为$Q=19.7\times\frac{A_1}{A_2}=19.7\times\frac{56.7}{28.5}\mathrm{L/min}=39.2\mathrm{L/min}$。故阀5的最大实际流量为

$$Q_{V5_{\max}} = 39.2\,\mathrm{L/min}$$

(5) 调速阀——阀6。

该阀只在系统工进时工作,其最大实际流量由其所调的最高速度决定,即

$$Q_{V6_{\max}} = A_2 \times V_{2_{\max}} = (28.5\times10^{-2}\times1.2\times10)\,\mathrm{L/min} = 3.4\,\mathrm{L/min}$$

(6) 单向阀7、10。

阀7、10在液压缸快退时工作,通过的是双泵的额定流量,即

$$Q_{V7_{\max}} = Q_{V10_{\max}} = 19.7\,\mathrm{L/min}$$

(7) 二位三通机动换向阀——阀8。

该阀在液压缸差动快速时通过的是液压缸有杆腔的排油量;在工进时也通过液压缸有杆腔的排油量,显然前者远大于后者。故其最大实际流量为

$$Q_{V8_{\max}} = \frac{Q_{p_1} + Q_{p_2}}{A_1 - A_2} A_2 = \left(\frac{19.7}{56.7 - 28.5} \times 28.5\right) \text{L/min} = 19.9 \text{L/min}$$

（8）二位二通电磁换向阀——阀 11。

该阀只在液压缸差动快速时通过液压缸有杆腔排油量，故其最大实际流量与阀 8 相同为

$$Q_{V11_{\max}} = 19.9 \text{L/min}$$

（9）滤油器——件 12。

滤油器的最大实际流量即为双泵入口吸入流量——泵的理论流量，其值为

$$Q_{12_{\max}} = Q_{tp} = \left(\frac{19.7}{0.9}\right) \text{L/min} = 22 \text{L/min}$$

（10）压力继电器——件 9、压力表开关（图 9-8 中没画出）。

二者是敏感件、测量件，只和压力油接触，不存在流量问题。

2）各阀、液压件型号、规格的确定

根据上述计算的各阀、液压件最大实际流量和最大工作压力，查阅产品样本或液压设计手册（见参考文献），选取额定流量和额定压力与上述数值相近且都较大者为所选定的具体阀型，如表 9-9 所列。

表 9-9 液压元件

序号	液压件名称	最大实际流量 /（L/min）	选定型号	规格 额定流量 Q_{Vn} /（L/min）	规格 额定压力 /MPa	孔径（接口尺寸）	数量
1	双联叶片泵	—	YB_1-12/12	9.83×2=19.7	6.3	—	
2	溢流阀	9.9	YF3-10B	63	6.3	10	1
3	卸荷阀（液控顺序阀内泄）	9.9	X4F-B10FY$_1$（终选 X4F-B10EY$_1$）	20（20）	7（3）	10（10）	1（1）
4	单向阀	9.9	AF3-Ea10B	80	16	10	1
5	三位四通电磁换向阀	39.2	34DF30-E10B	60	16	10	1
6	调速阀	3.4	QF3-E10B	50	16	10	1
7、10	单向阀	19.7	AF3-Ea10B	80	16	10	2
8	二位三通机动换向阀	19.9	23WMR10A50B	60	10	10	1
9	压力继电器	—	HED40	—	10	—	1
11	二位二通电磁换向阀	19.9	22DO-H10B-T	40	31.5	10	1
12	滤油器	22	XU-63×100J	63 100μm	1.6	25	1
13	压力表开关	—	YK2-6B	—	10	—	1

选择液压件时，在满足要求的条件下，应尽量选得使各元件的孔径（接口尺寸）相一致，以减少变径管接头数目，使管道的选择和安装方便。

应强调的是，选择滤油器时，应使所选定型号的滤油器有足够的通油能力（其额定流量应足够大于泵的流量），以减少压力损失；其过滤精度则根据系统最大工作压力来确定：压力越大过滤精度越高。本题系统最高工作压力为 35.45×10^5Pa，属中低压，对过滤精度要求不高。据此，所选定滤油器型号为 XU-63×100J 型[吸油口(J)用线隙式(XU式)滤油器]：其额定流量为 63L/min；额定压力为 1.6MPa；过滤精度为 100μm；压力损失≤0.02MPa；通径为 25mm。

3. 确定管道尺寸

液压系统中的管道由吸油管、压油（排油）管、回油管三部分组成。吸油管是油液自油箱经其流入泵吸油口段的管道；压油（排油）管是油液自泵的出口经其流入液压缸（执行元件）左、右两腔的管道；回油管是油液经其直接流回油箱的管道，因输送油液的流量、作用的不同，三种管道孔径应分别计算。

1）吸油管道

由 YB_1 系列双联泵结构知，该泵只有一根进油管道，其过流量为双泵的理论值，即实际流量除以其容积效率。按式(6-5)管道内径为

$$d = 2\sqrt{\frac{Q}{\pi v}} = 2\sqrt{\frac{(19.7/0.9)\times10^{-3}/60}{\pi(0.5\sim1.5)}}\,\text{m} = (17.6\sim30.5)\,\text{mm}$$

按标准取 $d=20$mm。

2）压油管道

压油管道有快进、工进、快退三种工况，它连接各液压元件，通向液压缸左右两腔。其中，快进、快退时管道的流量最大，为双泵的额定流量，故这部分管道内径按式(6-5)为

$$d = 2\sqrt{\frac{Q_p}{\pi(2.5\sim5)}} = 2\sqrt{\frac{19.7\times10^{-3}/60}{\pi(2.5\sim5)}}\,\text{m} = (9.1\sim12.9)\,\text{mm}$$

按已选定各阀的孔径（接口尺寸见表 9.9）取 $d=10$mm。

由表 9-10 知，液压缸差动连接时，其输入流量为 39.6L/min，故流经该流量并连接液压缸无杆腔这段管道内径为

$$d = 2\sqrt{\frac{39.6\times10^{-3}/60}{\pi(2.5\sim5)}}\,\text{m} = (13\sim18.3)\,\text{mm}$$

按标准取 $d=15$mm。

3）回油管道

这段管道是液压缸快退时油液经阀 5 右位出口“T”直接流回油箱的管道。其流量即阀 5 的最大实际流量 39.2L/min（见表 9-9）。

故按式(6-5)有

$$d = 2\sqrt{\frac{39.2\times10^{-3}/60}{\pi(1.5\sim2.5)}}\,\text{m} = (18.2\sim23.6)\,\text{mm}$$

按标准取 $d=20$mm。

以上三种管道皆为无缝钢管（GB/8163）。

4. 确定油箱容量

按推荐公式 $V=(5\sim7)Q_p$，取 $V=6\times19.7=118L$。

（四）液压系统主要性能的估算

下面主要对液压缸的速度（流量）、系统效率和温升（发热）进行估算。

1. 液压缸的速度

在液压泵确定后，液压缸在实际快进、快退时的输入、排出流量和移动速度已与题目原来所要求的不尽相同，故需重新估算（若数值相差较大，则要对液压泵重新计算、选型），估算结果列入表 9-10 中。

表 9-10 液压缸输入、排出流量和移动速度的重新估算值

流量及速度 / 动作	输入流量/（L/min）	排出流量/（L/min）	移动速度/（m/min）
快进（差动）	$Q_1=Q_p+Q_2$ $=Q_p+\frac{Q_p}{A_1-A_2}A_2$ $=19.7+\frac{19.7}{56.7-28.5}\times28.5$ $=39.6$	$Q_2=Q_1-Q_p$ $=39.6-19.7$ $=19.9$	$v_1=\frac{Q_p}{A_1-A_2}$ $=\frac{19.7\times10^{-3}}{(56.7-28.5)\times10^{-4}}$ $=6.99$
工进	$Q_1=0.113\sim6.8$	$Q_2=\frac{A_2}{A_1}Q_1$ $=\frac{28.5}{56.7}\times(0.113\sim6.8)$ $=0.057\sim3.4$	$v_2=0.02\sim1.2$
快退	$Q_1=Q_p=19.7$	$Q_2=\frac{A_1}{A_2}Q_1$ $=\frac{56.7}{28.5}\times19.7$ $=39.2$	$v_3=\frac{Q_1}{A_2}$ $=\frac{19.7\times10^{-3}}{28.5\times10^{-4}}$ $=6.91$

由上表可知，液压缸的快进、快退速度与题目所要求的有所提高，但相差不大。

2. 系统的效率 η_Σ

系统效率决定于压力损失（能量损失），在负载一定条件下，压力损失的大小又决定了压力阀（溢流阀、顺序阀等）调定压力和液压泵供油压力的高低。

系统在快进—工进—快退的动作循环中，由于每个动作工况的不同，同一动作中的进油压力损失和回油压力损失也不一样，因此计算压力损失时三种工况的进油压力损失和回油压力损失都要计算，并将回油压力损失折算到进油路上，以便确定调压阀的调定压力和液压泵的供油压力。因此，在计算系统效率之前应先计算回路的压力损失。

1）回路中的压力损失

如前所述，回路中的压力损失包括管道总的沿程压力损失 $\sum\Delta p_l$、总的局部压力损失 $\sum\Delta p_\zeta$ 和所有阀类元件的局部压力损失 $\sum\Delta p_V$。在计算压力损失时，必须知道管道的长度和直径。各段管道的直径可按前面已确定的吸油、压油、回油管径选取，但各段管道的实际长度因具体液压装置尚未设计、确定下来，无法知道，只能根据经验或参考同类

设备假设、估取，因此，该计算是近似地估算。其目的旨在向读者介绍进行这项工作的方式、方法，以及考虑、处理某些问题的思路，而精确计算只能在液压装置、各段管道的实际长度确定后进行。

参考图 9-8(a)，设(估取)系统中各段管道长度如下：

泵 1 出口至阀 5 入口 p：$l_{11}=0.5\text{m}$；

阀 5 的 A 口至节点 b：$l_{12}=0.5\text{m}$；

结点 b 至液压缸无杆腔：$l_{13}=0.5\text{m}$；

则自泵 1 至液压缸无杆腔管道总长为 $l_1=1.5\text{m}$。

阀 5 的 B 口到阀 6、7 下位结点 c：$l_{21}=0.5\text{m}$；

阀 6、7 上位结点 d 至阀 8 出口，即阀 10 入口：$l_{22}=0.5\text{m}$；

阀 8 入口，即阀 10 出口至液压缸有杆腔：$l_{23}=0.5\text{m}$；

则自阀 5 至液压缸有杆腔管道总长为 $l_2=1.5\text{m}$。

液压缸采用差动连接时，回油管道(液压缸有杆腔→阀 8→阀 11 段)长为 $l_{14}=0.5\text{m}$；

系统回油管道(从 T 口至油箱段)长 $l_T=0.5\text{m}$；

所用液压油运动黏度按表 2-4、表 9-6 取 $40\times10^{-6}\text{m}^2/\text{s}$。

为便于分析、记忆，在下面各工况的计算中所用部分压力损失符号及其含义列于表 9-11 中(其中，脚注中的数字“1”意为进油路；数字“2”意为回油路；字母“l”意为沿程；字母“ζ”意为局部)。

表 9-11　计算中所用部分符号及其含义

符号	含义	相互关系	备注
$\sum\Delta p_{l1}$	进油路上总的沿程压力损失	$\sum\Delta p_{\zeta1}=0.1\times\sum\Delta p_{l1}$	
$\sum\Delta p_{\zeta1}$	进油路上总的局部压力损失		
Δp_{Vi}	相应油路上第 i 个液压阀的局部压力损失		$i=1,2,3,\cdots$
$\sum\Delta p_1$	进油路上总的压力(能量)损失	$\sum\Delta p_1=\sum\Delta p_{l1}+\sum\Delta p_{\zeta1}+\sum\Delta p_{Vi}$	
$\sum\Delta p_{l2}$	回油路上总的沿程压力损失	$\sum\Delta p_{\zeta2}=0.1\times\sum\Delta p_{l2}$	
$\sum\Delta p_{\zeta2}$	回油路上总的局部压力损失		
$\sum\Delta p_2$	回油路上总的压力(能量)损失	$\sum\Delta p_2=\sum\Delta p_{l2}+\sum\Delta p_{\zeta2}+\sum\Delta p_{Vi}$	
$\sum\Delta p_{21}$	$\sum\Delta p_2$ 折算到进油路上的压力损失	$\sum\Delta p_{21}=\sum\Delta p_2\times\begin{cases}\dfrac{A_2}{A_1}\text{(快进、工进时)}\\\dfrac{A_1}{A_2}\text{(快退时)}\end{cases}$	A_1—液压缸无杆腔有效工作面积；A_2—有杆腔有效工作面积
$\sum\Delta p$	整个回路(油路)的压力损失	$\sum\Delta p=\sum\Delta p_1+\sum\Delta p_{21}$	

(1) 快进时回路的压力损失。

① 进油路。

a. 沿程压力损失。快进时，液压缸差动连接，双泵供油。在管道 l_{11}、l_{12} 段是双泵的额定流量 Q_p($=19.7\text{L/min}$)；在管道 l_{13} 段的流量 Q_1 是双泵额定流量与液压缸有杆腔排油流量 Q_2($=19.9\text{L/min}$)之和：$Q_1=Q_p+Q_2=39.6\text{L/min}$。油液在这三段管道中都是层流，即在 l_{11}、l_{12} 段：

$$R_e = \frac{dv}{\nu} = \frac{d4Q_p}{\nu\pi d^2} = \frac{4Q_p}{\nu\pi d} = \frac{4 \times 19.7 \times 10^{-3}}{40 \times 10^{-6} \times \pi \times 10 \times 10^{-3} \times 60}$$

$$= 1046 < 2320(\text{层流})$$

在 l_{13} 段：

$$R_e = \frac{4Q_1}{\nu\pi d} = \frac{4 \times 39.6 \times 10^{-3}/60}{40 \times 10^{-6} \times \pi \times 15 \times 10^{-3}} = 1401 < 2320(\text{层流})$$

故油液在进油管路 l_{11}、l_{12}、l_{13} 段的沿程压力损失 $\Delta p_{l_{11}}$、$\Delta p_{l_{12}}$、$\Delta p_{l_{13}}$ 可按式(9-18)计算，其值为

$$\Delta p_{l_{11}} = \Delta p_{l_{12}} = \frac{8 \times 10^6 \times \nu \times Q_p \times l}{d^4} \times 10^5\text{Pa}$$

$$= \frac{8 \times 10^6 \times 40 \times 10^{-6} \times 19.7 \times 0.5}{10^4} \times 10^5\text{Pa} = 0.3152 \times 10^5\text{Pa}$$

$$\Delta p_{l_{13}} = \frac{8 \times 10^6 \times 40 \times 10^{-6} \times 39.6 \times 0.5}{15^4} \times 10^5\text{Pa} = 0.1252 \times 10^5\text{Pa}$$

总的沿程压力损失为

$$\sum \Delta p_{l1} = \sum \Delta p_{l_{11}} \times 2 + \Delta p_{l_{13}} = 0.7556 \times 10^5\text{Pa}$$

b. 局部压力损失。总的局部压力损失按式(9-19)估取为

$$\sum \Delta p_{\zeta 1} = 0.1 \sum \Delta p_{l1} = 0.1 \times 0.7556 \times 10^5\text{Pa} = 0.0756 \times 10^5\text{Pa}$$

c. 液压阀的局部压力损失。进油路上，油液只流经阀5，流量为双泵额定流量 19.7L/min，由式(9-20)，参照表 9-12(Δp_{Vn})和表 9-9(Q_{Vn})，该阀的局部压力损失为

$$\Delta p_{V5} = \Delta p_{Vn}\left(\frac{Q_V}{Q_{Vn}}\right)^2 = \Delta p_{Vn}\left(\frac{Q_p}{Q_{Vn}}\right)^2 = 4 \times 10^5\left(\frac{19.7}{60}\right)^2 \text{Pa} = 0.431 \times 10^5\text{Pa}$$

表 9-12 液压件在额定流量 Q_{Vn} 下的额定压力损失 Δp_{Vn}^{*}

元件 / 额定压力损失	34DF30-E10B (阀5)	22D0-H10B-T (阀11)	23WMR10A50B (阀8)	AF3-E_a10B (阀4、7、10)	QF3-E10B (阀6)	X4F-B10FY_1 (阀3)
Δp_{Vn}/(×10^5Pa)	4	2	2.5	≤2	5	3

*同一型号不同厂家生产的液压元件由于技术水平、生产条件等差异，其额定压力损失 Δp_{Vn} 值会略有不同，具体应用时应查阅所用元件生产厂家的产品样本

由此可得快进时进油路上总的压力(能量)损失为上述三项[(a)、(b)、(c)]之和，即

$$\sum \Delta p_1 = (0.7556 + 0.0756 + 0.431) \times 10^5\text{Pa} = 1.2622 \times 10^5\text{Pa}$$

② 回油路。

a. 沿程压力损失。差动连接回油路(液压缸有杆腔→阀8→阀11段，如前)也为层流(以下各段管道皆为层流，验算略)，流经管道 l_{14} 段，其沿程压力损失为

$$\sum \Delta p_{l2} = \Delta p_{l_{14}} = \frac{8 \times 10^6 \times \nu \times Q_2 \times l_{14}}{d^4} \times 10^5\text{Pa}$$

$$= \frac{8 \times 10^6 \times 40 \times 10^{-6} \times 19.9 \times 0.5}{10^4} \times 10^5\text{Pa} = 0.3184 \times 10^5\text{Pa}$$

b. 局部压力损失。按式(9-19)估取总的局部损失为

$$\sum \Delta p_{\zeta 2} = 0.1\Delta p_{l_{14}} = 0.0318 \times 10^5\mathrm{Pa}$$

c. 液压阀的局部压力损失。回油经过阀 8、11，二者流量相同，皆为 $Q_2 = 19.9\mathrm{L/min}$（见表 9-9），但额定流量不同（见表 9-9），其额定压力损失 Δp_{V_n}（见表 9-12）也不一样，故两阀的局部压力损失不同，其值分别为

$$\Delta p_{V8} = \Delta p_{V_n}\left(\frac{Q_V}{Q_{Vn}}\right)^2 = 2.5 \times 10^5\left(\frac{19.9}{60}\right)^2\mathrm{Pa} = 0.275 \times 10^5\mathrm{Pa}$$

$$\Delta p_{V11} = 2 \times 10^5\left(\frac{19.9}{40}\right)^2\mathrm{Pa} = 0.495 \times 10^5\mathrm{Pa}$$

由此可得快进时回油路上总的压力（能量）损失为上述三项之和，即

$$\begin{aligned}\sum \Delta p_2 &= \Delta p_{l_{14}} + \sum \Delta p_{\zeta 2} + (\Delta p_{V8} + \Delta p_{V11}) \\ &= (0.3184 + 0.0318 + 0.275 + 0.495) \times 10^5\mathrm{Pa} \\ &= 1.12 \times 10^5\mathrm{Pa}\end{aligned}$$

压力 $\sum \Delta p_2 = 1.2 \times 10^5\mathrm{Pa}$ 作用于有效工作面积 A_2 上，构成了差动快速时液压缸的部分阻力（负载），将其折算到进油路上，便得到了为平衡掉这部分阻力（负载）液压缸进油腔（进油路）所应付出的压力——压力损失。其值为

$$\begin{aligned}\sum \Delta p_{21} &= \sum \Delta p_2 \times \frac{A_2}{A_1} = 1.12 \times \frac{28.5}{56.7} \times 10^5\mathrm{Pa} \\ &= 0.563 \times 10^5\mathrm{Pa}\end{aligned}$$

将 $\sum \Delta p_1$ 与 $\sum \Delta p_{21}$ 相加，即得到差动快速时整个回路的压力损失 $\sum \Delta p$，其值为

$$\begin{aligned}\sum \Delta p &= \sum \Delta p_1 + \sum \Delta p_{21} = 1.2622 \times 10^5\mathrm{Pa} + 0.563 \times 10^5\mathrm{Pa} \\ &= 1.825 \times 10^5\mathrm{Pa}\end{aligned}$$

③ 液控顺序阀 3 的调定压力 p_{x_1}。

在表 9-8 中，差动快速时，液压缸的回油压力损失（有杆腔压力 p_2 与无杆腔压力 p_1 的压力差值）暂取为 $\Delta p = 5\times10^5\mathrm{Pa}$，通过上述计算知，该值已发生变化，其值为

$$\begin{aligned}\Delta p &= \Delta p_{l_{13}} + \sum \Delta p_2 = (0.1252 \times 10^5 + 1.12 \times 10^5)\mathrm{Pa} \\ &= 1.2452 \times 10^5\mathrm{Pa}\end{aligned}$$

因此，p_1 值（无杆腔压力）必须重新计算，按表 9-8 为

$$\begin{aligned}p_1 &= \frac{F + A_2\Delta p}{A_1 - A_2} = \frac{2222 + 28.5 \times 10^{-4} \times 1.2452 \times 10^5}{(56.7 - 28.5) \times 10^{-4}}\mathrm{Pa} \\ &= 9.138 \times 10^5\mathrm{Pa}\end{aligned}$$

考虑到快进时整个回路的压力损失 $\sum \Delta p$（严格地说应是进油路上总的压力损失），则此时双泵中泵 1 的供油压力为

$$p_{p_1} = p_1 + \sum \Delta p = 9.138 \times 10^5\mathrm{Pa} + 1.825 \times 10^5\mathrm{Pa} = 11 \times 10^5\mathrm{Pa}$$

顺序阀 3 应保证在此工况中双泵供油时不被打开（关得住），则阀 3 的调定压力 p_x 在此工

况应满足

$$p_x = p_{x_1} > 11 \times 10^5 \text{Pa}$$

在差动快进时，低压泵 2 是通过单向阀 4 向系统供油的，此时单向阀 4 的局部压力损失为

$$\Delta p_{V4} = \Delta p_{Vn}\left(\frac{Q_V}{Q_{Vn}}\right)^2 = 2 \times 10^5 \times \left(\frac{9.9}{80}\right)^2 \text{Pa} = 0.031 \times 10^5 \text{Pa}$$

故泵 2 的供油压力为

$$p_{p_2} = p_{p_1} + \Delta p_{V4} = (11 \times 10^5 + 0.031 \times 10^5)\text{Pa} = 11.031 \times 10^5 \text{Pa}$$

(2) 工进时回路的压力损失。

① 进油路。

a. 沿程压力损失。工进时，由泵 1 单独供油，其最大流量为 $Q_1 = 6.8\text{L/min}$(见表 9-10)。油液流经管道 l_{11}、l_{12}、l_{13}，各段上的压力损失分别为

$$\Delta p_{l_{11}} = \Delta p_{l_{12}} = \frac{8 \times 10^6 \times \nu \times Q_1 \times l}{d^4} = \frac{8 \times 10^6 \times 40 \times 10^{-6} \times 6.8 \times 0.5}{10^4} \times 10^5 \text{Pa} = 0.109 \times 10^5 \text{Pa}$$

$$\Delta P_{l_{13}} = \frac{8 \times 10^6 \times 40 \times 10^{-6} \times 6.8 \times 0.5}{15^4} \times 10^5 \text{Pa} = 0.021 \times 10^5 \text{Pa}$$

总的沿程压力损失为

$$\sum \Delta p_{l1} = \Delta p_{l_{11}} \times 2 + \Delta p_{l_{13}} = (0.109 \times 10^5 \times 2 + 0.021 \times 10^5)\text{Pa} = 0.239 \times 10^5 \text{Pa}$$

b. 局部压力损失。按式(9-19)估取总的局部压力损失为

$$\sum \Delta p_{\zeta 1} = 0.1 \sum \Delta p_{l1} = 0.1 \times 0.239 \times 10^5 \text{Pa} = 0.024 \times 10^5 \text{Pa}$$

c. 液压阀的局部压力损失。压力油只通过阀 5，故局部损失为

$$\Delta p_{V5} = \Delta p_{Vn}\left(\frac{Q_V}{Q_{Vn}}\right)^2 = \Delta p_{Vn}\left(\frac{Q_{V5}}{Q_{Vn}}\right)^2 = 4 \times 10^5 \left(\frac{6.8}{60}\right)^2 \text{Pa} = 0.051 \times 10^5 \text{Pa}$$

由此得工进时进油路上总的压力(能量)损失为上述三项之和，即

$$\sum \Delta p_1 = \sum \Delta p_{l1} + \sum \Delta p_{\zeta 1} + \Delta p_{V5} = (0.239 + 0.024 + 0.051) \times 10^5 \text{Pa} = 0.314 \times 10^5 \text{Pa}$$

② 回油路。

a. 沿程压力损失。工进时回油路的最大流量为调速阀 6 的最大流量 3.4L/min(见表 9-9)，这时因回油管道各段长度 $l_{21} = l_{22} = l_{23} = l_T = 0.5\text{m}$，各段流量也相等(3.4L/min)，故总的沿程压力损失为

$$\sum \Delta p_{l2} = \left(\frac{8 \times 10^6 \times 40 \times 10^{-6} \times 3.4 \times 0.5}{10^4} \times 10^5 \text{Pa}\right) \times 3 + \frac{8 \times 10^6 \times 40 \times 10^{-6} \times 3.4 \times 0.5}{20^4} \times 10^5 \text{Pa} = 0.1666 \times 10^5 \text{Pa}$$

b. 局部压力损失。按式(9-19)总的局部压力损失为

$$\sum \Delta p_{\zeta 2} = 0.1 \sum \Delta p_{l2} = 0.0167 \times 10^5 \text{Pa}$$

c. 液压阀的局部压力损失。回油时油液流经阀 8 右位、调速阀 6 和阀 5 左位,三个阀的局部压力损失分别为

$$\Delta p_{V8} = \Delta p_{Vn}\left(\frac{Q_V}{Q_{Vn}}\right)^2 = 2.5 \times 10^5\left(\frac{3.4}{60}\right)^2 \text{Pa} = 0.008 \times 10^5 \text{Pa}$$

$$\Delta p_{V6} = 5 \times 10^5\left(\frac{3.4}{50}\right)^2 \text{Pa} = 0.023 \times 10^5 \text{Pa}$$

$$\Delta p_{V5} = 4 \times 10^5\left(\frac{3.4}{60}\right)^2 \text{Pa} = 0.013 \times 10^5 \text{Pa}$$

由此得工进时回油路上总的压力(能量)损失为上述三项之和,即

$$\begin{aligned}\sum \Delta p_2 &= (0.1666 + 0.0167 + 0.008 + 0.023 + 0.013) \times 10^5 \text{Pa} \\ &= 0.227 \times 10^5 \text{Pa}\end{aligned}$$

将该值折算到进油路上,得出工进时整个回路的压力损失为

$$\begin{aligned}\sum \Delta p &= \sum \Delta p_1 + \sum \Delta p_2 \times \frac{A_2}{A_1} = 0.314 \times 10^5 \text{Pa} + 0.227 \times 10^5 \text{Pa} \times \frac{28.5}{56.7} \\ &= 0.428 \times 10^5 \text{Pa}\end{aligned}$$

③ 溢流阀 2 的调定压力 p_Y(泵 1 的供油压力)。

溢流阀 2 的调定压力即泵 1 的供油压力 p_{p_1} 可按式(9-14)计算。但此时的回油压力(背压)为 $\sum \Delta p_2$,已与初选时的 $p_B=6\times10^5\text{Pa}$ 大不相同,故此时泵 1 的供油压力为

$$\begin{aligned}p_{p_1} &= p_1 + \sum \Delta p = \frac{F}{A_1} + \sum \Delta p = \frac{15556}{56.7 \times 10^{-4}}\text{Pa} + 0.428 \times 10^5 \text{Pa} \\ &= 27.44 \times 10^5 \text{Pa} + 0.428 \times 10^5 \text{Pa} \\ &= 27.87 \times 10^5 \text{Pa} (= p_Y)\end{aligned}$$

此压力亦为溢流阀 2 的调定压力 p_Y 的主要参考数值。

④ 顺序阀 3 的调压上限。

阀 3 在系统快进、快退时关闭,工进时打开,其调定压力必须保证关得住,开得及时。因此其调定压力 p_x 的上限应满足条件为

$$p_x = p_{x_2} < p_{p_1} = 27.87 \times 10^5 \text{Pa}$$

(3) 快退时回路的压力损失。

① 进油路。

a. 沿程压力损失。快退时,双泵联合供油,流量为 $Q_p = 19.7\text{L/min}$,该流量流经阀 5、7、10 并流经管道 $l_{11}(=0.5\text{m})$、$l_{21}(=0.5\text{m})$、$l_{22}(=0.5\text{m})$、$l_{23}(=0.5\text{m})$,则总的沿程压力损失为

$$\begin{aligned}\sum \Delta p_{l1} &= \left(\frac{8 \times 10^6 \times 40 \times 10^{-6} \times 19.7 \times 0.5}{10^4} \times 4\right) \times 10^5 \text{Pa} \\ &= 1.261 \times 10^5 \text{Pa}\end{aligned}$$

b. 局部压力损失。如前,总的局部压力损失为

$$\sum \Delta p_{\zeta 1} = 0.1 \times \sum \Delta p_{l1} = 0.1261 \times 10^5 \text{Pa}$$

c. 液压阀的局部压力损失。进油路上,阀 5(右位)、阀 7、阀 10 过流量相同为 19.7L/min,各阀的局部压力损失分别为

$$\Delta p_{V5} = \Delta p_{Vn}\left(\frac{Q_V}{Q_{Vn}}\right)^2 = 4 \times 10^5\left(\frac{19.7}{60}\right)^2 \text{Pa} = 0.431 \times 10^5 \text{Pa}$$

$$\Delta p_{V7} = \Delta p_{V10} = 2 \times 10^5\left(\frac{19.7}{80}\right)^2 \text{Pa} = 0.121 \times 10^5 \text{Pa}$$

由此得快退时进油路上总的压力(能量)损失为上述三项之和,即

$$\sum \Delta p_1 = (1.261 + 0.1261 + 0.431 + 0.121 \times 2) \times 10^5 \text{Pa}$$
$$= 2.06 \times 10^5 \text{Pa}$$

② 回油路。

a. 沿程压力损失。快退时液压缸无杆腔排出流量为 $Q_2 = 39.2$L/min(见表 9-10),流经管道 l_{13}(=0.5m)、l_{12}(=0.5m)、l_T(=0.5m),各段压力损失分别为

$$\Delta p_{l_{13}} = \frac{8 \times 10^6 \times \nu \times Q_2 \times l}{d^4} \times 10^5 \text{Pa} = \frac{8 \times 10^6 \times 40 \times 10^{-6} \times 39.2 \times 0.5}{15^4} \times 10^5 \text{Pa}$$
$$= 0.124 \times 10^5 \text{Pa}$$

$$\Delta p_{l_{12}} = \frac{8 \times 10^6 \times 40 \times 10^{-6} \times 39.2 \times 0.5}{10^4} \times 10^5 \text{Pa} = 0.627 \times 10^5 \text{Pa}$$

$$\Delta p_{l_T} = \frac{8 \times 10^6 \times 40 \times 10^{-6} \times 39.2 \times 0.5}{20^4} \times 10^5 \text{Pa} = 0.039 \times 10^5 \text{Pa}$$

则总的沿程压力损失为

$$\sum \Delta p_{l2} = (0.124 + 0.627 + 0.039) \times 10^5 \text{Pa} = 0.79 \times 10^5 \text{Pa}$$

b. 局部压力损失。总的局部压力损失为

$$\sum \Delta p_{\zeta 2} = 0.1 \times \sum \Delta p_{l2} = 0.079 \times 10^5 \text{Pa}$$

c. 液压阀的局部压力损失。快退时,回油只流经阀 5(右位),则该阀的局部压力损失为

$$\Delta p_{V5} = \Delta p_{Vn}\left(\frac{Q_V}{Q_{Vn}}\right)^2 = 4 \times 10^5\left(\frac{39.2}{60}\right)^2 \text{Pa} = 1.71 \times 10^5 \text{Pa}$$

由此得出快退时回油路上总的压力(能量)损失为上述三项之和,即

$$\sum \Delta p_2 = (0.79 + 0.079 + 1.71) \times 10^5 \text{Pa} = 2.58 \times 10^5 \text{Pa}$$

将该值折算到进油路上,得出快退时整个回路的压力损失为

$$\sum \Delta p = \sum \Delta p_1 + \sum \Delta p_2 \times \frac{A_1}{A_2} = 2.06 \times 10^5 \text{Pa} + 2.58 \times \frac{56.7}{28.5} \times 10^5 \text{Pa}$$
$$= 7.19 \times 10^5 \text{Pa}$$

快退时双泵供油,此时回油路上的背压为上述值 $\sum \Delta p_2 = 2.58 \times 10^5 \text{Pa}$,该值与前面"初定液压缸的结构尺寸"时的初选值 5×10^5Pa 大不相同,故泵 1 的供油压力为

$$p_{p_1}=\frac{F}{A_2}+\sum\Delta p=\left(\frac{2222}{28.5\times10^{-4}}+7.19\right)\times10^5\text{Pa}=15\times10^5\text{Pa}$$

泵 2 此时的供油压力略高于泵 1，其差值为单向阀 4 快退时过流的压力损失，该值与快进时相同，为 $\Delta p_{V4}=0.031\times10^5\text{Pa}$[已在“(1)”、“③”中计算过]，故泵 2 的供油压力为

$$p_{p_2}=\Delta p_{V4}+p_{p_1}=0.031\times10^5\text{Pa}+15\times10^5\text{Pa}=15.031\times10^5\text{Pa}$$

(4) 顺序阀 3 最终的调压范围。

快退时泵 1、泵 2 的联合供油压力为 $p_{p_1}=15\times10^5\text{Pa}$，此时阀 3 应关得住，保证泵 2 向系统供油，因此顺序阀 3 调定压力应满足

$$p_x=p_{x_3}>15\times10^5\text{Pa}$$

综合 $p_{x_1}>11\times10^5\text{Pa}$（快进时）；$p_{x_2}<27.87\times10^5\text{Pa}$（工进时）；$p_{x_3}>15\times10^5\text{Pa}$（快退时）。最后取顺序阀 3 的调压范围为

$$15\times10^5\text{Pa}<p_x<27.87\times10^5\text{Pa}$$

查阅参考文献[2]，最终选取 X4F-B10EY$_1$ 型顺序阀（与初选 X4F-B10FY$_1$ 型的唯一区别是：X4F-B10FY$_1$ 的调压范围是 $30\times10^5\text{Pa}\sim70\times10^5\text{Pa}$，而 X4F-B10EY$_1$ 的调压范围则是 $10\times10^5\text{Pa}\sim30\times10^5\text{Pa}$，更适合本工况的具体要求）。这样就保证了快进、快退时阀 3 关得住（保证泵 2 向系统供油）；工进时阀 3 开得及时（保证泵 2 经阀 3 卸荷）。

(5) 泵 2 的卸荷压力及卸荷功率损失 ΔP_{p_2}。

工进时，泵 2 经阀 3 卸荷，其卸荷功率为其卸荷压力与卸荷流量之乘积。

泵 2 的卸荷压力 p_{p_2} 为阀 3 通过泵 2 全部流量时的压力损失 Δp_{V3}，其值为

$$p_{p_2}=\Delta p_{V3}=\Delta p_{Vn}\left(\frac{Q_{V3}}{Q_{Vn}}\right)^2=\Delta p_{Vn}\left(\frac{Q_{p_2}}{Q_{Vn}}\right)^2=3\times10^5\left(\frac{9.9}{20}\right)^2\text{Pa}$$
$$=0.735\times10^5\text{Pa}$$

卸荷流量为泵 2 全部（额定）流量 $Q_{p_2}=9.9\text{L/min}$；故卸荷功率损失为

$$\Delta P_{p_2}=\frac{p(\text{MPa})\cdot Q(\text{L/min})}{60}\text{kW}$$
$$=\frac{0.0735\times9.9}{60}=0.012\text{kW}$$

功率损失很小，只占泵 2 额定功率 $P_{p_2}=\frac{6.3\times9.9}{60}\text{kW}=1.04\text{kW}$ 的 1.15%$\left(\frac{0.012}{1.04}=0.0115\right)$，达到了卸荷目的。

2) 液压回路和液压系统的效率

(1) 回路的效率。

参照式(7-9)计算工进时回路的效率 η_c。此时液压缸回油路的压力损失如前所述为 $\sum\Delta p_2=0.227\times10^5\text{Pa}$，将其折算到进油路上，则液压缸进油压力为

$$p_1=\frac{F}{A_1}+\sum\Delta p_2\times\frac{A_2}{A_1}=\frac{15556}{56.7\times10^{-4}}\text{Pa}+0.227\times\frac{28.5}{56.7}\times10^5\text{Pa}$$
$$=27.55\times10^5\text{Pa}$$

经阀 3 卸荷时泵 2 的卸荷压力即压力损失如前所述为 0.735×10^5Pa，溢流阀即泵 1 的工作压力为 $p_{p_1}=27.87\times10^5$Pa（如前所述），则回路效率为

$$\eta_c=\frac{p_1Q_1}{p_p\cdot Q_p}=\frac{p_1Q_1}{p_{p_1}Q_{p_1}+p_{p_2}\cdot Q_{p_2}}=\frac{27.55\times10^5\times(0.113\sim6.8)}{27.87\times10^5\times9.9+0.735\times10^5\times9.9}$$
$$=0.011\sim0.662$$

（2）系统效率 η_Σ。

系统效率为泵的效率 η_p、回路效率 η_c、液压缸效率 η_m 三者之积。YB_1 型泵总效率取 $\eta_p=0.75$；回路效率 $\eta_c=0.011\sim0.662$；液压缸效率取 $\eta_m=0.9$（设液压缸容积效率为 1），则系统效率为

$$\eta_\Sigma=\eta_p\eta_c\eta_m=0.75\times(0.011\sim0.662)\times0.9$$
$$=0.0074\sim0.4469$$

由此可见，定量泵系统在低速时效率是很低的（0.74%）。

3. 液压系统发热与温升的计算

1）验算工况的选择

在本题中，快进、工进、快退所占用的时间 t（单位：s）分别为

快进 $$t_1=\frac{l_1}{v_1}=\frac{300\times10^{-3}}{6.99/60}=2.58\text{s}$$

工进 $$t_2=\frac{l_2}{v_2}=\frac{100\times10^{-3}}{(0.02\sim1.2)/60}=5\sim300\text{s}$$

快退 $$t_3=\frac{l_3}{v_3}=\frac{400\times10^{-3}}{6.91/60}=3.47\text{s}$$

在整个动作循环中，各动作所占时间比例如下。

快进所占时间比例： $$\frac{2.58}{2.58+5+3.47}\sim\frac{2.58}{2.58+300+3.47}=0.84\%\sim23.3\%$$

工进所占时间比例： $$\frac{5}{2.58+5+3.47}\sim\frac{300}{2.58+300+3.47}=45.2\%\sim98\%$$

快退所占时间比例： $$\frac{3.47}{2.58+5+3.47}\sim\frac{3.47}{2.58+300+3.47}=1.13\%\sim31.4\%$$

工进时间所占比重最大，故温升按工进工况验算。

2）发热源、功率损失的确定

工进时，液压缸输出的有效功率为

$$P_o=Fv_2=[14000\times(0.02\sim1.2)/60]\text{W}$$
$$=4.7\sim280\text{W}=0.0047\sim0.28\text{kW}$$

双泵的输入功率为

$$P_i=\frac{p_{p_1}Q_{p_1}+p_{p_2}Q_{p_2}}{\eta_p\times60}=\frac{2.787\times9.9+0.0735\times9.9}{0.75\times60}\text{kW}=0.63\text{kW}$$

故得功率损失，即发热量为

$$H_i = P_i - P_o = [0.63 - (0.0047 \sim 0.28)]\text{kW} = (0.35 \sim 0.625)\text{kW}$$

此值也可按式(9-23)计算,结果基本相同。

3）系统温升计算

系统最高温升按式(9-29)计算,设通风良好,$k=15[\text{W}/(\text{m}^2 \cdot ℃)]$,则温升 ΔT 值为

$$\Delta T = \frac{H_i}{6.66\sqrt[3]{V^2} \cdot k} = \frac{(0.35 \sim 0.625) \times 10^3\text{W}}{[6.66\sqrt[3]{(118 \times 10^{-3})^2}]\text{m}^2 \cdot 15\text{W}/(\text{m}^2 \cdot ℃)}$$

$$= (14.6℃ \sim 26℃) < 允许温升$$

即此值低于表 9-6 所规定的允许温升值。

满足本题设计要求和动作循环的液压系统也有如图 9-9 所示的形式,与图 9-8 相比,各有自己的特点,读者可自行比较。

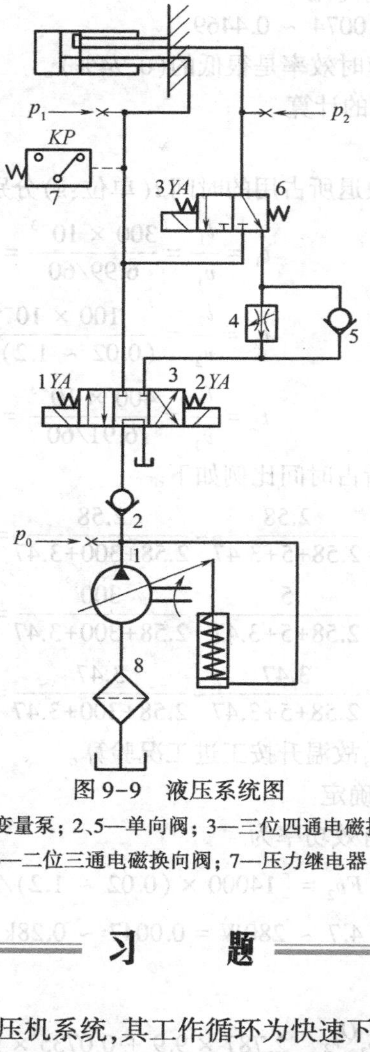

图 9-9　液压系统图

1—单向变量泵；2、5—单向阀；3—三位四通电磁换向阀；
4—调速阀；6—二位三通电磁换向阀；7—压力继电器；8—滤油器

习　题

9-1　如图所示的一个油压机系统,其工作循环为快速下降—压制—快速退回—原位停止。已知:①液压缸无杆腔的面积 $A_1 = 100\text{cm}^2$,有杆腔的有效工作面积 $A_2 = 50\text{cm}^2$,移动部件自重 $G=5\ 000\text{N}$;②快速下降时的外负载 $F_L = 10\ 000\text{N}$,速度 $v_1 = 6\text{m/min}$;③压制时的外负

载 $F_L = 50\ 000\text{N}$，速度 $v_2 = 0.2\text{m/min}$；④快速回程时的外负载 $F_L = 10\ 000\text{N}$，速度 $v_3 = 12\text{m/min}$。管路压力损失、泄漏损失、液压缸的密封摩擦力以及惯性力等均忽略不计。试求：

（1）液压泵 1 和 2 的最大工作压力及流量。

（2）阀 3、4、6 各起什么作用？其调整压力各为多少？

9-2 图(a)是一个用液压缸驱动的传动装置简图。已知传送距离为 3m，传送时间为 15s。假定液压缸按图(b)所示规律运动，其中加速和减速时间各占传送时间的 10%；工件与拖板总重量为 $15\times10^3\text{N}$，拖板与导轨的静、动摩擦系数分别为 0.2 和 0.1，试求液压缸的最大负载。

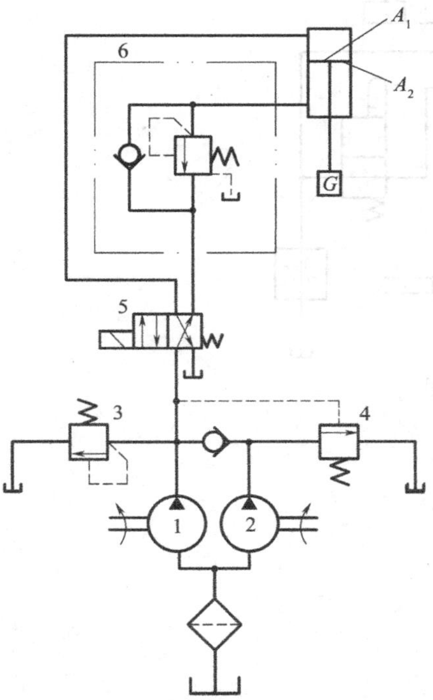

习题 9-1 图

1、2—双联泵；3、4—溢流阀；
5—二位四通电磁换向阀；6—单向顺序阀

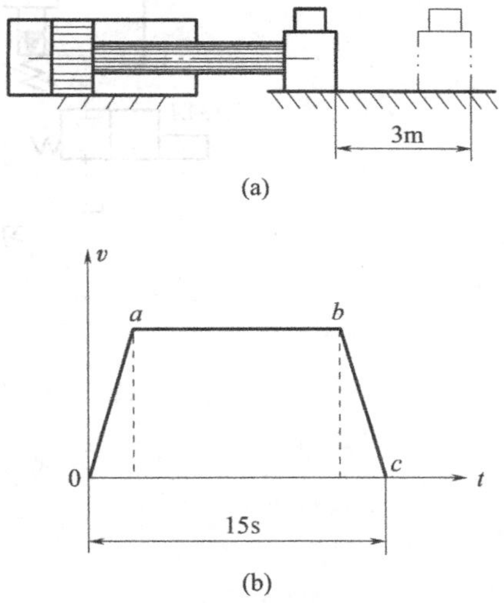

习题 9-2 图

9-3 在图示的液压系统中，液压缸直径 $D = 70\text{mm}$，活塞杆直径 $d = 45\text{mm}$，工作负载 $F_L = 16\ 000\text{N}$，液压缸的效率 $\eta_m = 0.95$，不计惯性力和导轨摩擦力，若快速运动时的速度为 $v_1 = 7\text{m/min}$，工作进给时的速度为 $v_2 = 53\text{mm/min}$，系统总的压力损失折算到进油路上为 $\sum \Delta p = 5\times10^5\text{Pa}$。试求：

（1）该系统实现快进—工进—快退—原位停止的工作循环时电磁铁、行程阀、压力继电器的动作顺序表。

（2）计算并选择系统所需元件，并在图上标明各元件型号。

9-4 一台专用铣床，铣头驱动电机功率为 7.5kW，铣刀直径为 120mm，转速为 350r/min。如工作台重量为 4 000N，工件和夹具最大重量为 1500N，工作台行程为 400mm，工作行程为100mm，快进速度为4.5m/min，工进速度为60～1 000mm/min，其往复运动的加速（减速）时间为0.05s，工作台用平导轨，$f_s=0.2$，$f_d=0.1$。试设计该机床的液压系统并对系统的压力损失、温升及效率等性能进行估算。

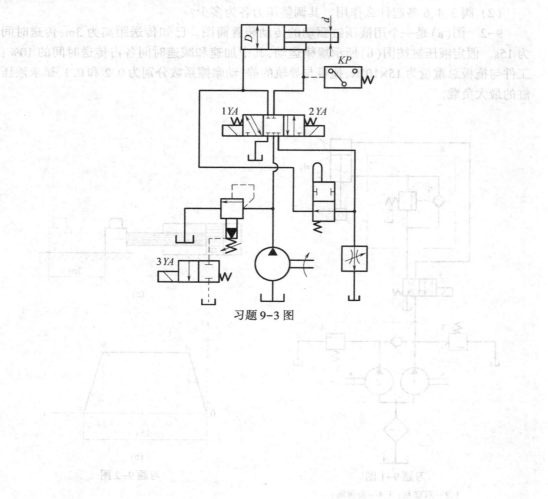

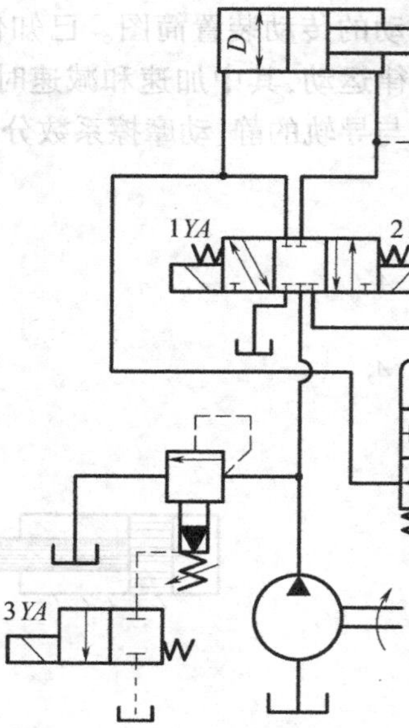

习题 9-3 图

第十章 工程实例——码头行人踏板液压系统设计

码头行人踏板主要供客轮停靠江、湖、海等码头时旅客上、下船用的，其示意如图 10-1所示。当客轮 3 驶入停靠码头后，液压缸 1 驱动行人踏板 2 放下以便于旅客通行；当客轮欲驶离码头时，液压缸驱动行人踏板抬起、收回。在踏板的抬起、放下过程中，液压系统随着踏板角度的变化而承受截然不同且变化较大的正、负负载。因此，在该工况下，特别是在负负载且负负载变化较大的工况下，如何保证液压系统速度的稳定性，稳定的背压是行人踏板液压系统设计和解决的核心、关键。在国内外许多码头主要还是采用电机驱动方式来带动链条或索链实现踏板的升、降功能，也有船舶采用液压驱动方式实现吊桥的升、降，但也配备了索链辅助加固装置，系统复杂不说，且稳定性、可靠性不高。本项目根据行人踏板液压系统的设计参数及液压系统随踏板角度的变化其负载发生变化的正、负负载特性，提出了液压驱动系统的设计方案。该方案既保证了踏板在变化的正、负负载工况下的稳定运行，又保证了运行中在系统突然断电或电磁铁失电的情况下，踏板能被安全稳定地锁定在空间任意位置而不下滑。经实践测试：液压驱动系统背压稳定，运行速度平稳，各项性能、指标均满足行人踏板液压系统的设计要求。

值得提出的是，本项目在解决上述“核心、关键”问题上的思路、方式、方法，对工程实际中类似问题的解决具有一定的帮助和参考价值。

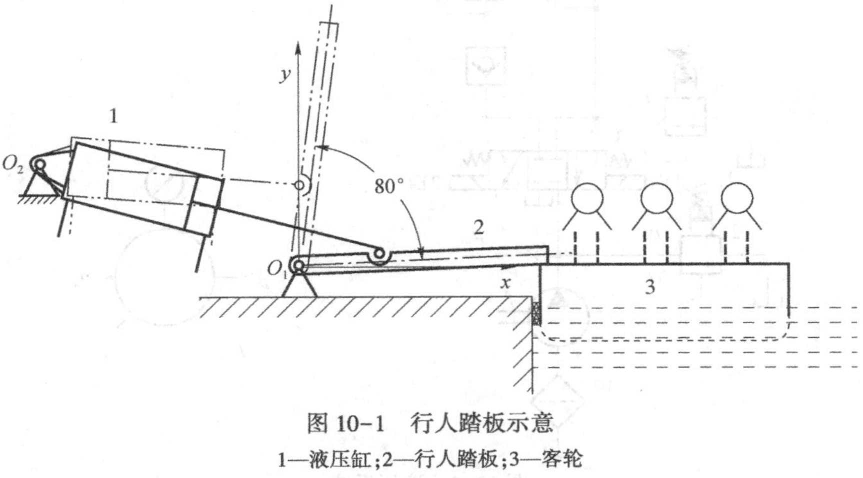

图 10-1 行人踏板示意

1—液压缸；2—行人踏板；3—客轮

一、系统的设计

(1)操作系统工作环境：半室外作业。

(2)客轮运行工况：每小时一航班，每班客轮停靠码头约 10min。

（一）行人踏板液压系统的设计

1. 主要执行装置的工作要求

（1）行人踏板：摆动角度范围 80°。

（2）液压系统：最大负载 20 000N；往返速度 $v=(0.35\sim1.2)$ m/min 范围内可无级调节；液压缸有效行程 500mm。

2. 踏板抬起、放下液压系统的设计

根据液压系统运行工况，所设计的液压系统如图 10-2 所示。踏板的放下和抬起分别是通过液压缸 11（见图 10-2）的无杆腔和有杆腔进油实现的。为满足踏板摆动角度 80°的设计要求，在踏板的两个极限位置（地面位置和竖立位置）处分别设置了两个限位开关 ST_1（下限位）、ST_2（上限位）。当启动液压泵且 1*YA* 通电时，电磁阀 3 左位导通，液压油经单向阀 8 进入液压缸无杆腔，推动活塞向右运动，放下踏板（此时为负负载，且由小到大变化）。当踏板放到其与水平呈 5°夹角时，限位开关 ST_1 动作，泵停转且 1*YA* 断电，电磁阀复位，踏板停止运动。踏板抬起的过程与放下类似①，所不同的是负载为正，且从大到小变化。为克服变化的正、负负载而引起踏板运动的不稳定性，系统中采用了调速阀 6、7 的出口节流调速，保证了液压缸往复运动的平稳性。同时，系统设计了液压锁定回路——在液压缸右

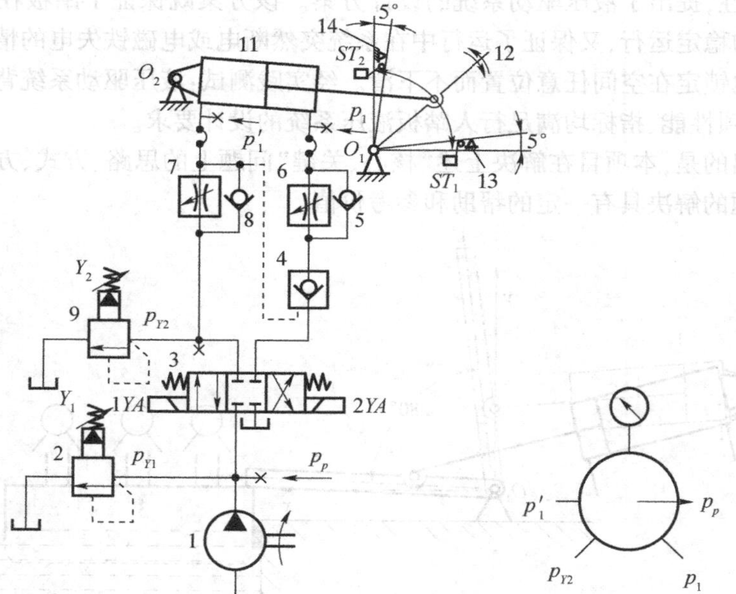

图 10-2 液压系统

1—液压泵；2、9—先导式溢流阀；3—三位四通 O 型电磁换向阀；4—液控单向阀；5、8—单向阀；6、7—调速阀；10—滤油器；11—摆动液压缸；12—踏板；13、14—固定挡块（限位开关）

① 当启动液压泵且 2*YA* 通电时，电磁阀 3 右位导通，液压油经液控单向阀 4、单向阀 5 进入液压缸的有杆腔，推动活塞向左运动，使踏板抬起。当踏板抬起到其与垂直方向夹角为 5°时，限位开关 ST_2 动作，泵停转且 2*YA* 断电，电磁阀复位，踏板停止运动。

侧油路上设置了一个液控单向阀 4 并配以 O 型电磁阀 3，以保证踏板在运行中不会因断电停顿在空中时，因自重而下滑，使踏板安全稳定地锁定在空间任意位置上。液压缸作往复运动时，分别承受着截然不同的正、负负载，导致液压缸左右两腔的工作压力也高低不等，因此要求液压泵必须能提供一高一低二级压力，故系统中设计了双级调压回路。在正负载，液压缸 11 有杆腔进油时，为高压，压力由第一个溢流阀 Y_1 调整为 p_{Y1}；在负负载，液压缸无杆腔进油时，为低压，压力由第二个溢流阀 Y_2 调整为 p_{Y2}。在无杆腔进油（1YA 带电）时，虽然两个溢流阀同在一个进油路上（见图 10-2），但溢流阀 Y_1、Y_2 为并联，且 $p_{Y1} > p_{Y2}$，故低溢流阀 Y_2 起作用，Y_1 不工作。两个溢流阀互不干扰，保证了双级调压的可靠性。

（二）液压系统控制电路的设计

因客轮每小时一航班，每班停靠码头 10min，意即液压系统每间息一小时启动、运行两次：进港（放下踏板）一次；10min 后离港（抬起踏板）一次。每次运行时间很短，又是半室外操作，故液压系统控制电路采用传统继电器的控制方式。其操作方式分为自动式和手动式，系统的控制电路如图 10-3 所示，控制元件的动作顺序见表 10-1。踏板在竖立和地面位置时，分别压合限位开关 ST_2、ST_1，使得踏板在竖立或地面位置时停止运行。当按下启动按钮 SB_1 时，电动机、泵启动，电磁阀 1YA 得电，踏板自动放下、下行；当按下启动按钮 SB_2 时，电动机、泵启动，电磁阀 2YA 得电，踏板自动抬起、上行。手动方式由旋钮开关 SA 来控制，当 SA 与点 A 搭合时，点动按钮 SB_1，可使踏板点动下放。

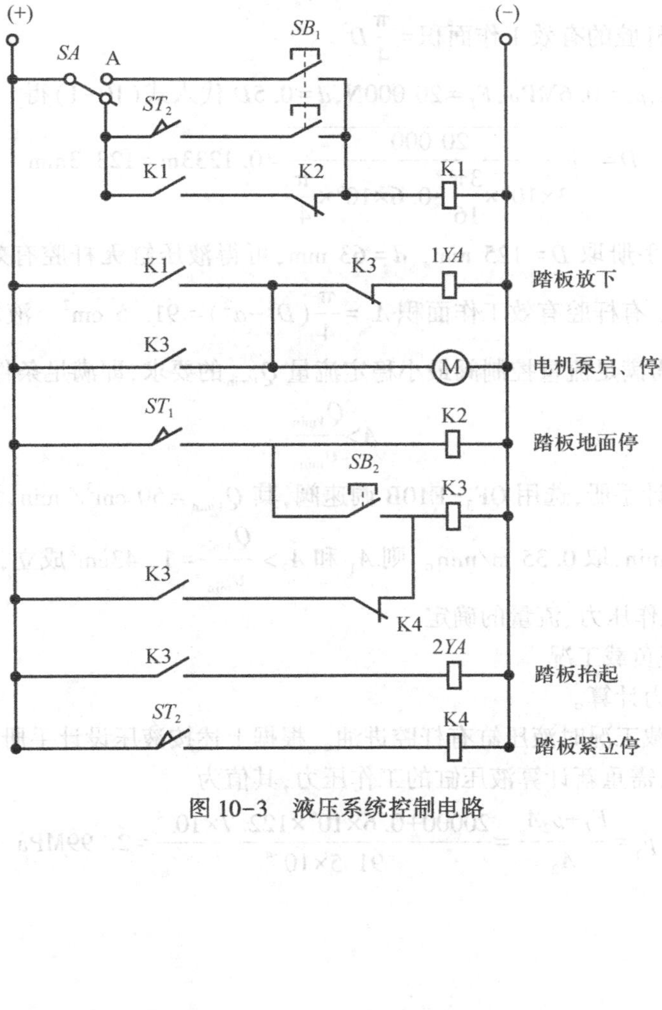

图 10-3　液压系统控制电路

表 10-1 控制元件动作顺序表

动作＼元件	ST_2	SB_1	$K1$	$1YA$	ST_1	K2	SB_2	K3	$2YA$	K4	M
放下踏板	+	+	+	+	–	–	–	–	–	–	+
地面停止	–	–	–	–	+	+	–	–	–	–	–
抬起踏板	–	–	–	–	+	–	+	+	+	–	+
竖立停止	+	–	–	–	–	–	–	–	–	+	–

二、液压元件的计算与选择

1. 液压缸结构尺寸的确定

在行人踏板的往复运动过程中，踏板抬起时液压缸承受的最大正负载为 $F_L=20\ 000\text{N}$。根据液压机械设计手册初选液压缸工作压力为3MPa，背压为0.6MPa，活塞杆直径 $d=0.5D$（其中 D 为无杆腔即活塞直径）。

踏板抬起过程中，压力油进入液压缸有杆腔，液压缸运动的受力平衡方程式为

$$p_1A_2=p_2A_1+F_L \tag{10-1}$$

式中 A_2——有杆腔的有效工作面积$=\dfrac{\pi}{4}(D^2-d^2)$；

A_1——无杆腔的有效工作面积$=\dfrac{\pi}{4}D^2$。

将 $p_1=3\text{MPa}$，$p_2=0.6\text{MPa}$，$F_L=20\ 000\text{N}$，$d=0.5D$ 代入式（10-1）得

$$D=\sqrt{\frac{20\ 000}{3\times10^6\times\dfrac{3\pi}{16}-0.6\times10^6\times\dfrac{\pi}{4}}}=0.1233\text{m}=123.3\text{mm}$$

按液压设计手册取 $D=125$ mm，$d=63$ mm，可得液压缸无杆腔有效工作面积 $A_1=\dfrac{\pi}{4}D^2=122.7\text{cm}^2$，有杆腔有效工作面积 $A_2=\dfrac{\pi}{4}(D^2-d^2)=91.5\ \text{cm}^2$。液压缸有效工作面积 A（A_1 和 A_2）需满足流量控制阀最小稳定流量 $Q_{V\min}$ 的要求，即满足条件：

$$A>\frac{Q_{V\min}}{v_{\min}} \tag{10-2}$$

根据液压设计手册，选用 QF_3–E10B 调速阀，其 $Q_{V\min}=50\ \text{cm}^3/\text{min}$，设计往返最低速度 $v_{\min}=0.35\text{m/min}$，取0.35 m/min。则 A_1 和 $A_2>\dfrac{Q_{V\min}}{v_{\min}}=1.43\text{cm}^2$成立，满足条件要求。

2. 液压缸工作压力、流量的确定

1）液压缸正负载工况

（1）工作压力计算。

液压缸正负载工况时液压缸有杆腔进油。根据上述按液压设计手册选定的液压缸活塞和活塞杆直径，需重新计算液压缸的工作压力，其值为

$$p_1=\frac{F_L+p_2A_1}{A_2}=\frac{20000+0.6\times10^6\times122.7\times10^{-4}}{91.5\times10^{-4}}=2.99\text{MPa} \tag{10-3}$$

（2）流量计算。

系统设计往返速度为 $v=(0.35\sim1.2)$ m/min，则液压缸流量为

$$Q=A_2v=A_2(v_{min}\sim v_{max})=91.5\times10^{-2}\times(0.35\sim1.2)\times10=(3.2\sim11)\ \text{L/min} \tag{10-4}$$

2）液压缸负负载工况

（1）工作压力计算。

液压缸在负负载工况时，液压缸无杆腔进油，负载与液压缸驱动力方向一致，使活塞右移、踏板放下（见图 10-2）。运行中负载从小到大变化，为保证踏板稳定运行，需建立背压回路，与最大的负负载相平衡所需的最大背压为

$$p'_{Bmax}=\frac{F_L}{A_2}=\frac{20000}{91.5\times10^{-4}}=2.186\text{MPa} \tag{10-5}$$

该压力值在踏板（活塞）不动即液控单向阀 4 没被打开时，等值的作用于阀 4 的反向入口（见图 10-2）。因阀 4 的反向出油腔的油压近似为零（反向出油腔经阀 3 左位直通油箱），所以当液控单向阀 4 反向接通的最小控制压力即液压缸的工作压力 $p'_1\geq0.4\times2.186\text{MPa}=0.874\text{MPa}$ 时，阀 4 便被反向导通[参阅本书第五章、第二节、一、（二）液控单向阀]，活塞及踏板运行。又考虑到导通后的回油压力损失（油液从液压缸有杆腔排出至油箱的压力损失）0.2MPa（按液压设计手册选取），故将该值折算到液压缸进油腔，再加上液控单向阀的上述的控制压力 0.874MPa，即为所求的工作压力，其值为

$$0.2\text{MPa}\times\frac{A_2}{A_1}=0.2\text{MPa}\times\frac{91.5}{122.7}=0.15\text{MPa}$$

则有

$$p'_1\geq0.874+0.15=1.024\text{MPa}$$

或

$$p'_{1min}=1.024\text{MPa}$$

应该说明的是，无论是正负载工况还是负负载工况，上述所计算的液压缸的工作压力都是理论值，是为确定泵的型号及规格用的，也是相应溢流阀调定压力的参考值，而系统工作时实际的最大工作压力或压力则是以该工况下相应的溢流阀的调定值为准。

（2）流量计算。

$$Q=A_1v=A_1(v_{min}\sim v_{max})=122.7\times10^{-2}\times(0.35\sim1.2)\times10=(4.3\sim14.7)\text{L/min} \tag{10-6}$$

3. 液压元件的选择

1）泵的选择

根据液压缸往复运动所需的最大流量 Q_{max}，并考虑管路的泄漏（取泄漏折算系数 $k=1.2$）及溢流阀的最小稳定流量（3L/min）等，确定液压泵的流量 Q_P，即

$$Q_P\geq3+kQ_{max}=3+1.2\times14.7=20.64\text{L/min} \tag{10-7}$$

泵即系统的最高工作压力 p_p 由液压缸的最大工作压力 p_1、三位四通电磁换向阀 3 的压力损失 Δp_{V3}（取 Δp_{V3}=其额定压力损失=0.4MPa）、液控单向阀 4 的压力损失 Δp_{V4}、单向阀 5 的压力损失 Δp_{V5}（取 $\Delta p_{V4}=\Delta p_{V5}$=其额定压力损失=0.2MPa）决定，即

$$p_p=p_1+\Delta p_{V3}+\Delta p_{V4}+\Delta p_{V5}=(2.99+0.4+0.2+0.2)\text{MPa}=3.79\text{MPa} \tag{10-8}$$

泵的额定压力在选择液压泵的规格、型号时,还要考虑到液压泵的压力储备(泵的额定压力比系统的最高工作压力高出25%~60%等),即

$$p_p \geqslant [1+(25\%\sim60\%)]\times3.79=(4.74\sim6.06)\text{MPa} \quad (10-9)$$

根据以上计算,选择双作用式叶片泵 YB_1-25,其额定压力为6.3MPa,流量为21.6L/min。

2)确定驱动电机的功率

若取泵的总效率 $\eta_P=0.8$,则所需电机功率为

$$P_{ip}=\frac{p_p\times Q_p}{\eta_P\times60}=\frac{3.79\times21.6}{0.8\times60}=1.71\text{kW} \quad (10-10)$$

查阅《新编机械设计手册》,选用Y112M-6电动机,额定功率为2.2kW。

3)液压阀的选择

依据泵的额定压力和液压阀的最大实际流量,按液压机械设计手册,选择液压阀,其型号、规格如下:溢流阀(Y_1、Y_2)YF3-10B,额定压力为6.3MPa,额定流量为63L/min;三位四通电磁换向阀34DF30-E10B,额定压力为16MPa,额定流量为60L/min;液控单向阀YAF3-E_a10B,额定压力为16MPa,额定流量为80L/min;普通单向阀(5、8)AF3-E_a10B,额定压力为16MPa,额定流量为80L/min;调速阀(6、7)QF3-F10B,额定压力为16MPa,额定流量为50L/min。

4)管道尺寸的确定

液压系统管道分为压油管道(油液自泵1的出口经其流入液压缸11左、右两腔的管道)、吸油管道(油液自油箱经其流入泵1吸油口段的管道)和回油管道(油液经阀3的T口直接流回油箱的管道)。三种管道皆按其最大的过流量及允许流速按式(6-5)要求加以计算,并按标准取值。

其中,压油管道的最大流量为14.7L/min,发生在踏板抬起过程中的回油路和踏板放下过程中的进油路。回油管道的最大流量也为14.7L/min,发生在踏板抬起过程中的回油路。吸油管道的最大流量取决于所选定的YB_1-25型叶片泵。该泵的额定流量21.6L/min为泵出口的实际流量,而流经吸油管道的最大流量为泵的理论流量,其值为21.6(L/min)/η_{vp}=21.6(L/min)/0.9。综上所述,按式(6-5)计算后,根据标准取压油管道$d_{压}=10$mm;吸油管道$d_{吸}=20$mm,回油管道$d_{回}=15$mm,三种管道皆为无缝钢管。

值得注意的是,压油管道尽量按液压件接口尺寸确定,以使管路连接方便。

5)油箱容积V的确定

本系统属于中压系统,按经验公式计算$V=(3\sim7)\times Q_P=6\times21.6\text{L}=129.6\text{L}$,确定油箱实际容量为$V=130$L。

6)其他液压辅件的选择

根据系统的最大工作压力和流量,选取滤油器XU-40×80J;选用六测点压力表开关KF3-E6B。

三、踏板放下和抬起过程的耗时计算

设液压缸有效行程为500mm,其往返速度为$v=(0.35\sim1.2)$m/mim,则踏板放下、抬起所用时间均为

$$t=\frac{500\times10^{-3}}{0.35\sim1.2}\text{min}=(0.417\sim1.43)\text{min}=(25\sim86)\text{s}$$

四、液压系统的安全措施

因行人踏板较重，在其运行过程中安全是至关重要的。液压系统中采用了液控单向阀和O形中位机能的三位电磁换向阀的锁定回路。当系统断电时，电磁阀复位至中位，液控单向阀也反向关闭。这样就确保了踏板在放下和抬起过程中，不至于因断电而下滑并被稳定地锁定在空间任意位置上。

五、液压系统的调试与试车

1. 准备工作

液压系统调试的初始状态为踏板的地面位置，如图10-1所示。为保证踏板运动（抬起）的平稳性，在运动前必须向液压缸无杆腔充满油液，建立背压。具体操作顺序：完全放松或放松溢流阀 Y_2 的调压弹簧（见图10-2），同时关死溢流阀 Y_1——使旋钮开关 SA 与点 A 搭合，按下启动按钮 SB_1 不松开，泵M启动、$1YA$ 带电接通（换向阀3左位导通）、液压泵经溢流阀 Y_2 卸荷——逐渐调节（旋紧）Y_2 的调压弹簧，使其调定压力逐渐增加（通过压力表开关上的压力表观察压力），之后再调节弹簧使 Y_2 的调定压力逐渐减少，当压力表显示的压力随 Y_2 的调节而做相应的大小变化时，说明液压缸无杆腔油液已经充满，即充油结束——松开启动按钮 SB_1（泵停、$1YA$ 断电）——复位旋钮开关 SA。

2. 抬起踏板

踏板抬起的过程，是液压缸有杆腔进油的过程。具体操作顺序是：关小调速阀7的阀口——完全放松或放松溢流阀 Y_1 的调压弹簧——按下启动按钮 SB_2，泵启动、$2YA$ 带电接通（换向阀3右位导通），液压泵经溢流阀 Y_1 卸荷——调节溢流阀 Y_1 的调压弹簧，使 Y_1 的调定压力 p_{Y1} 逐渐增加，直到踏板被抬起、运行为止（此时溢流阀 Y_1 的调定压力即泵的实际供油压力）——调节调速阀7，使其开口由小到大逐渐变化，踏板即液压缸的运行速度随之由小到大的变化，直到满意（符合设计要求）为止。当踏板抬到固定的竖立位置（由定位挡块限定的位置）时，触动限位开关 ST_2，使 $2YA$ 和泵同时断电、停转，踏板被锁定在竖立的固定位置上，踏板抬起结束。

3. 放下踏板

踏板放下的过程，是液压缸无杆腔进油的过程。具体操作顺序：关小调速阀6的阀口——完全放松或放松溢流阀 Y_2 的调压弹簧——按下启动按钮 SB_1，泵启动、$1YA$ 带电接通（换向阀3左位导通），液压泵经溢流阀 Y_2 卸荷——调节溢流阀 Y_2 的调压弹簧，使其调定压力 p_{Y2} 逐渐增加（由压力表测得），直到踏板动作、下移为止（此时溢流阀 Y_2 的调定压力即为泵的实际供油压力）——调节调速阀6，使其开口由小到大变化，踏板即液压缸的运行速度随之由小到大的变化，直到满意（符合设计要求）为止。当踏板放下到地面固定位置（由定位挡块限定的位置）时，触动限位开关 ST_1，使 $1YA$ 和泵同时断电、停转，踏板放下结束。

六、结论

（1）踏板在抬起或放下过程中，由于液压缸承受变化较大的正、负负载，导致踏板运动速度不平稳，抖动厉害，系统通过采用调速阀的出口节流调速及双级调压回路等措施，克服了液压缸往复运动时的不平稳和抖动现象。

(2) 踏板停留在空间任意位置时，由于踏板的自重，踏板会下滑。系统采用了液控单向阀和O型电磁换向阀的液压锁定油路，避免了踏板的下滑。

(3) 因系统启动频率低，运行时间短(25~86)s，程序控制简单，又是半室外操作，故采用传统继电器控制电路较经济、合理。

第十一章　液压伺服系统简介

一、液压伺服系统的工作原理

伺服系统是一种执行元件能以一定的精度自动地按照输入信号的变化规律而动作的自动控制系统。凡是采用液压控制元件,根据液压传动原理建立起来的伺服系统,都叫做液压伺服(随动)系统。

图 11-1 是液压伺服系统工作原理简图。图中,液压泵 4 与溢流阀 3 构成恒压油源;四通阀 1 与液压缸 2 做成一体,组成液压拖动装置。当滑阀处于中间位置(零位)时,阀的四个窗口均关闭,阀没有流量输出,液压缸不动,系统处于静止状态。给滑阀一个向右的位移 x_i,则窗口 a、b 便有一个相应的开口量 $x_V=x_i$,压力油经窗口 a 进入液压缸右腔,推动缸体右移,液压缸左腔油液经窗口 b 排出。因为阀体与缸体固连在一起,所以阀体也跟随缸体一起右移,使阀的开口量减小。当缸体位移 x_p 等于滑阀输入位移 x_i 时,阀的开口量 $x_V=0$,阀的输出流量等于零,液压缸体停止运动,处在一个新的平衡位置上,从而完成了液压缸输出位移 x_p 对滑阀输入位移 x_i 的跟随运动。如果滑阀反向运动,液压缸也反向跟随运动。

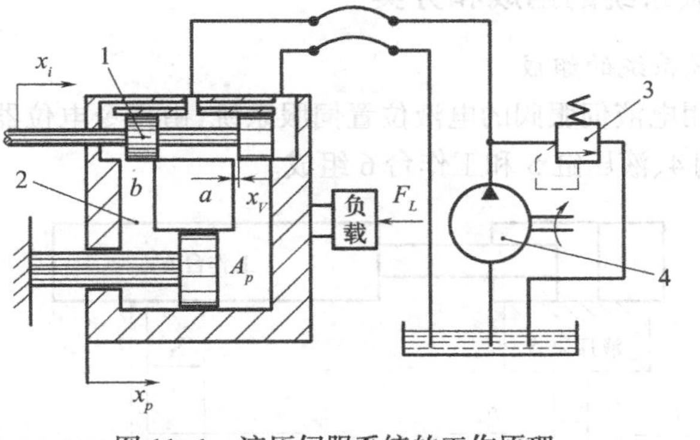

图 11-1　液压伺服系统的工作原理

1—四通阀;2—液压缸;3—溢流阀;4—液压泵

在这个系统中,滑阀不动,液压缸也不动;滑阀向某一方向移动某一距离,液压缸也向同一方向移动相同距离;滑阀移动多快,液压缸也移动多快。可见执行元件的动作(系统的输出 x_p)能够自动地、准确地复现滑阀的动作(系统的输入 x_i),所以这个系统是一个自动跟踪系统。

这个系统,输出位移之所以能够精确地复现输入位移的变化,是因为阀体与液压缸体固结在一起,构成了反馈控制。在控制过程中,液压缸的输出位移能够连续不断地回输到阀体上,与滑阀的输入位移相比较,得出两者之间的位置偏差,即滑阀的开口量。由于开口量的存在,油源的压力油就要进入液压缸,驱动液压缸运动,使阀的开口量(偏差)减小，直至输出位移与输入位移相一致时为止。可以看出，这个系统是靠偏差信号进行工作的，即以偏差来消除偏差。

这种系统，移动滑阀所需要的信号功率很小，而系统的输出功率却很大。因此，这是一个功率放大系统（功率放大所需要的能量由液压能源供给，供给能量的控制是根据系统偏差的大小而自动地进行）。

在这个系统中，反馈介质是机械连接，称为机械反馈。一般说来，反馈介质可以是机械的、电气的、气动的、液压的或它们的组合形式。

综上所述，液压伺服系统的工作原理就是利用反馈得到偏差信号，控制液压能源输入系统的能量（流量和压力），使系统向着减小偏差的方向变化，从而使系统的实际输出与希望值相符。这一原理也可用图 11-2 所示的方框表示。

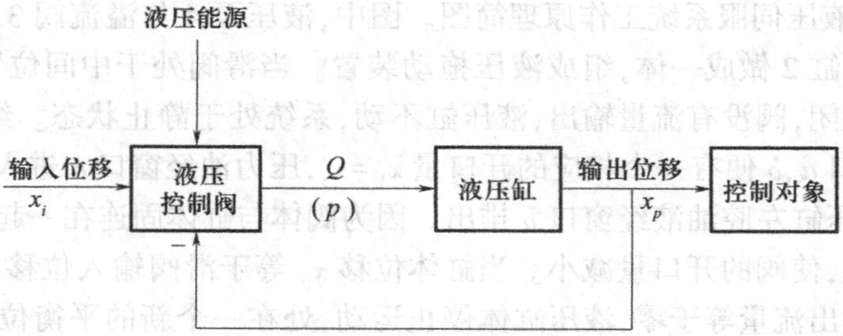

图 11-2　系统工作原理示意

二、液压伺服系统的组成和分类

（一）液压伺服系统的组成

图 11-3 是应用电液伺服阀的电液位置伺服系统，由指令电位器 1、反馈电位器 2、放大器 3、电液伺服阀 4、液压缸 5 和工作台 6 组成。

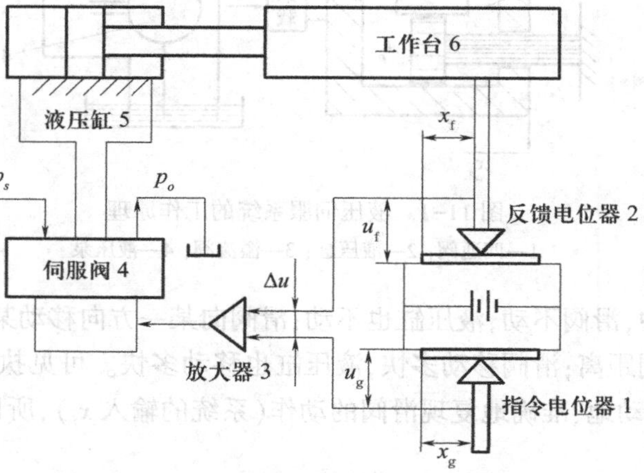

图 11-3　电液位置伺服系统

指令电位器将滑臂的位置指令 x_g 转换成电压 u_g；被控制的工作台位置 x_f 由反馈电位器检测，转换成电压 u_f；两个相同线性电位器接成桥式电路，该电桥输出电压 $\Delta u = u_g - u_f$。当工作台位置 x_f 与指令位置 x_g 一致时，电桥输出偏差电压 $\Delta u = 0$，此时放大器输出电压为零。电液伺服阀处于零位,没有流量输出,工作台不移动,系统处在一个平衡状态。当指令电位器滑臂位置发生变化,如向右移动某一位移 x_g,而工作台位置还没有发生变化($x_f=0,u_f=0$)时,则电桥输出的偏差电压 $\Delta u(=u_g-u_f=u_g)$ 经放大器放大后变为电流信号去控制电液伺服阀。电液伺服阀输出压力油,推动工作台右移。工作台位移 x_f 由反馈电位器检测,转换为电压 u_f,使电桥输出偏差电压逐渐减小,当工作台位移 x_f 等于指令电位器滑臂位移 x_g 时,电桥输出偏差电压 $\Delta u=0$,工作台停止运动,系统处在一个新的平衡状态。若指令电位器滑臂反向运动,则工作台也作反向运动。在这种系统中,工作台位置能准确地跟随指令电位器滑臂的变化规律,实现电液位置伺服控制。

一般说来,各种液压伺服系统均可由下列一些基本元件组成(并可用图 11-4 方框表示)。

(1) 指令元件:给出与反馈信号具有同样形式和量纲的控制信号,如前例中的指令电位器以及其他电器或计算机。

(2) 反馈检测元件:检测被控制量,给出系统的反馈信号,如前例中的反馈电位器,以及其他类型传感器等。

(3) 放大、转换、控制元件:把偏差信号放大,并作能量形式转换(电—液;机—液;气—液等),变成液压信号(流量、压力),并控制执行元件运动,如前例中的放大器、伺服阀等。

(4) 比较元件:把控制信号和反馈信号加以比较,给出偏差信号。比较元件有时不单独存在,而是与指令元件、反馈检测元件及放大器在一起,由一个结构元件来完成。图 11-1 中的滑阀可同时完成输入、比较和放大三种功能。

(5) 直接对控制对象起控制作用的元件,如液压缸和液压马达等。

(6) 控制对象:它是系统中所控制的对象,如工作台及其他负载装置。

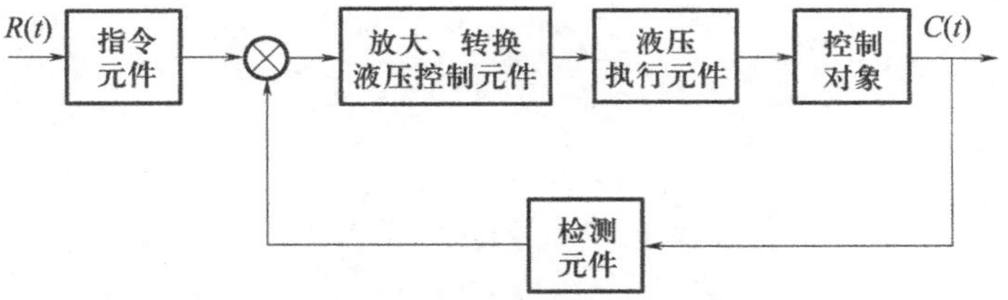

图 11-4 液压伺服系统的基本元件

此外,还可能有各种校正装置,以及不包含在控制回路内的能源装置和其他辅助装置等。

(二) 液压伺服系统的分类

液压伺服系统,可按下列不同原则进行分类。

(1) 按误差信号的产生和传递方式不同分类:机械-液压伺服系统;电气-液压伺服系统;气动-液压伺服系统。

(2) 按液压控制元件的不同分类:阀控系统(节流式),由伺服阀利用节流原理,控制输入执行元件的流量或压力的系统;泵控系统(容积式),利用伺服变量泵改变排量的办法,控制输入执行元件的流量或压力的系统。

(3) 按被控制物理量不同分类:位置伺服系统;速度伺服系统;力(或压力)伺服系

统；其他伺服系统。

三、液压伺服系统的优缺点及应用

（一）液压伺服系统的优缺点

液压伺服系统除具有液压传动所固有的一系列显著优点外，还具有系统刚度大、控制精度高、响应速度快、能高速起动、制动和反向等优点。因而可组成体积小、质量轻、加速能力强、快速动作和控制精度高的伺服系统，来控制大功率和大负载。

同样，液压伺服系统除具有液压传动所具有的一些缺点外，还具有一些缺点：如它的精密控制元件（如电液伺服阀）加工精度高，因而价格贵；对工作油要求高，工作油的污染对系统可靠性影响较大等。

在伺服控制中，信号输入、误差检测、输出信号反馈及系统校正和综合等使用电气系统比较方便，所以往往在信号处理部分采用电气元件；而从功率放大到执行元件则采用液压元件，这样就构成了电液伺服系统。它集中了电气元件的快速、灵活和传递方便及液压执行元件的结构紧凑、质量轻和刚度大等两方面优点。

（二）液压伺服系统的应用

由于液压伺服系统的突出优点，使得它在国民经济的各部门和国防建设等方面，诸如冶金、机械等工业部门，飞机、船舶等交通部门及航空航天技术、海洋技术、近代科学试验装置和武器控制等方面，都得到了广泛应用。

第十二章　可编程序控制器(PLC)在液压系统中的应用

第一节　PLC 简　介

在当今充满竞争的社会中，一个工厂、企业、公司要想生存，就必须寻求更高的生产效率、更低的生产成本、更强的灵活性，因而许多公司、工厂、企业大量需要自动控制，以便适应这一潮流。传统的控制手段，从继电器控制系统、数字逻辑控制系统到计算机控制系统，的确可以提高设备的控制效率，然而上述控制系统在工业应用中都存在着某种局限性或缺陷(如传统继电器控制系统由于其接线复杂、机械触点多，造成了它可靠性低的弱点。同时由于它使用各种继电器、用接线方法来实现一定的逻辑功能，属于“死”逻辑，更改困难、不便。而计算机控制系统又较复杂、难掌握等)。这些局限性或缺陷恰恰可以通过采用可编程序控制器而加以克服或弥补。

可编程序控制器 PLC 是 20 世纪 60 年代末，随着计算机的发展而发展起来的一种新型工业通用控制器。它可以借助工程技术人员非常熟悉的传统继电器梯形图进行程序设计，以满足不同设备多变的控制要求，使控制系统具有极大的柔性和通用性，因而可以有效地取代传统继电器控制系统和其他类型的顺序控制器。同时，在满足同样控制要求的情况下，又不像计算机控制系统那样复杂、难以掌握。有利于控制系统的标准化、通用化和柔性化，缩短控制系统的设计、安装和调试周期、降低生产费用。

实践表明，可编程序控制器 PLC 具有很高的可行性、通用性和非常可观的发展前景。其主要优点和功能如下。

1. 优点

(1) 可靠性高。PLC 的平均无故障运行时间一般可达 3.5 万小时，PLC 的环境适应性强，可在工业环境下可靠运行，这是 PLC 受到广泛应用的原因之一。PLC 采用下面措施保证高可靠性：良好的综合设计，选用优质元件，采用隔离、滤波、屏蔽等抗干扰技术，采用先进的电源技术，采用监控技术和故障诊断技术，制造工艺良好。

(2) 使用和维护方便，通用性好。PLC 属通用型控制器，有不同档次的机型和不同的模块可供选择，可根据实际情况任意配置，安装方便。对不同的用户程序硬件变动达最小。编程方法简单易学，非专业人员也能够很快学会使用。PLC 具有自诊断功能，模块化结构，为故障查找与维修提供了方便。

(3) 性能价格比高。

2. PLC 的功能

(1) 开关量逻辑控制。PLC 机最基本的功能是逻辑运算、定时、计数等功能，用来进行逻辑控制,可以取代传统的继电器控制。很多机床控制、生产自动线控制都属于这一类。

（2）模拟量控制功能。

（3）监控功能。PLC 能在线监测系统的运行情况,这对于 PLC 的程序设计及调试有很大帮助。

第二节 PLC 应用举例

下面,以 PLC 在机床电控系统中的应用为例,说明 PLC 在液压系统中简单应用及 PLC 梯形图和程序的设计方法。

图 9-8(a)为液压系统图,在该图中,液压滑台的前进、后退分别由电磁铁 1*YA*、2*YA* 控制,滑台快进和工进由 3*YA* 和行程阀 8 控制,即电气执行元件分别是 1*YA*、2*YA* 和 3*YA*。

具体设计(以图 9-8(a)为例)如下。

1. 选定滑台控制原则

选定滑台的运动控制为行程控制,所设置的行程开关如下。

滑台原位:*ST*1;滑台变速:*ST*3;滑台终点:*KP*。其中,*KP* 为压力继电器触点信号。

2. 确定 PLC 的输入/输出信号

PLC 的输入、输出信号及地址编号如表 12-1 所列。

表 12-1 输入/输出信号及地址编号(一)

元件与功能	输入信号						输出信号		
	选择开关	行程开关			按钮		电磁阀		
	手动选择	滑台原位	滑台变速	滑台终点	滑台前进	滑台快退			
	SA	*ST*1	*ST*3	*KP*	*SB*1	*SB*2	1*YA*	2*YA*	3*YA*
编号	00010	00003	00004	00005	00002	00007	00501	00502	00503

3. 程序设计

首先按启动、保持(运行)、停止的基本形式设计各自独立的运动控制程序,然后再考虑互锁关系设计出控制梯形图[见图 12-1(a)]和程序编制[见图 12-1(b)]。

下面对照图 9-8 来说明图 12-1(a)所示的可编程序控制器的工作原理(工作过程)。当“手动(点动)/自动”选择开关置 *SA* 于手动(点动)位置时,00010 得电,其常开触点[图 9-8(b)中的点 2]闭合,常闭触点[图 9-8(b)中的点 1]断开,梯形图中手动程序段有效。这时,若按下启动按钮 *SB*1(不松开),00002 得电,其常开触点闭合,使 00501、00503 得电,即 1*YA*、3*YA* 得电,滑台快进。当滑台快进到压下行程开关 *ST*3 时,00004 得电,其常开触点闭合,使辅助继电器 00601[图 9-8(b)中的 *K*2]得电并自锁,其常闭触点断开,断开 00503,即 3*YA* 断电,液压油通过调速阀流回油箱[见图 9-8(a)],滑台转为工进。当按下

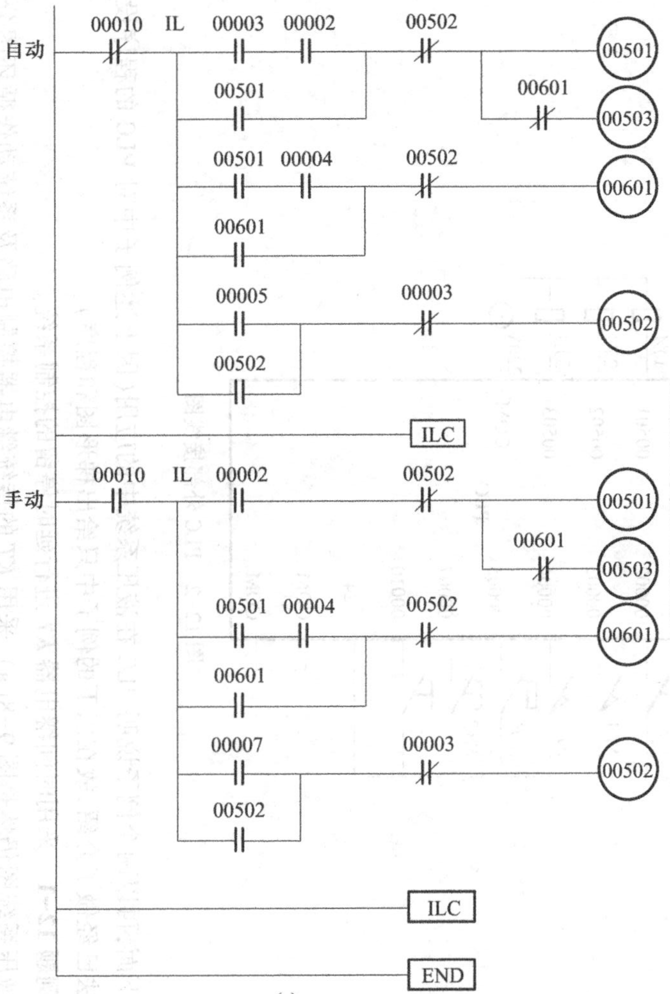

(a)

地址	指令	操作数	地址	指令	操作数
00000	LD NOT	00010	00019	LD	00010
00001	IL		00020	IL	
00002	LD	00003	00021	LD	00002
00003	AND	00002	00022	AND NOT	00502
00004	OR	00501	00023	OUT	00501
00005	AND NOT	00502	00024	AND NOT	00601
00006	OUT	00501	00025	OUT	00503
00007	AND NOT	00601	00026	LD	00501
00008	OUT	00503	00027	AND	00004
00009	LD	00501	00028	OR	00601
00010	AND	00004	00029	AND NOT	00502
00011	OR	00601	00030	OUT	00601
00012	AND NOT	00502	00031	LD	00007
00013	OUT	00601	00032	OR	00502
00014	LD	00005	00033	AND NOT	00003
00015	OR	00502	00034	OUT	00502
00016	AND NOT	00003	00035	ILC	
00017	OUT	00502	00036	END	
00018	ILC				

(b)

图 12-1 图 9-8 液压系统的 PLC 控制梯形图及程序

*SB*2 时，00007 得电，使 00502 得电并自锁，即 2*YA* 得电，同时断开 00501、00503，使 1*YA*、3*YA* 失电，滑台快退。在滑台退至原位时，*ST*1 被压合，00003 得电，其常闭触点断开，从而断开 00502，使 2*YA* 失电，滑台运动停止。在手动调整程序中，由于滑台前进(工快与快进)为点动控制，故未考虑限位保护。当滑台工作在自动循环过程时，将 *SA* 置到自动位置[图 9-8(b)中点 1 闭合]，00010 失电断开，其常闭触点闭合，梯形图中自动程序段有效，00501 必须在 00002 与 00003(*ST*1)同时闭合时才能启动，所以只有滑台在原位时才能执行自动工作循环。如果滑台在原位，按下启动按钮 *SB*1，00002 得电，使得 00501 得电并自锁，同时 00503 得电，即 1*YA*、3*YA* 得电，滑台快进；当滑台压下行程开关 *ST*3 时，00004 得电，使得 00601 得电，并自锁，从而使 00503 失电，即 3*YA* 失电，滑台转为工进，滑台前进到终点后，系统压力逐渐升高，最终使压力继电器 *KP* 闭合，00005 得电，启动 00502 并自锁，2*YA* 得电，滑台快退，同时 00502 的常闭触点断开，使 00501、00503 失电，即 1*YA*、3*YA* 失电。当滑台退至原位时，压下行程开关 *ST*1，00003 得电，00003 的常闭触点断开，关断 00502、2*YA* 失电，滑台运动停止。

4. PLC 的外部接线

PLC 的外部接线图如图 12-2 所示。因为外接输入信号较少，所以使用 PLC 所带 24V 电源作输入信号的电源，输出信号电源根据电磁阀的型号选择，但要考虑 PLC 输出触点容量。本例中采用交流 220V 电磁阀，因此可直接接入输出回路中。若电磁阀的功率较大，则还要在线圈两端并上阻容吸收回路，以防浪涌电流对输出回路的冲击。PLC 外部的接线方法比较简单，在以后的例子中不再给出外部接线图。

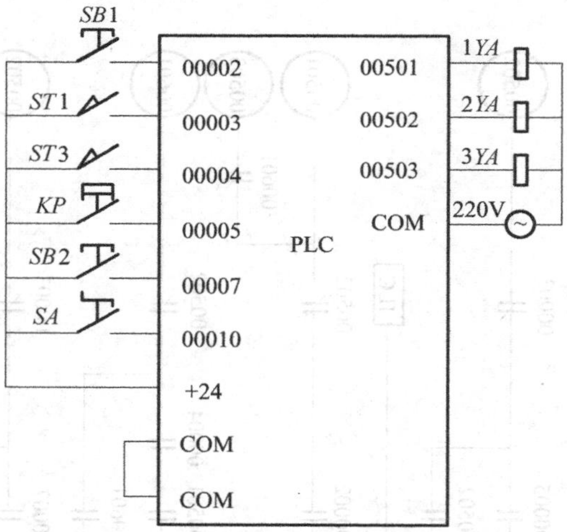

图 12-2　PLC 外部接线图

下面，再以两个例子说明 PLC 在液压系统中的应用(因上述例子中对 PLC 的程序设计方法已经做了介绍，故在以下的例子中只给出梯形图和程序)。

例题 12-1　采用时间继电器 *KT* 进行延时停留的控制系统。

液压系统图仍然是图 9-8(a)，采用 *KT* 的传统继电器控制电路及系统动作循环图分别为图 12-3(a)、图 12-3(b)所示。相应的 PLC 控制梯形图及程序分别为图 12-4(a)、

图 12-4(b)。PLC 的输入、输出信号及地址编号如表 12-2 所列(注意:表中的“滑台变速”由表12-1 中的*ST*3 控制改为表 12-2 中的 *ST*2 控制)。

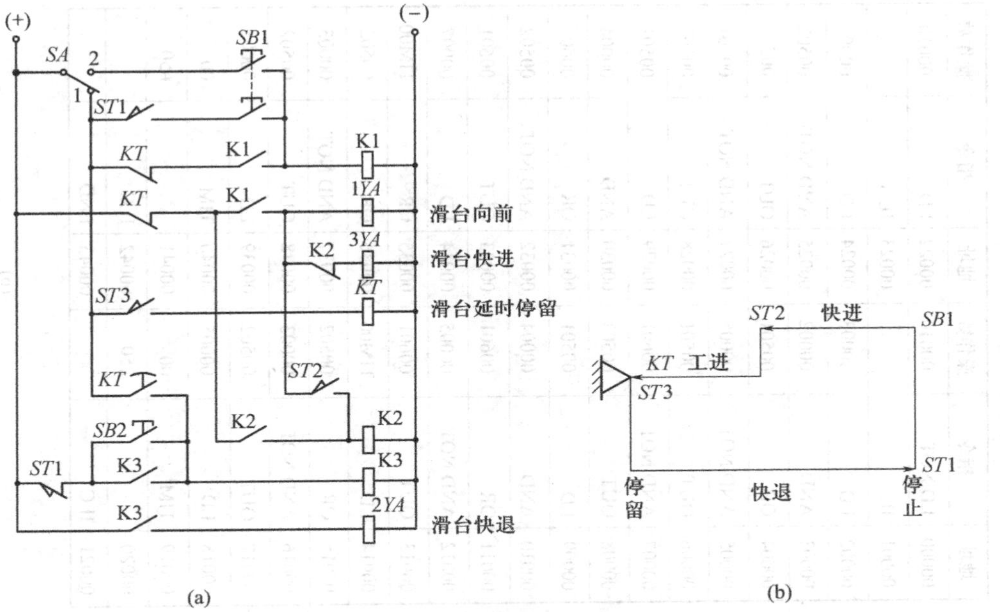

图 12-3　采用 *KT* 的传统继电器控制电路及系统动作循环图

表 12-2　输入、输出信号及地址编号(二)

	输入信号						输出信号		
元件与功能	选择开关	行程开关			按钮		电磁阀		
	手动选择	滑台原位	滑台变速	滑台终点	PLC 启动	滑台快退			
	SA	*ST*1	*ST*2	*ST*3	*SB*1	*SB*2	1*YA*	2*YA*	3*YA*
编号	00010	00003	00004	00005	00002	00007	00501	00502	00503

时间继电器控制的原理[见图 12-3(a)]:当工进到终点后,压动开关 *ST* 3,使时间继电器 *KT* 得电,其常闭触点断开,使 1*YA*、3*YA* 断电,滑台停止工进。由于时间继电器的延时闭合触点的延时闭合作用,使继电器 K3 延时接通得电,即 2*YA* 通电后,才开始快退。实现了工进后有一个延时停留再快退。

例题 12-2　组合机床回转工作台控制系统的 PLC 程序设计。

图 12-5 所示为组合机床回转工作台液压系统原理图(图中:1 为回转工作台;2 为自锁销;3 为固定挡块;4 为定位块;5 为滑块;6 为底座;7 为离合器),图 12-6 为对应的传统继电器控制电路图。图 12-7(a)、(b)分别为 PCL 的梯形图及控制程序。在本例中只设计手动控制程序,所以按钮信号只有一个 PLC 总启动按钮。

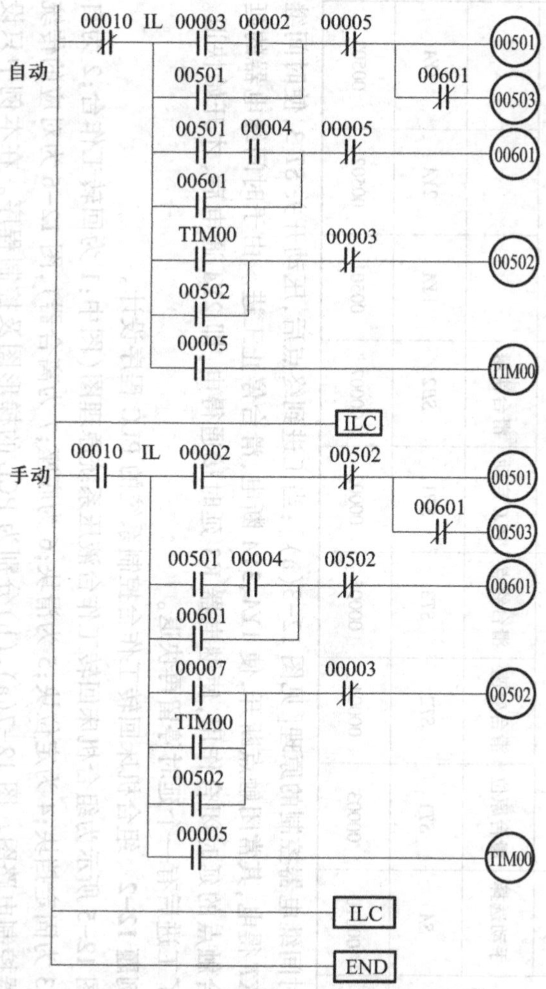

(a)

地址	指令	操作数	地址	指令	操作数
00000	LD NOT	00010	00022	LD	00010
00001	IL		00023	IL	
00002	LD	00003	00024	LD	00002
00003	AND	00002	00025	AND NOT	00502
00004	OR	00501	00026	OUT	00501
00005	AND NOT	00005	00027	AND NOT	00601
00006	OUT	00501	00028	OUT	00503
00007	AND NOT	00601	00029	LD	00501
00008	OUT	00503	00030	AND	00004
00009	LD	00501	00031	OR	00601
00010	AND	00004	00032	AND NOT	00502
00011	OR	00601	00033	OUT	00601
00012	AND NOT	00005	00034	LD	00007
00013	OUT	00601	00035	OR	TIM00
00014	LD	TIM00	00036	OR	00502
00015	OR	00502	00037	AND NOT	00003
00016	AND NOT	00003	00038	OUT	00502
00017	OUT	00502	00039	LD	00005
00018	LD	00005	00040	TIM	00
00019	TIM	00	00041		#50
00020		#50	00042	ILC	
00021	ILC		00043	END	

(b)

图 12–4　采用*KT*的 PLC 梯形图及程序

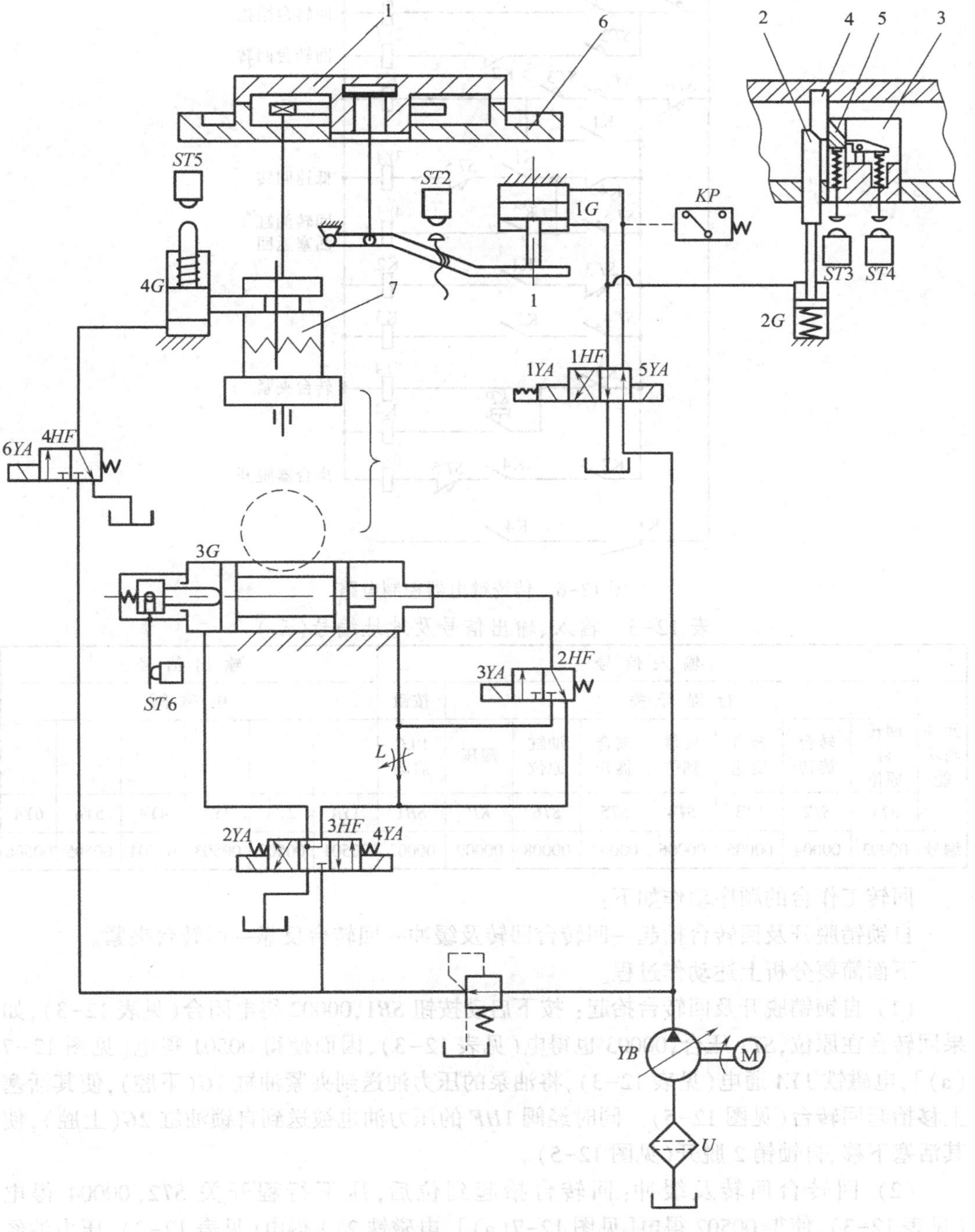

图 12-5 组合机床回转工作台液压系统原理示意

1—回转工作台；2—自锁销；3—固定挡块；
4—定位块；5—滑块；6—底座；7—离合器

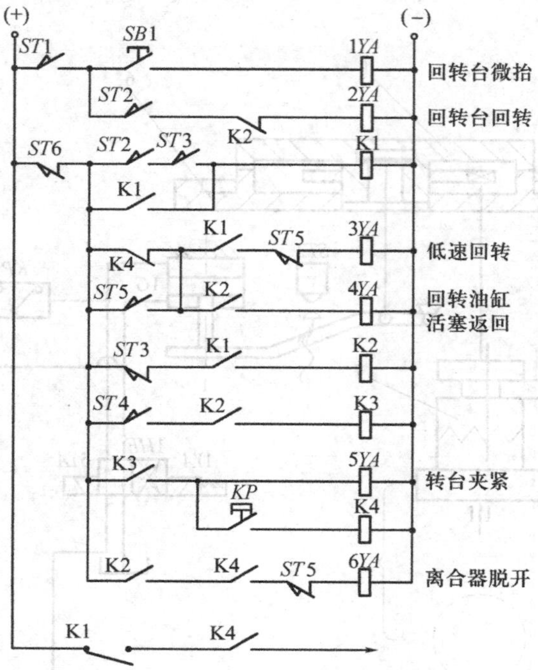

图 12-6　传统继电器控制电路

表 12-3　输入、输出信号及地址编号(三)

元件与功能	输入信号								输出信号					
	行程开关							按钮	电磁阀					
	回转台原位	转台旋转	转台变速	反靠到位	离合器开	油缸原位	限压	PLC启动						
	*ST*1	*ST*2	*ST*3	*ST*4	*ST*5	*ST*6	*KP*	*SB*1	1*YA*	2*YA*	3*YA*	4*YA*	5*YA*	6*YA*
编号	00003	00004	00005	00006	00007	00008	00009	00002	00501	00502	00503	00504	00505	00506

回转工作台的顺序动作如下:

自锁销脱开及回转台抬起—回转台回转及缓冲—回转台反靠—回转台夹紧。

下面简要分析上述动作过程。

(1) 自锁销脱开及回转台抬起:按下启动按钮 *SB*1,00002 得电闭合(见表 12-3),如果回转台在原位,*ST*1 压合,00003 也得电(见表 12-3),因而使得 00501 得电[见图 12-7(a)],电磁铁 1*YA* 通电(见表 12-3),将油泵的压力油送到夹紧油缸 1*G*(下腔),使其活塞上移抬起回转台(见图 12-5)。同时经阀 1*HF* 的压力油也被送到自锁油缸 2*G*(上腔),使其活塞下移、自锁销 2 脱开(见图 12-5)。

(2) 回转台回转及缓冲:回转台抬起到位后,压下行程开关 *ST*2,00004 得电(见表 12-3),使得 00502 得电[见图 12-7(a)],电磁铁 2*YA* 得电(见表 12-3),压力油经阀 3*HF* 左位被送到回转油缸 3*G* 的左腔,其右腔的回油经阀 2*HF* 右位、3*HF* 左位流回油箱,因此 3*G* 的活塞(齿条)右移,并带动齿轮,使回转台回转(见图 12-5)。当转到接近定位点时,转台定位块 4 将滑块 5 压下,从而压动行程开关 *ST*3(见图 12-5),使 00005 得电(见表 12-3),启动 00503 并自锁[见图 12-7(a)],使 3*YA* 得电(见表 12-3),油缸 3*G* 的

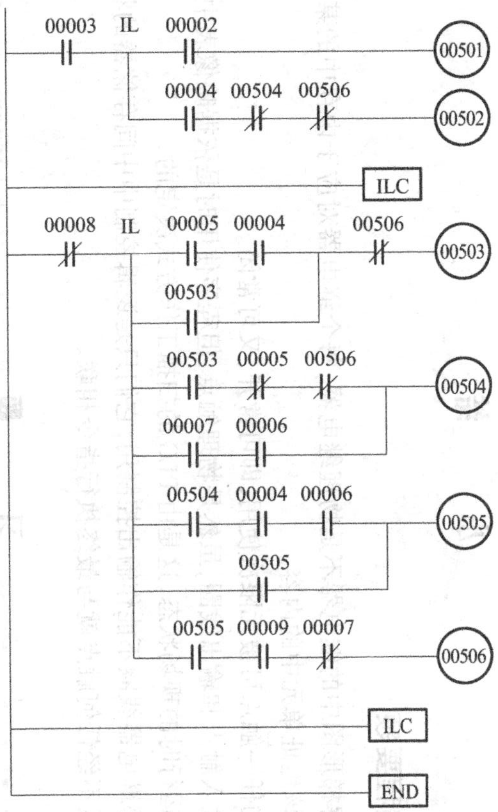

(a)

地址	指令	操作数	地址	指令	操作数
00000	LD	00003	00017	AND NOT	00005
00001	IL		00018	AND NOT	00506
00002	LD	00002	00019	LD	00007
00003	OUT	00501	00020	AND	00006
00004	LD	00004	00021	ORLD	
00005	AND NOT	00504	00022	OUT	00504
00006	AND NOT	00506	00023	LD	00504
00007	OUT	00502	00024	AND	00004
00008	ILC		00025	AND	00006
00009	LD NOT	00008	00026	OR	00505
00010	IL		00027	OUT	00505
00011	LD	00005	00028	LD	00505
00012	AND	00004	00029	AND	00009
00013	OR	00503	00030	AND NOT	00007
00014	AND NOT	00506	00031	OUT	00506
00015	OUT	00503	00032	ILC	
00016	LD	00503	00033	END	

(b)

图 12–7　回转工作台 PLC 控制系统梯形图及程序

回油只能经节流阀 *L* 流回油箱，因此回转台低速回转（缓冲），如图 12-5 所示。此时 00504 并不得电，因有 00005 的一个常闭触点串接在 00504 的回路上[见图 12-7(a)]。

(3) 回转反靠：当转台转过一定角度后，使行程开关 *ST*3 松开，00005 失电（见表 12-3），其常闭触点闭合，此时 00503 仍处得电自锁状态，因此 00504 得电[见图 12-7(a)]，电磁铁 4*YA* 得电（见表 12-3），同时断开输出继电器 00502[见图 12-7(a)]，电磁铁 2*YA* 失电（见表 12-3），压力油经阀 3*HF* 右位、阀 *L*、阀 2*HF* 左位送至油缸 3*G* 右腔，油缸 3*G* 反向运动，回转台低速反靠（见图 12-5）。

(4) 回转台夹紧：回转台反靠到位后，挡块 4 使 *ST*4 压合，00006 得电（见表12-3），启动 00505[见图 12-7(a)]即 5*YA* 得电（见表 12-3），压力油进入 1*G* 上腔，使 1*G* 活塞下降放下回转台，回转台夹紧（见图 12-5）。回转台夹紧后，系统油压上升，使压力继电器 *KP* 闭合，即 00009 得电（见表 12-3），启动 00506[见图 12-7(a)]，电磁铁 6*YA* 得电（见表 12-3），液压油流入油缸 4*G* 下腔，离合器 7 脱开（见图 12-5）。同时 00503、00504 被 00506 的常闭触点（图 12-6中的常闭触点 K4）断开[见图 12-7(a)]，3*YA*、4*YA* 失电（见表 12-3）。此时 2*YA* 仍不能得电，因为有 00506 的常闭触点（见图 12-6 中的常闭触点 K2）串接在 00502 的回路中[见图 12-7(a)]。当油缸 4*G* 活塞运动到离合器脱开限位时，压下行程开关 *ST*5，使 00007 得电（见表 12-3），断开 00506[见图 12-7(a)]，6*YA* 失电（见表 12-3）。00007 得电也启动 00504 得电[见图 12-7(a)]、4*YA* 得电（见表 12-3），压力油经阀 3*HF*、2*HF* 的右位进入油缸 3*G* 的右端，油缸 3*G* 返回（见图 12-5）。当 3*G* 返回到限位时，*ST*6 被压合（见图 12-5），00008 得电断开[见图 12-7(a)]，全部油路断开，完成了整个工作循环。

在本例的传统继电器控制电路中，有一个信号送给动力头控制线路，但在 PLC 控制程序中不需要给出此信号，因为整个系统的控制是由 PLC 实现的。若动力头的控制中使用此信号，只需在编程中使用 00506 的一个常开触点即可实现。

小　结

PLC 的编程要领

要深入理解梯形图中的继电器不是物理继电器，每个继电器对应于内存中的某个地址，其触点对应该地址单元中的内容。

梯形图中的任一触点可被无限次使用，即可常开，又可常闭。

梯形图中输入触点和输出线圈，虽然是物理触点，但程序使用时是依据映像表中的内容，而不是程序运行时的现场状态，这是由 PLC 的扫描工作方式决定的。

PLC 的内部继电器线圈不能作输出控制用，它们只是逻辑控制中中间存储器的状态。

不能将母线不经任何触点就与最终执行指令相联。

习　题

图中(a)、(b)、(c)分别是具有二次工进的液压系统图、传统继电器控制电路图、系统动作循环图和电磁铁动作顺序表。试根据所提供的 PLC 的输入、输出信号及地址编号（见习题表）完成该系统的 PLC 梯形图及程序设计。

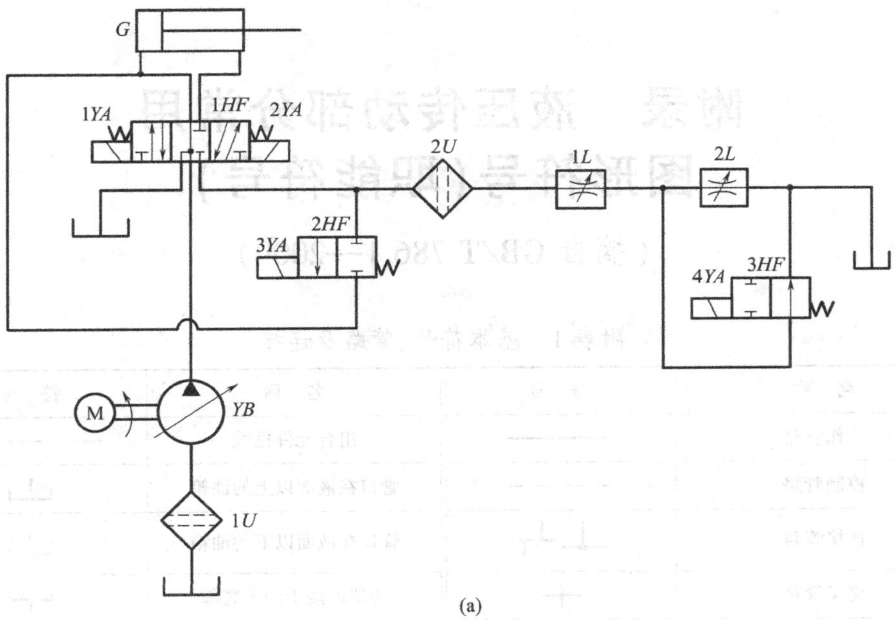

(a)

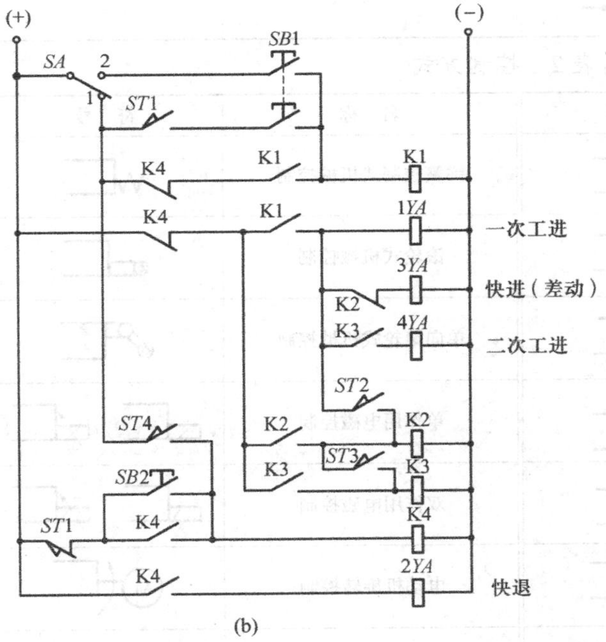

(b)

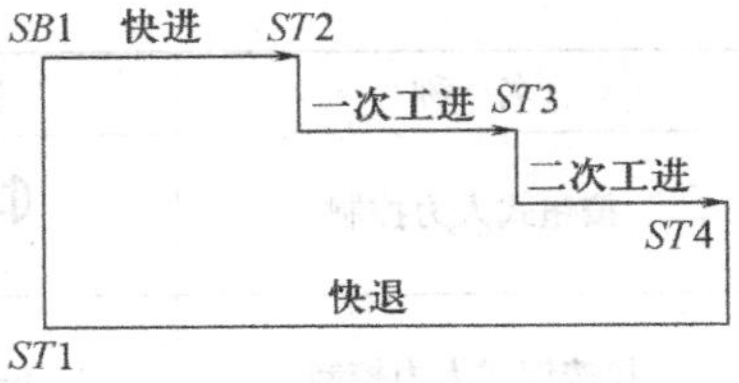

元件 动作	1YA	2YA	3YA	4YA	转换指令
快进	+	−	+	−	SB1
一工进	+	−	−	−	ST2
二工进	+	−	−	+	ST3
快退	−	+	−	−	ST4
停止	−	−	−	−	ST1

(c)

习题图

习题表

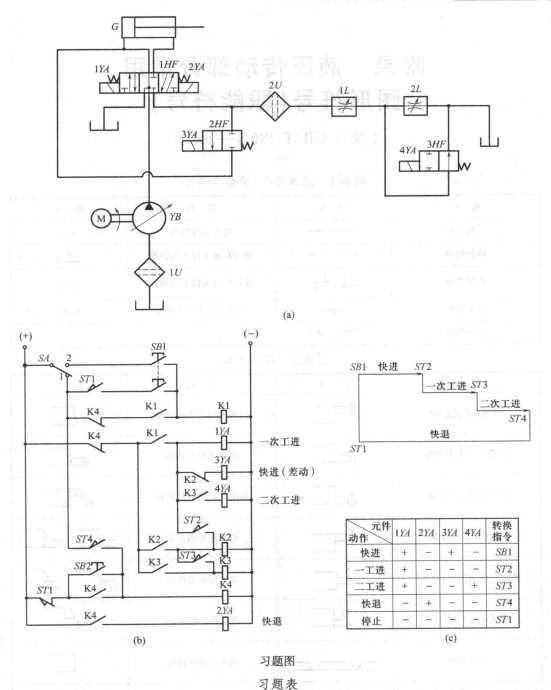

元件与功能	输入信号							输出信号			
	选择开关	行程开关				按钮		电磁阀			
	手动选择	滑台原位	滑台变速	滑台变速	滑台终点	PLC启动	滑台快退				
	SA	ST1	ST2	ST3	ST4	SB1	SB2	1YA	2YA	3YA	4YA
编号	00010	00003	00004	00005	00006	00002	00007	00501	00502	00503	00504

附录　液压传动部分常用图形符号(职能符号)

(摘自 GB/T 786.1—2009)

附表 1　基本符号、管路及连接

名　称	符　号	名　称	符　号
工作管路		组合元件框线	
控制管路	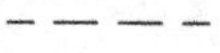	管口在液面以上的油箱	
连接管路	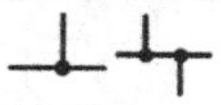	管口在液面以下的油箱	
交叉管路	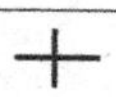	管端连接于油箱底部	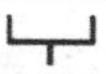
柔性管路			

附表 2　控制方式

名　称	符　号	名　称	符　号
按钮式人力控制	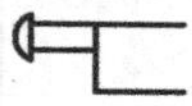	弹簧控制式机械控制	
拉按钮式人力控制	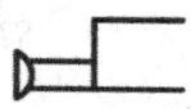	滚轮式机械控制	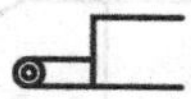
按—拉式人力控制	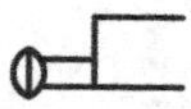	单向滚轮式机械控制	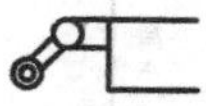
手柄式人力控制	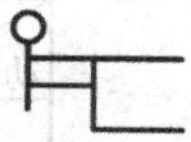	单作用电磁控制	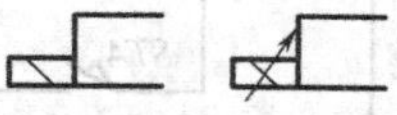
踏板式人力控制(单向)	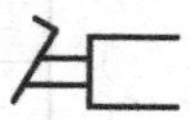	双作用电磁控制	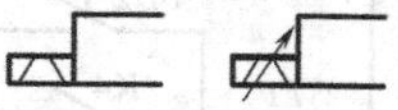
踏板式人力控制(双向)	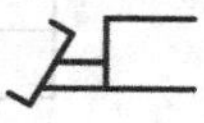	电动机旋转控制	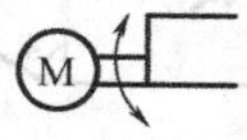
定位装置		加压或卸压控制	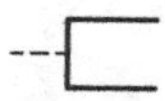
锁定位置;开锁的控制方法符号表示在矩形内 * 处	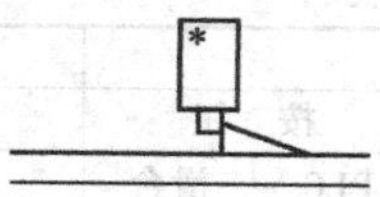	内部压力控制	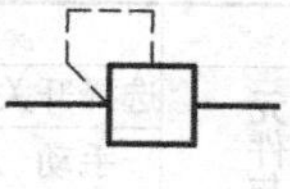
顶杆式机械控制	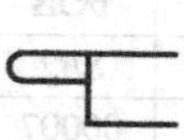	外部压力控制	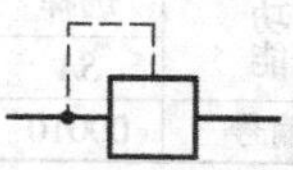

附表3　液压泵和液压缸

名　称	符　号	名　称	符　号
单向定量液压泵	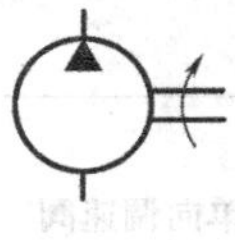	双作用单活塞杆液压缸(简化符号)	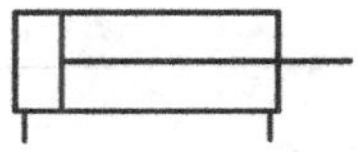
双向定量液压泵	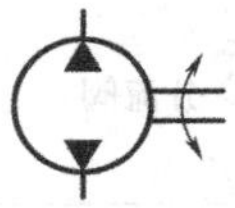	双作用双活塞杆液压缸(简化符号)	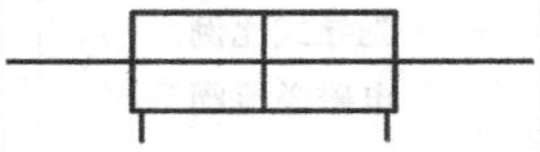
单向变量液压泵	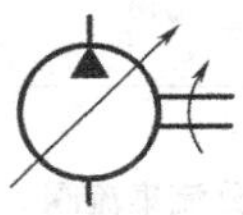	摆动马达	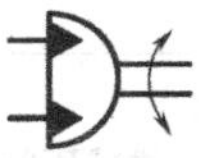
双向变量液压泵	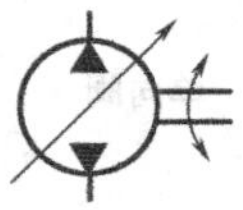	单作用弹簧复位缸	
单向定量马达	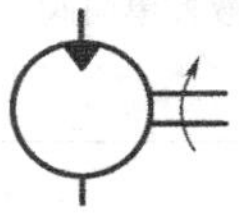	单作用伸缩缸	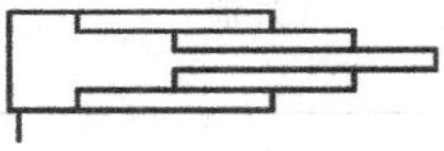
双向定量马达	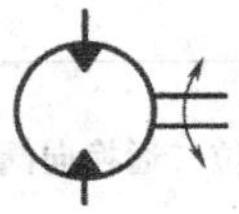	双作用伸缩缸	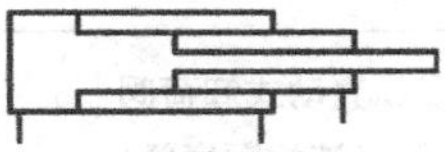
单向变量马达	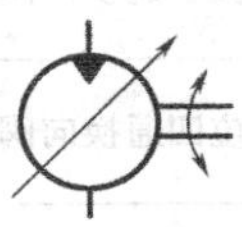	增压缸	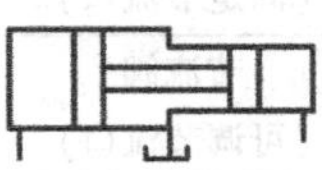
双向变量马达	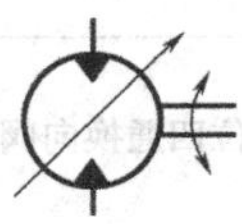		

附表4 控制元件

名　称	符　号	名　称	符　号
直动式溢流阀 （或溢流阀一般符号）	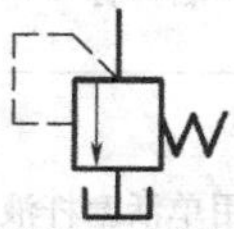	旁通型调速阀	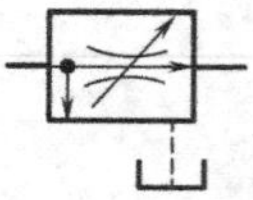 简化符号
先导式溢流阀	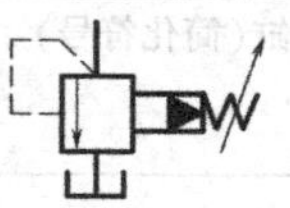	单向调速阀	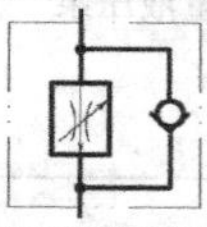 简化符号
先导式比例 电磁溢流阀	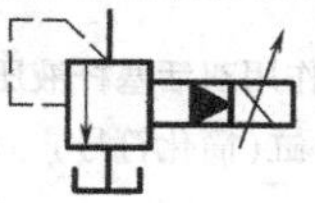	分流阀	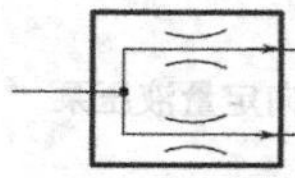
直动式减压阀 （或减压阀一般符号）	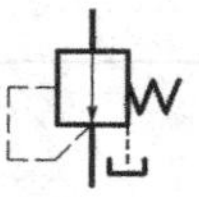	集流阀	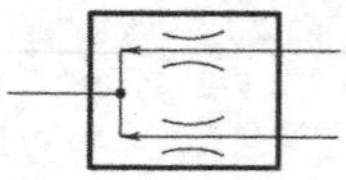
先导式减压阀	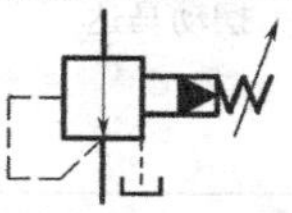	分流集流阀	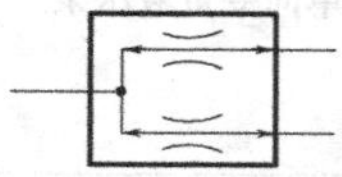
直动式顺序阀 （外泄）	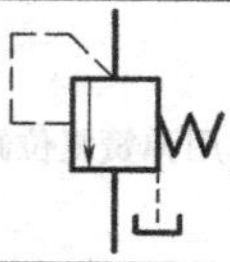	单向阀	 简化符号
先导式顺序阀 （外泄）	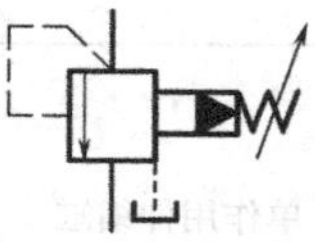	液控单向阀	 简化符号
单向顺序阀 （平衡阀、内泄）	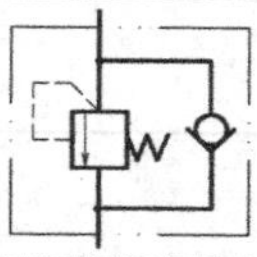	液压锁	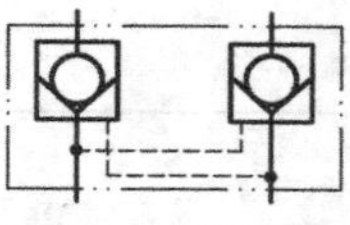
直动式卸荷阀 （液控顺序阀）	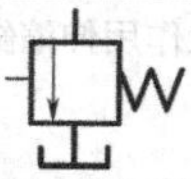	二位二通换向阀	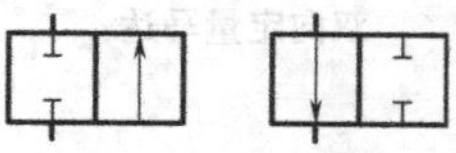
不可调节流阀 （固定节流口）		二位三通换向阀	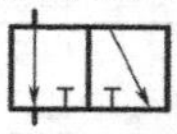
节流阀 （可调节流口）		二位四通换向阀	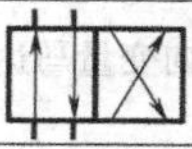
单向节流阀	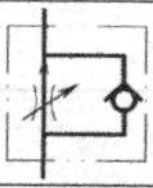	二位五通换向阀	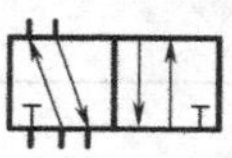
调速阀	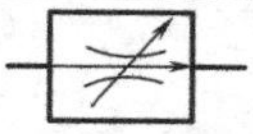 简化符号	三位四通换向阀	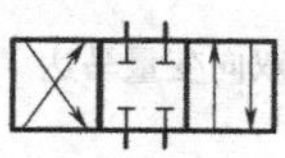
温度补偿调速阀	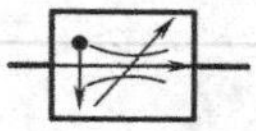 简化符号	三位五通换向阀	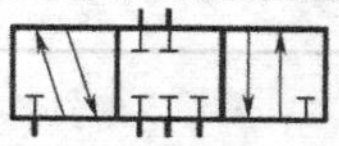

附表 5　辅助元件

名　称	符　号	名　称	符　号
过滤器(粗)		温度计	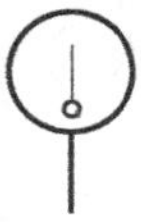
加热器	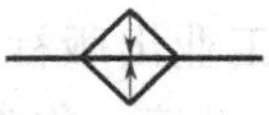	流量计	
冷却器		压力继电器	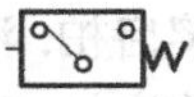
蓄能器		液压源	
压力计		电动机	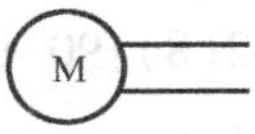
液位计	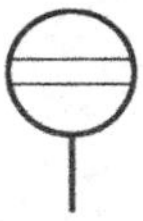	原动机 (电动机除外)	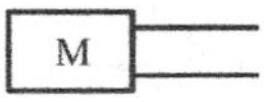

参 考 文 献

[1] 路甬祥. 液压气动技术手册[M]. 北京：机械工业出版社,2002.
[2] 成大先. 液压传动、机械设计手册单行本[M]. 北京：化学工业出版社,2004.
[3] 范存德. 液压技术手册[M]. 沈阳：辽宁科学技术出版社,2004.
[4] 黎启柏. 液压元件手册[M]. 北京：冶金工业出版社、机械工业出版社,1999.
[5] 陈启松. 液压传动与控制手册[M]. 上海：上海科学技术出版社,2006.
[6] 贾铭新. 液压传动与控制[M]. 3 版. 北京：国防工业出版社,2015.
[7] 贾铭新. 液压传动与控制解难和练习[M]. 北京：国防工业出版社,2003.
[8] 张黎骅. 新编机械设计手册[M]. 北京：人民邮电出版社,2008.
[9] 胡晓东,陈妙芳,贾铭新,鲁阳. 码头行人踏板液压系统设计[J]. 机床与液压,2014,42(8):90-93.